요리 명문 학교 앵스티튀 폴 보퀴즈

INSTITUT
PAUL
BOCUSE

1800장의 사진과 함께 단계별로 설명한 셰프의 250가지 조리 기술   **앵스티튀 폴 보퀴즈** 지음 **김현희** 옮김 **송용욱** 감수

요리 명문 학교 앵스티튀 폴 보퀴즈

INSTITUT PAUL BOCUSE

1800장의 사진과 함께 단계별로 설명한 셰프의 250가지 조리 기술 **앵스티튀 폴 보퀴즈** 지음 **김현희** 옮김 **송용욱** 감수

책임: 에르베 플뢰리(앵스티튀 폴 보퀴즈 교감)

서문: 폴 보퀴즈

사진: 오렐리 자네트, 조나탕 테브네

서문

이 책은 앵스티튀 폴 보퀴즈의 학생들이 프랑스 최우수 기능장Meilleurs Ouvriers de France을 포함한 숙련된 강사진을 통해 배우는 전반적인 강의 내용이 담긴 교재이다. 700쪽이 넘는 방대한 분량만큼, 프랑스 요리의 숨겨진 노하우를 알고 싶어하는 비전문가들에게도 큰 도움이 될 이 책을 소개하는 것이 매우 기쁘고 자랑스럽다.

70여 가지 레시피와 단계별로 설명된 250가지 조리 기술이 사진과 함께 재료별로 세밀하게 분류되어 있는 이 책에는 앵스티튀 폴 보퀴즈의 25년 역사가 고스란히 담겨 있다. 우리 학교는 지난 1990년 당시 프랑스 문화부장관 자크 랑Jack Lang의 적극적인 추진에 힘입어 음식을 만드는 일을 '조리 예술'이라는 창작 활동의 한 분야로 편입시키려는 취지에서 설립되었다.

나는 '행복은 주방 안에 있다'는 말을 자주 한다. 이 행복을 나누기 위해서는 공간이 필요하다. 여러분도 알다시피 앵스티튀 폴 보퀴즈는 국경과 세대를 초월하여 프랑스 요리의 정체성을 지키고 전수하기 위한 거점이자 토대이다. 4만 평방미터의 넓은 녹지에 자리 잡은 비비에 성château Vivier을 전체적으로 보수하고 첨단 시설 장비를 설치해 문을 연 앵스티튀 폴 보퀴즈에는 현재 50개 이상의 나라에서 온 학생 750명이 소속되어 있다. 개교 첫해부터 입소문이 효과를 발휘했고, 이것이 위대한 모험의 시작이었다. 졸업생들은 전 세계 80여 국가에서 유능하고 촉망받는 전문 직업인으로 활동하며 우리 학교의 진정한 홍보대사 역할을 하고 있다. 앵스티튀 폴 보퀴즈가 전 세계에 영향력을 발휘하면서 내가 소중하게 생각하는 가치들을 전파할 수 있게 된 것은 졸업생이자 업무 파트너인 이들 덕분이다.

물론 아코르호텔Accorhotels 그룹의 공동 창립자이자 1998년부터 앵스티튀 폴 보퀴즈의 교장을 맡아 교육 프로젝트를 확실하게 추진해나가고 있는 제라르 펠리송Gérard Pélisson의 결단력도 빼놓을 수 없다. 17년간 경영 관리를 총괄해온 교감 에르베 플뢰리Hervé Fleury 역시 호텔 경영과 외식 조리 분야의 교육 과정에서 지켜야 할 가치를 준수하면서 학교에 새로운 에너지를 불어넣었다. 우리 학교가 지금까지 성공적으로 운영되어온 데는 에르베 플뢰리의 공이 매우 크다.

삶의 기술 중 하나인 요리와 접대, '함께 어울림'에 관한 문화가 발달한 나라와 기관 들은 그러한 자산을 보전하고, 그 자산의 가치를 향상시키기 위한 방법을 앞장서서 고민해야 한다. 올바른 태도와 잘 만든 작품을 알아보는 안목. 이것은 프랑스 전역을 돌며 기술을 연마하던 장인과 프랑스 최우수 기능장에 수반되는 탁월성으로서, 이론적 지식은 물론 경험과 솜씨까지 전수하자는 것이다. 이 탁월성은 인내심과 적응 기간, 지속적 헌신을 기반으로 하며, 전통에 귀 기울여 좋은 것을 수용하고, 그것을 바탕으로 미래를 풍요롭게 만들어나가는 것이다.

프랑스 요리는 다양성을 옹호하고, 좋은 재료 및 좋은 요리와 가까워지고 싶어하는 모든 이들을 지지한다. 또한 프랑스 요리는 전 세계 요리에 대한 이해를 통해 만들어지며, 각 나라 및 지역의 관례와 관습, 특산물을 적극적으로 반영한다. 아울러 이 같은 다양성을 바탕으로 음식을 만드는 사람과 그 재료를 생산하는 사람의 활발한 교류를 이끈다.

앵스티튀 폴 보퀴즈의 모든 셰프와 식탁 예법 전문가들은 각자 자신의 경험을 전수하기 위해 모였다. 이 같은 모두의 힘이 모여서 오늘날 이 책이 출간되기에 이른 것이다. 이 책은 전문적 기술을 전수하고 해석하는 중대한 역할을 맡고 있다. 비전문가들도 호기심만 있다면 음식을 대충 쉽게 만드는 대신 이 책에서 배운 기술을 자신이 원하는 요리에 적용할 수 있다. 이 책에는 시간과 공간, 세대, 소속의 한계를 초월하여 활용할 수 있는 조리 기술이 수록되어 있다.

모쪼록 모든 독자들이 이 책을 성공적으로 활용하고, 가장 훌륭한 조언자로 삼아 주변에 프랑스 미식의 즐거움을 전하고 함께 나눌 수 있기를 기대한다.

마지막으로 이 책이 맛있는 요리에 대한 열정과 갈망을 샘솟게 해주기를 바란다.

폴 보퀴즈

차례

독보적인 요리 학교

전수의 기술

전수는 오직 물려받은 것을 대상으로 한다. 또 전수는 오직 집단에게만 할 수 있다. 언어와 세대, 그 세대 요리의 정체성은 그 세대가 사랑하고 계승한 과거의 것에서 찾을 수 있다.
가족의 화합과 친목의 상징이자 고대하고 숙고한 끝에 준비한 기쁨과 축하의 잔치 의식인 프랑스의 식탁 문화가 유네스코에서 선정한 인류 무형 문화유산에 등재된 것도 이렇게 계승된 유산 덕분이다.

앵스티튀 폴 보퀴즈는 프랑스 요리를 특징짓는 노하우를 교육함으로써 하나의 삶의 기술인 '프랑스식 감성'을 전수하는 것을 사명으로 여긴다. 우리는 이러한 유산과 그 안에 들어 있는 보편적 가치들을 더 많은 이들과 함께 나누고 싶었다. 이 의지를 구체화하기 위해 이 책보다 더 좋은 방편은 없다고 본다.

사람들은 흔히 예술의 필요성에 대한 의문을 제기한다. 그러나 나는 우리 일상에서 예술이 반드시 필요하다고 확신한다. 그런 점에서 여러분이 조화 또는 부조화의 효과를 이끌어내는 기본 규칙들을 프랑스 요리의 테크닉을 통해 스스로 알아내기를 바란다. 또 여러분이 우리 몸과 얼굴, 인간과 시간에 의해 이어지는 전통을 자기 것으로 만들기를 바란다. 조리 예술은 나와는 다른 삶을 경험하는 시간을 가짐으로써 부족한 것을 채우고, 획일화된 소비에서 벗어나 즐거움을 창조할 수 있다는 점에서 유용하다.

요리는 타인을 향해 열린 늘 새로운 문이라고 나는 굳게 믿는다. 성공적인 한 끼 식사를 평가하는 세 가지 기준은 다음과 같다.

- 생산물 : 요리, 식품, 음료, 요리와 음료의 조화, 요리의 구성
- 구르메gourmet : 생산물의 가치, 문화, 관례, 기대, 필요성
- 환경 : 분위기, 맥락, 요리에 대한 평가, 요리의 담음새, 식기, 사회적 상호작용

음식을 만든다는 것은 마음의 이해에 관한 문제다. 우리가 사회적 유대의 필요성을 논할 때, 조리 예술과 식탁 문화는 더불어 사는 삶에 관한 놀라운 영감의 원천이 된다.

나는 이 책을 통해 비전문가들이 (물론 전문가들도) 음식을 만드는 일이 얼마나 매력 있는 것인지 느낄 수 있기를 바란다. 또한 이 책이 일상의 조리 행위에도 어떤 의미와 일관성이 있다는 것을 깨달을 수 있는 계기가 되기를, 외적으로 드러나는 행위가 내적인 감동을 줄 수 있다는, 다시 말해 사랑하는 마음으로 이어질 수 있음을 깨닫는 데 도움이 되기를 바란다.

폴 보퀴즈와 제라르 펠리송

폴 보퀴즈와 제라르 펠리송은 소비자 운동이라는 작은 꿈들에 사로잡힌, 혼돈으로 가득한 사회에서 '의지'라는 아주 드문 가치를 구체화했다.
이 두 사람은 정직하고 선견지명이 있어 많은 이들이 그들에게 자문을 구하고, 그들의 분석을 진지하게 받아들인다. 또한 다른 이들이 단순한 아집에 사로잡혀 있을 때 과감히 용기를 내고, 다른 이들이 똑같은 일을 반복할 때 새로운 것을 창조하고, 다른 이들이 포기할 때 끝까지 견뎌낸다.

1990년에 문을 연 앵스티튀 폴 보퀴즈는 설립자 폴 보퀴즈의 뛰어난 식견과 자신감이 자연스럽게 발전되어 탄생한 결과물이다. 그는 요리와 그 일에 종사하는 사람들을 존중한다. 함께 나누고 싶은 마음은 요리를 이루는 골격이다. '이 학교를 훌륭하게 이끌어 지역 사회와 국가와 전 세계 앞에 떳떳하게 나설 수 있도록' 만들기 위해서는 그 골격에 피와 살을 더해야 한다. 폴 보퀴즈가 현재까지 세계적으로 유명한 셰프로 꼽히는 것은 그가 진실하고 건실하며, 소신이 있고, 매우 엄격하기 때문이다. 폴 보퀴즈는 우리 앵스티튀의 영혼과도 같다.

세계적인 호텔 그룹 아코르호텔의 공동 창업자인 제라르 펠리송은 1998년부터 열과 성의를 다해 우리 학교를 이끌고 있다. 그는 신뢰할 만한 기업가로서 모범적인 경영 방식을 보여준다.

폴 보퀴즈와 제라르 펠리송의 영향력과 기업가 정신은 본 앵스티튀에 소속된 학생과 교수, 아마추어 조리 예술가들이 추종할 만한 훌륭한 본보기이다.
이 두 사람은 조리 예술의 전수라는 사명을 띤 우리 학교에 대단한 선물 같은 존재

폴 보퀴즈와 제라르 펠리송

다. 그들에게 전수는 반드시 수행해야 할 의무와 같다. 우리 학교에서 빛이 나는 것은 이 두 별이 존재하기 때문이다.

전문적인 교수법 :
프랑스의 가스트로노미를 최고의 수준에 오르게 한 숙련된 셰프들

역사학자 파스칼 오리Pascal Ory는 "가스트로노미gastronomie란 맛있는 음식도, 고급 요리도 아니다. 먹고 마시는 행위를 식탁 위의 예술로 변환함으로써 그 행위를 규범화하는 것이다"라고 말했다. 나는 이 말에 완전히 동의한다.

조리 기술은 지난 200여 년 동안 이용된 전통적 기법으로부터 오늘날의 입맛에 부응하는 음식을 생겨나게 했다. 그런데 '전통적'이라는 말은 무슨 뜻일까? 내가 생각하는 전통적 조리법이란 단순하면서도 한계가 없는 조리법이다. 계속 만들다 보면 재해석이 가능해서 갑자기 거의 새로운 요리로 탄생되는 조리법 말이다. 이는 생리적 경험에 가까운, 새로운 관점에서 본 기시감의 충격 같은 것이다. 사람들은 마리-앙투안 카렘Marie-Antoine Carême이나 조르주 오귀스트 에스코피에George-Auguste Escoffier 같은 위대한 셰프들의 전통적 조리법을 답습하면서 그것에 대해 '당연히 아주 잘 알고 있다'고 생각한다. 그러나 그 이상은 전혀 모른다. 그들의 조리법을 제대로 이해한 적이 없기 때문이다. 재생될 수 있다는 것은 전통적 조리법의 근본적 특징이다. 전통적 조리법은 해석이나 시시한 변형, 유행을 거부할 것이다! 금세기 초에 주목받은 향토 음식과 시골식 조리법은 재생의 훌륭한 사례다.

앵스티튀 폴 보퀴즈의 셰프들이 전문성을 획득할 수 있었던 것은 바로 이처럼 경험에 의해 풍요로워진 프랑스 요리의 노하우에 대한 이해가 있었기 때문이다. 오랜 경력을 통해 얻은 조리 기술로 무장한 셰프들은 자신의 전문성과 감성, 기술적 감각을 바탕으로 선생의 입장에서 학생들에게 조리에 관한 전문 지식과 기량을 전수한다. 이러한 전수 과정의 기초가 되는 것은 물론 수익, 조리 기법, 경비 등과 같은 물리적 제약을 고려할 수밖에 없는 기술이다. 그러나 환경이나 분위기 같은, 사람이 음식을 맛볼 때 영향을 미치는 모든 요소에 관한 이해 또한 기초에 포함된다.

조리의 목적은 단순히 '먹을 것을 제공하는' 데 갖고 있다. 하지만 이것이 전부는 아니다. 우리 학교의 궁극적인 목표는 각자가 어떤 상황에서든 깜짝 놀랄 만한, 설명할 수 없는 느낌과 다양한 순간적 감정을 창조해낼 수 있도록 교육하는 것이다.

이 책을 통해 여러분은 한 끼의 훌륭한 식사를 위한 전문성과 열정, 앵스티튀 폴 보퀴즈의 학생과 지도자들을 규정짓는 특징이자 그들을 고무하는 자극제인 탁월함을 발견할 수 있을 것이다.

탁월한 기술

기술의 탁월함은 필수적인 동시에 부수적인 요소다. 바로 이러한 모호함이 탁월함을 흥미롭게 만든다.

탁월함에 이르는 길 가운데 하나는 늘 그렇듯 조리사의 개성을 드러내고, 감성과 창의성의 자유로운 표현을 가능케 하는 기본적인 지식에 통달하는 것이다. 그러므로 일상은 협력과 창의력의 원천이 된다. 우리는 자유롭게 창조할 수 있다. 호사스러운 것, 평범한 것, 비정상인 것, 정상적인 것 등 무엇이든 만들 수 있다. 음식을 만드는 일이 결국 한 공간과 그 구성원들을 살리고, 그들의 잠재력을 모두 드러나게 한다. 이 잠재력은 문외한에게는 보이지 않을 수 있지만, 전문가의 손을 거치면 갑자기 욕망이나 감정과 이어진다.
탁월함은 지속 가능한 질적 수준으로서 욕망에 부응한다.

탁월함은 이해하고 행동하는 법을 아는 것이다. 음식을 만드는 행위는 여러 식품을 절묘하게 섞는 것 이상의 창조 활동이며, 언제나 감각적인 즐거움 이상의 것을

추구한다. 요리는 색과 향으로 시각과 그 밖에 다른 모든 감각을 동시에 즐겁게 한다는 점에서 한 편의 시와 같다. 음식을 만드는 일이 하나의 예술, 즉 '조리 예술'이 되는 것이다. 탁월함이 강조되는 앵스티튀 폴 보퀴즈에 있다는 것은 레스토랑 운영을 위한 좋은 기회이다.

특별한 기술 전수의 현장

오늘날 앵스티튀 폴 보퀴즈는 최상급 고등교육 연구기관으로서 프랑스식 삶의 기술에 근거한 혁신적 문화를 전 세계에 전파하는 데 이바지하고 있다. 현재 50개 이상의 나라에서 온 학생 750명이 호텔 레스토랑 경영 및 조리 기술 분야의 교육 훈련을 수행 중이다. 앵스티튀 폴 보퀴즈에서는 창의성과 소통에 기반을 둔 교육을 실시한다. 학생들에게 높은 수준의 전문 기술 및 기업가 정신, 리더십을 심어주기 위해 이론 수업과 실습을 병행한다.

본교의 3대 공식 교육 파트너인 리옹 3대학의 AIE, 엠리옹 경영대학원, 핀란드 하가헬리아 대학교 외에 국내외 유수의 인사들이 실제 강사진과 더불어 앵스티튀 폴 보퀴즈의 독보적 위상에 기여하고 있다. 본교에서 운영하는 학사 학위 프로그램은 '호텔-레스토랑 경영'과 '조리 기술' 두 가지로, 각각 2009년과 2012년에 프랑스 국가 전문 자격증 과정에 등재되었다. 호텔-레스토랑 경영 자격증의 경우, 학생들은 앵스티튀 폴 보퀴즈 요리 학교와 대학에서 수여하는 학위를 모두 받을 수 있다. 석사 학위 프로그램 또한 엠리옹 경영대학원(국제 호텔 경영 전공 이학 석사)과 하가헬리아 대학교(조리 관리와 혁신 전공 석사)와 협약을 맺어 두 개 학위를 수여한다.

또한 더 많은 학생들이 앵스티튀 폴 보퀴즈의 교육을 받을 수 있도록 매년 G&G 펠리송 재단에서 지원하는 장학금 제도를 운영한다. 올바른 태도와 기술, 우아함 등을 전수하는 것, 나는 이것을 '손을 통한 이해'라고 칭한다. 이를 위해 본교에서는 여덟 개의 레스토랑을 운영하는데, 이 가운데 세 곳은 대중에게 개방된다. 그 밖에도 '에콜 뒤 테École du thé' '스튀디오 카페Studio café' '메종 드 라 데귀스타시옹 Maison de la dégustation' '에스파스 아르 드 라 타블Espace Arts de la table' 등이 학생들에게 정교한 노하우와 기술을 전수하기 위한 교육 현장으로 이용되고 있다. 2002년에 문을 연 '르 루아얄Le Royal'은 리옹 중심부에 위치한 별 다섯 개 등급의 실습 호텔로, 본교에서 경영 관리를 맡고 있다. 스위트룸을 포함해 총 72개의 객실을 보유한 이 호텔의 실내 장식은 피에르이브 로숑Pierre-Yves Rochon이 담당했다. 본교 학생들은 이곳에서 기본 호텔 업무와 경영적 접근을 배운다.

호텔 1층에는 실습 레스토랑인 앵스티튀가 자리하고 있다. 이 레스토랑의 주방은 완전 개방형으로, 이는 학생들에게 어느 부서에 근무하든 올바른 태도와 행동을 이어가는 것이 중요하며, 그것이 레스토랑의 분위기를 좌우할 수 있음을 주지시키기 위한 구조이다.

2008년 본교에서는 급속히 변화하는 업계의 도전에 부응하기 위해 '연구 센터'를 설립했다. 이 기관의 목적은 연령이나 식습관에 상관없이 (프랑스 국민을 비롯한) 전 세계인의 웰빙(즐거움과 건강)을 도모하는 데 기여하는 것이다. 연구 센터의 업무는 크게 두 가지로 나뉜다. 하나는 과학적 연구와 박사 학위 교육이고, 다른 하나는 응용 연구와 혁신을 원하는 모든 관련 기업을 위한 컨설팅 서비스다.

과학적 연구는 다양한 영역을 아우른다. 연구팀은 박사 과정 학생들과 사회학, 행동경제학, 인지과학, 영양학 등 관련 분야의 해외 연구가들로 구성된다. 이들은 국내외 대학교들과 협력하고, 세계적으로 알려진 실험연구소와 네트워크를 결성할 뿐 아니라 유수의 기업들과 파트너 관계를 맺어 연구의 폭을 넓히고 있다.

혁신은 업계 전문가(주방장, 제과장, 웨이터 등)와 시장 조사(소비자 트렌드, 영양 및 조리 실태)와 기타 업무(주방이나 레스토랑의 시식 평가 등)를 담당하는 프로젝트 매니저가 주도적으로 이끈다.

본교에는 실질적인 현장 자료를 수집할 수 있는 '리빙 랩Living Lab'이 있다. 학생들이 선택할 수 있는 실습용 레스토랑, 가정식 주방, 전문가용 주방 등이 그것이다. 또한 유용한 파트너십 제도를 통해 해외 식당 주방이나 기업체에서 운영하는 레스토랑, 양로원, 학교 식당 등에서도 교육이 실시된다.

2015년에 문을 연 '서비스 연구소'는 250평방미터 규모의 실험장으로, 호텔 같은 케이터링 업장은 물론 고객과의 소통 정도가 차별화된 서비스 품질과 직결되는 비즈니스 현장의 중심에서 실행되어야 할 서비스를 연구 분석하는 현실적인 학습 공간이다. 앵스티튀 폴 보퀴즈는 프랑스 서비스 정신 협회'Association ESPRIT DE SERVICE France에 소속된 회원이다.*

* 에스프리 드 세르비스Esprit de Service는 고객을 감동시키고 프랑스식 서비스의 특징을 탁월하게 발전시켜나가기 위해 최고의 실행 방법을 함께 모색하는 새로운 공간으로, 분야를 막론하여 프랑스 업계 전반의 대표적인 브랜드 40개가 함께한다.

미래의 프로페셔널과 식견 높은 아마추어를 위한 요리 학교

"인간을 만드는 것은 항아리를 가득 채우는 것이 아니라, 불을 밝히는 것이다."
—아리스토파네스

앵스티튀 폴 보퀴즈는 다양한 사람과 사건에 대응할 때 반드시 필요한 자각 능력의 계발에 교육의 초점을 맞춘다. 본교에서는 학생뿐 아니라 조리 및 경영 관리 분야에서 역량을 더 키우고 싶은 수많은 전문 직업인과 업종을 전환해 창업하려는 개인도 환영한다.

우리는 공기업과 사기업에 조리와 서비스, 호텔 경영에 관한 맞춤식 교육 프로그램을 제공한다. 리옹 시립 병원의 간호조무사들을 대상으로 '병동 식사 서비스'에 관한 교육을 실시 중인 것이 한 예다.

앵스티튀 폴 보퀴즈는 훌륭한 셰프와 전문가들의 독보적인 재능과 노하우를 토대로 열정적인 미식가들의 오감을 일깨운다. '미식가를 위한 요리 학교École de Cuisine Gourmets'에는 비전문가를 위한 요리, 제빵, 제과, 와인 클래스와 '관광&미식 주간'이라는 프로그램이 개설되어 있으며, 매년 1,000명 이상이 참여한다.

앵스티튀 폴 보퀴즈의 교육 철학 :
프랑스 요리의 전통에 대한 존중을 기반으로
혁신적인 노하우를 전수하는, 세계를 향해 열린 앵스티튀

우리는 전통적 기술과 관례, 관습을 전수한다. 이는 "전통은 끊임없이 진보하고, 변화하며, 살아서 꿈틀거리는 영속적인 움직임이다. 살아 있는 전통은 어디에나 존재하므로, 그 시대에 맞게 전통을 이어가도록 노력해야 한다"라는 장 콕토Jean Cocteau의 말과 맥락을 같이한다.

우리의 선택을 주도하는 최우선 가치는 폴 보퀴즈와 제라르 펠리송의 명성과 과거로부터 이어받은 우리 삶의 기술, 프랑스의 전통 요리와 호텔 경영 노하우를 품위 있게 보여주는 것이다.
우리의 가치관이 추구하는 목표는 오직 하나, 탁월함이다.
- 책무 : 항상 더 잘해내려는 의지를 갖는다.
- 윤리 : 개인의 행동과 직업적 규율 면에서 윤리를 지킨다.
- 관대함과 존중 : 이 두 가치는 인간관계를 윤택하게 하고, 우리의 생각과 행동을 자극한다. 정중한 인사, 옷차림, 철저한 시간 엄수를 통해 자신과 타인을 모두 존중한다.

이렇게 하면 단순하고 진실하며 지속적인 감정을 일으킬 수 있다. 레스토랑과 호텔 경영에서 작은 것들에 신경 쓰는 것은 결코 편협한 사고가 아니라 삶의 한 기술로 해석되어야 한다. 이 삶의 기술은 프랑스의 정체성을 이루는 하나의 특징이다. 이 같은 '프랑스식 감성'은 이 나라 경제의 주요 자산이며, 우리가 전수하는 교육을 통해 자기 나라의 문화와 전통을 수호하고 가치를 높이려는 수많은 외국 학생들의 자산이기도 하다.

일을 배우고, 그 일을 잘하는 것은 얼핏 간단해 보일 수 있다. 그러나 타인과 팀을 이루어서도 일을 잘하려면 더 엄격하고, 더 열심히 해야 할 뿐 아니라 인내심과 상호간 신뢰도 있어야 한다. 미각과 훌륭한 음식에 대한 애정도 키워야 한다. 예를 들어, 와인에 대해 많이 알수록 마시는 양은 줄어든다. 그저 마시는 것이 아니라 '음미'하게 되기 때문이다.

모든 교육 훈련에서는 무엇보다 세밀한 이해와 통찰이 이루어져야 한다. 본교 학생

들은 다양한 장소에서 실행되는 현장 실습을 통해 전문적 기술을 이해하고, 바른 행동을 배울 수 있다. 다시 말해, 채소 다듬기, 고기 손질하기, 테이블 세팅하기, 와인 서빙하기 등 '손을 통한 이해'는 물론, 그에 수반되어야 하는 '올바른 태도'까지 교육한다. 실습은 강사와 학생 간 도제식 수업으로 진행한다. 교육 과정에는 조리에 관한 기본자세와 전문 기술 외에 분석, 고찰, 결정 능력 등 경영 관리가 추가된다. 기초 교육을 마친 학생들은 팀 단위의 프로젝트 수행을 통해 각자의 창의성과 감각을 계발할 수 있는 기회를 갖는다. 최종 단계는 '기업가 정신 훈련'이다.

앤스티튀 폴 보퀴즈는 이와 같은 방식으로 프랑스의 조리 노하우와 음식 문화, 접대 기술을 전 세계에 전파하고 있다. 앤스티튀 폴 보퀴즈가 구축한 '호텔 경영 & 조리 기술' 학교 연합 네트워크를 통해 우리의 교육 철학과 구현 방식에 뜻을 같이하고 있는 학교와 대학도 20여 곳이 넘는다. 우리는 이들의 교수 설계와 강사진 교육에 협력하고 있으며, 학생들에게 이 연합에 소속된 해외 대학에서 교환학생으로 공부할 기회를 주고 있다.

프랑스의 문화를 널리 전파하자는 취지에서 싱가포르와 페루 리마에도 폴 보퀴즈 호텔 외식 조리 학교를 설립했다. 또한 한국 우송대학교, 일본 호쿠토분카 학원과 연계한 프로그램을 운영 중이다.
앤스티튀 폴 보퀴즈는 현재까지 전 세계 약 80개국에서 2,000명이 넘는 학사 학위 취득자를 배출했다. 우리의 최우선 목표는 취업과 직업인으로서의 무한한 가능성 계발이다. 이를 증명하듯 학위 취득자 가운데 30퍼센트 이상이 졸업 후 4년 내에 호텔 또는 레스토랑을 창업했다.

이 책을 펴낸 이유

앤스티튀 폴 보퀴즈의 명성은 업계에서 중요한 역할을 담당할 뛰어난 인재를 양성하겠다는 남다른 의지에서 비롯된다. 나는 프랑스 문화를 특징짓는 요리와 접대는 현대 사회에서 빼놓을 수 없는 필수 요소라고 생각한다. 물론 미래 사회에도 마찬가지일 것이다. 그러한 맥락에서 요리에 관한 지식과 기술, 명실상부한 본교만의 독창성은 널리 전파할 가치가 있다고 생각된다.
프랑스 요리를 대표하는 상징이자 권위자로서의 역할을 충분히 인식하고 있는 앤스티튀 폴 보퀴즈의 우수한 셰프와 강사진은 이 책을 통해 음식을 만드는 일에 대한 애정과 전문적 노하우를 여러분과 공유하고자 한다.

여러분도 기꺼이 폴 보퀴즈처럼 말해보라. "행복은 주방 안에 있다!"라고.

앤스티튀 폴 보퀴즈
교감 에르베 플뢰리

Les
BASES

기본

기본

요리를 사랑한다는 것은 누군가를 사랑하고,
그래서 요리한다는 것

음식을 만드는 일. 특별한 날에 누군가를 위해, 또는 일상의 식사를 위해 음식을 만드는 것은 결코 시시한 일이 아니다. 음식을 선택하고 만들고 누군가에게 대접하는 것은 음식이 그 사람 입안으로 들어가 통합되기 위해서다. 통합된다는 것, 그것은 먹는 사람의 일부가 된다는 뜻으로, 음식은 그의 몸을 구성하기 전 한순간 즐거움을 제공한다. 이는 먹는 사람만큼이나 만들어주는 사람에게도 필수적인, 적극적으로 참여하는 행위이다. 레시피와 조리 기술, 셰프의 조언은 음식을 만드는 일의 밑바탕이 된다. 확실하고 견고한 이 구조물을 토대로 요리를 잘 만들어 누군가에게 기쁨을 주고, 미식에 대한 열망에 생명을 불어넣을 수 있다.

관리 감독 및 관련 규칙

식사 준비의 전제 조건은 주식主食에 변화를 주어 더 훌륭하게 만들어야 한다는 것이다. 그러려면 식재료를 선택하기에 앞서 반드시 필요한 것과 그렇지 않은 것을 확실히 정한 뒤, 복잡하고 세밀한 규칙에 따라 조리해야 한다.

재료 구입

요리를 하려면 우선 좋은 재료를 구하고, 그 재료를 소비하기까지 잘 보관해야 한다. 특별한 행사를 위한 식사를 준비할 때는 대개 필요한 재료를 요리하는 당일이나 그 전날에 구입한다. 이 경우는 재료를 보관하기가 비교적 수월하지만, 문제는 보통 일주일 치를 미리 사두는 일상적인 식재료의 보관이다.

우선 실온에서 수개월까지 보존이 가능한 향신료와 냉장고에서도 고작 며칠밖에 못 버티는 신선 식품을 구분하는 것이 중요하다. 한곳에서 식재료를 모두 사지 않고 축산물, 수산물, 청과물 등 종류별로 전문 시장에서 구입하면, 시간은 좀 걸릴지라도 더 나은 상품을 조금씩 구매할 수 있기에 낭비를 막을 수 있다. 이는 값비싼 고급 식재료를 구입할 때 더욱 중요하게 고려해야 할 사항이다.

식재료를 선택하는 일은 매우 어렵다. 재료 구입은 곧 나와 내 손님들이 소비할 상품을 결정하는 것이다. 그래서 실제로 조리의 영역을 뛰어넘는 선택이 된다. 실제로 소비자의 구매는 경제 발전의 표본에 긍정적이거나 부정적인 영향을 끼칠 수 있다. 최근에는 생산자로부터 직접 구매하는, 간소화된 유통망에 대한 소비자의 관심이 점점 커지는 추세다. 프랑스 혁명 이전부터 존재했던 가장 오래된 상품 구매 경로가 오늘날 가장 혁신적인 방법으로 여겨지는 것은 아이러니가 아닐 수 없다.

20세기 초 와인 산업의 진흥을 위해 'AOC(원산지 명칭 통제)' 규정이 신설된 이후 다양한 상표가 제정되었다. 이러한 상표는 식재료를 선택할 때 참조할 수 있는 지표가 된다. 다양한 지표가 선택을 더 복잡하게 만들기도 하지만, 그중에서도 확실히 눈에 띄는 몇 가지가 있다.

'라벨 루주Label Rouge'는 프랑스 정부에서 인증하는 유기농 제품에 붙는 마크이다. 'AB(Agriculture Biologique)'는 친환경·무공해 방식으로 재배하고 사육한 농축산물에 붙는 인증 마크이다. 단계에 따라 다를 수 있지만, 이 마크는 비교적 온건하고 덜 잔인한 동물 사육 방식을 보장하기도 한다. 동물 복지에 예민한 최근의 소비자들에게 이는 무엇보다 중요한 고려 사항이다.

이제는 맛과 영양 측면에서 좋은 식품을 먹는 것만으로 충분하지 않다. '생각해봤을 때 좋은' 식품을 선택하는 것이 바람직하다. 오로지 우리의 미각적 즐거움을 위해 동물들이 고통받는 것을 더 이상 모른 척하거나 외면해서는 안 된다.

시공간을 고려한 재료 선택

장을 보러 갔다가 필요한 재료를 구하지 못해 난감해지는 상황을 피하려면, 각 식품의 제철을 파악해 이를 고려한 메뉴를 짜야 한다. 똑같은 재료라도 더 맛있고 저렴한 시기에 구입하는 것이 가장 좋다. 그런데 사람들은 흔히 채소와 과일류의 제철은 잘 알면서도, 그 밖에 다른 신선 식품(고기, 생선, 치즈 등)의 계절성에 대해서는 간과하는 경향이 있다.

19세기에는 식품의 원산지와 계절에 신경 쓰지 않고(심지어 자연적 제약을 노골적

부스러기의 미학

음식물의 낭비와 식생활과 관련한 에너지 소비의 통제 필요성에 대한 인식이 팽배해진 오늘날, 사람들은 단순한 개인적 차원을 넘어 사회적 차원에서 문제를 제기하기 시작했다. 절약과 사회적 책무에 관한 이러한 관심은 품질이 다소 떨어지는 채소와 과일, 소비 기한을 넘긴 향신료, 채소의 밑동과 껍질, 그 밖의 부산물을 활용한 음식의 소비를 장려하는 추세로 이어진다.

요리를 시작하기 전 손을 깨끗이 씻고, 머리카락을 단정하게 고정하고, 정기적으로 행주를 교체하는 것만으로는 충분하지 않다. 그 밖에 간단하면서도 본질적인 몇 가지 규칙을 준수해야 한다. 예를 들어 냉장고에서 신선함이 가장 잘 유지되는 칸이 어디인지 파악해 구입한 식품을 꼼꼼히 포장해 넣어야 한다. 이때 오염의 위험성이 있는 식품은 서로 나란히 붙여놓지 않는다.

세균 오염의 위험성이 적고 보존에 적합한 용기에 담긴 상품은 포장된 상태 그대로 냉장고에 넣는 것이 바람직하다. 반면 유제품처럼 두꺼운 판지로 포장된 상품은 그대로 냉장하면 안 된다. 판지는 이따금 세균을 옮기는 매개체가 될 뿐 아니라, 냉기가 내용물에 닿지 못하도록 차단할 수 있기 때문이다. 따라서 이러한 제품은 구입 즉시 겉포장을 벗겨 적당한 보관 용기에 옮겨 담는 것이 좋다.

요리하는 동안 세균 증식을 최소화하려면 각종 식재료를 실온에 방치하는 것은 피해야 한다. 냉동된 식품을 해동할 때는 그냥 조리대 위에 꺼내놓지 말고 냉장실에서 천천히 녹이되, 시간이 부족할 경우에는 전자레인지를 이용한다.

으로 무시하고) 메뉴를 고르는 것이 곧 부와 권력의 상징이었다. 실제로 당시에는 제철이 아니거나 멀리 떨어진 타지 또는 외국에서 가져온 음식을 손님에게 대접하는 데 엄청난 비용이 들었다. 20세기에 들어서면서 이러한 식품은 상당히 보편화되었지만, 안타깝게도 그 과정에서 오감으로 느낄 수 있는 품질은 크게 떨어졌다. 게다가 수요가 급격히 증가하면서, 이러한 식품이 환경에 끼치는 영향도 막대해졌다.

오늘날, 최상급 셰프들은 품질이 가장 뛰어난 시기의 제철 재료를 활용해 요리의 가치를 높이는 훌륭한 예를 보여준다. 또 많은 셰프들이 지역 경제를 활성화하는 동시에 상품의 신선도는 물론, 비용과 환경 측면에서도 부정적인 요소가 많은 장거리 운송을 제한하고자 지방의 특산물 생산자와 직접 협약을 맺고 있다. 이처럼 비교적 가까운 지역에서 난 제철 식품을 이용한다는 원칙을 따르면, 그동안 잊고 있었거나 찾아보기 힘들었던 식재료를 재발견하고 새로운 맛의 세계를 탐색할 수 있다.

정리의 중요성

요리를 할 때는 필요한 재료를 적절히 배치하기 위한 넉넉한 공간이 요구된다. 식재료는 종류별로 각각 분리해놓는데, 특히 조리가 끝난 음식과 아직 조리되지 않은 음식이 서로 접촉하지 않도록 주의해야 한다. 공간이 협소할 경우, 꼭 필요하지

셰프의 모든 것

재료를 모두 갖추고, 메뉴를 정하고, 최고의 레시피를 통해 어떻게 조리해야 하는지도 알고 있다면…… 모든 준비가 끝난 것일까? 꼭 그렇지는 않다.

살림의 고수

요리할 때는 우선 음식 만들기에 적절한 환경이 갖춰졌는지 확인할 필요가 있다. 소비 기한이 넉넉해 날짜를 제대로 확인하지 않게 되는 공산품을 자주 이용하다보면, 진짜 요리를 할 때 사용하는 신선 식품의 예민함을 간과하게 된다.

구획별 냉장고 정리

냉장고 안에 식품을 정리할 때는 무조건 빈 공간에 넣지 말고, 서로 온도가 다른 각 칸에 맞게 배치해야 한다.

- 냉장실 문 안쪽 : 7~8℃ 달걀, 음료, 밀폐 용기에 담긴 공산품
- 냉장실 아래쪽(채소 박스) : 5~8℃ 신선한 채소류
- 냉장실 중간 : 3~5℃ 집에서 만든 음식, 이미 개봉한 조리식품
- 냉장실 위쪽 : 0~3℃ 육류, 생선, 해산물 등 상하기 쉬운 식품

육류, 생선, 유제품, 달걀처럼 공기와 접촉했을 때 상하기 쉬운 식품은 플라스틱 용기나 식품용 랩, 알루미늄포일 등으로 꼼꼼히 포장해 보관한다.

않으면서 자리만 차지하는 것은 모두 치워둔다.

요리를 제대로 하기 위해 더 필요한 것은 결국 조리 도구보다는 공간이다. 보통 사람들은 요리에 도움되는 각종 기기를 구입하라는 유혹을 끊임없이 받지만, 사실 조리에 꼭 필요한 도구는 그리 많지 않다. 좋은 칼 몇 자루, 계량 도구 한두 개, 조리용 팬 몇 개, 스패튤러, 푸드 프로세서 정도면 충분하다. 넉넉한 작업 공간의 장점을 충분히 활용하기 위해서는 각자의 습성과 취향에 따라 꼭 필요한 조리 도구와 그렇지 않은 것을 반드시 구분해야 한다.

시간 분배의 중요성

우리 머릿속에서 앞일을 예상하고 대비할 수 있게 하는 정밀한 상상의 시계처럼, 조리에서 타이머는 식재료를 얼마 동안 가열하고, 냉각하고, 휴지해야 하는지 제어하는 매우 중요한 역할을 담당한다. 모든 과정은 생각보다 훨씬 더 많은 시간이 소요된다. 그러므로 파테용 파트나 마리네이드해야 하는 재료는 하루 전날 준비하는 것이 좋다. 식사 때는 단시간에 모든 요리가 식탁에 차려지지만, 이를 위한 준비 과정은 한나절, 또는 그 이상이 걸린다.

균형 잡기의 기초

특별한 식사를 준비할 때는 선택한 메뉴가 손님들의 기억 속에 호감으로 남을지, 또 소화에 '지나친 부담'이 되지는 않을지도 충분히 숙고해야 한다.

일상적인 식사 준비의 경우, 음식이 건강에 미치는 영향을 반드시 고려하여 다양하고 균형 잡힌 메뉴로 구성한다.

물론 특별한 행사 또는 파티 음식은 일상의 식사만큼 건강을 고려할 필요는 없다. 그러나 모든 손님이 식사 후에 불편함을 느끼지 않도록 균형 잡힌 메뉴를 준비해야 한다. 혁신적인 누벨 퀴진의 바람이 불어닥친 1970년대 전에는 감각이 무뎌질 정도의 포만감을 손님들에게 선사하는, 부담스럽고 거한 식사가 기꺼이 용인되었다. 하지만 그 어느 때보다 활력을 중시하는 현대 사회에서는 이러한 식사를 더는 감내하지 않는 듯하다. 그 밖에도 특별한 식사를 준비할 때는 건강, 종교, 철학, 또는 단순히 개인적 선택에 따른 손님 개개인의 거부 및 금기 사항까지 실질적으로 고려해야 한다.

베푸는 마음이 없이는 요리할 수 없다

누군가를 즐겁게 해주고 싶다는 욕망은 요리에 필요한 에너지와 열정의 결정적 요인이다.

최초로 '미식학'이라는 개념을 생각했고, 단순한 레시피 모음이 아닌 이론적 저작물로 구현하는 데 몰두했던 사람들은 미식이 삶의 기술과 밀접하게 연관된다고 역설했다. 19세기 전반 앙텔므 브리야-사바랭Anthelme Brillat-Savarin은 『미각의 생리학Physiologie du goût』이라는 저서에서 '누군가를 초대하려면 그 사람이 내 집에 머무는 동안 행복하도록 책임져야 한다'고 말했다.

준비하기, 제공하기, 기쁘게 하기

재료와 레시피를 정함으로써, 그리고 음식이 일깨워주는 기억과 발견을 선택함으로써 한 끼의 식사는 이미 잘 알려진 영역을 재발견하거나 새로운 영역을 있는 그대로 탐색할 수 있는 기회가 된다.

손님 접대를 잘하려고 신경 쓰는 것은 자신의 임무를 정확하게 이해한 호스트의 단순한 자존심이라기보다 자신의 지식과 기량을 타인과 나누는 데 행복을 느끼는 안내자로서의 의지 표현이다. 그러므로 손님 초대는 곧 모든 수단을 다 동원해 즐거움을 추구하는 것이다.

게다가 식사를 일종의 선물로 생각하고 구성했기 때문에 프랑스에서는 라틴계 나라들과 마찬가지로 모든 손님에게 동일한 식사를 제공하는 것이 오래된 규범이었다. 실제로 함께 식사한다는 것이 반드시 똑같은 음식을 먹는 것을 의미하지는 않는다는 생각은 최근에서야 받아들여지기 시작했다.

상상력의 발휘

기존의 레시피에서 조리 과정상 반드시 준수해야 할 사항이 무엇인지만 파악하면 자신만의 새로운 레시피를 고안할 수 있다. 재료를 다른 것으로 대체하고, 플레이팅 방법을 바꾸고, 원래는 없던 향신료나 양념을 첨가함으로써 새로운 맛을 찾아내고, 고전적인 레시피를 재해석하는 것이다.

성공을 항상 보장할 수는 없다. '속은 익지 않고 겉만 시커멓게 타서' 실패한다 해도, 그 역시 하나의 경험이 된다. 실수는 수련의 일부로서 중요한 가치를 지니며, 때로는 뜻하지 않게 눈부신 성공적 결과를 낳기도 한다. 전설이 사실이라면(사실에 가까운 경우가 많기는 하다), 타탱 자매가 프랑스 제과 분야에서 손꼽히는 고전 레시피 중 하나를 만들어낸 것은 사과 타르트를 만들다가 실수를 저지른 덕분이었다.

순간의 맛

요리할 때 들이는 모든 노고와 열정, 시간은 식사하는 동안 음식과 함께 우리의 뱃속으로 사라진다. 맛과 관련된 감정은 유난히 전달하기 어렵다. 하지만 그 감정을 함께 나누려 노력하면 감각적인 동시에 감정적인 기억을 다른 사람들에게 전할 수 있다.

레스토랑에서 요리가 나왔을 때, 플레이팅을 감상하거나 향을 맡는 대신 카메라부터 들이대는 최근의 추세는 음식의 재료들을 밋밋하게 만들고, 색깔을 훼손하고, 향과 식감을 없애더라도 그 음식에 대한 기억을 공유하기 위해 사진으로 남길 필요가 있음을 방증한다. 셰프들은 보통 이러한 행위에 대해 부정적인 입장이다. 그 이유는 단순히 자신의 요리가 왜곡된 조명에 노출되어 가치가 떨어지는 것이 싫어서가 아니다. 사진을 찍는 행위는 일시적 열정을 담은 순간의 작품이어야 하는 '조리 예술'의 기본 원칙에 완전히 위배되기 때문이다.

약간의 마법을 부릴 수 없다면, 굳이 힘들게 요리를 만들 필요가 없다.

—콜레트

일시적인 즐거움에 에너지를 쏟고, 잠깐 눈으로 감상하고 향을 맡은 뒤 곧장 먹어 없앨 요리를 준비하고자 온갖 정성을 다하려면 일종의 겸허함이 필요하다. 더욱이 먹는 사람들은 각자의 입맛에 따라 그 요리를 그다지 즐기지 않을 수도 있으니 말이다.

사람들은 종종 음식을 만드는 행위가 정말 예술인지 묻는다. 이에 대해 셰프들은 대체로 미식가들처럼 긍정적인 반응을 보이는데, 그 이유는 '조리 예술'이라는 말이 있어서다. 그러나 예술이냐 아니냐의 문제를 뛰어넘어 요리는 —그것이 셰프의 것이든, 가장 일상적인 것이든, 특별한 날을 위한 것이든— 감각과 섬세한 주의, 수고와 노력, 창의성과 정확성을 쏟아부어 만들어내는 하나의 이야기다. 요리는 타인을 향한 관대함의 표현이자 애정의 표시다.

기름, 식초, 기타 양념

셰리 식초

발사믹 식초

땅콩기름

라즈베리 식초

올리브유

참기름

호두기름

홀그레인 머스터드

간장

케이퍼베리

KIKKOMAN
NATURALLY BREWED
Soy Sauce
150 ml e

고운 소금(정제염)

플뢰르 드 셀

케이퍼

게르킨 오이 피클

타라곤 머스터드

통후추

굵은소금(천일염)

머스터드

코르니숑

타바스코

TABASCO
BRAND
PEPPER SAUCE
57 mL

TABASCO
BRAND
GREEN PEPPER SAUCE
57 mL

향신초

월계수 잎

고수

차이브

히솝

민트

딜

타임

소럴

타라곤

바질

파슬리

세이지

로즈메리

향신료

고춧가루

팔각

정향

생강

고수씨

커민

파프리카 가루

넛메그(육두구 씨)

시나몬(계피)

키벨레 후추

인도 긴 후추

사프란

5가지
페퍼콘 믹스

핑크 페퍼콘

백후추

커리

비네그레트

난이도: 👨‍🍳
분량: 200ml
준비 시간: 5분

재료
레드와인 식초 3TS (레몬 비네그레트는 레몬즙 3TS)
오일 9TS, 소금 3자밤, 후춧가루

도구: 거품기

▪ 비네그레트용 오일은 해바라기씨유, 포도씨유, 땅콩기름 같은 일반 중성유를 사용한다.
올리브유, 호박씨유, 참기름 같은 저온압착유도 고려해볼 수 있다. ▪

1 볼에 식초(또는 레몬즙)와 소금을 넣고, 소금이 녹을 때까지 거품기로 충분히 휘젓는다.

2 오일을 조금씩 부으면서 계속 휘저어 섞어준다. 후춧가루로 간을 하고 마무리한다.

Sauce moutarde

머스터드 비네그레트

난이도: 🧢
분량: 200ml
준비 시간: 5분

재료
레드와인 식초(또는 레몬즙) 3TS, 디종 머스터드 2ts,
오일 150ml, 소금 3자밤, 후춧가루

도구: 거품기

1 볼에 식초(또는 레몬즙)와 머스터드, 소금을 넣는다. 소금이 녹을 때까지 거품기로 충분히 휘젓는다.

2 오일을 조금씩 부으면서 머스터드와 잘 섞이도록 휘저어 점성이 생기게 한다. 후춧가루로 간을 마무리한다.

(차가운) 라비고트 소스

난이도: 🍳
분량: 200ml
준비 시간: 10분

도구: 도마, 식칼, 거품기

재료
작은 양파 1개,
다양한 종류의 허브(파슬리, 처빌, 차이브, 타라곤 등) 믹스 1묶음,
레드와인 식초 2TS, 머스터드 2ts,
올리브유 또는 해바라기씨유 6TS,
케이퍼 1TS, 소금, 후춧가루

1 양파는 껍질을 벗겨 잘게 다진다. 허브는 물에 가볍게 헹궈 물기를 제거한 다음 잘게 썬다.

2 볼에 식초와 머스터드를 넣고 거품기로 섞은 다음, 소금과 후춧가루로 간한다.

3 2에 오일을 조금씩 부어가며 충분히 휘저어 섞는다.

4 잘게 다진 허브를 넣고, 케이퍼와 다져둔 양파를 추가한다.

Mayonnaise

마요네즈

<hr />

난이도: 👨‍🍳 👨‍🍳
분량: 250ml
준비 시간: 5분

도구: 거품기

재료
달걀노른자 1개(실온 상태), 디종 머스터드 1ts,
해바라기씨유 20ml,
레몬즙(레몬 1/2개 분량) 또는 화이트와인 식초 2TS,
소금, 후춧가루

1 볼에 달걀노른자와 머스터드를 넣고 거품기로 충분히 휘
저어 섞는다. 소금과 후춧가루로 간한다.

2 1에 오일을 처음에는 몇 방울씩 넣다가 점점 양을 늘려가
며 섞는다. 이때 달걀노른자와 오일이 분리되지 않도록
계속 세게 저어준다.

3 재료가 엉기면서 마요네즈가 만들어지기 시작하면 오일
을 조금씩 더 부으면서 계속 휘젓는다.

4 식초(또는 레몬즙)를 넣어 마요네즈의 농도를 조절하고,
간을 맞춘다.

Sauce tartare

타르타르 소스

난이도: 👨‍🍳👨‍🍳
분량: 250ml
준비 시간: 10분 · 조리 시간: 5분

재료
차이브 1/2묶음, 작은 양파 1개, 달걀 1개, 머스터드 1ts,
해바라기씨유 200ml, 화이트와인 식초 2TS,
소금, 후춧가루

도구: 도마, 식칼, 거품기

1 차이브는 물에 가볍게 헹궈 물기를 제거한 뒤 잘게 썬다. 양파도 껍질을 벗겨내고 다진다.

2 달걀은 5분간 삶아 반숙된 노른자만 따로 분리한다. 볼에 달걀노른자와 머스터드를 넣고 거품기로 충분히 섞은 뒤 소금과 후춧가루를 더한다.

타르타르 소스는 전통적으로 빵가루나 밀가루를 입혀 튀긴 생선 요리에 곁들인다.

3 2에 오일을 아주 조금씩 부으면서 오일과 달걀이 분리되지 않도록 계속 세게 휘젓는다.

4 잘게 썬 차이브, 다진 양파, 식초를 넣고 섞어준다. 마지막으로 간을 맞춘다.

Sauce gribiche

그리비슈 소스

난이도: 👨‍🍳👨‍🍳

분량: 250ml

준비 시간: 15분 · 조리 시간: 7분

도구: 도마, 식칼, 거품기

재료

3종 이상의 허브 믹스 1묶음(전통적으로는 파슬리, 처빌,
타라곤이 쓰이나, 바질이나 고수를 사용해도 좋다), 달걀 1개,
올리브유 또는 해바라기씨유 150ml,
시드르* 식초 2TS, 케이퍼 1TS,
코르니숑 피클 다진 것 1TS, 소금, 후춧가루

1 허브는 물에 가볍게 헹궈 물기를 제거한 다음 잘게 다진다.

2 달걀은 7분간 삶아 흰자는 따로 다져놓고, 노른자는 볼에 담는다.

3 달걀노른자를 거품기로 으깬 다음 오일을 몇 방울씩 섞는다. 오일의 양을 조금씩 늘리되, 노른자와 분리되지 않도록 계속 휘저어준다.

4 3에 식초와 다져놓은 달걀흰자를 섞고, 케이퍼, 다진 코르니숑 피클, 허브를 추가한다. 마지막으로 간을 맞춘다.

* 시드르cidre: 사과로 만든 술. 발포성發泡性이 있으며, 단맛이 약간 난다.

Sauce raifort

호스래디시 소스

난이도: 🍳

분량: 200ml

준비 시간: 15분

도구: 강판, 거품기

재료

호스래디시(서양고추냉이) 뿌리 50g, 머스터드 1TS,
카옌 고춧가루* 약간, 크렘 프레슈* 3TS,
화이트와인 식초 1TS, 소금, 후춧가루

1 호스래디시를 강판에 아주 곱게 갈아 볼에 담는다.

2 1에 머스터드와 카옌 고춧가루, 크림을 차례로 넣는다.

3 2를 거품기로 잘 섞어준다.

4 식초를 넣고 다시 섞어준 뒤 간을 맞추어 완성한다.

* 카옌 고춧가루cayenne pepper: 북미산 생칠리를 말려서 가루로 만든 강한 매운맛의 양념
* 크렘 프레슈crème fraîche: 젖산을 첨가해 약간 발효시킨 크림으로 사워크림과 아주 유사한 프랑스 유제품이다. 유지방 함량은 28% 정도로 사워크림보다
  덜 시고 점도가 낮다.

Sauce verte

베르트 소스(그린 소스)

≈≈≈

난이도: 👨‍🍳👨‍🍳

분량: 300ml

준비 시간: 15분 · 조리 시간: 2분

도구: 큰 냄비, 작은 냄비, 거름망, 핸드블렌더,
거품기, 에퀴무아르*

재료

1종 이상의 허브 믹스 1 묶음
(어린 시금치, 크레송*, 소럴, 파슬리 등),
달걀노른자 1개, 머스터드 1ts, 해바라기씨유 150ml,
생크림 100ml(거품기로 쳐서 반고체 상태로 준비),
레몬 1/2개, 소금, 후춧가루

1 허브는 다듬어 물에 가볍게 헹군 뒤 끓는 물에 2분간 데친다.

2 데친 허브를 얼음물에 담가 식힌 다음, 거름망에 올려놓고 에퀴무아르로 눌러 물기를 제거한다.

* 크레송cresson: 물냉이. 톡 쏘는 매운 맛이 나서 샐러드 재료로 많이 이용된다. 영어로는 워터크레스watercress라 한다.
* 에퀴무아르écuimoire: 긴 손잡이가 달린 구멍 뚫린 국자. 주로 거품을 걷어낼 때 쓴다. 영어로는 스키머skimmer 또는 슬로티드 스푼slotted spoon이라 한다.

3 물기 뺀 허브를 작은 냄비에 넣고 핸드블렌더로 간다.

4 볼에 달걀노른자와 머스터드를 넣고 거품기로 섞어준 뒤 소금과 후춧가루를 뿌린다.

5 4에 오일을 몇 방울씩 부으면서 거품기로 세게 휘저어 섞는다. 오일의 양은 조금씩 천천히 늘린다.

6 소스에 크림, 갈아둔 허브를 넣어 섞는다. 개인 취향에 따라 레몬즙을 약간 더해도 좋다.

Sauce béchamel

베샤멜 소스

~ ♥ ~

난이도: ♟♟

분량: 250ml

준비 시간: 5분 · **조리 시간:** 10분

재료

우유 150ml, 버터 15g, 밀가루 15g, 넛메그,
소금, 백후춧가루

도구: 바닥이 두꺼운 냄비 2개, 거품기, 강판

1 냄비에 우유를 데운다. 또 다른 냄비에 버터를 녹인 다음
밀가루를 넣고 거품기로 섞어 블론드 루roux를 만든 뒤
그대로 식힌다.

2 루를 만들어둔 냄비에 따뜻한 우유를 붓는다. 덩어리가
생기지 않도록 거품기로 계속 휘저어준다. 냄비를 불에
올려 소스를 끓인다.

3 소스를 거품기로 계속 저으며 약한 불에서 7분 이상 끓인
다. 소스의 농도가 균질하게 걸쭉해질 때까지 끓인다.

4 소금, 후춧가루를 뿌리고, 필요에 따라 넛메그를 갈아 넣
는다.

Sauce Mornay

모르네 소스

난이도: 👨‍🍳👨‍🍳

분량: 300ml

준비 시간: 10분 · **조리 시간:** 15분

도구: 냄비, 거품기

재료

조미하지 않은 베샤멜 소스 250ml(38쪽 참조), 달걀노른자 1개,
크렘 프레슈 1TS, 강판에 간 그뤼예르 치즈 35g,
소금, 백후춧가루(흑후춧가루도 무방함)

▪ 이 소스는 베샤멜 소스를 응용한 것이다 ▪

1 볼에 달걀노른자와 크림을 넣고 거품기로 휘저어 섞는다.

2 미리 준비해둔 베샤멜 소스에 달걀노른자 혼합물을 부으면서 거품기로 세게 젓는다.

3 소스가 담긴 냄비를 약한 불에 올리고 강판에 간 치즈를 넣는다.

4 소스가 절대 끓지 않도록 주의하면서 치즈가 녹을 때까지 거품기로 휘젓는다. 소금, 후춧가루로 간을 해 완성한다.

Sauce Soubise

수비즈 소스

난이도: 👨‍🍳👨‍🍳

▪ 이 소스는 베샤멜 소스를 응용한 것이다. ▪

1 양파는 껍질을 벗겨 슬라이스한다.

2 소퇴즈에 버터와 양파를 넣고 소금, 후춧가루를 뿌린다. 슈거 파우더도 약간 추가한다.

3 뚜껑을 덮고 약 15분간 아주 약한 불에 뭉근하게 졸인다.

4 양파가 익는 동안 베샤멜 소스를 준비해 양파가 담긴 소퇴즈에 섞는다.

분량: 400ml

준비 시간: 15분 · 조리 시간: 30분

도구: 도마, 식칼, 소퇴즈*, 핸드블렌더, 거품기

재료

맵지 않은 큰 양파 2개, 버터 50g,
슈거 파우더 1자밤,
조미하지 않은 베샤멜 소스 250ml(38쪽 참조),
크렘 프레슈 5TS, 소금, 후춧가루

5 약한 불에 15분 이상 그대로 끓여 익힌다.

6 핸드블렌더로 곱게 간다.

7 소스가 담긴 소퇴즈를 다시 불에 올리고 크림을 넣는다.

8 거품기로 잘 섞은 뒤 간을 맞추어 완성한다.

* 소퇴즈sauteuse: 긴 손잡이가 달린, 평평하고 넓은 소테 전용 냄비로 가장자리가 나팔처럼 벌어졌다. 프라이팬보다 약간 더 깊이가 있다.

올랑데즈* 소스

난이도: 👨‍🍳👨‍🍳👨‍🍳
분량: 300ml
준비 시간: 10분 · **조리 시간:** 10분

재료
버터 250g, 화이트와인 식초 2TS, 달걀노른자 4개,
레몬 1/2개, 소금, 후춧가루

도구: 바닥이 두꺼운 작은 냄비 2개, 소퇴즈, 거품기

셰프의 한마디

올랑데즈 소스는 생선찜, 에그 베네딕트, 아스파라거스에 곁들이는 기본 소스다.

1 작은 냄비에 버터를 뭉근하게 녹인다. 또 다른 냄비에 식초와 물을 각 2TS씩 넣고 약한 불에서 양이 절반으로 줄어들 때까지 졸인다.

2 소퇴즈 안에 식초물이 담긴 냄비를 앉혀 중탕하고, 달걀노른자를 넣는다.

* 올랑데즈hollandaise는 프랑스어로 '네덜란드식'을 뜻한다. 영어로 읽을 땐 '홀랜다이즈'로 발음된다.

3 달걀 노른자를 넣은 식초물에 고운 거품이 일 때까지 거품기로 부드럽게 저어준다.

4 3의 냄비를 불에서 내리고 녹인 버터를 조금씩 섞는다. 이때 계속 거품기로 저어 버터와 달걀 혼합물이 분리되지 않게 한다.

5 간을 맞추고, 레몬즙을 첨가한다.

6 소스는 질감이 부드럽고 매끈해야 한다. 완성 후 바로 사용한다.

Sauce mousseline

무슬린 소스

난이도: 🍳🍳🍳
분량: 450ml
준비 시간: 5분

재료
생크림 150ml(거품기로 쳐서 반고체로 상태로 준비),
올랑데즈 소스 300ml(42쪽 참조)

도구: 거품기

▪ 이 소스는 올랑데즈 소스를 응용한 것이다. ▪

1 올랑데즈 소스에 생크림을 첨가한다.

2 거품기로 가볍게 섞은 뒤 바로 사용한다.

Sauce maltaise

말테즈 소스

난이도: 👨‍🍳👨‍🍳👨‍🍳

분량: 350ml

준비 시간: 5분 · 조리 시간: 9분

재료

유기농 오렌지 제스트*(오렌지 1개 분량),
오렌지즙(오렌지 1/2개 분량), 올랑데즈 소스 300ml(42쪽 참조)

도구: 큰 냄비, 거품기

▪ 이 소스는 올랑데즈 소스를 응용한 것이다. ▪

1 끓는 물에 오렌지 제스트를 3분 간 데친 뒤 찬물에 헹군다. 이 과정을 두 번 반복한다.

2 오렌지 주스는 양이 절반으로 줄 때까지 졸이고 데친 제스트와 함께 홀란다이즈 소스에 넣는다. 거품기로 가볍게 휘저어 섞은 뒤 바로 사용한다.

45 기본

* 제스트zest: 오렌지나 레몬의 껍질. 색깔이 있는 가장 바깥쪽 표피만 향미를 위해 사용한다.

Sauce au vin blanc

화이트와인 소스

난이도: ♟♟♟
분량: 350ml
준비 시간: 5분 · 조리 시간: 9분

도구: 소퇴즈, 냄비, 거품기

재료
생선육수 150ml(88쪽 참조), 드라이한 화이트와인 150ml,
버터 40g, 밀가루 10g,
액상 생크림 50ml, 소금, 후춧가루

1 소퇴즈에 생선 육수와 화이트와인을 붓고, 양이 3분의 1로 줄어들 때까지 졸인다.

2 냄비에 버터와 밀가루를 각 10g씩 넣고 색이 나지 않게 볶아 화이트 루를 만든다.

3 1의 혼합물을 루에 부으면서 거품기로 섞어준다.

4 약한 불에 15분간 뭉근하게 끓인다.

5 생크림을 넣고 다시 끓인다.

6 남은 버터를 넣고 거품기로 충분히 휘젓는다. 소금, 후춧
가루로 간을 하고 마무리한다.

Sauce à glacer

소스 아 글라세

난이도: 🧑‍🍳🧑‍🍳🧑‍🍳

분량: 550ml

준비 시간: 10분

도구: 냄비, 거품기

재료
올랑데즈 소스 200ml(42쪽 참조),
화이트와인 소스 250ml(46쪽 참조), 액상 생크림 100ml,
소금, 후춧가루

▪ 화이트와인 소스를 응용한 이 소스는 보통 서비스용 접시에 담긴 생선 요리 위에 끼얹는다.
요리를 내가기 직전 샐러맨더*나 오븐에 잠시 올려 색이 나게 만들어 제공한다. ▪

1 따뜻한 화이트와인 소스에 올랑데즈 소스를 넣어 섞는다.

2 거품기로 쳐서 반고체 상태가 된 생크림을 **1**과 가볍게 섞
어준다. 소금, 후춧가루로 간을 하고 마무리한다.

* 샐러맨더salamander: 그릴과 반대로 열원이 위쪽에 있는 조리 기구. 음식을 익히거나 색을 낼 때 사용한다.

Sauce béarnaise

베아르네즈* 소스

난이도: ♟♟
분량: 250ml
준비 시간: 15분 · 조리 시간: 25분

도구: 도마, 식칼, 바닥이 두꺼운 작은 냄비 2개,
소퇴즈, 거품기, 거름망

재료
타라곤 1묶음, 샬롯 3개, 레드와인 식초 150ml,
굵게 빻은 후추 1ts, 버터 150g
달걀노른자 3개, 소금

1 타라곤은 물에 헹궈 물기를 제거한 뒤 잘게 썬다. 샬롯은 껍질을 벗겨 다진다.

2 레드와인 식초를 냄비에 붓고 데우다가 다진 샬롯과 후추를 넣는다.

3 센 불에 수분이 거의 다 날아갈 때까지 바짝 졸인다.

4 또 다른 냄비에 버터를 뭉근히 녹인다. 이때 표면에 뜨는 거품과 불순물은 모두 걷어낸다.

* 베아르네즈béarnais는 프랑스어로 '베아른식'을 뜻하며 지명 베아른béarn에서 유래되었지만, 그 지역과 특별한 관계는 없다.

5 3의 졸인 샬롯을 냄비째 소퇴즈 안에 넣어 중탕하다가 달걀노른자를 넣는다.

6 사바용 소스*처럼 질감이 가볍고 부드러워질 때까지 거품기로 충분히 휘젓는다.

7 냄비를 불에서 내린 뒤, 소스를 저으면서 녹여둔 버터를 조금씩 섞는다.

8 소스를 숟가락 뒷면으로 눌러가며 거름망에 거른다.

9 잘게 썰어둔 타라곤을 소스에 넣는다.

10 소금 간을 하고 숟가락으로 잘 섞어 마무리하고 바로 사용한다.

* 사바용 소스sabayon sauce: 노른자와 설탕을 중탕하면서 거품을 내고 와인이나 샴페인, 리큐르, 증류주 등을 더한 소스

Sauce Choron

쇼롱 소스

난이도: 👨‍🍳👨‍🍳

분량: 300ml

준비 시간: 5분

재료

졸인 토마토 퓌레 1TS(460쪽 참조),
베아르네즈 소스 250ml(48쪽 참조)

▪ 이 소스는 베아르네즈 소스를 응용한 것이다. ▪

1 베아르네즈 소스에 졸인 토마토 퓌레를 넣는다.

2 숟가락으로 고루 잘 섞는다.

Sauce Foyot

포요트 소스

난이도: 👨‍🍳👨‍🍳
분량: 250ml
준비 시간: 5분

재료
글라스(70쪽 참조) 1TS,
베아르네즈 소스 250ml(48쪽 참조)

▪ 이 소스는 베아르네즈 소스를 응용한 것이다. ▪

1 베아르네즈 소스에 글라스 드 비앙드를 첨가한다.

2 숟가락으로 고루 잘 섞는다.

뵈르 블랑

난이도: 👨‍🍳👨‍🍳
분량: 250ml
준비 시간: 10분 · **조리 시간:** 10분

재료
굵은 샬롯 2개, 드라이한 화이트와인 150ml, 화이트와인 식초 2TS, 가염 버터 200g(작은 조각으로 잘라 실온에 둔 것), 후춧가루

도구: 도마, 식칼, 냄비, 거품기

셰프의 한마디
2단계에서 수분을 약간 남기지 않으면 버터의 몽테*가 제대로 이뤄지지 않는다.

1 샬롯은 껍질을 벗겨서 잘게 다진다.

2 냄비에 다진 샬롯과 화이트와인, 식초를 넣고, 수분이 약간 남을 정도까지 졸인다.

3 불을 아주 약하게 줄이고, 2에 버터를 조금씩 넣으면서 거품기로 계속 젓는다.

4 소스의 질감이 가볍고 부드러워질 때까지 계속 저어준다. 후춧가루로 마무리한 뒤 바로 사용한다.

* 몽테monter: 소스의 마무리 단계에서 버터를 넣어 풍미와 윤기를 더하는 것

Beurre nantais

뵈르 낭테

난이도: 👨‍🍳👨‍🍳

분량: 300ml

준비 시간: 10분 · 조리 시간: 10분

도구: 도마, 식칼, 냄비, 거품기

재료

굵은 샬롯 2개, 드라이한 화이트와인 150ml,
화이트와인 식초 2TS, 액상 생크림 100ml,
가염 버터 200g(작은 조각으로 잘라 실온에 둔 것),
후춧가루

▪ 이 소스는 뵈르 블랑을 응용한 것이다. ▪

1 뵈르 블랑의 조리 과정의 2단계(52쪽 참조)까지 만들어 준비한다.

2 생크림을 넣고 살짝 졸인다.

3 불을 아주 약하게 줄이고, 버터 조각을 조금씩 넣으면서 거품기로 계속 젓는다.

4 소스의 질감이 부드러운 크림처럼 될 때까지 계속 저어 준다. 후춧가루로 간을 마무리한 뒤 바로 사용한다.

뵈르 마르샹 드 뱅

난이도: 👨‍🍳👨‍🍳
분량: 200g
준비 시간: 10분 ·
조리 시간: 10분 · **냉장 시간:** 2시간

도구: 도마, 식칼, 냄비, 식품용 랩

재료
중간 크기 샬롯 2개(곱게 다져 준비), 레드와인 200ml,
소고기 콩소메 200ml(78쪽 참조),
무염 버터 200g(작은 조각으로 잘라 실온에 둔 것),
다진 파슬리 1TS, 소금, 후춧가루

셰프의 한마디
버터는 (적당한 크기로) 잘라 유산지 위에 놓고 반듯한 모양으로 얼린 다음, 봉지나 작은 밀폐 용기에 담아 보관한다.

1 냄비에 다진 샬롯을 넣고 레드와인을 붓는다.

2 수분이 거의 다 날아갈 때까지 졸인다.

3 2에 콩소메를 넣고 다시 졸인다. 국물이 묽은 시럽 상태가 되면 불을 끄고 샐러드 볼에 옮겨 담은 뒤 실온에서 식힌다.

4 졸인 샬롯에 실온에서 녹인 버터를 넣고 스패튤러로 잘 섞는다. 필요하면 소금 간을 하고, 후춧가루와 다진 파슬리를 넣는다.

5 도마에 랩을 깔고 그 위에 **4**를 올린 뒤 랩을 감싸 지름 4~5cm의 원기둥을 만든다. 양쪽 끝부분을 묶은 다음 냉장고에 최소한 2시간 동안 넣어둔다.

6 식탁에 낼 때는 랩을 벗기고 적당한 크기로 잘라서 구운 소고기(등심, 치마살, 토시살 등)에 곁들인다.

버터 정제하기

난이도: 👨‍🍳👨‍🍳

도구: 작은 냄비, 고운 거름망

셰프의 한마디

정제 버터(뵈르 클라리피에)는 중탕법으로도 만들 수 있다.

1 냄비에 주사위 모양으로 자른 버터를 넣는다.

2 아주 약한 불에서 버터를 색이 나지 않도록 뭉근하게 녹인다.

3 위쪽에 떠오르는 거품과 불순물을 빠짐없이 꼼꼼히 걷어낸다.

4 냄비 바닥에 가라앉은 유장*이 섞이지 않도록 주의하면서 정제된 버터만 우묵한 그릇에 조심스럽게 옮겨 담는다. 냄비에 남는 것은 사용하지 않고 버린다.

* 유장乳漿: 젖 성분에서 단백질과 지방을 빼고 남은 부분

Réaliser du beurre blond et noisette

블론드 버터(뵈르 블롱), 헤이즐넛 버터(뵈르 누아제트) 만들기

난이도: 👨‍🍳👨‍🍳

도구: 코팅된 프라이팬, 고운 거름망

1 프라이팬에 주사위 모양으로 자른 버터를 넣는다.

2 블론드 버터(뵈르 블롱): 유장이 모두 증발하고 버터의 색이 노릇해지면서 탁탁 소리가 나기 직전까지 끓인다.

3 헤이즐넛 버터(뵈르 누아제트): 버터에서 더 이상 탁탁 소리가 나지 않고 헤이즐넛 향과 색깔이 날 때까지 계속 끓인다.

4 불을 끄고 곧바로 버터를 거름망에 거른다.

Sauce bigarade

비가라드 소스

난이도: 🧑‍🍳🧑‍🍳

1 오렌지 제스트를 벗겨 가늘게 채 썬다. 남은 오렌지 과육은 짜서 즙을 낸다.

2 작은 냄비에 찬물을 붓고 오렌지 제스트를 넣어 불에 올린다.

3 물이 끓기 시작하면 오렌지 제스트를 건져 찬물에 헹군다. 이 과정을 2회 반복한다.

4 큰 냄비에 설탕을 넣고 갈색 시럽이 될 때까지 끓인 다음, 식초를 섞어 다시 묽게 만든다.

분량: 200ml

준비 시간: 15분 · 조리 시간: 15분

도구: 도마, 식칼, 큰 냄비, 작은 냄비

재료

유기농 오렌지 1개, 슈거 파우더 2ts,
레드와인 식초 1TS, 닭 육즙 소스 250ml(72쪽 참조),
버터 30g, 소금, 후춧가루

5 4에 닭 육수와 오렌지즙을 붓고, 전체 양이 2분의 1로 줄어들 때까지 약 10분간 뭉근하게 졸인다. 필요하면 소금과 후춧가루를 뿌려 간을 맞춘다.

6 냄비를 불에서 내리고 소스에 버터를 넣는다.

7 냄비를 가볍게 흔들어가며 버터를 녹인다.

8 앞에서 데쳐둔 오렌지 제스트를 섞어 마무리한다.

Sauce suprême

슈프림 소스

난이도: 👨‍🍳 👨‍🍳

셰프의 한마디

레몬즙 몇 방울을 첨가하면 소스의 맛이 더 확실히 살아난다.

1 냄비에 버터 20g을 녹이고 밀가루를 넣는다.

2 거품기로 세게 휘저어 블론드 루를 만든다.

3 2에 닭고기 부용을 부으면서 덩어리가 생기지 않도록 계속 휘젓는다.

4 소스가 끓기 시작하면 불을 약하게 줄이고 농도가 걸쭉해질 때까지 10분간 끓인다.

분량: 500ml

준비 시간: 10분 · 조리 시간: 25분

도구: 바닥이 두꺼운 큰 냄비, 거품기, 거름망

재료

버터 40g, 밀가루 30g,
연한 갈색의 닭고기 부용 차가운 것 500ml(74쪽 참조),
크렘 프레슈 2TS, 소금, 백후춧가루

5 소스에 생크림을 넣고, 가끔 저어주면서 다시 10분 이상 뭉근하게 졸인다.

6 간을 맞춘 뒤 소스를 고운 거름망에 거른다.

7 남은 버터 20g을 사용하기 직전에 넣는다.

8 소스의 질감이 매끄러워질 때까지 거품기로 세게 저어 섞는다.

Sauce bordelaise

보르들레즈* 소스

난이도: 👨‍🍳👨‍🍳👨‍🍳

분량: 200ml

준비 시간: 15분 · 불순물 제거 시간: 1시간 ·

조리 시간: 15~20분

도구: 작은 냄비 2개, 큰 냄비 1개, 도마, 식칼, 거름망

재료

송아지뼈 2토막에서 추출한 매로*(약 8cm 길이),
샬롯 2개(다져 준비), 버터 60g, 보르도산 레드와인 200ml,
타임 1줄기, 월계수 잎 1/2장,
드미글라스 200ml(70쪽 참조),
다진 파슬리 1TS(선택), 소금, 후춧가루

1 매로를 찬물에 1시간 동안 담가 핏물을 제거한 후 끓는 물에 넣어 8분간 삶은 뒤 그대로 식힌다.

2 식은 매로를 에퀴무아르로 건져 물기를 제거하고 작은 주 사위 모양으로 썬다.

3 큰 냄비에 버터 30g과 다져둔 샬롯을 색이 나지 않게 볶 는다.

4 3에 레드와인을 붓는다.

* 보르들레즈는 프랑스어로 '보르도Bordeaux식'을 뜻한다. 보르도는 포도주의 주산지인 프랑스 남서부 항구 도시이다.

* 매로marrow: 소나 송아지의 정강이뼈 안에 들어 있는 부드러운 섬유질의 골수. 특히 유럽에서 고급 요리 재료로 쓰이며, 오소부코나 수프에 들어간다.

5 와인이 끓으면 불을 붙여 플랑베* 한다.

6 타임과 월계수 잎을 넣고 수분이 거의 없어질 때까지 졸인다.

7 드미글라스를 붓고 계속 졸인다. 소스를 묻힌 숟가락에 손가락 끝으로 줄을 그었을 때 손가락이 지나간 자국이 남아 있을 정도*가 되면 불을 끈다.

8 소스를 거름망에 걸러 (또 다른) 작은 냄비에 옮긴다.

9 소금과 후추로 간을 맞추고 남은 버터 30g을 마저 넣는다.

10 냄비를 가볍게 흔들어 버터를 녹게 한 뒤 매로를 섞는다. 사용하기 직전에 다진 파슬리를 넣는다.

* 플랑베flamber: 요리에 코냑이나 와인 같은 술을 넣고 불을 붙여서 재료의 잡냄새를 날리고, 향미를 더하는 조리법.

Sauce poivrade

푸아브라드 소스

난이도: 🧑‍🍳🧑‍🍳

분량: 250ml

준비 시간: 20분 · 조리 시간: 20분

셰프의 한마디

8단계에서 마지막으로 생크림을 넣어도 좋다.

1 삼겹살을 주사위 꼴로 썬다.

2 소퇴즈에 버터를 넣어 녹이고 삼겹살을 넣는다.

3 2에 채소 미르푸아, 부케 가르니, 통후추 10알을 첨가한다.

4 약한 불에서 약 10분간 볶는다.

재료

신선한 삼겹살 50g, 버터 20g,
당근 1개, 셀러리 1/2줄기,
양파 1/2개(채소 모두 미르푸아로 썰어 준비, 440쪽 참조),
부케 가르니 1개, 통후추 20알,

와인 마리네이드* 150ml(290쪽 참조),
레드와인 식초 80ml, 드미글라스 250ml(70쪽 참조),
크렘 프레슈 1TS(선택)

도구: 도마, 식칼, 소퇴즈, 작은 냄비, 거름망

5 마리네이드를 끓인 뒤 거름망에 거르고, 볶은 채소와 섞는다.

6 식초를 붓고 센 불에 졸인다.

7 드미글라스를 붓고, 약한 불에 15분 이상 뭉근하게 졸인다.

8 남은 통후추를 빻아 소스에 넣고 5분간 향을 우려낸다. 소금 간을 하고 소스를 고운 체에 거른다.

* 마리네이드marinade: 고기나 생선을 조리하기 전에 맛을 들이거나 육질을 연하게 만들기 위해 재워 두는 향미 액체, 또는 그 액체에 재우는 작업

Fond blanc de volaille

맑은 닭육수

난이도: 🎩

분량: 750ml

준비 시간: 15분 · 조리 시간: 2시간 30분

재료

닭 날개 1kg, 당근 1개, 리크 1줄기(크게 토막 낸 것),
양파 1개, 정향 1개, 껍질을 벗기지 않은 마늘 2쪽,
부케 가르니 1개, 셀러리 1줄기

도구: 마르미트*, 거름망

셰프의 한마디

닭육수는 냉장고에서 2일 동안 보관이 가능하며, 그 후에는 냉동해야 한다.
닭 날개 대신 송아지 정강이로도 맑은 육수를 만들 수 있다.

1 마르미트에 닭 날개를 넣고 물 2L를 붓는다.

2 2분간 끓인 뒤 위쪽에 떠오른 불순물을 걷어낸다.

* 마르미트marmite: 금속 또는 도기 재질의 크고 속이 깊은 냄비. 영어로는 스톡 포트stock pot라고 한다.

3 준비한 채소를 넣고, 마늘과 부케 가르니도 첨가한다.

4 뚜껑을 연 채 약한 불에서 약 2시간 30분간 뭉근하게 끓인다.

5 육수를 거름망에 거른다.

6 육수가 완전히 식으면 냉장고에 넣는다. 필요할 경우 에퀴무아르로 기름을 걷어낸다.

Fond brun de veau

갈색 송아지육수

난이도: 🧑‍🍳🧑‍🍳

셰프의 한마디

송아지육수는 다양한 소스와 구이 요리를 만들 때 매우 유용하게 쓰인다.
또한 글라스와 드미글라스의 기본 재료이기도 하다(70쪽 참조).

1 송아지고기는 큼직하게 자르고, 채소는 굵은 미르푸아로 썬다(440쪽 참조). 오븐을 220℃로 예열한다.

2 로스팅 팬에 송아지고기를 담고, 그 위에 오일 1TS를 고루 끼얹는다. 오븐에서 20분간 구워 고기 표면에 색이 나게 한다.

3 고기를 구운 로스팅 팬에 준비해둔 채소와 마늘을 넣고, 200℃의 오븐에서 15분간 노릇노릇하게 익힌다.

4 팬 안의 고기와 채소, 마늘을 마르미트에 옮겨 담는다.

분량: 1L

준비 시간: 25분 · 조리 시간: 5시간

도구: 도마, 식칼, 로스팅 팬(구이용 팬), 마르미트, 시누아*, 스패튤러, 에퀴무아르

재료

송아지고기(정강이, 갈비, 가슴살 등) 1kg, 당근 2개, 셀러리 2줄기, 양파 2개, 껍질 벗긴 마늘 3쪽, 토마토 페이스트 1TS, 부케 가르니 1개

5 고기와 채소를 건져놓고 남은 로스팅 팬에 물을 조금 붓는다. 바닥에 눌어붙은 것을 스패튤러로 잘 긁어내 데글라세한다.

6 데글라세한 즙을 마르미트 안의 고기와 채소 위에 뿌리고, 재료가 잠길 때까지 물을 부은 뒤 불에 올린다. 토마토 페이스트와 부케 가르니를 넣고, 끓을 때까지 기다린다.

7 끓기 시작하면 표면의 불순물을 걷어내고, 불을 아주 약하게 줄여 4시간 이상 뭉근하게 끓인다.

8 육수를 시누아에 거른다.

* 시누아chinois: 원뿔형의 금속 거르개

Demi-glace et glace

드미글라스와 글라스

난이도: 👨‍🍳👨‍🍳

1 갈색 송아지육수(68쪽 참조)를 끓인다.

2 **드미글라스**: 갈색 송아지육수를 중간 불에서 오랫동안 졸인다. 소스에서 윤이 나고 숟가락이 코팅될 정도로 걸쭉한 상태가 되면 완성이다.

셰프의 한마디

드미글라스와 글라스는 냉장고에서 2일간 보관할 수 있다.

3 **글라스:** 드미글라스를 계속 졸이면 캐러멜 같은 점성을 띠게 되는데 이것이 글라스다. 드미글라스보다 풍미가 더 진한 것이 특징이다.

4 두 소스는 식었을 때 약간 단단하게 굳는다.

Jus de volaille

닭 육즙 소스

난이도: 👨‍🍳

분량: 150ml

준비 시간: 10분 · 조리 시간: 1시간 15분

도구: 소퇴즈, 고운 거름망

재료

적당히 토막 낸 닭 날개 500g, 땅콩기름 2TS,
부케 가르니 1개, 당근 1개,
양파 1개(당근과 양파는 굵은 미르푸아로 썰어서 준비)(440쪽 참조),
맑은 닭육수 500ml(66쪽 참조)

셰프의 한마디

육즙 소스는 송아지고기, 돼지고기, 양고기 등 모든 종류의 고기로 만들 수 있다(레시피는 동일).
이 소스는 저렴한 자투리 고기나 부스러기 고기로 만든다.

1 소퇴즈에 기름을 두르고 센 불에서 닭 날개가 전체적으로 밝은 갈색이 돌 때까지 굽는다.

2 1에 부케 가르니와 채소를 넣고 몇 분 더 익힌다.

3 닭육수를 붓는다.

4 불을 약하게 줄이고 국물의 양이 절반으로 줄어들 때까지 1시간 30분 이상 천천히 졸인다.

5 고운 거름망에 거른다.

6 소스의 표면에 생긴 기름기를 걷어낸다.

연한 갈색의 닭고기 부용

난이도: 🍳

분량: 1L

준비 시간: 15분 · **조리 시간:** 2시간 30분

도구: 마르미트, 냄비, 거름망

재료
암탉고기 2~3덩이(또는 작은 암탉 1마리를 토막 낸 것),
양파 1개, 당근 2개, 리크 1줄기, 셀러리 1줄기
(양파를 제외한 모든 채소는 세로로 2등분해 준비),
부케 가르니 1개, 정향 1개

셰프의 한마디
암탉(특히 늙은 암탉)을 사용하면 독특한 풍미의 부용을 만들 수 있다.
아삭한 식감이 살아 있을 정도로 살짝 익힌 채소 브뤼누아즈(443쪽 참조)를 마지막에 조금 넣으면 더욱 맛있다.

1 마르미트에 닭고기를 넣고 고기가 잠길 만큼 찬물을 부은 뒤 끓이기 시작한다.

2 부용이 끓을 동안, 양파를 가로로 2등분해 기름을 두르지 않은 냄비에 넣고 약한 불에서 굽는다. 양파의 단면에 진한 갈색이 날 때까지 충분히 굽는다.

3 부용이 끓으면 표면에 뜨는 불순물을 걷어낸 뒤, 나머지 채소, 부케 가르니, 정향, 구운 양파를 넣는다.

4 뚜껑을 연 채 약한 불에서 2시간 동안 뭉근하게 끓인다. 국물이 부족해 보이면 물을 더 넣는다.

5 부용을 거름망에 거른다.

6 완전히 식힌 뒤 냉장고에 넣는다. 표면에 생긴 기름기는 에퀴무아르로 걷어낸다.

Bouillon de bœuf

소고기 부용

난이도: 🧑‍🍳

셰프의 한마디

소고기 부용은 냉장고에서 2일간 보관할 수 있으며, 그 후에는 냉동해야 한다.

1 채소는 모두 껍질을 벗긴다. 당근, 리크, 셀러리를 각각 세로로 2등분하고, 그중 리크는 1다발로 묶는다.

2 마르미트에 준비한 소고기를 넣는다.

3 고기가 잠길 만큼 찬물을 붓고 끓인다. 끓기 시작하면 표면에 떠오르는 불순물을 걷어낸다.

4 고기를 꺼내 찬물에 헹군다. **3**의 국물은 쏟아 버리고 마르미트를 헹궈 새로 찬물을 부은 뒤 행궈둔 고기를 다시 넣고 끓인다.

분량: 1L

준비 시간: 15분 · 조리 시간: 3시간 30분

도구: 도마, 식칼, 마르미트, 냄비, 거름망

재료

당근 1개, 리크 1줄기, 셀러리 1줄기,
포토푀*용 소고기 2kg(부채덮개살, 사태, 부챗살, 앞다릿살,
갈비, 꼬리 등), 양파 1개, 정향 1개,
껍질 벗기지 않은 마늘 1쪽, 부케 가르니 1개

5 양파를 가로로 2등분해 기름을 두르지 않은 냄비에 넣고 약한 불에서 굽는다. 양파의 단면에 진한 갈색이 날 때까지 충분히 굽는다.

6 구운 양파에 정향을 꽂아 고기 국물에 넣는다. 나머지 채소와 마늘, 부케 가르니도 넣는다.

7 뚜껑을 연 채 3시간 30분간 뭉근하게 끓인다. 표면에 뜨는 불순물은 중간에 계속 걷어낸다.

8 고기를 꺼내고(이 고기는 아시 파르망티에*를 만들 때 쓸 수 있다), 부용을 거름망에 거른다. 완전히 식으면 냉장고에 넣고, 경우에 따라 표면의 기름기를 걷어낸다.

* 포토푀pot-au-feu: 소고기를 각종 채소 및 향신료와 함께 물에 넣고 약한 불에서 오랫동안 고아 만든 프랑스식 스튜

* 아시 파르망티에hachis parmentier: 다진 고기와 으깬 감자로 만든 시골식 파이

소고기 부용을 정제해 콩소메 만들기

난이도: 🧑‍🍳🧑‍🍳

분량: 800ml

준비 시간: 10분 · 조리 시간: 15분

도구: 도마, 식칼, 냄비, 시누아

재료
다진 소고기 100g, 달걀흰자 1개,
곱게 다진 채소(리크, 셀러리, 당근, 토마토 등) 150g,
소고기 부용 1L(76쪽 참조)

1 다진 소고기와 달걀흰자, 다진 채소를 모두 섞어 부용에 넣고 끓인다.

2 부용이 끓기 시작하면 불을 줄이고 계속 약한 불에서 끓인다. 이때 위에 떠오르는 고형물층을 흩트리지 않도록 주의한다.

3 고형물층 중심에 작은 국자 크기의 구멍을 내고 그 부분의 육수를 국자로 떠 고형물층 위로 계속 뿌려준다.

4 부용이 맑아지면 고형물층은 그대로 두고 **3**에서 만든 구멍을 통해 부용만 떠내 아주 고운 거름망(또는 커피용 여과지)을 씌운 시누아에 거른다.

채소 부용

난이도: 👨‍🍳

분량: 1L

준비 시간: 10분 · **조리 시간:** 35분

도구: 도마, 식칼, 소퇴즈, 거름망

재료

당근 1개, 리크 1줄기(흰 부분만),
셀러리 1줄기(잎까지 포함), 양파 1개, 샬롯 2개,
토마토 2개(모두 얇게 저미거나 주사위 모양으로 썰어 준비),
올리브유 2TS, 마늘 1쪽, 부케 가르니 1개, 소금

셰프의 한마디

채소 부용은 냉장고에서 2일간 보관할 수 있으며, 그 후에는 냉동해야 한다.

1 소퇴즈에 올리브유를 두르고 준비한 채소를 넣는다.

2 1에 마늘과 부케 가르니를 넣고, 센 불에서 몇 분간 색이 많이 나지 않게 볶는다.

3 채소가 잠길 만큼 물을 붓고, 소금 간을 하고 끓인다. 끓어오르기 시작하면 불을 약하게 줄여 30분간 뭉근히 끓인다.

4 거름망에 걸러 국물만 받아낸다.

Sauce poivron

푸아브롱 소스(파프리카 소스)

난이도: 👨‍🍳

분량: 500ml

준비 시간: 10분 · 조리 시간: 25분

도구: 도마, 식칼, 냄비, 핸드블렌더

재료
양파 1개, 마늘 2쪽, 올리브유 3TS,
빨간 파프리카(주황색, 노란색도 무방함, 주사위 모양으로 썰어 준비),
부케 가르니 1개, 토마토 콩카세 250g(460쪽 참조),
에스플레트 고춧가루*, 소금

1 양파와 마늘은 껍질을 벗겨 잘게 썬다.

2 냄비에 올리브유를 두르고 양파와 마늘, 파프리카를 차례로 넣어 즙이 우러나도록 살짝 볶는다.

3 부케 가르니와 토마토를 넣고 소금 간을 한 다음, 냄비 뚜껑을 덮고 (약한 불에서) 20분간 익힌다.

4 부케 가르니를 빼내고, 푹 익은 채소를 핸드블렌더로 곱게 간다. 에스플레트 고춧가루를 뿌려 마무리한다.

* 에스플레트 고추piment d'Espelette: 프랑스 남서부 바스크 지역의 에스플레트에서 재배되는 고추. 2000년에 프랑스 정부가 인정하는 AOC 품목으로 지정되었다.

토마토 소스

난이도: 👨‍🍳

분량: 500ml

준비 시간: 10분 · **조리 시간:** 25분

도구: 도마, 식칼, 냄비, 핸드블렌더

재료

양파 1개, 마늘 2쪽, 올리브유 3TS,
토마토 콩카세 500g(460쪽 참조), 부케 가르니 1개.
소금, 후춧가루

1 양파와 마늘은 껍질을 벗겨 잘게 썬다.

2 냄비에 올리브유를 두르고 잘게 썬 양파와 마늘을 충분히 볶는다.

3 토마토와 부케 가르니를 넣고 소금 간을 한 다음, 뚜껑을 덮고 20분간 익힌다.

4 부케 가르니를 빼내고, 푹 익은 채소를 핸드블렌더로 곱게 간다. 후춧가루를 넣고 마무리한다.

디아블 소스

난이도: 🎩🎩🎩
분량: 250ml
준비 시간: 10분 · 조리 시간: 20분

도구: 도마, 식칼, 냄비 2개, 거름망, 거품기

1 냄비에 부케 가르니, 식초 1TS, 잘게 썬 샬롯을 넣고 화이트와인을 붓는다.

2 와인이 절반으로 줄어들 때까지 센 불에 졸인다.

3 토마토 소스와 드미글라스를 넣고, 다시 10분 이상 졸인다.

4 통후추를 굵게 빻아 1TS 넣는다.

재료
샬롯 2개(잘게 다져 준비), 부케 가르니 1개,
레드와인 식초 1TS,
드라이한 화이트와인 150ml,
토마토 소스 졸인 것 1TS(81쪽 참조),

드미글라스 200ml(70쪽 참조), 버터 30g,
다진 파슬리와 타라곤 1ts,
소금, 통후추

5 유산지를 냄비의 크기에 맞게 오려 뚜껑처럼 덮고, 후추 향이 우러나도록 2분간 그대로 둔다.

6 또 다른 냄비를 불에 올리고, 그 위에서 **5**의 소스를 거름 망에 걸러내 끓인다.

7 버터를 넣고 거품기로 섞는다.

8 필요하면 간을 더 하고, 허브를 넣어 마무리한다.

Sauce madère(ou porto)

마데이라와인(포트와인) 소스

난이도: 👨‍🍳👨‍🍳

분량: 250ml

준비 시간: 10분 · **조리 시간:** 20분

도구: 도마, 식칼, 냄비, 거품기

재료

샬롯 2개와 양송이버섯 40g(모두 얇게 슬라이스해 준비),
버터 50g, 마데이라와인*(또는 포트와인) 100ml,
드미글라스 300ml(70쪽 참조)

1 냄비에 버터 25g을 녹인 뒤 샬롯과 양송이버섯을 볶는다.

2 1에 마데이라와인(또는 포트와인)를 붓고, 수분이 3분의 1로 줄어들 때까지 졸인다.

3 드미글라스를 붓고, 약한 불에서 시럽처럼 걸쭉한 농도가 될 때까지 15분간 뭉근히 끓인다.

4 남은 버터를 넣고 거품기로 잘 섞는다. 마지막으로 마데이라와인이나 포트와인을 약간 더 첨가해도 좋다.

* 마데이라와인madeira wine: 대서양의 마데이라 섬에서 생산된 와인. 독특한 향미와 장기적인 보존성이 특징이며 식전주로 애용된다.

Sauce Périgueux

페리괴 소스

⌒⌒⌒

난이도: 👨‍🍳👨‍🍳

분량: 250ml

준비 시간: 5분 · 우리는 시간: 5분

도구: 냄비, 온도계

재료

마데이라와인(또는 포트와인) 소스 250ml(84쪽 참조),
트러플 20g(다지거나 곱게 채 썰어 준비.
말린 것보다는 신선한 것이 더 좋다)

▪ 이 소스는 마데이라와인 (또는 포트와인) 소스를 응용한 것이다. ▪

1 냄비에 마데이라와인(또는 포트와인) 소스를 붓고, 준비한 트러플을 넣는다.

2 65℃에서 5분간 트러플 향을 우려낸다(그 이상의 온도에서는 향이 나빠질 수 있으니 주의한다).

Court-bouillon pour poisson

생선용 쿠르부용*

난이도: 🎩
분량: 250ml
준비 시간: 5분 · 우리는 시간: 15분

도구: 도마, 식칼, 소퇴즈, 거름망

1 채소는 깨끗이 다듬어 동글동글하게 썬다.

2 소퇴즈에 채소를 담고, 식초 100mL 물 1L, 후추, 고수, 타임(또는 바질), 굵은소금을 넣은 뒤 불에 올려 15분간 익힌다.

* 쿠르부용court-bouillon: 각종 채소와 허브, 화이트와인, 식초 등을 넣고 끓인 육수 소스. 생선의 육질을 응고시키는 특성이 있어서 생선찜 같은 해산물 요리에 많이 사용한다.

재료
작은 당근 1개, 셀러리 1줄기(또는 생펜넬 구근 1/4개),
리크 1/2줄기, 양파 2개,
화이트와인 식초 100ml, 통백후추 5알, 고수,
생타임(또는 바질) 1가지, 굵은소금 3TS,
유기농 레몬 1/2개(둥글게 썰어 준비)

3 불을 끄고, 둥글게 썬 레몬 조각을 넣은 뒤 15분간 그대로 두어 향을 우려낸다.

4 쿠르부용을 거름망에 거른다.

Fumet de poisson
생선육수

난이도: 👨‍🍳👨‍🍳
분량: 750ml
준비 시간: 15분 · 조리 시간: 20분

도구: 도마, 식칼, 소퇴즈, 고운 거름망

재료
생선의 살을 발라내고 남은 부스러기 살과 뼈 약 750g,
리크 흰 부분 50g, 양송이버섯 50g, 양파 1개,
샬롯 1개, 버터 30g, 부케 가르니 1개,
드라이한 화이트와인 150ml

셰프의 한마디
생선육수는 냉장고에서 2일간 보관할 수 있다.

1 흐르는 물에 생선뼈와 부스러기 살을 깨끗이 씻어 가위로 큼직하게 자른다.

2 채소는 깨끗이 다듬어 슬라이스한다.

3 버터를 두른 소퇴즈에 생선뼈, 부스러기 살, 채소를 넣고 색이 나지 않고 즙만 우러나게 볶는다.

4 부케 가르니와 화이트와인, 물 1L를 붓고 센 불에 끓인다.

5 육수가 끓기 시작하면 표면에 뜨는 불순물을 걷어내고, 불을 약하게 줄인 뒤 뚜껑을 연 채 20분간 뭉근히 끓인다.

6 육수를 거름망에 거른다.

기편

69

Fumet de crustacés

갑각류육수

난이도: 👨‍🍳👨‍🍳

분량: 750ml

준비 시간: 20분 · 조리 시간: 20분

도구: 도마, 식칼, 소퇴즈, 거름망

재료

(머리 뒤쪽의 모래주머니를 제거한) 로브스터 2마리
(또는 주름꽃게 600g, 또는 랑구스틴, 또는 작은 새우 1kg 분량의
머리와 껍질로 대체 가능), 펜넬 구근 1/4개,
셀러리 1줄기, 양파 1개, 샬롯 1개, 올리브유 1TS,
토마토 1개(심을 제거하고 굵게 다져 준비, 460쪽 참조),
토마토 페이스트 1ts, 부케 가르니 1개, 타라곤 1줄기,
생선육수(88쪽 참조) 또는 물 1L, 카옌 고춧가루 1자밤, 소금

셰프의 한마디

갑각류육수는 냉장고에서 2일간 보관할 수 있다.

1 로브스터 몸통을 칼로 으깨듯 자른다.

2 채소는 모두 깨끗이 다듬어 미르푸아로 썬다(440쪽 참조).

3 소퇴즈에 올리브유를 두르고 채소와 로브스터를 익힌다. 이때 로브스터를 국자로 꾹꾹 눌러 향미가 충분히 우러나게 한다.

4 3에 다진 생토마토와 토마토 페이스트, 부케 가르니, 타라곤을 넣는다. 생선 육수를 붓고, 카옌 고춧가루와 소금을 뿌린 뒤 불에 올려 끓인다.

5 끓기 시작하면 거품과 불순물을 걷어내고, 불을 약하게 줄인 뒤 뚜껑을 연 채 20분간 익힌다.

6 육수를 거름망에 거른다.

낭튀아 소스

난이도: 👨‍🍳 👨‍🍳

분량: 1L

준비 시간: 40분 · 조리 시간: 30분

도구: 냄비 2개, 거품기, 소퇴즈, 시누아

재료

정제 버터 30g(56쪽 참조), 창자를 제거한 민물가재 1kg,
당근 1개, 셀러리 1줄기, 양파 1개,
샬롯 1개(채소 모두 작은 미르푸아로 썰어 준비, 440쪽 참조),
토마토 페이스트 1TS, 코냑 50ml,
토마토 1개(껍질을 벗기고 심을 제거한 뒤 주사위 모양으로 잘라 준비,
460쪽 참조), 드라이한 화이트와인 150ml, 부케 가르니 1개,
생선육수 500ml(88쪽 참조), 생크림 200ml,
크렘 프레슈 2TS, 버터(또는 민물가재 버터) 40g,
에스플레트 고춧가루, 소금

1 소퇴즈에 정제 버터를 넣고 버터가 녹아 끓으면 민물가재를 넣는다.

2 민물가재를 센 불에 지진다.

3 2에 채소 미르푸아를 넣고 색이 나지 않게 몇 분간 볶는다.

4 토마토 페이스트를 넣는다.

5 코냑으로 플랑베한다.

6 주사위 모양으로 잘라둔 토마토와 화이트와인을 넣고, 국물의 양이 3분의 1
로 줄어들 때까지 졸인다.

7 부케 가르니와 생선육수를 넣는다.

8 표면에 뜨는 불순물을 계속 걷어내면서 (민물가재의 크기에 따라) 2~3분간 끓인다.

9 에퀴무아르로 민물가재를 건져 껍데기를 벗긴다. 꼬리는 장식을 위해 따로 모아둔다.

10 민물가재 머리는 막자사발에서 으깨 다시 소퇴즈에 넣는다.

11 20분간 뭉근히 익히다가 생크림을 넣고 몇 분 더 졸인다.

12 시누아에 거른다. 이때 건더기를 국자로 꾹꾹 눌러 즙을 최대한 빼낸다.

13 크렘 프레슈를 섞고 5분간 더 졸인다.

14 버터(또는 민물가재 버터)를 넣어 풍미를 더한다. 간을 맞추고, 에스플레트 고춧가루를 뿌린다.

Beurre d'écrevisses

민물가재 버터

난이도: 👨‍🍳👨‍🍳

분량: 250g

준비 시간: 20분

· **조리 시간:** 1시간 · **냉장 시간:** 2시간

재료

민물가재 20마리 분량의 머리, 집게발,
몸통(꼬리는 따로 떼어 장식용으로 남겨둔다), 버터 250g

도구: 밀대, 로스팅 팬, 시누아

셰프의 한마디

버터는 주사위 모양으로 잘라 유산지 위에 놓고 반듯하게 얼린 다음, 봉지나 작은 밀폐 용기에 담아 보관한다.

1 준비한 민물가재를 스테인리스 볼에 넣고 밀대 끝부분으로 으깬다.

2 으깬 민물가재를 로스팅 팬에 담고, 그 위에 조각낸 버터를 고루 올린다.

3 알루미늄포일로 로스팅 팬을 덮고, 150℃로 예열된 오븐에 1시간 동안 넣어 둔다.

4 익힌 민물가재의 육즙이 잘 빠지도록 국자 등으로 눌러가며 시누아에 거른다.

5 찬물 150ml를 섞은 뒤 2시간 이상 냉장한다.

6 5의 혼합물이 충분히 굳으면, 바닥에 가라앉은 불순물은 남기고 위쪽의 버터 덩어리만 빼낸다.

Sauce américaine

아메리칸 소스

난이도: 👨‍🍳 👨‍🍳

분량: 600ml

준비 시간: 20분 · 조리 시간: 30분

도구: 도마, 식칼, 소퇴즈, 거름망 2개, 작은 냄비

1 로브스터의 몸통을 칼로 큼직하게 썬다.

2 소퇴즈에 올리브유를 두르고 로브스터를 살짝 구운 뒤 채소 미르푸아를 넣는다.

3 코냑을 부어 플랑베한 뒤 화이트와인과 마늘, 부케 가르니, 주사위 모양으로 잘라둔 생토마토와 토마토 페이스트를 넣고, 소금 간을 한다.

4 생선육수(또는 갑각류육수)를 붓고, 약한 불에서 약 20분간 뭉근히 끓인다.

재료

(머리 뒤쪽의 모래주머니를 제거한) 로브스터 2마리
(주름꽃게 600g, 또는 랑구스틴, 또는 스캠피, 또는 작은 새우
1kg 분량의 머리와 등딱지로 대체 가능),
올리브유 2TS, 당근 1개, 양파 1/2개,
샬롯 2개(채소 모두 미르푸아로 썰어 준비, 440쪽 참조),
코냑 2TS, 드라이한 화이트와인 200ml,

마늘 2쪽, 부케 가르니 1개,
토마토 1개(껍질을 벗기고 심을 제거한 뒤 주사위 모양으로
잘라 준비, 460쪽 참조), 토마토 페이스트 1TS,
생선육수 또는 갑각류육수 1L(88, 90쪽 참조),
액상 생크림 150ml,
카옌 또는 에스플레트 고춧가루, 소금

5 작은 냄비 위에 거름망을 걸쳐놓고 **4**를 국자로 눌러 거른다.

6 생크림을 넣고 소스가 숟가락에 코팅되는 농도가 될 때까지 약한 불에 졸인다.

7 소스를 고운 거름망에 한 번 더 거른다.

8 취향에 따라 준비한 고춧가루를 뿌리고, 마지막으로 간을 맞춘다.

파트 브리제 준비하기

난이도: 🍳

분량: 425g

준비 시간: 10분 · 냉장 시간: 최소 1시간

재료

밀가루 250g, 버터 125g, 달걀 1개, 소금 1자밤

셰프의 한마디

파트 브리제는 냉장고에서 24시간 동안 휴지했을 때 가장 사용하기 좋은 상태가 된다. 냉동한 파트도 사용하기 좋다.

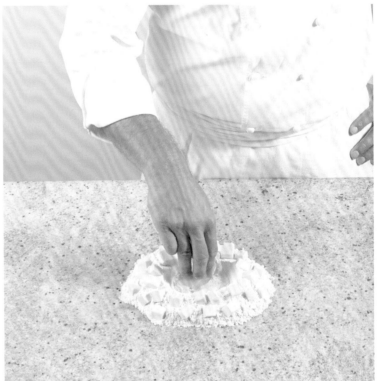

1 작업대에 밀가루를 쏟은 뒤 가운데를 움푹하게 만든다. 움푹한 곳에 달걀을 깨뜨려 넣고, 주사위 모양으로 자른 버터를 주위에 고루 올린다. 소금도 첨가한다.

2 달걀을 밀가루와 가볍게 섞으면서 반죽을 시작한다.

* 파트 브리제pâte brisée: 바삭하고 잘 부스러지는 질감의 타르트 시트용 반죽. 설탕이 들어가지 않기 때문에 달콤한 충전물을 채운 타르트(파이)나 식사용 키슈의 시트로 사용되며, 영어로는 shortcrust pastry라고 한다.

3 반죽에 버터를 더하고 단시간에 재빨리 뭉치고 치댄다.

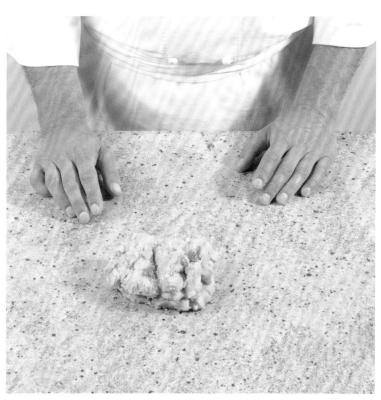

4 재료가 완전히 섞여 점도가 균일해지면 곧장 반죽을 멈춘다.

5 반죽을 재빨리 공처럼 둥그렇게 만든다.

6 식품용 랩으로 싸 냉장고에 넣는다.

3절 접기(두 번 접기)를 3회 한 파트 푀이테* 준비하기

난이도: 👨‍🍳👨‍🍳👨‍🍳

분량: 1kg

준비 시간: 30분 · **휴지 시간:** 6시간

재료
밀가루 500g, 소금 2ts, 물 250ml, 차가운 버터 380g

1 밀가루와 소금에 물을 붓고 치대 매끈한 반죽을 만든다. 반죽을 랩으로 싸 냉장고에 2시간 동안 넣어둔다.

2 작업대에 밀가루를 뿌리고, 밀대로 준비된 반죽을 밀어 사각형으로 만든다.

3 사각형의 중심에 버터를 올리고, 한쪽 귀퉁이를 접어 버터를 덮는다.

4 나머지 세 귀퉁이도 차례로 접어 버터를 완전히 감싼다.

* 파트 푀이테pâte feuilletée: 버터를 끼워 접어밀기한 반죽. 구웠을 때 층이 생기며, 대표적으로 크루아상이나 데니시 페이스트리에 사용된다.

5 반죽을 90° 돌려 다시 밀대로 길쭉하게 민다.

6 반죽이 3등분이 되도록 양쪽 끝부분을 접는다.

7 밀대로 다시 민다.

8 6처럼 다시 반죽을 접고, 90° 돌린다. 손가락 2개로 반죽을 눌러 '두 번 접기 1회'가 끝났음을 표시하고, 랩을 씌워 냉장고에 2시간 동안 넣어둔다.

9 5~8까지의 과정을 반복하고, 손가락 자국 4개로 '두 번 접기 2회'가 끝났음을 표시한다. 반죽에 랩을 씌워 다시 냉장고에 2시간 동안 보관한다.

10 5~8까지의 과정을 또 한 번 반복한다. 손가락 자국 6개로 '두 번 접기 3회'가 끝났음을 표시한다.

타르트 링에 파트 넣기

난이도: 👨‍🍳 👨‍🍳

도구: 밀대, 타르트 링, 모양내기(시크테chiqueter)용 집게

▪ 타르트 틀에도 같은 방법으로 파트를 넣을 수 있다. ▪

셰프의 한마디

타르트 파트는 타르트의 종류와 상관없이 애벌 굽기를 하는 것이 좋다.
파트에 유산지를 덮고, 그 위에 도자기 재질의 누름돌을 타르트 링에 가득 채워 굽는다.

1 작업대의 재질이 대리석일 경우, 타르트 링을 작업대에 직접 놓아도 좋다. 그러렇지 않을 경우에는 구이용 판에 유산지를 1장 깔고 그 위에 링을 놓는다.

2 파트를 밀대로 민다.

3 밀어둔 파트를 타르트 링 위에 펼친다.

4 파트를 안쪽 면에 꼼꼼히 붙인다. 이때 한 손은 집게손가락으로 파트의 가장 자리가 직각을 이루도록 받쳐주면 작업이 더 쉽다.

5 틀 위를 밀대로 힘껏 밀어 가장자리에 남은 파트를 잘라낸다.

6 전통적인 방식에서는 몰딩된 파트의 테두리를 전용 집게로 조금씩 집어 모양을 낸다.

Pâte pour un pâté en croûte

파테 앙 크루트*용 파트

난이도: 👨‍🍳

분량: 40cm 길이의 파테 앙 크루트 1개

준비 시간: 10분 · 휴지 시간: 30분

1 모든 재료를 한자리에 준비한다.

2 작업대에 밀가루를 쏟아 가운데를 움푹하게 만든다. 밀가루 위에 주사위 모양으로 자른 버터와 라드를 고루 올리고, 가운데에 달걀을 깨뜨려 넣는다.

---

* 파테 앙 크루트pâté en croûte: 고기나 채소를 갈아서 만든 소를 파이 껍질로 감싸서 구운 요리. 줄어서 '파테'라고도 부른다.

3 물을 붓고 손으로 달걀을 살살 휘저어 섞으며 반죽을 시작한다.

4 단시간에 빠르게 반죽한 뒤 둥그렇게 모양을 잡는다. 완성된 파트는 랩으로 싼 뒤 냉장고에 최소한 30분 이상 넣어둔다.

파테용 사각 틀에 파트 깔기

〜〜〜

난이도: 👨‍🍳👨‍🍳

도구: 밀대, 40cm 길이의 파테 앙 크루트용 틀

1 작업대 위에 덧밀가루를 뿌린 뒤 밀대로 파트를 민다.

2 파트를 직사각형으로 자른다. 이때 크기는 틀의 바닥과 내벽을 모두 덮을 수 있을 만큼 넉넉해야 한다.

3 직사각형의 긴 변이 위아래로 오게 놓고, 짧은 두 변을 중심을 향해 접는다.

4 위아래의 두 변을 중심을 향해 접는다.

셰프의 한마디

파테 앙 크루트는 특별한 전용 틀이 없어도 조립식 원형 틀이나 투르트* 틀(투르티에르tourtière)에 구울 수 있다.
이 경우 파트의 3분의 2는 바닥에 까는 데 쓰고, 나머지로 남은 부분을 덮는다.
윗면을 마무리한 뒤 달걀물을 발라 광택을 내고 굽는다.

5 접은 파트를 틀의 바닥 한가운데 놓는다.

6 파트를 조금씩 펼쳐가며 틀의 안쪽 면에 구석구석까지 꼼꼼히 붙인다.

7 틀 밖으로 나오는 파트는 틀의 테두리에서 2cm 정도 남기고 잘라낸다.

8 소를 채우기 위한 틀 준비 완료.

* 투르트tourte: 윗면까지 페이스트리 껍질로 덮인 타르트

파테 앙 크루트

난이도: 👨‍🍳👨‍🍳👨‍🍳

분량: 40cm 길이, 2.5kg 무게의 파테 1개

준비 시간: 30분 · **조리 시간:** 1시간 5분

· **휴지 시간:** 24시간

도구: 미트 그라인더, 파트를 깐 파테용 틀(108쪽 참조)

재료

가늘고 길게 썬 오리 살코기 400g, 주사위 모양으로 자른 생푸아그라 150g, 달걀 1개

갈기: 슬라이스하여 후추 간을 해둔 돼지 목살 750g, 적당한 크기로 잘라 후추 간을 해둔 오리 간 250g

양념: 곱게 다진 마늘 1쪽, 피스타치오 30g, 마데라와인 3TS, 레드와인 3TS, 설탕 1/2ts, 넛메그 가루 4자밤, 타임 작은 가지 1개(잎만 따서 준비), 소금 30g

광택 내기: 달걀노른자 1개

마무리: 젤라틴 분말 녹인 것 200ml, 다진 피스타치오 20g

1 파테 소에 들어가는 재료를 모두 한자리에 모은다.

2 미트 그라인더로 돼지 목살과 오리 간을 곱게 간다.

3 커다란 볼에 가늘게 썬 오리 살코기와 푸아그라, 각종 양념, 달걀을 넣고 가볍게 섞는다.

4 2의 고기를 3과 섞어 파트를 깐 파테용 틀 안에 채운다(108쪽 참조).

5 틀 가장자리의 파트를 틀 안쪽으로 꼬집듯이 말아 누른다.

6 테두리에 달걀노른자를 발라 광택을 낸다.

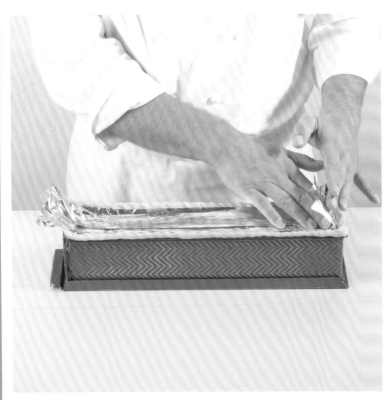

7 파테 소의 윗부분을 알루미늄포일로 덮고, 230℃로 예열된 오븐에 넣어 15분
정도 구운 후 오븐 온도를 180℃로 낮추어 50분간 더 굽는다.

8 다 구워지면 알루미늄포일을 제거한다.

9 파테를 완전히 식힌 뒤, 녹여둔 젤라틴을 소 위쪽에 약간 부어 안으로 스며들
게 한다.

10 다진 피스타치오를 뿌린다.

11 냉장고에 24시간 이상 넣어둔 뒤 틀에서 꺼낸다.

12 완성된 파테는 먹기 직전에 조심스럽게 잘라 제공한다.

셰프의 한마디

오리 대신 꿩, 뿔닭, 메추라기 같은 야생 가금류나 수렵육, 토끼 등의 살코기와 간을 사용해도 된다.

파테 위에 바르는 젤리를 만들 때는 미리 찬물에 담가 부드럽게 만든 판형 젤라틴 16g을 맑은 콩소메(78쪽 참조)에 녹여서 만든다.

닭 구이용 마리네이드

난이도: 🍳

도구: 그라탱 용기(비금속 재질)

1 **마리네이드 재료:** 올리브유, 파프리카 가루, 껍질을 벗겨 채썬 생강, 레몬즙, 타임, 후춧가루.

2 마리네이드 재료를 모두 섞어 구이용 닭고기를 약 1시간 동안 재운다. 그릴에 닭고기를 구우면서 거름망에 거른 마리네이드를 여러 번 발라준다.

생선 구이용 마리네이드

난이도: 🍳

도구: 그라탱 용기(비금속 재질)

1 **마리네이드 재료:** 레몬즙, 잘게 썬 차이브, 라임 과육과 제스트, 올리브유, 딜, 타라곤, 핑크 페퍼콘(적후추), 후춧가루

2 마리네이드 재료를 모두 섞어 생선 필레(사진은 노랑촉수)를 약 20분간 재운다. 생선살을 구우면서 거름망에 거른 마리네이드를 여러 번 발라준다.

Les

ŒUFS

달걀

달걀

요리의 필수 재료

달걀은 문화, 음식, 종교가 어떻게 융합될 수 있는지 보여주는 놀라운 예이다.

중세 시대에는 가톨릭교 규범에 따라 부활절 직전의 40일인 사순절 기간 동안 달걀 섭취를 금하고, 부활절 당일에 식물성 염료로 물들인 달걀을 제공했다. 이러한 전통 가운데 현재까지 남아 있는 것은 정교한 공예품인 루마니아의 달걀과 유명한 보석 세공가 파베르제Fabergé의 달걀, 초콜릿으로 만든 이스터 에그 등이다.

섬세하고 깨지기 쉬운(사실 달걀 껍데기는 자체 무게의 60배가 넘는 압력에도 버틸 수 있다고 한다) 완벽한 타원형의 달걀은 우리 문화와 식생활에서 중대한 위치를 차지한다.

달걀은 단독으로, 또는 다른 재료와 함께, 부분적 또는 전체적으로 익힌 상태로 수많은 레시피를 빛나게 한다.

알아봅시다

알의 종류

오늘날 음식과 관련하여 '알'이라고 하면 구체적으로 밝히지 않는 한 보통 닭의 알, 즉 달걀을 뜻한다. 과거에는 집오리, 거위, 그 밖의 다양한 조류에서 알을 얻을 수 있었다. 유럽의 경우, 철갑상어, 연어, 송어 등 일부 생선의 알은 기꺼이 소비되지만, 다른 문화권에서 별미로 통하는 뱀이나 곤충 알에 대해서는 여전히 반감을 보인다.

껍데기째 또는 껍데기 없이 익히기?

달걀은 다양한 방식으로 손쉽게 조리할 수 있는 특별한 식품이다. 또 달걀 자체로도 충분한 주식이 될 수 있다.

달걀은 껍데기를 깨뜨리지 않고 그대로 조리할 수 있어 더욱 간편한데, 이런 점에서 껍데기는 매우 귀중한 존재다.

껍데기째 익히기(달걀 삶기)

달걀은 가장 단순하게 조리했을 때 제일 맛있다. 외프 아 라 코크œufs* à la coque, 외프 몰레œufs mollet(반숙), 외프 뒤르œufs dur(완숙)는 익힘 정도에 따른 삶은 달걀의 명칭으로, 달걀을 껍데기째로 끓는 물에 넣고 물이 다시 끓어오르기 시작했을 때부터 몇 분간 더 삶느냐에 따라 결정된다. 이 조리 기술은 얼핏 간단해 보이지만, 만족할 만한 결과를 얻으려면 몇 가지 원칙을 성실히 준수해야 한다.

우선 달걀은 삶기 전에 미리 냉장고에서 꺼내 실온에 둔다. 그래야 끓는 물에 넣었을 때 지나친 온도 차에 의한 충격으로 껍데기가 갈라지는 불상사를 피할 수 있다. 달걀을 삶는 냄비는 달걀이 물에 완전히 잠길 수 있을 만큼 깊고, 달걀이 서로 충돌하지 않을 만큼 넓어야 한다. 단, 냄비가 너무 크면 달걀이 벽에 부딪혀 깨질 위험이 있다는 것도 고려해야 한다. 또 응고제 역할을 하는 식초를 끓는 물에 약간 섞으면, 물리적 또는 온도 차에 의한 충격으로 달걀 껍데기가 미세하게 갈라져 흰자가 물속으로 새어나오는 것을 막을 수 있다. 조리 시간은 달걀의 크기에 따라 조금씩 조절해야 한다(달걀이 작을수록 빨리 익는다). 달걀을 냉장고에서 미리 꺼내두

---

* 프랑스어로 달걀을 뜻하는 외프œuf의 복수형 'œufs'는 다르게 발음되지만, 기본적으로 많이 사용되는 단수형의 기준으로 발음을 표기하였다.—옮긴이

지 않아서 너무 차가운 상태이면 익는 데 시간이 더 걸린다.

조리가 끝난 달걀은 껍데기를 쉽게 벗기기(에칼레하기) 위해 곧장 흐르는 찬물에 식힌다(껍데기를 벗기지 않은 상태로 먹는 외프 아 라 코크는 예외다). 달걀이 덜 익어 흰자가 완전히 응고되지 않았다면, 껍데기를 벗기는 순간 주르르 흐를 것이다. 삶은 달걀을 에그 컵에 담아서 먹으면 복고적인 재미와 맛을 동시에 경험하는 즐거움을 누릴 수 있다.

외프 몰레와 외프 뒤르의 경우, 먹기 전에 너무 일찍 껍데기를 벗기지 않는 것이 좋다. 껍데기는 달걀의 수분이 마르지 않도록 보호하는 역할을 한다.

외프 아 라 코크는 활용성이 특별히 뛰어나다. 갓 돌을 넘긴 아기에게도 먹일 수 있고, 모든 종류의 브런치 메뉴나 세련된 아침상에 올릴 수 있다. 단순한 맛이 트러플이나 캐비아처럼 강렬한 식재료의 풍미를 더욱 살려주는 역할을 한다. 외프 아 라 코크에 값비싼 식재료를 곁들이는 것은 단순히 노골적인 속물근성의 표현이 아니다. 입안에서 부드럽게 녹는 미묘하고 섬세한 노른자의 식감이 비싼 재료의 고급스러운 풍미를 해치지 않고 더 부각시켜서 이상적인 조화를 이루기 때문이다.

물론 외프 아 라 코크의 단순한 맛은, 비교적 저렴하지만 맛은 좋은 음식(이지니 버터를 바르고 플뢰르 드 셀을 살짝 뿌린 캉파뉴 무예트나 아스파라거스, 파르메산 치즈, 장봉 등)과도 잘 어울린다. 외프 아 라 코크에 얇게 썬 초콜릿을 뿌리고, 구운 브리오슈 무예트를 곁들이면 훌륭한 디저트도 될 수 있다.

외프 몰레는 단독으로 먹을 수도 있지만, 약간만 변형하면 주요리가 되기도 한다. 대표적인 예는 살짝 볶은 시금치와 베샤멜 소스를 곁들인 '외프 아 라 플로랑탱', 버터와 가재로 만든 낭튀아 소스를 끼얹은 외프 몰레 등이다.

외프 뒤르는 수많은 앙트레의 맛을 풍부하게 하고, 샐러드 니수아즈 같은 혼합 샐러드에 곁들인다. 또 외프 앙 줄레œufs en gelée(달걀 젤리)나 외프 미모자œufs mimosa(데빌드 에그) 같은 고전적 레시피에도 이용된다. 이 같은 실질적인 장점에도, 최근에는 외프 뒤르보다는 외프 몰레나 외프 포셰œufs pochés(포치드 에그, 132쪽 참조) 외프 앙 코코트œufs en cocotte처럼 부드러운 형태의 달걀 요리를 선호하는 추세다. 외프 뒤르를 가장 자주 볼 수 있는 것은 소풍 때다.

현장의 셰프들은 장식용으로 메추리알을 선호한다. 작은 크기가 섬세함을 추구하는 요리에 완벽하게 어울리기 때문이다. 메추리알을 완숙으로 삶는 방법은 달걀과 똑같지만, 시간은 3~4분이면 충분하다.

껍데기 없이 익히기

달걀은 껍데기를 깨뜨리고도 노른자와 흰자가 섞이지 않도록 익힐 수 있다.

이 경우, 아주 신선한 달걀을 사용해야 한다. 신선한 달걀은 노른자를 감싸고 있는 얇은 막이 튼튼해 노른자가 터질 위험이 적다.

일단 달걀이 미세하게나마 깨졌을 때는 노른자와 흰자가 섞이지 않도록 약하게 끓는 물에 넣어 익히거나 기름을 두른 프라이팬에 부친다.

외프 포셰를 만들 달걀은 먼저 껍데기를 깨뜨려 작은 그릇에 담은 뒤 끓는 물에 조심스럽게 흘려넣는다. 이때 물에 식초 1/2컵을 섞으면 흰자가 더 빨리 응고한다.

달걀을 깨뜨려 넣은 뒤에는 불을 줄여 물이 다시 팔팔 끓어오르지 않게 한다. 약하게 끓는 물에서 2분 정도 익히면 충분하다. 익힘 정도를 확인하려면 손가락으로 달걀을 가볍게 눌러보면 된다. 흰자는 완전히 응고되었지만 탄력이 있어야 하고, 노른자는 아직 부드러운 크림 상태여야 한다. 외프 포셰œufs pochés(수란)는 레시피상 다시 데워 요리에 넣는 경우가 많기 때문에 완전히 익기 전에 조리를 끝내는 것이 좋다.

달걀이 알맞게 익으면 곧장 에퀴무아르로 건져 얼음물에 담근다. 완벽한 모양을 내기 위해 가장자리를 살짝 다듬어준다.

부르고뉴 지방과 기타 와인 생산지의 향토 음식인 외프 앙 뫼레트œufs en meurette는 순수한 와인 또는 와인과 물을 섞은 혼합물에 익힌, 외프 포셰이다. 프랑스 북부 지방에서는 맥주로 외프 포셰를 만들기도 한다.

외프 아 라 푸알œufs a la poêle과 외프 오 플라œufs au plat는 서로 유사하지만, 전자가 후자보다 더 바싹 구웠다는 점이 다르다. 두 요리 모두 기름을 두른 프라이팬에 달걀을 깨뜨려 넣어 익힌 것이다. 외프 오 플라는 흰자만 색깔이 나지 않게 약한 불로 천천히 익히는데, 보통 버터를 둘러 달걀이 팬에 눌어붙지 않게 한다. 외프 아 라 푸알은 비교적 센 불에 흰자가 노릇노릇하고 약간 바삭해질 때까지 익혀 만든다. 기름으로는 헤이즐넛 버터나 올리브유, 호두기름 등을 이용할 수 있다(이와 같이 달걀에 특별한 풍미를 더해주는 유지는 내열성을 높이기 위해 반정제한 제품으로 선택한다). 외프 아 라 푸알은 아침식사나 브런치에 단독으로 내도 맛있지만, 베이컨이나 기타 구운 돼지고기 가공육을 곁들이기도 한다. 또 햄버거나 피자 같은 간식용 요리에도 어울린다. 상대적으로 더 섬세한 미식으로 여겨지는 외프 오 플라는 볶은 양송이버섯이나 푸아그라, 해산물 등에 자주 곁들인다.

알아봅시다

3-6-9

이 숫자는 달걀을 익히는 데 소요되는 시간이다. 끓는 물에 달걀을 넣고 물이 다시 끓어오르기 시작한 뒤부터 외프 아 라 코크는 3분, 반숙은 6분, 완숙은 9분 동안 삶는다.

외프 앙 코코트는 미식가들이 가장 좋아하는 달걀 요리로, 각자가 상상하는 대로 자유롭게 레시피를 변형할 수 있다는 장점이 있다. 기본 레시피는 간단하다. 람캥에 자연 크림 또는 가향 크림과 함께 달걀을 깨뜨려 넣고 버섯, 치즈 가루, 잘게 썬 장봉 등을 뿌려 오븐에 중탕법으로 익힌다.

오븐의 온도는 160℃를 넘지 않게 한다. 람캥이 아주 두꺼울 경우, 내용물이 완전히 익기 전에 오븐에서 꺼내 람캥에 축적된 열기로 조리를 끝낸다.

마지막으로 달걀을 기름에 튀길 수도 있다. 오늘날 이 방법은 비교적 덜 활용되는데, 그 이유는 오랫동안 달걀이 몸에 나쁜 지방 성분을 지나치게 많이 함유하고 있다는 의심을 받았기 때문이다. 대신 최근에는 건강을 위해 달걀에 빵가루를 입혀 튀긴다. 특히 풍미를 더하기 위해 튀김옷에 헤이즐넛 가루, 파르메산 치즈 가루, 허브, 향신료 등을 섞기도 한다.

흰자와 노른자를 섞은 달걀 조리법

오믈렛과 외프 브루예(스크램블드 에그)는 달걀을 깨뜨려 노른자와 흰자를 섞어 만드는 대표적인 달걀 조리 방식이다. 순수하게 달걀만 사용하거나 다양한 부재료(버섯, 잘게 썬 허브, 치즈, 트러플 등)로 풍미를 더해 만든 이 두 가지 요리는 푸짐한 아침식사 또는 비교적 가벼운 저녁식사에 적합한 메뉴이다.

오믈렛을 만들기 위해서는 우선 달걀을 세게 휘저어 완전히 풀어야 한다. 뜨겁게 달군 프라이팬에 기름 또는 버터를 약간 두른다(달걀물에 허브를 넣었을 때는 올리브유가 어울리고, 치즈를 넣었을 때는 버터가 잘 어울린다). 프라이팬에 달걀물을 한 번에 붓고 가장자리가 익기 시작하면 바로 숟가락이나 스패튤러로 달걀을 중심 쪽으로 접어 고루 익힌다.

오믈렛은 개인의 취향에 따라 반숙 또는 완숙 상태로 식탁에 올린다. 조리 포인트는 빠르게 완성되는 조리의 특성상 마지막 순간까지 집중해야 한다는 것이다. 오믈렛은 눈 깜짝할 새에 반숙에서 완숙을 넘어 타버릴 수 있다. 완성 직전, 오믈렛을 팬 안에서 굴려 둥그스름하게 모양을 잡거나 간단히 3절로 접는다. 이 역시 취향의 문제다.

외프 브루예는 오믈렛과 달리 달걀을 깨뜨려 가볍게 휘저어 푸는 것으로 충분하다. 깊이가 있고 바닥이 두꺼운 소퇴즈를 가스불이나 중탕으로 살짝 달군 뒤 여기에 달걀물을 붓는다. 가장자리부터 익기 시작하는 달걀을 계속 가운데 쪽으로 몰아가면서 매끄럽고 부드러운 질감의 외프 브루예를 완성한다. 마지막에 버터나 크림을 약간 첨가하면 부드러움이 배가된다.

이 두 가지 조리법은 비교적 간단해 보이지만, 고도의 정확성과 규칙성이 더해져야 완벽하게 성공할 수 있다.

달걀의 속성

달걀은 주재료인 동시에 레시피 구현을 위해 다른 식재료와 혼합되는 단순 재료이기도 한 유일한 식품이다. 달걀은 채소나 고기, 생선, 곡물, 제과용 재료를 기본으로 하는 각종 요리에서 비중 있는 역할을 해낸다. 달걀의 속성이 그만큼 다양하기 때문이다.

달걀 알레르기에 대해 잘 아는 사람들은 달걀을 사용하지 않고 요리하는 것이 얼마나 어려운 일인지도 알고 있다.

여기서 달걀이 들어가는 요리를 전부 열거할 수는 없을 것이다. 대신 간단히 달걀의 주요 속성을 세 가지만 꼽자면, 거품이 나고, 유화가 일어나며, 응고한다는 점이다. 또 하나, 달걀은 수많은 요리를 장식할 때도 쉽게 이용할 수 있다.

달걀 거품 내기

달걀흰자는 크게 수분, 단백질, 무기질로 이루어져 있으며, 이것이 합쳐져서 난백 알부민을 형성한다. 난백알부민이 얇은 막의 형태로 늘어나 기포들을 감싸고 있을 때 세게 때려서 깨뜨리면 기포들이 서로 합쳐진다. 이 상태에서 계속 휘저으면 흰자가 부드러운 무스 형태로 변한다. 눈처럼 단단한 거품을 내기 위해서는 더 오랫동안 강하게 휘저어 공기를 최대한 유입시켜야 한다. 휘핑은 거품기를 항상 아래

요리에 관한 인용문

끔찍해
주석 카운터에 삶은 달걀을 부딪치는 나직한 소리
끔찍해
배고픈 남자의 기억을 일깨우는 이 소리

이것은 프랑스 시인 자크 프레베르Jacque Prévert(1990~1977)의 『파롤Paroles』에 실린 '기름진 아침식사(La Grasse Matinée)'라는 시의 첫 구절로, 음식에서 달걀이 차지하는 상징적 가치의 힘을 진지하게 보여준다.

에서 위로 움직이며 한쪽 방향으로 원을 그리듯 해야 한다는 것을 명심하자. 거품을 낸 달걀은 다른 요리에 섞어 익히든 안 익히든, 소금 또는 설탕으로 맛을 낸 다양한 음식(소, 무슬린, 소스와 무스, 쿠키와 비스킷, 수플레, 튀김용 반죽, 머랭 등)에 가볍고 폭신한 질감을 제공하는 역할을 한다.

달걀흰자로 단단한 거품을 올리는 방법은 결코 복잡하지 않다. 그저 흰자에 노른자가 티끌만큼도 섞이지 않도록 신경 쓰면 된다. 흰자에 소금이나 레몬즙을 약간 추가하면 좋다는 의견은 허황될 만큼 널리 알려져 있지만, 이 작업에서 분자 요리라는 과학적 접근법을 참고해봤자 별 도움이 되지 않는다. 다만 질긴 고무줄 같은 물질을 맛보는 불상사를 막고 거슬리는 것 없이 매끈한 거품을 내려면, 반드시 달걀의 알끈을 제거해야 한다. 알끈은 노른자를 달걀의 중심부에 위치하도록 잡아주는 가늘고 탄력 있는 두 개의 끈으로, 달걀이 신선할수록 더 단단하다.

달걀과 끈

달걀노른자에 들어 있는 단백질은 친수성親水性과 소수성疏水性을 모두 지니고 있다. 물과 결합하는 동시에 물을 밀어내기도 하는 이중적 속성을 띤다는 뜻이다. 이 단백질은 완벽한 유화제 역할을 해서 화학적 구조상 서로 섞이지 않는 두 액체를 안정적으로 풀어지게 만든다. 물과 기름에 달걀노른자를 섞으면 마요네즈가 되는 것이 대표적인 예이다.

달걀노른자가 특별히 부드러운 것이 이러한 특징 때문이다. 소스나 퓌레, 수프 등에 달걀노른자를 넣으면 다른 방법으로는 얻기 힘든 특유의 보드랍고 크리미한 풍미를 더할 수 있다.

달걀과 응고

달걀의 노른자와 흰자는 응고되기 시작하는 온도가 서로 다르다. 흰자는 57℃, 노른자는 65℃로, 흰자가 더 빨리 응고된다. 외프 아 라 코크와 달걀 반숙의 조리가 가능한 것도 이 때문이다. 단독으로는 익혔을 때 응고되지 않는 액상 재료에 달걀을 섞으면 물질의 상태가 변할 수 있다. 묽은 음식에 달걀을 넣어 익히면 음식의 질감이 단단해진다. 사바용 소스에 노른자를 넣어 부드러우면서도 비교적 단단한 질감을 살리는 것이 그 본보기다.

황금빛 달걀

달걀노른자는 짙은 색조에 윤기가 흐른다. 익힌 뒤에도 실질적인 색깔의 변화는 거의 없다. 노른자는 보통 흰자나 우유, 때로는 약간의 물과 섞어서 투르트 같은 특정한 요리 위에 바른다. 이렇게 해서 구우면 요리에 반짝이는 윤기와 함께 진한 황금빛이 돌게 된다. 물론 달걀노른자는 다른 음식과 섞였을 때도 본연의 아름다운 노란빛을 잃지 않는다. 그래서 일부 업체는 제품에 달걀을 많이 사용한 것처럼 보이기 위해 노란색 색소를 섞기도 한다.

알아봅시다

달걀 정제하기

달걀을 '정제한다'는 것은 흰자와 노른자를 분리한다는 뜻이다. 방법은 우묵한 그릇을 아래에 받치고 달걀을 조심스럽게 반으로 갈라 노른자를 한쪽 껍데기에서 다른 쪽 껍데기로 이리저리 옮겨가며 흰자만 그릇에 쏟아지게 한다. 노른자가 같이 아래로 떨어지지 않도록 주의해야 한다. 여러 개의 달걀을 정제해야 한다면, 한 개씩 작은 그릇에 각각 분리한 다음, 그릇에 담긴 흰자에 불순물이 섞여 있지 않은지 일일이 확인하고 나서 큰 그릇에 합친다. 정제 작업을 하는 내내 달걀의 내용물이 껍데기 겉에 닿지 않도록 조심한다.

달걀과 건강

그동안 사람들은 달걀, 특히 노른자에 함유된 지질 성분에 대해 섣불리 의심의 눈초리를 보냈었다. 하지만 오늘날 달걀노른자는 희귀한 비타민 D와 단백질이 가득한 훌륭한 보물창고로 인정받고 있다.

달걀과 비타민 D

비타민 D는 우리 몸에 반드시 필요한 물질이다. 피부에 햇빛이 닿았을 때 합성되는 이 물질은 체내의 칼슘 흡수를 돕고, 근육 피로, 치아 질환, 골다공증 같은 뼈 관련 질병을 예방해준다. 일반적인 음식에는 비타민 D가 거의 들어 있지 않다. 비타민 D를 충분히 함유한 식품은 이전 세대의 수많은 어린이에게 트라우마를 안겨주었던 대구 간유와 고등어, 연어 그리고 달걀뿐이다.

단백질과 포만감

달걀은 서로 다른 아미노산 사이의 균형이 돋보이는 단백질의 결집체이다. 그래서 조리 방식과 상관없이 달걀 노른자와 흰자를 모두 먹었을 때 소화가 잘되고, 건강에도 유익하다. 중간 크기의 달걀 두 개는 백색육 100g과 똑같은 양의 단백질을 함유하고 있으며, 칼로리는 더 낮다.

단백질은 포만감이 커서 음식 섭취량을 줄이기가 쉽다. 따라서 체중 조절과 다이어트에 도움이 된다.

콜레스테롤에 대하여

오랫동안 달걀은 콜레스테롤의 동의어였고, 그래서 많은 사람들이 심장병 예방을 위해 달걀을 금기시했다. 하지만 최근의 연구 결과에 따르면 음식 섭취에 의한 콜레스테롤은 우리의 몸 안에서 생성되는 콜레스테롤보다 덜 위험하다. 달걀에 함유된 지질은 건강에 해롭지 않다. 대다수의 영양학자는 일주일에 달걀 4~6개는 마음 편히 먹어도 된다고 말한다. 정작 건강에 크고 작은 영향을 미치는 것은 달걀의 조리 방식이다.

그러나 달걀은 각종 음식에 빈번히 들어가기 때문에, 생각 없이 먹다보면 주당 4~6개라는 적정량을 쉽게 넘기게 된다.

너무 단순한 추론일지 몰라도, 닭이 먹은 것이 그 닭이 낳은 달걀을 먹는 사람의 건강에 영향을 미치는 중요한 요소라는 사실은 달라지지 않는다.

등급별 양계 방식

0등급 - 1마리당 최소 2.5㎡의 공간이 확보되는 야외에서 사육되고, 유기농 인증을 받은 사료를 먹는다.

1등급 - 역시 야외에서 사육되고, 검증된 사료를 먹는다.

2등급 - 큰 건물 안에서 땅바닥에 풀어놓은 채 사육된다. 닭에게 확보된 공간은 제곱미터당 9마리로 상당히 집약적이다.

3등급 - 아파트식 닭장에서 사육된다. 닭에게 확보된 공간은 제곱미터당 18마리나 된다.

달걀 고르기, 보존하기, 부화하기

프랑스 사람들은 껍데기가 아이보리와 연한 베이지색의 중간 정도인 '맛있는 색깔'의 달걀을 원한다. 반면 미국 등 다른 나라에서는 흰 달걀을 선호한다.

이 같은 색상별 선호도 때문에 한때는 닭에게 달걀의 껍데기 색에 직접 영향을 줄 수 있는 첨가제를 넣은 사료를 먹이기까지 했다.

정확한 정보 확인

달걀을 고를 때는 포장 용기와 달걀 껍데기에 찍힌 문구를 통해 이력을 확인한다. 포장 용기에는 보통 산란 날짜('특신선란'을 원할 경우 필수 확인 사항)와 권장 소비 기한, 달걀의 중량, 닭의 사육 방식 등이 기재되어 있다. 달걀은 중량에 따라 S(개당 53g 미만)부터 XL(개당 73g 이상)까지 등급이 나뉜다(프랑스 현지 기준—옮긴이). 대다수 레시피에서 제시하는 달걀의 양은 관례상 M(개당 53~63g) 등급을 기준으로 한다.

닭의 사육 방식은 동물 복지와 달걀의 영양학적 품질, 모두에 영향을 미친다. 이 지표는 0~3등급으로 표시된다. 2~3등급에 속하는 달걀은 절대적으로 피해야 한다. 우리 건강에 이롭지 않을뿐더러 실제로 동물의 고통을 야기하기 때문이다.

달걀은 매우 저렴한 식품 중 하나다. 물론 품질이 우수한 고급 달걀을 구매하려면 비용이 더 들지만, 이미 가격대가 높이 책정된 상품에 비하면 그리 큰 부담은 아니다.

'특신선란'은 산란한 지 9일을 넘기지 않은 달걀이어야 한다. 이러한 달걀은 불을 거의 사용하지 않는 요리에 권장된다. '신선란'의 소비 기한은 산란 후 28일까지

다. 달걀의 신선도가 떨어질수록 충분히 익혀 먹는 것이 좋다.

달걀을 구입한 지 너무 오래되었거나 적절치 못한 환경에서 보관했을 때, 껍데기에 살짝 금이 갔을 때, 둥그스름한 끝부분에 있는 공기 주머니가 비었을 때는 먹지 않는 것이 좋다. 달걀을 물속에 담갔을 때 위로 떠오르지 않고 계속 가라앉아 있을 경우도 마찬가지다. 이것은 이 달걀을 사용해도 좋은지 확인할 수 있는 가장 쉽고 정확한 방법이다.

필수 위생 규칙

달걀은 상하거나 깨지기 쉬운 식품이다. 달걀을 지켜주는 최고의 수호자는 바로 자체의 껍데기다. 달걀 껍데기에는 미세한 숨구멍이 많이 나 있는데, 그 위에 얇은 수용성 막이 덮여 있어 유명한 살모넬라 균 같은 각종 세균으로부터 달걀을 보호한다.

그래서 달걀을 사용할 때는 엄격한 두 가지 원칙을 반드시 준수해야 한다.

첫째, 달걀의 내용물이 껍데기 바깥쪽에 절대 닿지 않게 한다. 특히 달걀을 정제할 때, 껍데기를 만진 뒤에는 손을 씻고 작업대와 사용한 도구도 꼼꼼히 닦는다.

둘째, 달걀의 껍데기는 물에 닿지 않게 한다. 껍데기를 감싸고 있는 얇은 막은 물에 민감하다. 그러므로 껍데기가 지저분해 보이더라도 물에 씻어서는 안 된다(마른 행주로 닦는 것만으로 충분하다). 껍데기에 이슬이 맺히게 할 수 있는 갑작스러운 온도의 변화도 피해야 한다.

유아나 환자, 노인 등 소화력이 약한 사람에게는 날달걀이나 충분히 익히지 않은 달

갈(외프 아 라 코크, 반숙 달걀, 마요네즈 등)이 들어간 음식은 먹이지 않는 것이 좋다.

달걀을 안전하고 기분 좋게 소비하기 위해서는 이처럼 보관 및 이용 시 지켜야 할 몇 가지 제약이 있다. 그럼에도 달걀은 요리와 제과에서 절대적으로 빼놓을 수 없는 중요한 재료다.

달걀은 창작 세계에서도 독보적인 위치를 차지한다. 달걀은 예술가에게 강렬한 영감의 원천이 되는 몇 안 되는 식재료 중 하나로, 히로니뮈스 보스부터 콩스탕탱 브랑쿠시를 거쳐 살바도르 달리에 이르는 많은 예술가들이 달걀을 있는 그대로 또는 변형된 모습으로 표현해냈다.

달걀 껍데기째 익히기

난이도: 🍴

분량: 달걀 6개

준비 시간: 5분

· 조리 시간: (익힌 정도에 따라) 3분, 6분, 9분

재료

달걀

도구: 작은 냄비, 에퀴무아르

셰프의 한마디

외프 아 라 코크는 산란 후 9일이 넘지 않은 신선한 달걀을 쓴다.
반숙 또는 완숙으로 익히려면 적어도 일주일 이상 지난 달걀을 선택하는 것이 좋다. 껍데기를 쉽게 벗길 수 있기 때문이다.

냄비에 물을 끓인다. 냉장고에서 미리 꺼내둔 달걀을 에퀴무아르를 이용해 조심스럽게 물에 넣는다.

외프 아 라 코크는 3분, 외프 몰레(반숙)는 6분, 외프 뒤르(완숙)는 9분간 삶는다.

외프 아 라 코크는 냄비에서 꺼내자마자 바로 서빙한다.

외프 몰레와 외프 뒤르는 냄비에서 꺼내자마자 찬물에 담가 식힌다.

외프 몰레와 외프 뒤르는 껍데기를 벗긴다.

외프 몰레는 노른자가 진득하게 흐르는 상태여야 한다(사진 왼쪽). 외프 뒤르의 노른자는 완전히 익은 상태다(사진 오른쪽).

Omelette

오믈렛

난이도: 🎩

분량: 1인분

준비 시간: 5분 · 조리 시간: 4분

재료

달걀 3개, 다진 허브 1TS, 버터 25g,
땅콩기름 1TS, 소금, 백후춧가루

도구: 프라이팬, 뒤집개

셰프의 한마디

표면이 매끈한 오믈렛을 만들려면 오믈렛의 절반이 익었을 때 접시에 대고 뒤집은 뒤 다시 프라이팬에 넣어 반대쪽 면을 익힌다.

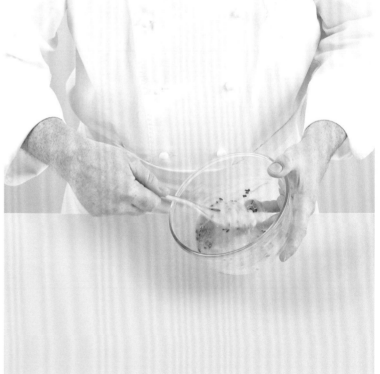

1 커다란 볼에 달걀을 깨뜨려 넣고, 소금과 후춧가루로 밑간을 한다. 이어 다진 허브를 넣는다.

2 달걀에 거품이 일고 부드러워질 때까지 포크로 세게 휘젓는다.

3 센 불에 기름을 두른 프라이팬을 올리고 버터를 넣어 타지 않게 녹인 뒤, 풀어둔 달걀을 붓는다.

4 오믈렛의 아랫면이 완전히 익고 윗면은 반쯤 익었을 때, 뒤집개를 이용해 오믈렛의 3분의 1을 가운데를 향해 접는다.

5 반대쪽의 3분의 1도 가운데를 향해 접는다.

6 완성된 오믈렛을 접힌 곳이 아래쪽으로 가게 뒤집어 접시에 담는다.

Œuf en cocotte

외프 앙 코코트(프랑스식 달걀찜)

난이도: 🍳

셰프의 한마디

람캥*에 달걀을 깨뜨려 넣기 전, 바닥에 고명을 한 숟가락 정도 깔아도 좋다.
고명으로는 뒥셀용으로 썬 버섯(458쪽 참조), 버터에 살짝 볶은 시금치나 소럴, 작게 썬 장봉 등을 쓴다.

1 오븐을 160℃로 예열한다. 준비된 그릇에 달걀을 각각 1개씩 깨뜨려 넣는다.

2 달걀 그릇을 로스팅 팬에 올려놓고, 따뜻한 물을 그릇의 중간 높이까지 부은 뒤 오븐에 넣어 15분간 굽는다. 흰자는 불투명하고, 노른자는 아직 액체 상태일 때 꺼낸다.

* 람캥ramequin: 오븐에 구워 식탁에 바로 올릴 수 있는 도자기 재질의 1인용 그릇. 또는 빵가루, 달걀, 장봉(햄) 등을 섞은 것을 이러한 그릇에 담아 구워낸 요리를 뜻하며, '램킨'이라고도 부른다.

분량: 4인분

준비 시간: 10분 · 조리 시간: 15분

도구: 작은 냄비, 람캥

재료

달걀 4개, 액상 생크림 2TS, 다진 허브,
소금, 후춧가루

3 달걀이 익는 동안, 냄비에 생크림을 데운다. 끓기 시작하면 허브를 넣고 약한 불에서 살짝 졸인다. 소금, 후춧가루로 간한다.

4 따뜻한 크림을 달걀노른자 둘레에 끼얹어 곧바로 서빙한다.

달걀

Œufs Brouillés

외프 브루예(스크램블드 에그)

난이도: 👨‍🍳 👨‍🍳

셰프의 한마디

외프 브루예는 항상 식탁에 내기 직전에, 원하는 것보다 좀 더 묽게 만든다.
불을 끈 뒤에도 냄비 안에서 계속 익으므로 완성하자마자 곧바로 식탁에 서빙한다.

1 달걀을 노른자만 풀어지도록 가볍게 휘젓는다(너무 많이 저어 달걀물에 거품이 일지 않도록 주의한다). 소금과 후 춧가루로 간을 한다.

2 기름을 두른 냄비에 버터 25g을 녹인다.

3 냄비에 달걀물을 붓고 불을 줄인다.

4 약한 불에서 거품기로 냄비 안쪽 가장자리를 긁어내듯 계속 휘저으며 달걀을 익힌다. 달걀물이 절반쯤 익어 부 드러운 크림 같은 상태가 되면 불을 끈다.

분량: 2인분

준비 시간: 5분 · 조리 시간: 8분

도구: 바닥이 두꺼운 냄비, 거품기

재료

달걀 4개, 버터 50g, 해바라기씨유 2TS, 생크림 4TS,
소금, 후춧가루

5 남은 버터 25g을 마저 넣는다.

6 거품기로 버터를 빠르게 섞는다.

7 생크림을 넣고, 부족한 간을 맞춘다.

8 거품기로 한 번 더 휘저은 뒤 곧바로 서빙한다.

달걀

외프 포셰(포치드 에그, 수란)

난이도: 🎩	**재료**
분량: 달걀 4개	무색 식초 3TS, 달걀 4개(신선한 것), 소금
준비 시간: 10분 · 조리 시간: 5분	**도구:** 소퇴즈, 스패튤러, 에퀴무아르, 식칼

셰프의 한마디

외프 포셰를 만들 때는 산란 후 9일이 넘지 않은 달걀을 쓰는 것이 좋다.
달걀이 차가울수록 끓는 물에 넣었을 때 흰자가 덜 풀어지기 때문이다.

1 소퇴즈에 물을 4분의 3 정도 채운다. 여기에 식초를 붓고 불에 올려 끓기 직전까지 가열한다. 람캥에 깨뜨려 넣은 달걀 1개를 뜨거운 물에 조심스럽게 밀어넣는다.

2 달걀이 수면 위로 떠오르면 스패튤러를 이용해 흰자가 노른자를 감싸도록 조심스럽게 접는다.

3 물이 팔팔 끓지 않도록 주의하면서 흰자가 불투명해질 때까지 기다렸다가 에
퀴무아르로 달걀을 건진다.

4 건진 달걀은 바로 찬물에 담가 식힌다.

5 칼로 달걀의 모양을 매끈하게 다듬는다.

6 완성된 외프 포셰는 흰자만 익고 노른자는 흐르는 상태여야 한다.

Les
VIANDES

BŒUF
VEAU
AGNEAU

육류

육류

맛, 즐거움, 에너지

추운 겨울 저녁에 먹는 뜨끈한 포토푀부터 한여름의 바비큐까지, 대중의 머릿속에 고기(프랑스어로 비앙드viande)는 식사에서 중대한 역할을 하는 기본 재료로 자리매김하고 있다. 중세 시대에는 고기를 가리켜 '카른carne(옛 문어로는 늙은 말, 현재는 질긴 고기를 뜻함)'이라고 불렀지만, 이탈리아어 '비반다vivanda', 포르투갈어 '비벤다vivenda'는 생존에 필요한 것, 즉 식량을 의미한다. 14세기에 기욤 티렐Guillaume Tirel이 편찬한 최초의 중세 레시피 모음집 제목은 『르 비앙디에Le Viandier』이다. 이 책에는 각종 식품을 총망라한 레시피가 담겨 있다. 이 같은 용어의 기원과 변화는 전체 음식에서 고기가 얼마나 중요한 위상을 차지하고 있는지 보여준다.

오늘날에도 고기는 식사의 주요한 구성 요소로 평가된다. 물론 이러한 위상은 역사적 이유에 근거하지만, 그것이 전부는 아니다. 고기는 보통 다른 식품보다 가격이 비싼 편이다. 고기를 얻는 데 드는 노고는 고기가 차지하는 위상과 직접 관련된다. 오랫동안 가정 요리는 엄격히 여성의 영역이었다. 반면 고기는 사냥의 이미지(강인함, 활력, 무기 다루기 등)와 연관해 이 세계에서 남성이 맡은 역할을 상징했다. 말하자면, 고기와 사냥은 모두 남성성의 전유물이었던 것이다. 오늘날에도 야외 바비큐 요리는 남자들이 전담한다.

고기를 생각하다

고기가 근본적으로 중요한 것은 사실이지만(또는 그렇기 때문에), 다양한 문화권에서 고기의 소비는 그리 단순히 생각할 수 있는 문제가 아니다. 힌두교, 이슬람교, 유대교에서는 음식, 특히 고기를 대하는 태도를 엄중하게 제한한다. 음식과 관련한 규범을 비교적 유연하게 운용하는 기독교에서조차 사순절 기간에는 육류의 섭취를 금한다.

종교적인 문제를 제외하더라도, 고기의 소비는 여전히 이해하기 어려운 사안이다. 우선 중대한 금기와 관련해 의문이 제기된다. 자신의 영양 섭취와 즐거움(미식)을 위해 살아 있는 다른 생명체를 죽이는 것이 옳을까? 또 인간과 동물의 관계(반려동물, 사역동물, 식용동물)에 대한 의문도 생긴다. 여기에 가축의 사육 환경에 관한 윤리적 문제도 추가된다. 이것이 프랑스 및 기타 사회(특히 가뜩이나 부족한 돈을 사료 값을 충당하는 데 써야 하는 개발도상국)의 환경에 미치는 영향력은 소비자들에게 도덕적 문제를 제기할 수 있다. 더욱이 비좁은 공간에서 이루어지는 집약적 사육 방식은 환경에 심각한 영향을 미치는 반면, 비교적 넓은 공간에서의 합리적인 사육은 생태계의 다양성 유지에도 큰 도움이 된다는 사실에 주목하자.

한편, 고기가 건강에 해롭다고 생각하는 일부의 추세도 있다. 이는 고기에 대한 우리의 인식에 엄청난 변화를 일으켰던 1996년의 '광우병' 문제 같은, 이른바 먹거리의 위기에 대한 반응으로 종종 나타난다. 그러나 이 같은 위기 덕분에 오히려 가축의 사육과 사료 및 영양제 사용 방식, 이력 추적 시스템 등을 더 엄격히 규제하게 된 측면도 있다. 이러한 문제가 부각되기 전에도 일부 존재했던 품질인증표는 육류를 선택할 때 도움이 될 수 있다.

고기는 이력을 주의 깊게 살피고 양질의 상품으로 골라 섭취하면 건강에 유익한 좋은 식품이다(최근에는 육류의 이력 확인이 더 쉬워졌다). 고기에는 세포 재생과 면역 체계, 신경계에 반드시 필요하며, 스트레스와 우울증의 부정적 현상을 완화하는 비타민 B가 풍부하다. 또 고기는 단백질과 미네랄, 아연과 철 같은 양질의 미량원소를 함유한 훌륭한 보물창고이기도 하다.

선택과 보관, 저장

물론 이상적인 것은 조언과 정보를 구할 수 있는 전문 정육업자에게 고기를 구입하는 것이다. 대형 마트의 경우, 보통 원산지는 명확하게 표시되어 있지만 조언은 전혀 구할 수 없다. 냉동육 중에도 흥미로운 상품들이 점점 많이 눈에 띈다. 시장에서 특별히 관심을 기울여야 할 부분은 저온 유통 체계이다. 고기는 무엇보다 상하기 쉬운 상품이기 때문이다.

공식 품질 인증 마크

유럽과 프랑스에서 상용되는 아래의 공식 마크들은 식재료를 구입할 때 우수한 품질의 상품을 구별할 수 있는 지침이 된다. 이 마크는 해당 가축이 위생적이고 안전한 환경에서 사육 및 도축되었으며, 미각은 물론 건강을 위해서도 만족할 만한 품질의 고기임을 보증한다.

프랑스의 라벨 루주Label Rouge는 전체 생산 과정이 검증된, 맛이 우수한 상품에 붙는 마크이다.

AOC(Appellation d'origine contrôlée, 원산지 통제 명칭) 마크는 널리 인정받은 노하우를 처음부터 발전시킨 특정한 지역에서 생산된 상품임을 인증한다.

AB(Agriculture Biologique, 유기농) 마크는 환경과 상품의 품질을 모두 고려한 합리적인 재배 방식을 거쳤음을 인증한다.

고기는 정육업자들이 사용하는 특수 포장지로 싸거나, 의무적으로 소비 기한을 표시한 대형 유통업체의 포장 용기에 담긴 상태에서 1~4일간 냉장(0~4℃) 보관할 수 있다. 다진 고기는 구입 후 하루 안에 조리해야 한다. (햄버거용) 패티는 상할 위험이 매우 큰 식품이다. 그러므로 정육업자에게 '즉석에서' 만들어줄 것을 부탁하고, 조리할 때는 '속까지 바싹' 익힌다. 또 운반할 때는 반드시 보냉 가방을 이용한다.

고기는 조리하기 전에 미리 실온에 꺼내놓아야 급격한 온도 변화에 의한 충격으로 근섬유가 수축되는 것을 피할 수 있다. 얼린 고기는 냉장실에서 천천히 해동한다.

전통적인 프랑스 요리에서 기본이 되는 육류는 주로 소고기, 송아지고기, 양고기다. 돼지고기 역시 종종 양고기처럼 조리할 수 있는 흥미로운 식품이다. 그러나 돼지고기의 맛과 향이 가장 잘 나타나는 것은 햄, 소시지 같은 가공육의 형태이기 때문에 이번 장에서는 돼지고기를 따로 다루지 않겠다.

생고기부터 잘 익힌 고기까지

정확하고 엄밀한 조리가 필요한 육류 요리를 할 경우에는 고기를 선택하기가 쉬워진다. 조리방식은 고기의 부위에 좌우되기 때문이다. 고급 부위는 가볍게 조리하거나 아예 조리를 안 해도 된다. 반면 질이 낮은 부위는 오랫동안 조리해야 하고, 때에 따라 마리네이드하는 과정도 필요하다.

불 없이 조리하기

소고기와 송아지고기는 타르타르로 먹거나, 겉만 살짝 구워 레몬즙으로 양념한 카르파초로 먹을 수 있다. 물론 소금을 뿌려 익힐 수도 있다.

타르타르는 다진 생고기에 각종 콩디망condiment(요리에 사용되는 여러 가지 양념을 섞은 것—옮긴이)과 허브를 섞은 요리다. 산酸을 포함한 양념의 맛은 센 편이지만 즉석에서 만들어 내기 때문에 조리된 요리는 아니다. 타르타르는 신선하고 부드러운 양질의 고기로 만들어야 한다. 고기를 칼로 다지면 씹는 맛이 배가 된다. 타르타르에 부드러움을 더하려면 올리브유와 달걀노른자를 추가한다. 생고기를 먹기 꺼려진다면 프라이팬에 타르타르를 앞뒤로 살짝 굽는다. 이것을 세자르 타르타르라고 한다.

카르파초는 산의 작용으로 '거의 조리된' 요리다. 생우둔살이나 구운 우둔살을 최대한 얇게 저미는 것이 중요한데, 고기를 영하 1~2℃로 차갑게 굳히면 일정한 두께로 썰 수 있다. 저민 고기에 레몬즙, 올리브유, 바질, 소금, 후춧가루로 만든 마리네이드를 골고루 끼얹으면 카르파초가 완성된다.

송아지고기로 타르타르 또는 카르파초를 만들면 미묘하고도 아주 섬세한 맛을 낼 수 있다.

열을 이용하지 않고 할 수 있는 가장 효율적인 조리는 시간과 소금의 조합이다. 얇게 포를 뜬 안심에 올리브유와 향신료를 바른 뒤 굵은소금으로 두껍게 옷을 입혀 냉장고에 꼬박 한나절 동안 넣어둔다. '조리'를 마친 고기는 소금만 떨어내고 내가면 된다.

19세기에 타르타르나 카르파초 같은 요리는 빈혈 환자들에게 특히 권장되었다. 오늘날에는 최소한의 변형으로 고기의 이상적인 맛을 추구하는 사람들이 선호하는 요리다.

선사 시대의 훌륭한 미각

바비큐, 피에라드pierrade(뜨겁게 달군 돌판에 고기와 채소 등을 굽는 조리법 또는 기구—옮긴이), 플란차plancha(피에라드의 돌판 대신 철판을 이용한 조리법 또는 기구—옮긴이) 같은 조리 방식은 우리를 주방 밖으로 이끈다. 야생에 가까운 전원에서의 투박한 조리 방식이 여름날 한낮의 시끌벅적한 파티를 떠올리게 한다.

피에라드와 마찬가지로 플란차도 강한 열이 철판 전체를 고르게 달구지만 과열되지는 않는다. 그래서 손님 수가 많을 때도 고기를 재빨리 타지 않게 구울 수 있다. 센 불에서 단시간에 굽는 조리 방식에는 소고기의 치마살이나 삼각살, 양고기의 어깻살

같은 양질의 부위가 어울린다. 이때 고기를 너무 크거나 두껍지 않게 썰어야 한다. 다진 고기를 양념해 둥그렇게 빚은 패티도 플란차에 구울 수 있다. 꼭 필요한 것은 아니지만, 마리네이드한 고기도 철판을 깨끗이 관리할 수만 있다면 구워도 좋다.

바비큐를 할 때는 특히 화염에 고기가 익지 않도록 주의하자. 고기를 시커멓게 태우면 독성이 생길뿐더러 씁쓸한 숯 맛밖에 나지 않는다. 바비큐는 100퍼센트 천연 목재를 태워 만든 숯으로 조리한다. 열기가 너무 세거나 불길이 남아 있을 때는 고기를 그릴의 깨끗한 가장자리 쪽으로 밀어놓는다. 익는 데 시간이 오래 걸리는 고기는 그릴을 높이 올리고 집게로 자주 뒤집어가며 굽는 것이 좋다. 꿀과 머스터드, 향신료로 만든 마리네이드를 고기에 발라가며 굽는 방법도 있다. 마리네이드를 두껍게 바르면 고기에 진한 향이 밸 뿐 아니라, 일종의 껍질 역할을 해 육즙이 빠지지 않고 강한 열기에 육질이 상하는 일도 없다.

로스팅과 이상적인 맛내기

오븐에 굽는 조리 방식은 고기의 향과 질감을 극대화한다. 종류에 상관없이 품질이 좋고 연한 고기라면 모두 오븐 구이에 어울린다. 소고기 로스트(로스트비프)는 보통 안심이나 등심, 우둔살로 만들고, 송아지고기 로스트는 허벅살과 볼깃살, 양고기 로스트는 어깻살이나 넓적다리(지고gigot)를 사용한다.

로스트용 고기를 베이컨이나 라드로 감싸지 않았을 경우, 오븐에 넣기 전 고기 표면에 유지를 발라 겉면만 색이 나게 뜨겁게 달군 소퇴즈에 지진다. 이는 육즙을 고기

농축과 확장

농축하는 조리는 센 불에서 신속하게 이루어진다. 이 조리 방식의 포인트는 육즙을 고기 안에 가두는 것이다. 센 불로 프라이팬이나 소퇴즈에 고기의 겉면을 빠르게 익히면 단백질이 굳거나 당류가 갈색으로 캐러멜라이즈하면서 고기를 감싸는 일종의 껍질이 형성되어 육즙이 빠져나오지 못한다. 이것은 고기의 부드러운 질감과 풍부한 향미를 보전하기 위한 전처리 과정이다.
확장하는 조리는 고기를 다량의 액체에 넣어 익히는 것이다. 이 방식의 포인트는 농축하는 조리와는 반대로 고기와 조리용 액체를 섞어 각각의 풍미가 서로 섞이게 하는 것이다. 이 과정을 거치면 질기고 뻣뻣한 고기도 부드럽게 변할 수 있다.

안에 가두기 위해 필요한 과정이다. 조리 시간은 물론 고기의 크기와 원하는 익힘 정도(레어~웰던)에 따라 달라진다. 어디까지나 취향의 문제이지만, 고기 애호가들은 한결같이 소고기는 살짝 익히는 것이 좋다고 한다. 붉은 살코기(소고기, 양고기)는 고온으로 예열한 오븐에서 굽고, 흰 살코기(송아지고기)는 그보다 조금 낮은 온도에서 굽는다. 중간에 몇 차례 오븐을 열고 재료에서 배어난 육즙을 고기에 끼얹어준다.

로스트용 오븐팬은 고기보다 약간만 더 큰 것이 좋다. 팬이 너무 크고 넓으면 고기에서 흘러나온 육즙이 바닥에 얇게 깔려서 금세 타게 되고, 결국 고기에 좋지 않은 맛이 밸 위험이 있다. 조리 시간이 길어질 경우(두꺼운 고기는 몇 시간씩 걸린다), 중간에 집게로 고기를 뒤집어주거나 작은 석쇠 위에 올려 팬 바닥에 눌어붙는 것을 막는다.

조리가 거의 끝나갈 즈음, 고기를 감쌌던 라드를 제거하고 전체적으로 색깔이 나게 더 굽는다. 완성된 로스트는 오븐에서 꺼낸 뒤 식지 않도록 알루미늄포일로 감싸 몇 분간 휴지한다. 이는 고기 안에 남아 있는 열과 육즙이 고르게 퍼지게 하는 과정이다.

프라이팬에 굽기와 볶기: 간단하면서도 맛있게

고기를 프라이팬이나 웍wok, 또는 소퇴즈에 굽거나 볶으면 간단하면서도 신속하게 조리를 마칠 수 있다. 이 방식은 모든 종류의 소고기를 스테이크의 형식(스테이크는 고기의 부위가 아닌 조리 방식의 명칭이다)으로 구울 때 적합하며, 특히 토시살, 보섭살, 치마살, 안창살, 삼각살이 잘 어울린다. 길쭉한 근섬유로 이루어진 이 부위들은 확실히 육즙이 풍부한데, 조리할 때 근섬유가 팽창하여 육즙을 붙잡아두기 때문이다.

질 좋은 송아지고기나 양고기로 넓적하게 포를 떠 프라이팬에 구울 수도 있다. 소고기는 센 불에서 단시간에 조리해야 하는 반면, 송아지고기나 양고기는 본연의 부드럽고 섬세한 식감을 살리기 위해 비교적 약한 불에서 천천히 익힐 필요가 있다. 송아지고기와 양고기를 가늘게 채 썰어 이국적인 향신료로 가볍게 양념한 뒤(마리네이드는 생략해도 상관없다) 웍에 볶으면 맛있고 건강에도 좋다.

천천히 끓이기

중세 유럽에서는 고기를 푹 삶아 조리하는 것이 기품의 표상이었다. 오늘날 프랑스에서 이 조리 방식은 보편적이고 전통적 의미에서의 서민 요리의 상징이 되었다. '서민적'이라는 말은 곧 '경제적'이라는 의미로, 이 조리법은 가장 덜 '귀하고' 가장 덜 '비싼' 고기로 만든다. 이런 고기는 질긴 근섬유가 연해질 때까지 삶아야 한다. 또 이런 고기에는 콜라겐이 풍부해서 삶는 물에 넣은 향신용 가니시와 채소의 맛은 물론, 부드러운 식감까지 살려준다.

조리 방법은 고기가 완전히 잠길 만큼 물을 붓고 약한 불에서 천천히 끓이면 된다. 더 맛있게 조리하려면 지방, 살코기, 힘줄 등 다양한 부위의 고기를 넣는 것이 좋다. 소고기 포토푀는 볼살부터 관절, 부챗살, 앞다릿살, 사골 등을 모두 섞어 끓인

다. 채소는 순무나 당근, 리크처럼 질감이 단단해서 쉽게 뭉그러지지 않는 종류로 선택한다. 고기와 채소를 삶고 난 국물은 절대 버리지 말고 보관해둔다. 깊고 진한 향이 우러난 국물은 그 자체로 맛있는 부용이 된다. 여기에 쌀을 넣어 걸쭉하게 끓이거나 구운 빵을 곁들여 삶은 고기와 채소를 내기 전에, 또는 함께 식탁에 올린다.

삶은 양고기 요리는 소고기에 비해 덜 대중적인 편이다. 영국에서 시작된 이 요리는 프랑스에서는 인기가 별로 없다.

브레제 : 각 요리의 최고

브레제braiser는 고기의 풍미를 농축하는 조리와 확장하는 조리의 장점을 합친 특별한 방식이다. 브레제에 적합한 고기 역시 저렴한 부위로, 지방과 살코기 등을 고루 섞어 사용한다. 먼저 고기의 겉면에 색이 나게 프라이팬에 지지고, 흘러나온 육즙을 데글라세한다. 이어 고기를 가니시용 채소 및 향신료와 함께 스튜용 냄비에 넣고, 묽은 소스를 넉넉히 부은 뒤 뚜껑을 덮고 약한 불에 오랫동안 뭉근하게 익힌다. 고기가 푹 무르고, 자작하게 졸아든 소스와 고기의 맛이 서로 조화롭게 융화되면 완성이다. 소스 맛이 충분히 밴 고기는 안에서 부드럽게 녹는다. 일반적으로 적색육은 갈색 육수, 백색육은 흰색 육수와 잘 어울린다.

뵈프 부르기뇽bœuf bourguignon, 나바랭 다뇨navarin d'agneau(양고기 채소 찜), 팔롱 드 보 브레제 오 아그륌paleron de veau braisé aux agrumes(감귤류를 넣은 송아지 어깻살 찜) 등 브레제한 고기 요리는 추운 겨울, 따뜻한 위안, 미각적 즐거움, 전통 음식 같은 단어를 떠올리게 한다.

———

소고기, 균형과 튼튼함

소고기는 더 이상 우유를 생산하지 못하는 젖소와 거세한 수소(24개월 이상)에서 얻는다. 프랑스에서는 각 지역의 특수 환경(토양, 기후, 목초지의 속성 등)에 적합한 20종 이상의 소를 사육하고 있다. 그중에는 유명한 샤롤레와 리무쟁, 그 밖에도 오브라크나 살레르처럼 비교적 드물고 오래된 품종도 있다. 이 소들은 위생 및 윤리 면에서 품질을 보장하는 인증 마크를 받는 경우가 많고, 그렇게 인증된 소는 해당 품종 특유의 우수한 유기농 산물을 제공한다. 카마르그camargue 소라는 AOC 인증 명칭으로 상품화된 라소 디 비우raço di biou 종은 과하지 않으면서도 진하고 독특한 풍미가 있으며, 기름기가 적고 육질이 부드럽다.

저렴하면서도 고급스러운 특별 부위

프랑스에서 소고기는 육류 음식의 상징이다. 소고기로 만든 요리는 전통성(뵈프 부르기뇽부터 포토푀까지)과 일상성(스테이크와 감자튀김, 샐러드는 가장 널리 알려진 보통 식사 메뉴다)을 모두 갖추고 있다.

소고기는 부위에 따라 풍미가 다르고, 조리 방법이 다양하기 때문에 사람들이 좋아하는 갖가지 요리로 변신할 수 있다. 소고기는 부위별로 미묘한 차이가 있다. 부위에 따라 다른 가격이 곧 그 고기의 등급을 가리키는 것은 사실이다. 하지만 특정한 요리에 적합한 부위가 각각 따로 있기도 하다.

업계에서는 소고기를 고급 부위와 '저급' 부위로 구분한다. 후자에 작은따옴표를 붙인 이유는 어감과는 다르게 시간을 충분히 들여 조리하면 부드러운 식감과 풍미가 살아나기 때문이다.

고급에 속하는 부위는 등심, 안심, 채끝, 토시살 등으로 연한 육질과 풍부한 육즙의 대명사 같은 것들이다. 반면 소위 '저급' 부위는 힘줄과 기름기가 많거나 질긴 고기이다. 소고기에서 근육에는 지방이 촘촘하게 퍼져 있다. 일본 고베산産 소고기인 고베규의 특별한 맛과 푸아그라에 비견될 만큼 부드러운 육질은 바로 이 마블링 때문이다.

적색육의 대표적인 영양소

다른 고기와 마찬가지로 소고기 역시 비타민 B가 풍부하다. 비타민 B2는 적혈구의 형성 및 성장을 촉진하고, 비타민 B3는 우리가 섭취하는 음식과 함께 에너지를 생산하는 원동력이 된다.

소고기에는 부위별로 단백질 25~30퍼센트, 지질 2~15퍼센트가 들어 있으며, 레시피가 달라져도 지질의 함유량은 거의 일정하게 유지된다.

소고기에는 철분 외에 다양한 미네랄과 항산화 물질인 셀레늄, 아연, 구리 같은 미량 원소도 다량 함유되어 있다. 이중에 구리는 체내의 콜라겐과 헤모글로빈의 형성을 돕는다. 한때 언론 매체에서는 동물성 단백질의 섭취가 우리 건강에 악영향을 미친다고 떠들어댔다. 그러나 최근 연구에 따르면 동물성 단백질의 과잉 섭취는 암과 심혈관 질환을 촉진하여 해로울 수 있지만, 적정량(1일 140그램 미만)을 먹는 것은 오히려 우리 몸에 이롭다.

결론적으로 우리의 미각적 즐거움과 건강을 도모하고 윤리적 측면까지 고려했을 때, 소고기는 (원산지 및 사육 환경의 측면에서) 가능한 한 양질의 상품을 선택하여 조금 덜 먹는 것이 바람직하다.

———

섬세하고 미묘한 풍미의 송아지고기

송아지고기는 생후 6개월이 채 지나지 않은 어린 소의 고기이다. (어미젖을 포함해)

육류

조리에 관한 믿음의 허와 실

주방에서 반복되는 수많은 습관이 때로는 요리의 품질을 떨어뜨리는 원인이 되기도 한다. 관례와는 다르게 고기를 농축하는 방식으로 조리할 때는 소금 간을 미리 해서는 안 된다. 이 조리 방식의 핵심은 육즙을 고기 안에 가두는 것인데, 소금 성분이 육즙을 밖으로 빠져나가게 작용하기 때문이다. 고기를 들어 올릴 때 포크로 찌르지 말고 집게로 가볍게 집어야 하는 것도 같은 이유에서다. 한편 고기에서 지방질을 제거할 때는 조리하기 전이 아닌 조리를 마친 뒤에 해야 한다. 지방이 익힌 고기에 특유의 풍미를 더해준다. 반면 조리에 앞서 고기의 가장자리에 칼집을 넣으면 뜨거운 열에 의해 고기가 수축하는 것을 피할 수 있다.

우유만 먹여 키운 송아지와 어미젖을 뗀 뒤 풀까지 뜯은 송아지는 육질이 서로 다르다.

고대부터 송아지고기는 부자들의 전유물이었다. 19세기 후반에 이르러서야 유제품 생산의 산업화로 보통 사람들도 송아지고기를 먹을 수 있게 되었다. 축산업자들은 마침내 유제품을 어린이의 영양 공급을 위해 이용할 수 있었다.

송아지고기는 육질이 특히 섬세하고 연하다. 풀을 먹인 송아지의 경우, 살코기는 연분홍빛 또는 그보다 약간 진한 색깔을 띤다. 지방층은 거의 없지만, 진줏빛이 살짝 도는 흰색이다.

살코기에 함유된 풍부한 영양소

송아지고기와 소고기의 단면은 상당히 유사하지만, 몇몇 구체적인 사항에서 차이가 있다. 우선 송아지고기는 지방이 근육 안에 퍼져 있지 않기 때문에 소고기에 비해 지질의 함유량이 적다. 반면 단백질이 풍부한 살코기는 체중 감소를 위한 식이 요법에 알맞은 저칼로리 식품이다. 단, 송아지는 우유만 먹고 자랐기 때문에 철분의 함유량이 소고기보다 떨어진다. 그럼에도 송아지고기는 여전히 우리 건강에 유익한 식품이다. 심혈관 질환 예방에 탁월한 셀레늄이 풍부하며, 지방의 산화와 에너지로의 변환을 촉진하는 올레산의 훌륭한 보고이기도 하다.

전통적인 우아함

섬세한 송아지고기는 부위별로 연한 정도가 다양해서 맛의 농축과 확장을 추구하는 조리에 모두 적합하다. 각 부위는 결코 굵거나 큰 덩어리가 아니며, 따라서 단시간에 신속하게 조리해야 한다. 예를 들어, 에스칼로프는 3~4분, 오븐 로스트는 500그램 기준으로 30분이면 미디엄으로 충분하다. 블랑케트 드 보blanquette de veau(송아지고기에 크림을 섞어 끓인 흰색 스튜—옮긴이)는 가장 널리 알려진 송아지고기 레시피 중 하나로, 프랑스에서도 많은 사람들이 선호한다. 송아지고기는 나바랭(갈색 스튜)과 포피에트(고기와 채소를 다져서 만든 소를 얇은 고기 또는 양배추로 말아서 익히는 조리법—옮긴이)에 적합하고, 오븐 로스트나 더 간단한 석쇠구이(특히 갈비)에도 어울린다.

블랑케트 드 보에 못지않게 유명하고 인기가 높은 송아지고기 요리가 몇 가지 더 있다. 오소부코osso-buco(송아지 뒷다리 정강이 뼈 고기에 토마토 소스를 얹은 리소토를 곁들이는 이탈리아 요리—옮긴이)와 로마식 살팀보카saltimbocca(얇게 저민 송아지고기로 프로시우토와 세이지를 감싸서 팬에 구운 뒤 소스를 곁들인 요리—옮긴이), 파르메산 치즈 가루를 추가한 밀라노식 에스칼로프 등 모두 이탈리아 요리다. 연하고, 섬세하며, 소고기에 못지않게 다양한 부위를 제공하는 송아지고기는 건강하고 맛있는 식사에 어울리는 이상적인 식품이다.

축제 분위기에 어울리는 양고기

일반적으로 양고기(아뇨agneau)라고 하면 생후 12개월이 채 지나지 않은 '어린 양의 고기'를 뜻한다. 어미젖을 뗄 때는 생후 약 6주까지는 엄격하게 젖만 먹여 키운다.

부활절 양고기와 종교적 음식

부활절 축일은 많은 가정에서 자신들의 실제 종교와 상관없이 특별히 기리는 날이다. 이날은 기독교와 유대교의 의례적인 이유에서 양고기 요리를 가장 많이 먹는다. 절대적 순수를 상징하는 양은 희생과도 연결된다.
맛있고 세련된 음식을 통해 즐거운 미식의 전통을 이어갈 수 있는 기회는 그 밖에도 상당히 많다.

프랑스에서는 산간지대의 메마르거나 경작하기 힘든 토지를 활용하여 정식 등록된 30종 이상의 양을 키우고 있다. 이는 특히 농촌 지역의 생물다양성 보전에도 도움이 된다.

입안에서 터지는 강렬하고 고급스러운 풍미

어린 양의 고기는 다 자란 양의 고기보다 색이 더 연하고, 깜짝 놀랄 만큼 육질이 부드럽다. 강렬한 맛은 허브(프로방스산 허브 믹스, 타임, 로즈메리 등)와 완벽한 조화를 이룬다. 지방이 고르게 분포된 양고기는 육즙이 풍부하며, 분홍빛이 살짝 남아 있을 정도 또는 최대 웰던으로 익혔을 때 가장 맛이 좋다. 그 이상으로 오래 익히면 부드러움과 풍미가 사라진다. 특유의 부드러운 육질을 보존하려면 조리 중에 고기를 포크로 찔러서는 안 되며, 소금 간은 먹기 직전에 해야 한다.

일부에서는 관습적으로 마리네이드하기도 하지만, 양고기는 그 자체로 충분히 맛있기에 굳이 그럴 필요가 없다. 양고기를 이용한 레시피를 떠올렸을 때 가장 먼저 생각나는 물론 오븐에 굽는 지고 다뇨gigot d'agneau(어린양 넓적다리) 로스트와 어깻살 로스트다. 뼈가 붙은 상태로 내놓는 양 갈비 구이 역시 고급 요리이다. 향신료와 완두콩, 당근, 양파 등 어린 채소를 넣어 오랫동안 뭉근히 조리한 양고기 나바랭은 부드럽게 술술 넘어가는 맛있는 스튜다.

인도와 아프리카 서북부 지역에서는 다 자란 양 대신 어린양의 고기를 이용해 일상 요리를 변형한 특별한 잔치 음식을 만든다.

건강에 이로운 양고기의 지방질

양고기는 다른 적색육과 마찬가지로 단백질, 비타민 B(특히 비타민 B2, B3, B12), 철, 아연 등이 풍부한 식품이다. 또 건강한 뼈와 치아, 견고한 세포막을 유지하는 데 반드시 필요한 인燐도 다량 함유하고 있다.

어린 양은 다 자란 양보다 지방질이 훨씬 적다. 여기서 특히 중요한 것은 이 지방질에 함유된 스테아르산(고급 포화지방산의 하나)이 '나쁜' 콜레스테롤인 LDL이 아닌, HDL이라는 '좋은' 콜레스테롤을 증가시킨다는 점이다.

소고기

등심(entrecôte)

투르느도(tournedos)

갈비등심(côte de bœuf)

채끝살(faux-filet)

우둔살(pave de rumsteak)

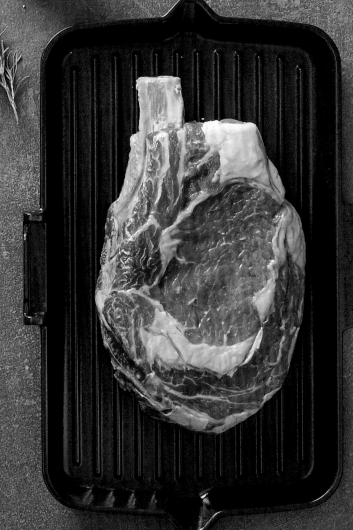

토시살(onglet)

치마살(bavette)

갈비(plat de côte)

꾸리살(macreuse)

꼬리(queue de bœuf)

안창살(hampe)

부챗살(paleron)

삼각살(araignée)

소고기 스테이크 알맞게 굽기

난이도: 👨‍🍳 👨‍🍳

도구: 프라이팬, 집게 또는 스패튤러

셰프의 한마디

스테이크를 제대로 구우려면 고기를 조리하기 15분 전에 미리 냉장고에서 꺼내는 것이 좋다.
소금과 후춧가루는 스테이크를 구우면서 뿌린다.

1 아주 센 불에 프라이팬을 올리고 오일과 버터를 반씩 넣는다. 버터가 녹으면 소금을 살짝 뿌린 고기를 넣는다.

2 한쪽 면이 갈색이 나도록 구워지면, 집게나 스패튤러로 고기를 뒤집는다.

3 불을 약하게 줄이고, 반대쪽 면을 익힌다. 손가락으로 고기를 눌러 원하는 굽기 정도가 되었는지 확인한다.

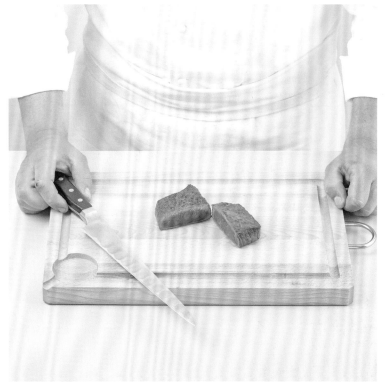

4 **블루 레어blue rare, f. bleu rare:** 손끝에 느껴지는 고기의 질감이 유연하고, 단면은 전체적으로 붉은색을 띠며 온도는 미지근하다(37~39℃).

5 **레어rare, f. saignant:** 손끝에 느껴지는 고기의 질감이 유연하고, 겉면은 모두 익었지만 단면은 아직 붉은색을 띠고 온도는 따뜻하다(50~52℃)

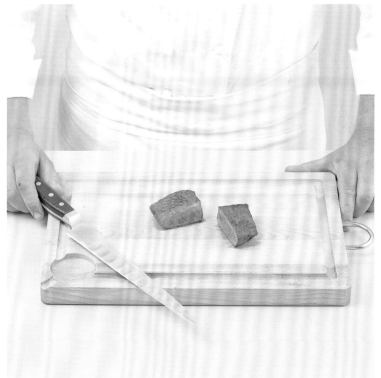

6 **미디엄medium, f. à point:** 손끝으로 눌렀을 때 좀 더 단단한 느낌이 들고, 겉면은 모두 익었다. 단면은 약간 분홍빛을 띠며 온도는 꽤 따뜻하다(53~58℃). 질 좋은 소고기의 경우, '웰던'은 추천하지 않는다. 마지막에 후춧가루간을 해 마무리한다.

소 안심 손질하기

난이도: 🎩🎩

도구: 도마, 식칼

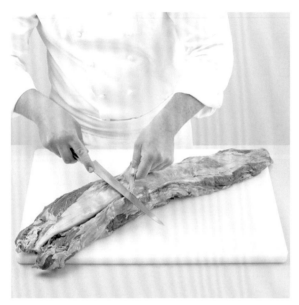

1 안심의 불룩 튀어나온 위쪽을 바닥으로 가게 놓는다. 안심과 그 옆에 붙어 있는 소요근(갈비뼈 위에 길게 붙어 있는 띠 모양의 고기)을 연결한 얇은 막을 벗긴다.

2 소요근은 분리해 따로 놓는다.

3 안심의 위쪽을 손질한다.

4 안심을 다시 뒤집어 쓸데없는 지방질을 깨끗이 제거한다. 이 과정에서 나오는 자투리 고기는 육즙 소스를 만들 때 이용한다.

5 길쭉한 안심에서 머리 부분을 자른다.

6 안심의 중간 부분에서 뾰족한 끝부분을 자른다.

7 안심 머리 부분에서 샤토브리앙* 2인분 분량(약 300~ 350g)을 자른다.

8 잘라둔 안심 중간 부분에서 투르느도*를 1인분(약 150~ 180g)씩 자른다.

9 안심 끝부분은 주사위 모양 또는 굵은 막대 모양으로 잘라 뵈프 스트로가노프 같은 소고기 볶음 요리에 사용한다.

10 안심에서 떼어낸 소요근은 손질해 다짐육으로 쓸 수 있다.

* 샤토브리앙chateaubriands: 소고기 안심에서 가장 굵은 정중앙 부분을 두툼하게 잘라서 구운 스테이크. 소 1마리에서 2% 밖에 나오지 않기 때문에 고급 요리로 꼽힌다.
* 투르느도tournedos: 소고기 안심에서 정중앙(샤토브리앙)의 양쪽 옆 부분. 지방질이 적기 때문에 대부분 베이컨이나 라드를 감싸서 조리한다.

소 갈비등심 손질하기

난이도: 👨‍🍳 👨‍🍳

도구: 도마, 식칼

1 갈빗대를 덮고 있는 지방질을 6~7cm 정도 자른다.

2 고기의 윗면에서 불필요한 지방질을 제거한다.

육우肉牛는 비육우에 비해 소갈비의 육질이 더 부드러워서 좋다.

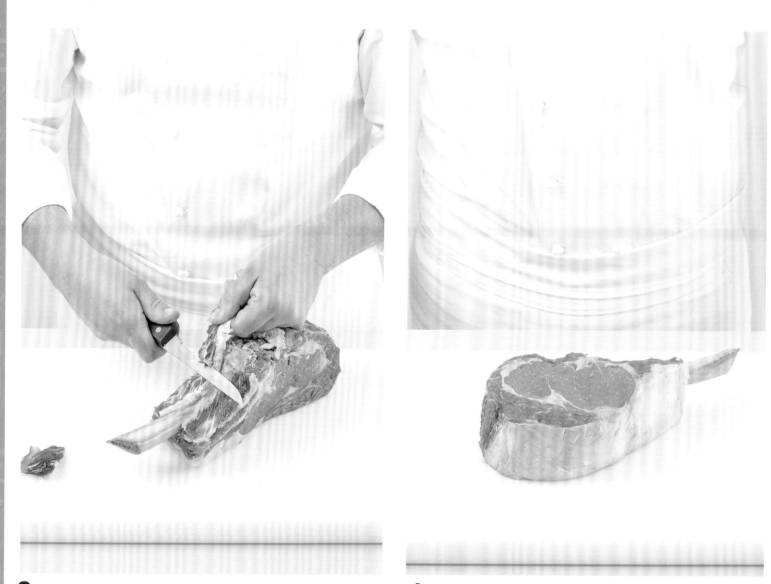

3 갈빗대의 끝부분에 덮여 있는 살을 긁어 뼈가 6~7cm쯤 드러나게 한다.

4 사진은 구울 준비가 끝난 갈비등심이다.

소 갈비등심 굽기

난이도: 👨‍🍳👨‍🍳

도구: 그릴팬(또는 전기 그릴) 도마, 식칼

1 붓을 사용해 갈비등심 겉면에 허브를 섞은 오일을 아주 가볍게 바른다.

2 그릴팬(또는 전기 그릴)을 중간 불에 달군 다음 갈비등심을 올린다.

3 한쪽 면에 그릴 무늬가 선명하게 생기면 갈비를 뒤집어 반대쪽에도 무늬를 낸다. 고기의 두께에 따라 5~8분 정도 익히되, 필요할 경우 불을 줄인다.

4 집게를 사용해 고기를 다시 뒤집는다.

5 겉면에 격자무늬가 생기도록 고기의 위치를 조정한다.

6 격자무늬가 뚜렷하게 생기면 고기를 뒤집어 취향에 따라 5~8분 정도 더 익힌다.

7 손가락으로 구워진 정도를 확인하여 시간을 조절한다 (144쪽 참조)

8 고기에 알루미늄포일을 덮고 10분간 휴지한다.

9 고기에 붙은 뼈를 제거한다.

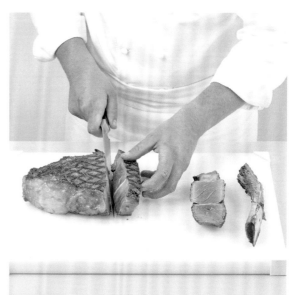

10 고기를 두툼하게 썬다.

Barder des tournedos

투르느도 라드 감싸기

난이도: 👨‍🍳👨‍🍳

도구: 도마, 식칼, 요리용 실

1 사각형 라드 위에 투르느도를 올려놓고, 투르느도의 길이에 맞춰 라드를 자른다.

2 고기를 라드로 감싸 만 다음, 겹치는 부분 1cm를 남기고 나머지 부분을 자른다.

152 육류 - 소고기

셰프의 한마디

안심에 묶은 끈의 사이사이를 자르면 스테이크용 투르느도가 나온다.
끈의 간격은 원하는 스테이크의 두께에 맞추어 조정한다.

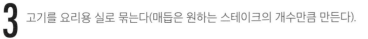

3 고기를 요리용 실로 묶는다(매듭은 원하는 스테이크의 개수만큼 만든다).

4 라드로 감싼 투르느도를 원하는 크기로 자른다.

Cuire des tournedos et déglacer au madère

투르느도 스테이크 굽기와 마데이라와인 데글라세하기

난이도: 🍳🍳

분량: 4인분

준비 시간: *10분* · **조리 시간:** *20분*

도구: 프라이팬, 스패튤러

재료

버터 50g, 땅콩기름 1TS,
투르느도 4조각, 마데이라와인 50ml,
마데이라와인 소스 150ml(84쪽 참조),
액상 생크림 150ml, 소금, 후춧가루

1 프라이팬에 버터를 기름과 함께 센 불에 녹인다. 소금으로 가볍게 간한 투르느도를 프라이팬에 올린다.

2 고기의 한쪽 면이 갈색이 나게 익으면 집게나 스패튤러(포크는 사용하지 않는다)로 고기를 뒤집는다.

3 불을 약간 줄이고, 반대쪽 면을 원하는 굽기 정도로 익힌다(144쪽 참조할 것).

4 고기를 꺼내 접시에 담고 식지 않게 또 다른 접시를 덮어 둔다. 팬에 남은 기름은 제거한다.

5 고기를 구웠던 프라이팬에 마데이라와인을 붓는다.

6 스패튤러로 프라이팬에 눌어붙은 육즙을 긁어내고 센 불에서 끓인다.

7 마데이라와인 소스를 붓는다.

8 생크림을 섞는다.

9 불을 약하게 줄이고, 소스가 스패튤러에 묻어나는 정도의 농도가 될 때까지 졸인다.

10 소스의 간을 맞추고 투르느도를 완전히 뒤덮을 정도로 충분히 끼얹는다. 후춧가루를 뿌려 마무리한다.

소 부챗살 손질하기와 라르데*하기

난이도: 🎩🎩🎩
분량: 4인분
준비 시간: 10분 · **조리 시간:** 20분

도구: 도마, 식칼, 라르두아르*

1 부챗살에서 가장 굵은 근막(근육을 감싸고 있는 섬유질 막)을 제거한다.

2 가염 라드는 껍질을 벗긴 뒤 1cm 두께로 자른다.

3 자른 라드를 다시 약 15cm 길이로 길게 자른다.

4 라드에 (필요에 따라)후춧가루와 요리용 술 50ml를 뿌린다. 냉장고에 30분간 넣어 다시 응고시킨다.

* 라르데larder: 지방이 적은 고기에 꼬챙이로 가늘고 길게 썬 비계를 끼워 넣는 작업
* 라르두아르lardoire: 라르데 전용 꼬챙이. 영어로는 라딩 니들larding needle이라 한다.

셰프의 한마디

라드를 자를 때는 반드시 라르두아르의 홈의 너비에 맞추어야 한다.
라드가 홈 안에 딱 들어맞아야 미끄러지지 않는다.

5 부챗살에 라르두아르를 꽂고, 빈 홈에 라드를 채운다.

6 라르두아르를 전체적으로 돌리며 조심스럽게 뺀다.

7 라드가 고기의 한쪽 끝에서 반대쪽 끝까지 관통한다.

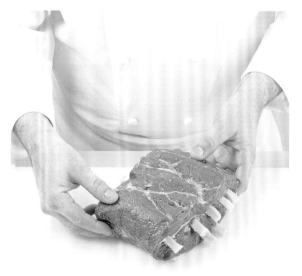

8 위의 과정을 반복해 라드를 4~5cm 간격으로 일정하게 끼운다. 라르데를 마친 부챗살은 곧바로 마리네이드 할 수 있다.

레드와인에 부챗살 브레제하기

난이도: 👨‍🍳👨‍🍳

1 **하루 전:** 부챗살을 라르데해서 레드와인과 채소, 부케 가르니로 마리네이드한다.

2 **당일:** 마리네이드한 부챗살을 건져 물기를 제거한다.

3 마리네이드는 시누아에 거르고 채소는 따로 모아둔다.

4 무쇠 냄비에 올리브유를 두르고, 센 불에 부챗살의 겉면을 색이 나게 굽는다. 집게를 사용해 모든 면을 돌려가며 고루 익힌다.

분량: 4~6인분

준비 시간: 15분 · 조리 시간: 3~4시간

도구: 스튜용 무쇠 냄비, 시누아

재료

라르데한 소고기 부챗살 1덩어리(156쪽 참조),
풀바디 레드와인 750ml, 당근 1개, 셀러리 1줄기,
양파 1개(채소 모두 미르푸아로 썰어 준비, 440쪽 참조),
부케 가르니, 올리브유 4TS,
갈색 송아지육수 300ml(68쪽 참조)

5 부챗살을 꺼내고, **3**에서 모아둔 채소를 넣는다.

6 채소에서 수분이 배어날 때까지 볶는다.

7 걸러둔 마리네이드를 냄비에 부어 섞는다.

8 육수를 붓고 끓인다. 끓기 시작하면 표면에 떠오르는 불순물을 걷어낸다.

9 부챗살을 냄비 안에 다시 넣는다.

10 와인의 알코올 성분이 날아갈 때까지 뚜껑을 연 채 끓인다.

11 뚜껑을 덮고 아주 약한 불에서 최소 3~4시간 동안 뭉근히 익힌다

12 140℃로 예열한 오븐에서 고기에 양념이 충분히 밸 때까지 조리해도 좋다.

13 고기만 건져 따뜻하게 보관한다.

14 소스를 시누아에 거른다. 채소 건더기는 국자로 눌러 최대한 즙을 낸다.

15 소스가 숟가락 표면에 코팅되는 농도가 될 때까지 졸인다. (라르데한 부챗살을 사용했을 경우) 소스 표면의 기름기를 걷어낸다.

16 고기를 소스에 담가 다시 데운다. 내갈 때는 생면과 글라세한 당근(471쪽 참조)을 함께 곁들인다.

송아지고기

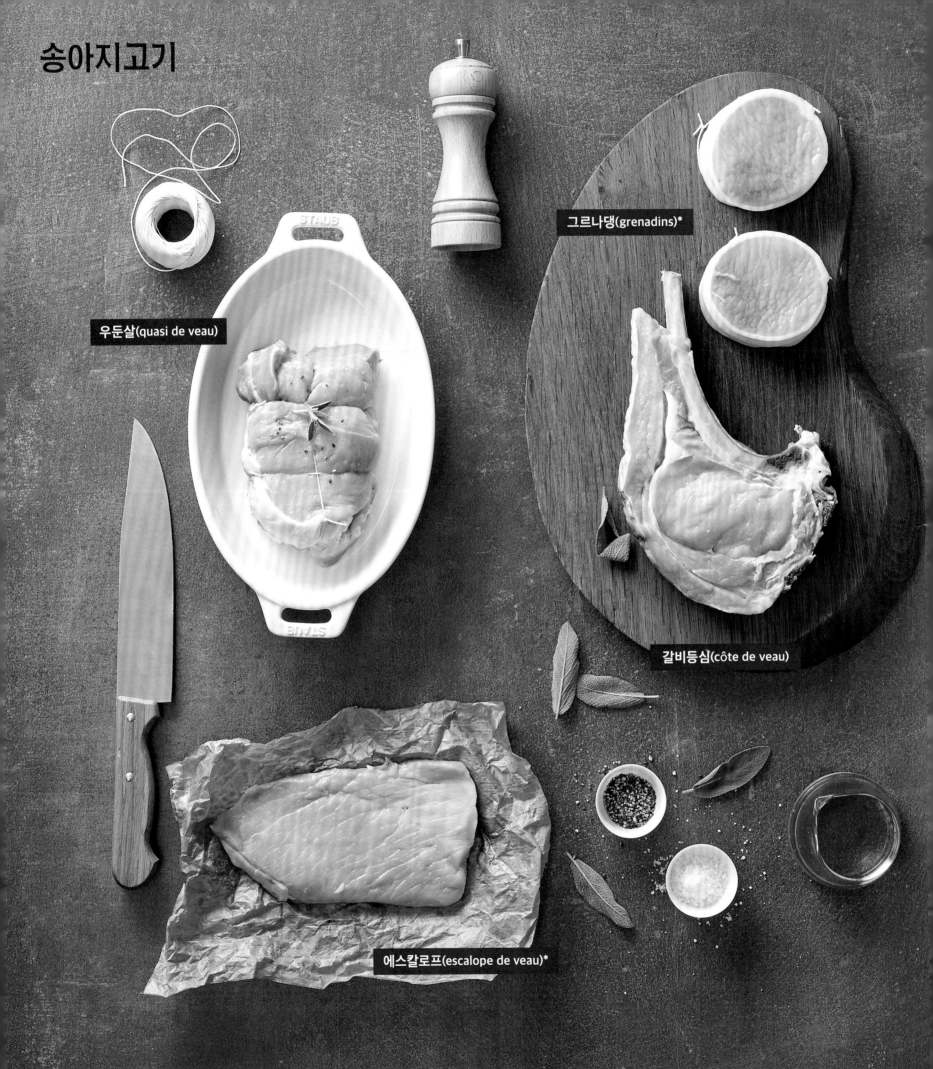

우둔살(quasi de veau)

그르나댕(grenadins)*

갈비등심(côte de veau)

에스칼로프(escalope de veau)*

송아지고기

* 그르나댕grenadins: 라드로 감싼 송아지 허벅살. 주로 찜이나 구이로 요리한다.
* 에스칼로프escalope: 얇게 저민 살코기, 또는 이 살코기에 밀가루, 달걀, 빵가루를 입혀 튀겨낸 요리

목심(collier de veau)

가슴 부위(poitrine de veau)

오소부코
(osso-buco, 뒷다리 정강이살)

뱃살 부위(tendron de veau)

갈빗살(haut de côte)

에스칼로프 손질하기

난이도: 👨‍🍳 👨‍🍳

도구: 도마, 식칼, 유산지, 고기 망치

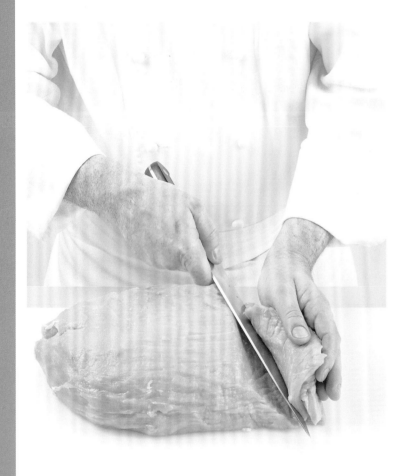 

1 송아지 허벅살을 약 1cm 두께로 자른다.

2 1의 고기를 다시 절반 두께로 저미듯 자르다가 가장자리를 1cm 남기고 멈춘다.

셰프의 한마디
돼지고기 허벅살 에스칼로프 또는 암칠면조 가슴살 에스칼로프도 같은 방법으로 손질한다.

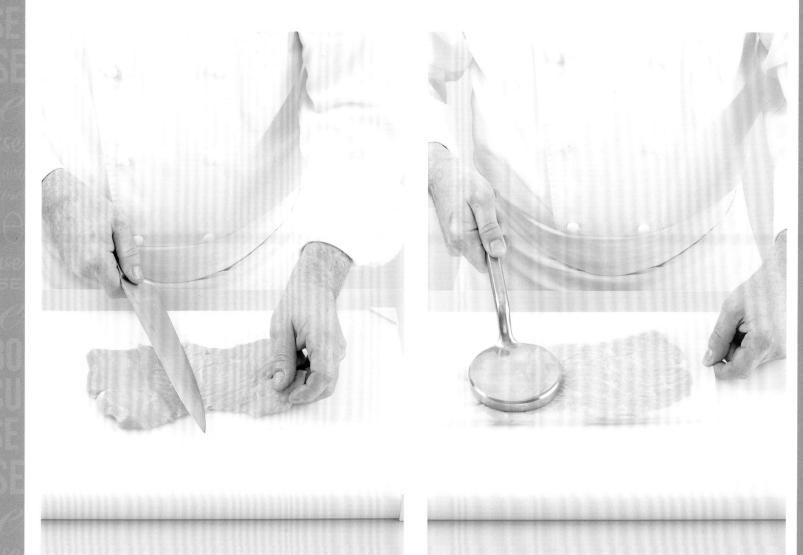

3 2의 고기를 펼쳐 에스칼로프를 만든다.

4 유산지 위에 에스칼로프를 올리고 다시 유산지로 덮은 뒤 고기 망치로 두드려 (용도에 맞게) 편다.

송아지고기 로스트 준비하기

난이도: 👨‍🍳 👨‍🍳 👨‍🍳

도구: 도마, 식칼, 요리용 실

1 허벅살 또는 우둔살 1덩어리와 직사각형의 라드 1장, 요리용 실을 준비한다.

2 라드를 5~6cm 폭의 띠 모양으로 자른다. 띠의 길이는 고기를 완전히 감쌀 정도로 한다.

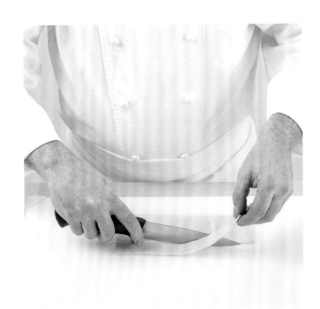

3 남은 라드에서 폭 2cm에 길이는 고기에 맞춰 띠 하나를 더 만든다.

4 3번의 띠를 로스트용 고기 윗면에 올린다.

5 2번의 띠로 고기 둘레를 감싸고, 남는 부분은 겹치게 한다.

6 고기 둘레에 요리용 실을 감는다.

7 고기를 옆면이 위로 올라오게 한 뒤 실의 매듭을 짓는다.

8 고기 중앙에 실을 1바퀴 두르고 위쪽에 매듭을 짓는다.

9 고기의 가로를 따라 2~3군데를 더 실로 묶고, 중앙의 매듭과 십자로 교차되도록 한 번 더 묶는다.

10 로스트 준비가 끝난 모습.

송아지 갈비(또는 돼지 갈비) 푸알레*하기

난이도: 👨‍🍳👨‍🍳

분량: 6인분

준비 시간: 25분 · 조리 시간: 45분

도구: 도마, 식칼, 스튜용 무쇠 냄비, 알루미늄포일

재료
당근 2개, 양파 2개, 토마토 1개, 부케 가르니 1개,
3대짜리 송아지 갈비(또는 돼지 갈비. 약 1.5kg),
땅콩기름 4TS, 버터 50g,
맑은 송아지육수(66쪽 참조),
소금, 후춧가루

1 양파, 당근, 토마토를 미르푸아로 썬다.

2 송아지 갈비를 준비한다(양 갈비 손질법은 186쪽 참조).

3 무쇠 냄비에 버터와 땅콩기름을 두른 뒤, 갈비의 겉면이 갈색이 되도록 굽는다.

4 썰어둔 채소와 부케 가르니를 고기 주변에 넣고, 수분이 밸 때까지 약한 불에서 익힌다.

---

* 푸알레poêler: 냄비에 채소와 함께 가금류나 육류를 넣고 약간의 액체를 더한 뒤 뚜껑을 덮어 오븐에서 천천히 익히는 조리 방법. 밀폐된 냄비 안에서 재료
자체가 지닌 수분으로 찌는 것이 포인트다. 우리나라의 찜, 영어의 브레이징braising과 비슷하다.

송아지 우둔살 또는 허벅살도 이와 같은 방식으로 조리한다.

5 송아지육수를 붓는다.

6 소금과 후춧가루를 뿌리고 냄비 뚜껑을 덮은 뒤 약한 불 (또는 170℃로 예열한 오븐)에서 (갈비 약 1.5kg 기준) 35분 정도 익힌다.

7 조리하는 동안 고기에서 배어난 육즙을 이따금 끼얹어주고, 필요할 경우 육수를 더 추가한다.

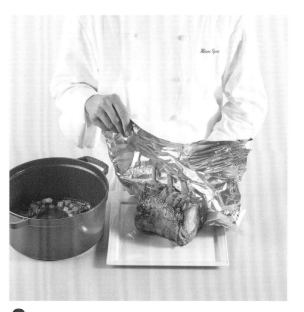

8 갈비가 다 익으면 냄비에서 꺼내 식지 않도록 알루미늄 포일에 싸놓는다.

송아지 갈비 글라세*하기

난이도: 🍳🍳

도구: 스패튤러, 거름망, 국자

- 전통적 레스토랑에서는 샐러맨더 아래 숯을 깔고
  그 위에 석쇠를 설치한 뒤 여기에 송아지고기를 올리고
  겉면에 윤기가 날 때까지 계속 소스를 끼얹으며 글라세한다. ▪

셰프의 한마디

그릴이 설치된 뜨거운 오븐 입구에서도 위와 같은 효과를 얻을 수 있다.

1 송아지 갈비를 푸알레해서 고기는 따로 빼놓는다(168쪽 참조). 냄비 안의 남은 내용물을 황금빛이 날 때까지 졸인 다음, 데글라세하기 위해 갈색 송아지 육수 250ml를 붓는다.

2 냄비 바닥에 눌어붙은 육즙을 스패튤러로 잘 긁어내 데글라세한다.

---

* 글라세glacer: 익은 음식에 설탕, 버터, 육즙, 물 등을 넣고 조려서 겉면에 윤기가 돌게 하는 조리 방법. 영어로는 글레이징glazing이라 한다.

3 냄비 안의 내용물을 그대로 거름망에 거른다.

4 표면에 뜨는 기름기를 최대한 걷어낸다.

5 센 불로 졸여 캐러멜에 가까운 농도의 글라세용 육즙 소스를 만든다.

6 육즙 소스를 갈비 위에 듬뿍 끼얹어 곧바로 서빙한다.

Escalope de veau à l'anglaise

송아지 에스칼로프 앙글레즈*

난이도: 🍳🍳
분량: 4인분
준비 시간: 10분 · 조리 시간: 6분

도구: 프라이팬, 집게

재료
밀가루, 달걀, 송아지 에스칼로프 4장,
빵가루(샤플뤼르), 땅콩기름 4TS,
버터 50g, 소금, 후춧가루

1 밀가루, 포크로 푼 달걀, 빵가루를 각각 담은 그릇을 차례로 배열한다.

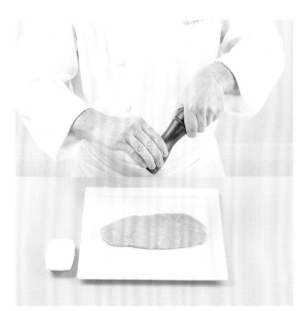

2 에스칼로프에 소금과 후추를 뿌린다.

3 에스칼로프에 밀가루를 묻힌다. 여분의 가루는 손으로 쳐서 털어낸다.

4 달걀물을 입힌다.

* 앙글레즈Anglaise: 프랑스어로 '영국식'을 뜻하는데, 빵가루를 입혀 튀긴 음식을 말하기도 한다.

5 마지막으로 빵가루를 양면에 고루 입힌다.

6 뜨겁게 달군 프라이팬에 땅콩기름과 버터를 함께 넣고, 버터가 녹으면 에스칼로프를 올린다.

7 고기의 한 면이 갈색이 날 정도로 익으면 집게로 뒤집는다.

8 반대쪽 면도 색이 나게 지진다.

9 다 익은 에스칼로프는 키친타월 위에 두고 잠시 기름을 뺀다.

10 레몬 한 조각을 곁들여 곧바로 서빙한다.

Réaliser et cuire des paupiettes
포피에트* 만들기와 조리하기

난이도: 🧑‍🍳🧑‍🍳🧑‍🍳
분량: 10인분
준비 시간: 20분 · **조리 시간:** 30분

도구: 소퇴즈, 요리용 실

재료
송아지 에스칼로프 10장(사방 10cm 길이로 자른 것, 164쪽 참조),
사방 약 20cm 길이의 사각형 크레핀* 10장(깨끗한 물로 헹군
뒤 키친타월로 물기를 제거해 준비),
사각형 라드 10장(가로×세로 25cm×3cm 크기)

속 재료: 다진 송아지 살코기 300g(에스칼로프를 손질할 때 나온
자투리를 이용), 뒥셀용으로 썬 양송이버섯 150g(458쪽 참조),
다진 파슬리(처빌 또는 타라곤도 무방) 3TS,
빵 1장(속살만 뜯어 우유에 적셨다가 말려 준비),
잘게 썬 샬롯 2개, 소금, 후춧가루

조리 시: 버터 50g, 땅콩기름 1TS, 당근 1개, 셀러리 1줄기,
양파 1개(채소 모두 미르푸아로 썰어 준비, 440쪽 참조),
부케 가르니 1개, 드라이한 화이트와인 100ml,
갈색 송아지육수 150ml,

1 커다란 볼에 속 재료를 모두 넣고 잘 섞는다.

2 소금과 후춧가루로 양념한다.

* 포피에트paupiette: 얇게 저민 고기나 양배추 잎에 소를 넣고 말아서 만든 요리
* 크레핀crépine: 돼지나 소의 내장을 싸고 있는 그물 모양의 지방

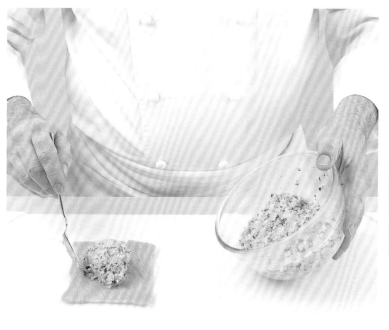

3 도마 위에 에스칼로프를 펼치고 한가운데 소를 적당히 올린다.

4 마주보는 두 귀퉁이를 중앙 쪽으로 접는다.

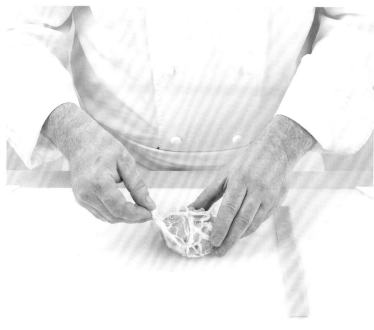

5 봉투를 접듯 한쪽 귀퉁이를 다른 쪽 귀퉁이에 포개고, 나머지 두 귀퉁이도 똑같은 방식으로 겹친다.

6 만든 포피에트를 하나씩 크레핀으로 싼다.

7 포피에트 둘레에 라드를 감싼다.

8 라드가 풀리지 않게 요리용 실로 묶는다.

9 포피에트에 실을 여러 번 묶어 작은 공처럼 만든다.

10 센 불에 소퇴즈를 올리고 버터와 기름을 두른 뒤 포피에트의 양면을 갈색이 나게 지진다.

11 미르푸아로 썬 채소를 넣고 수분이 밸 때까지 약한 불에서 익힌다.

12 부케 가르니와 화이트와인을 넣는다.

13 국물이 바짝 졸아들도록 끓이다가 송아지육수를 붓는다.

14 뚜껑을 덮고 약한 불에서 30분간 뭉근하게 익힌다.

양고기

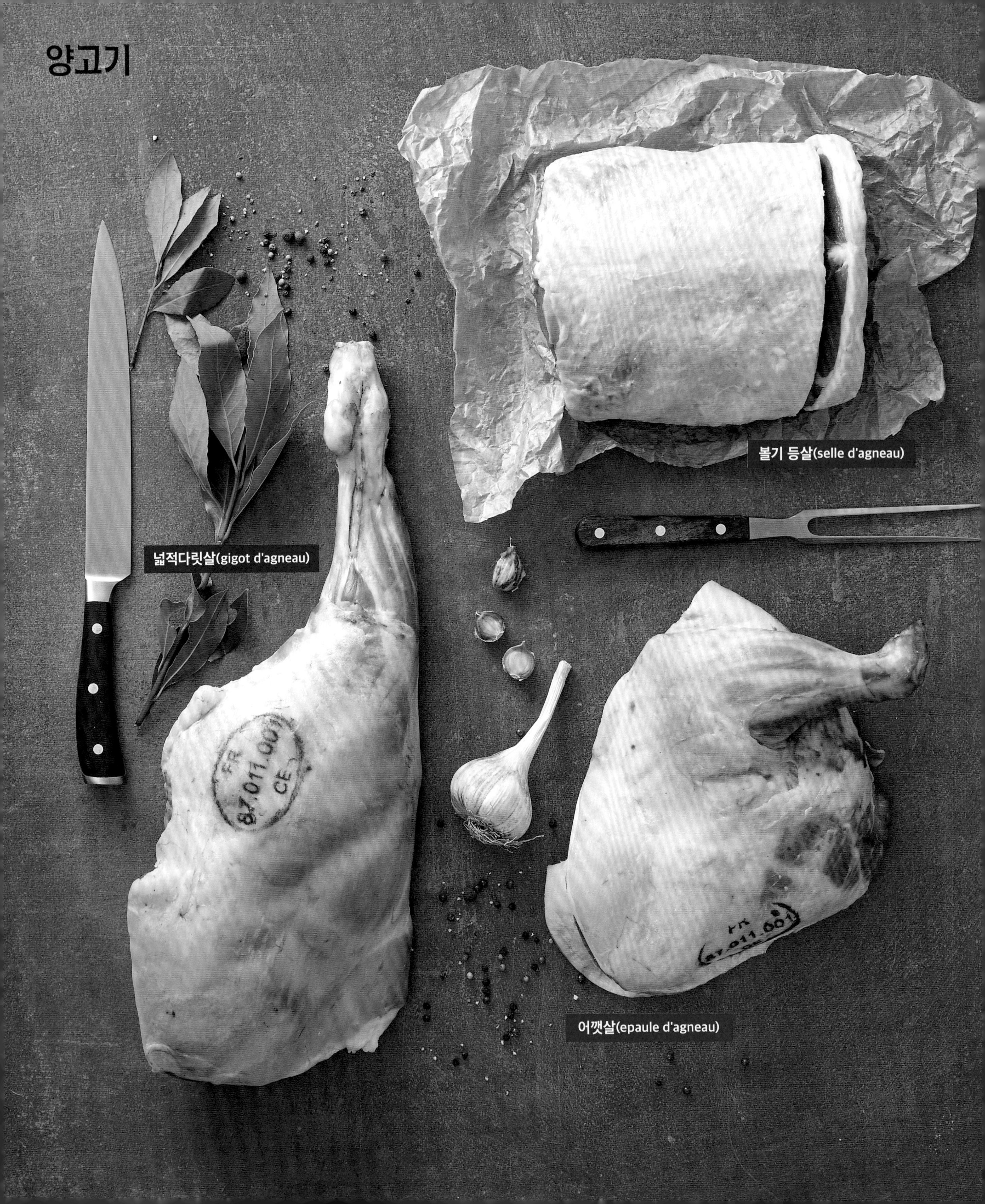

넓적다릿살(gigot d'agneau)

볼기 등살(selle d'agneau)

어깻살(epaule d'agneau)

가슴살(poitrine d'agneau)

목심(collier d'agneau)

삼겹양지(tendron d'agneau)

프렌치 랙(몸통에서 허리 쪽 갈비)
(côte première)

솔더 랙(몸통에서 어깨 쪽 갈비)
(côte seconde)

양 넓적다릿살 손질하기

난이도: 👨‍🍳👨‍🍳

도구: 도마, 식칼

1 불필요한 지방질을 제거한다.

2 엉덩이뼈(반골)를 뒤덮고 있는 살을 떼낸다.

3 엉덩이뼈를 완전히 드러나게 해 제거한다.

4 발목 쪽 뼈를 덮고 있는 살을 5cm정도 잘라내고, 뼈에 붙은 살을 깨끗이 긁어낸다(이 작업을 '망쇼네'라고 한다).

양 넓적다릿살에 마늘 끼워넣기

난이도: 👨‍🍳👨‍🍳

도구: 도마, 식칼, 요리용 실

1 로즈메리와 타임을 1줄기씩 준비한다. 양 넓적다릿살에 칼집을 일정하게 넣는다.

2 칼집 낸 부분에 반으로 자른 마늘을 끼워넣는다.

3 허브가 보이지 않게 아래쪽 살을 뼈 위로 접은 뒤, 요리용 실을 사용해 가로로 2회 묶는다.

4 2~3cm 간격을 두고 세로로 묶는다. 사진은 조리 준비가 끝난 넓적다릿살의 모습이다.

양 넓적다릿살 로스트와 육즙 소스 만들기

난이도: 🍳 🍳

도구: 로스팅 팬, 스패튤러, 거름망, 냄비

1 오븐을 220℃로 예열한다. 넓적다릿살과 함께 양 뼈, 통마늘, 타임을 준비한다. 고기에 올리브유를 끼얹고, 소금과 후춧가루를 뿌린다.

2 고기 양면을 갈색이 나게 지진 뒤 220℃ 오븐에 넣어 15분간 익힌다. 온도를 180℃로 낮추고, 고기 450g 기준 15분(레어)에서 25분(웰던) 정도 더 굽는다.

3 고기를 접시에 꺼내 식지 않도록 알루미늄포일로 덮어놓는다.

4 팬에 눌어붙은 육즙을 스패튤러로 긁어낸다.

5 양고기육수(또는 채소 부용이나 물) 200ml를 부어 데글 라세한다.

6 거름망 아래 작은 냄비를 받치고 5의 소스를 거른다.

7 소스의 양이 절반으로 줄어들 때까지 졸인다.

8 기름기를 최대한 걷어낸다. 소스를 다시 데우기 전, 휴지 중에 고기에서 배어나온 육즙을 소스에 섞는다.

9 더 걸쭉한 소스를 원한다면, 찬물에 푼 옥수수 전분 1ts를 넣는다.

10 1분 정도 더 끓이면 진한 육즙 소스가 완성된다.

Désosser et rouler une épaule d'agneau
양 어깻살 손질하고 둥글게 말기

난이도: 👨‍🍳👨‍🍳

도구: 도마, 식칼, 요리용 실

1 어깻살 위쪽의 껍질과 지방층을 제거한다.

2 어깨뼈를 밖으로 드러나게 해서 떼낸다.

3 굵은 뼈 주변의 살을 걷어낸다.

4 굵은 뼈를 바른다.

셰프의 한마디

둥글게 만 어깻살을 '공' 모양으로 묶을 수도 있다.
실 4가닥을 별 모양으로 배치한 다음, 그 위에 크레핀으로 싼 어깻살을 올려놓고 묶으면 납작한 구의 형태가 된다.

5 정강이뼈를 바른다.

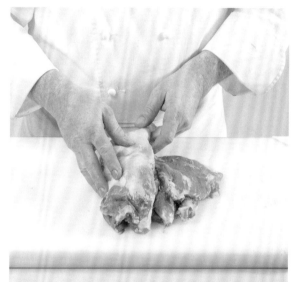

6 어깻살을 빈틈없이 단단하게 만다.

7 십자 모양으로 실을 묶는다.

8 2~3cm 간격으로 더 묶는다. 사진은 조리 준비가 끝난 어깻살의 모습.

Habiller un carré d'agneau à la française

프랑스식 양 갈비 손질하기

난이도: 👨‍🍳👨‍🍳👨‍🍳

도구: 도마, 식칼, 클리버 나이프*

셰프의 한마디

양 갈비 로스트를 완벽하게 조리하려면, 잘 드는 칼로 얇은 지방층에 촘촘히 십자 칼집을 내야 한다(이때 살은 건드리지 않도록 주의한다).

1 갈비는 4대 또는 8대짜리로 준비한다(사진은 허리 쪽 갈비 4대와 어깨 쪽 갈비 4대가 붙어 있는 모습이다).

2 살에서 등뼈를 분리한다.

* 클리버 나이프cleaver knife: 고기, 생선, 가금류의 뼈를 자를 때 쓰는 도끼 모양의 칼

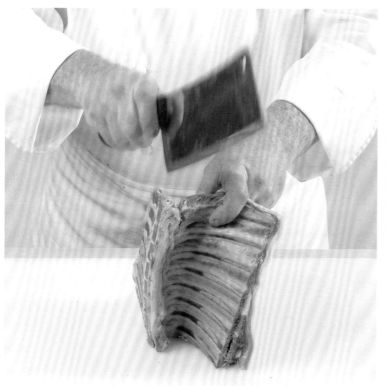

3 클리버 나이프로 이어진 등뼈 전체를 잘라낸다.

4 살에 세로로 붙어 있는, 쓸모 없는 지방질을 제거한다.

5 갈비의 바깥쪽 살에 뼈의 방향과 교차되게 약 2cm 간격으로 칼집을 넣는다.

6 갈빗대를 위쪽으로 접으면서 뼈 사이 칼집을 넣어 공간을 만든다.

7 갈빗대 양 옆 막을 칼끝으로 잘라 떼낸다.

8 갈빗대에 붙은 살을 긁어낸다.

9 갈빗대를 덮고 있던 띠 모양의 살을 한 번에 분리한다.

10 몸통 쪽 갈비에 붙어 있는 얇은 지방층을 떼 버린다.

11 허리 쪽 갈비에 붙어 있는 지방층은 남겨둔다.

12 갈빗대 사이사이를 실로 묶는다.

13 갈비를 통째로 로스트하려면, 뼈를 알루미늄포일로 감싸 보호한다.

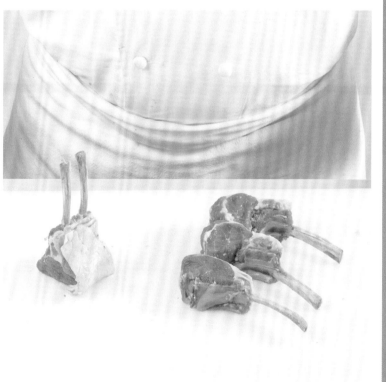

14 갈비를 1~2대씩 잘라 팬에 구워도 된다.

양 허릿살 손질하고 둥글게 말기

난이도: 👨‍🍳👨‍🍳👨‍🍳

도구: 도마, 식칼, 요리용 실

셰프의 한마디

허릿살을 말기 전, 단순한 조합의 향미용 소(다진 마늘, 신선한 타임과 바질, 소금, 후춧가루) 또는 뒥셀용으로 썬 버섯(458쪽 참조)을 넣을 수도 있다.

1 허릿살은 6개의 허리뼈에 붙어 있는 고깃덩이다.

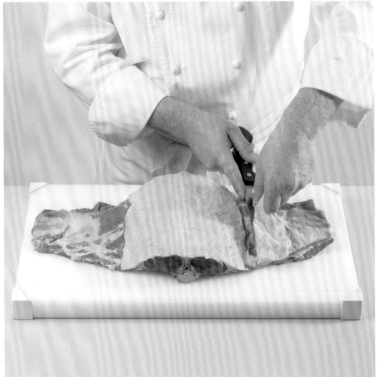

2 고기의 바깥쪽 지방층을 조금 제거한 뒤 격자무늬로 가볍게 칼집을 넣는다.

3 필레미뇽*을 잘라낸다.

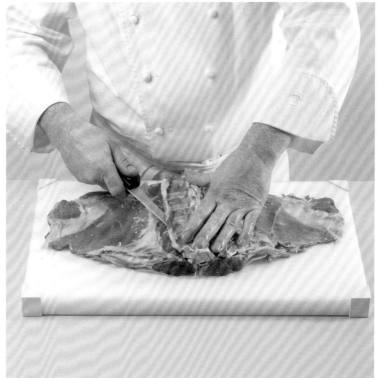

4 칼날을 눕혀 갈빗대 밑으로 밀어넣고 안쪽으로 살살 당기면서 살을 분리한다.

5 살과 척추 사이로 칼날을 밀어넣고 안쪽으로 살살 당긴다. 이때 등껍질은 건드리지 않도록 주의한다.

6 반대쪽도 같은 과정을 반복한다.

* 필레미뇽filet mignon: 안심의 가늘고 뾰족한 끝부분

7 척추의 끝부분을 등껍질에서 조심스럽게 분리한 다음, 척추 전체를 떼어낸다. 이 뼈는 자투리 고기와 함께 요리할 때 쓰이므로 따로 모아둔다.

8 고기를 평평하게 펼쳐놓고, 불필요한 지방질을 조금 제거한다.

9 양쪽 끝의 얇은 살 부위를 적당히 잘라낸다.

10 필레미뇽을 양쪽 얇은 부위에 다시 올려놓고, 소금과 후춧가루를 뿌린다.

11 양쪽의 얇은 살을 필레미뇽 위로 접는다.

12 빈틈없이 단단하게 만다.

13 4cm 간격으로 요리용 실을 묶는다.

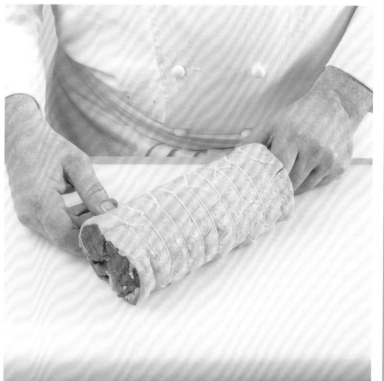

14 2cm 간격으로 실을 더 묶어 마무리한다.

필레 분리하기와 누아제트*로 자르기

난이도: 👨‍🍳 👨‍🍳 👨‍🍳

도구: 도마, 식칼

셰프의 한마디

양의 등에 붙은 얇은 고기는 다져서 소고기를 대신하거나, 소고기와 합쳐 볼로네즈 소스를 만들 때 쓸 수 있다.

1 허릿살 손질 과정(190쪽 참조)에서 **1~3**단계까지 따라한다. 마지막 단계에서 필레미뇽을 잘라낸다.

2 척추 양쪽에서 필레를 분리한다.

*누아제트noisettes: 소고기나 양고기 안심을 작고 둥글게 자른 것

3 살 부위가 망가지지 않도록 척추를 돌려가며 뼈를 살에서 조심스럽게 떼어 낸다.

4 등껍질에 붙은 고기를 허릿살에서 바짝 잘라낸다(이 부분은 다짐육으로 사용 가능하다).

5 허릿살에 덮여 있는 얇은 지방층을 벗기고 마르지 않게 덮어놓는다.

6 레시피상 필요하다면 필레를 누아제트로 자른다.

Navarin d'agneau

양고기 나바랭

난이도: 🍳 🍳

분량: 4인분

준비 시간: 35분 · 조리 시간: 50분

도구: 스튜용 무쇠 냄비 2개, 거름망

재료

양 어깻살 1덩이(뼈를 발라 큰 주사위 모양으로 썰어 준비,
뼈가 붙은 목심 또는 가슴살로 대체 가능, 184쪽 참조),
버터 30g, 올리브유 2TS, 당근 1개,
양파 1개(당근과 양파는 미르푸아로 썰어 준비, 440쪽 참조),
밀가루 1TS, 토마토 페이스트 1TS,
껍질 벗긴 마늘 3쪽, 부케 가르니 1개,
갈색 양고기육수(자투리 고기를 이용. 만드는 법은 갈색 송아지육수와 동일,
68쪽 참조) 또는 채소 부용(79쪽 참조) 300ml,
손질한 제철 채소 1.5kg(토마토, 감자, 버섯, 순무, 어린 양파, 껍질콩 등을
깨끗이 씻어 준비), 다진 파슬리 2TS, 소금, 후춧가루

1 무쇠 냄비에 버터와 올리브유를 두른 뒤, 고기를 넣고 모든 면에 색이 날 때까지 충분히 굽는다. 소금과 후춧가루를 뿌린다.

2 미르푸아로 썬 당근과 양파를 넣고, 수분이 밸 때까지 약한 불에 몇 분간 익힌다.

3 밀가루를 뿌린 뒤 센 불에서 고기와 함께 계속 저어주며 살짝 색이 나게 볶는다.

4 토마토 페이스트를 넣어 섞은 뒤 마늘과 부케 가르니도 넣는다.

5 재료의 절반 정도 잠길 만큼 갈색 육수를 붓는다.

6 뚜껑을 덮고 약한 불에서 35~40분간 뭉근히 끓인다(목심이나 삼겹살의 경우 1시간 15분 정도 끓인다).

7 고기가 익을 동안 손질해둔 채소를 끓는 물에 데친다(420쪽 참조).

8 요리를 완성하기 20분 전에 고기를 다른 냄비로 옮긴다.

9 소스를 거름망에 걸러 고기와 섞는다.

10 **7**의 데친 채소를 넣는다.

11 다진 파슬리를 뿌린다.

12 완성된 요리는 뜨거운 상태로 서빙한다.

셰프의 한마디

어깻살 대신 목심이나 가슴살을 사용했을 경우, 고기와 섞기 전에 소스를 걸러 기름기를 충분히 걷어내야 한다.
소스를 약한 불에 가볍게 데우면 표면에 뜨는 기름기를 최대한 제거할 수 있다.

가금류

가금류

백색육의 효용과 장점

"닭 요리조차 먹을 수 없을 만큼 가난한 농부는 내 왕국에 단 한 명도 없어야 한다"*
라는 프랑스 왕 앙리 4세의 재치 있는 말은 전 세계에 알려져 있다.

이 말은 명백히 실제 발언으로, 예부터 가금류는 아무리 가난한 사람이라도 최소한
일주일에 한 번은 먹을 수 있었던 유일한 영양식이었음을 보여준다.

가금류의 이 같은 특수성은 사육의 용이함에서 비롯된다. 가금은 농가의 뒤뜰에서
(보통 토끼와 함께) 음식 찌꺼기를 조금씩 먹여 키운다. 더욱이 이들은 도살 후 사
체를 보존하기가 어렵지 않을 만큼 작은 동물이기도 하다.

오늘날, 가금류에는 서로 완전히 대비되는 다중적 이미지가 덧씌워져 있다. 농축
산물 가공업계에서 생산한 최악의 산물(아파트식 양계장에서 사육된 닭)이라는 이
미지와 풀라르드poularde나 샤퐁chapon 같은 고급스럽고 비싼 요리 재료라는 이
미지가 바로 그것이다.

여기서 우리는 미각과 건강은 물론, 윤리적 측면에서도 만족할 만한 맛있고 위생
적인 고기를 다룰 것이다.

알아봅시다

최고급 닭

샤퐁은 최고로 부드러운 육질과 섬세한 육미를 위해 고의적으로 거세한
수탉이다. 브레스 지방의 야외에서 방목되며, 철저히 곡물과 우유만 먹
고 자란다. 그래서 다른 가금류와 달리 껍질뿐 아니라 살에도 지방질이
고르게 퍼져 있다.

풀라르드 역시 지방질이 많은 암탉이다. 과거에는 살을 찌우기 위해 난
소를 제거했지만, 오늘날에는 샤퐁의 경우와 유사한 식이요법과 정적靜
的인 생활 방식을 통해 살이 오르게 한다. 풀라르드는 브레스, 루에, 르
망에서 사육되며, 이들 지역명이 들어간 AOC 또는 라벨 루주 마크가 붙
는다.

아이들의 즐거움, 미식가의 기쁨

일반적으로 '가금류'라고 하면 메추라기, 오리, 샤퐁, 수탉, 중닭, 칠면조, 새끼칠면
조, 거위, 뿔닭, 풀레poulet(1.4킬로그램 안팎의 작은 영계—옮긴이), 풀라르드, 병
아리 등 다양한 동물을 가리킨다. 꿩과 비둘기도 수렵육이 아니라면, 길들인 것은
가금류에 속한다. 뜻밖에도 토끼의 사육도 가금류의 사육과 똑같이 여겨지는데,
뒤뜰에 세워지는 토끼장을 보면 이해할 수 있다.

* 『앙리 대왕 이야기』, 아르두앵 드 페레픽스, 루이 14세의 멘토이자 파리 대주교, 1661년

대가족 가금류

가금류에 속하는 많은 종들은 사육 기간 동안 고기의 맛과 식감에 영향을 미치는 여
러 '공정(거세, 살찌우기 등)'의 대상이 될 수 있다. 수탉, 풀레, 샤퐁은 모두 수컷이
지만 다양한 산물을 제공한다. 모든 가금류 동물은 다양한 방식으로 조리될 수 있다.

구성 성분이 좋게 말해 미스터리, 나쁘게 말하면 쇼크일 치킨 너겟과 얇은 트러
플 조각을 껍질 아래 끼워넣어 조리하는 브레스산 풀라르드는 사이에는 공통점이
전혀 없다. 이 극단적인 두 가지 닭 요리의 중간에는 평범한 가정에서 휴일의 별
미로 먹는 닭 구이가 있다. 이러한 닭 요리는 어린 시절의 추억과 행복한 삶의 상

된 상태인 것도 있다. 자르지 않은 냉동 생닭은 냉장고에서 천천히 해동하는 것이 가장 좋지만, 시간이 촉박할 경우 전자레인지를 이용해 실온에 방치하는 시간을 최대한 줄여야 한다. 냉장 생닭은 상대적으로 보관이 용이해 냉장실 저온 칸에 수일간 두어도 무방하다. 단, 같은 냉장실이라도 보통 칸에서는 상할 수 있으니 주의한다.

오븐의 용량이 크다면

칠면조나 거위 같은 대형 가금류는 역사상 꽤 오랫동안 일반 가정에서 직접 조리하기 힘들었다. 보통 집에 있는 오븐의 용량이 그만큼 크지 않았기 때문이다. 그래서 파티에 쓸 가금류는 집 근처 빵집에 조리를 맡기곤 했다.

주방기기의 현대화가 시작된 1950년대 이후, 가정에서 가금류를 통째로 조리하는 것은 몇 가지 필수 사항만 준수하면 그다지 어렵지 않은 일이 되었다.

파티용 대형 가금류를 오븐에 구울 때는 몸통 안에 소를 채워넣고 조리한다. 소는 가금류의 풍미를 살려줄 허브 등의 향신료와 안쪽 살코기를 기름지게 할 지방질 등을 섞어 만든다.

가금류의 몸통에 채워 넣은 소는 고기의 수분이 마르는 것을 방지하는 역할도 한다. 그렇더라도 조리 중간에 고기에서 흘러나온 육즙을 표면에 계속 끼얹는 것이 좋다. 또 훈제 삼겹살로 가금류를 감싸 구우면 육즙을 끼얹기 위해 오븐을 여는 횟수가 줄고, 결과적으로 온도의 변화를 최소화할 수 있다.

소를 만들 때 해당 가금류의 부산물이나 별도로 구매한 다른 가금류의 간을 섞으면 고기에 강렬한 향을 더할 수 있다. 가금류를 로스트할 때는 날개와 다리를 몸통에 단단히 묶어서 고정시키는 것이 중요하다. 이 과정을 철저히 준비해야 조리하는 동안 다리가 몸통에서 분리되어 완성된 요리의 모양이 흐트러지는 것을 막을 수 있다.

가금류를 수란처럼 약하게 끓는 물에 삶는 조리법도 있다. 질감이 단단한 향신 채소를 함께 넣고 끓이는 이 조리법은 바로 유명한 '풀오포poule au pot'의 레시피이기도 하다. 포토푀와 마찬가지로 풀오포 역시 국물은 따로 먹는데, 이때 빵이나 전분으로 국물의 농도를 걸쭉하게 만들기도 한다. 가벼운 보양 수프나 건강식으로 쓰려면, 가금류를 끓일 때 표면에 떠오르는 뿌연 불순물을 제거하는 것이 좋다.

몇몇 가금류는 독창적인 부재료와 훌륭한 조화를 이룬다. 육즙이 풍부한 거위고기는 단맛과 완벽하게 어우러진다. 그래서 꿀과 머스터드를 섞어 만든 달콤하면서도 짭짤한 소스나 몇몇 과일과 함께 간단히 로스트만 해도 훌륭한 별미가 된다. 중세 시대에도 이와 상당히 유사한 거위 요리 레시피가 있었다.

오리고기도 마찬가지다. 오리는 오렌지, 산딸기, 체리 같은 새콤달콤한 과일과 어우러졌을 때 특유의 향이 더 진하게 표현된다.

가금류 부산물(아바티)과 작은 기쁨

가금류의 부산물은 살과는 별도로 식용 가능한 부분을 말한다. 날개와 머리, 목, 발, 내장(모래주머니, 콩팥, 심장, 간), 수탉의 볏 등이 여기에 속한다. 섬세하고 고급스러운 맛이 나서 고대부터 먹었던 것으로 알려진 가금류 부산물은 정통한 미식가들의 입맛에만 맞는 것이 아니다. 아시아 지역에서는 일반인들에게도 인기가 높은 편이다.

징 같은 것이다.

가금류는 대형 마트 안 전문 매장에서 구입하거나, 상대적으로 드물지만 생산자를 직접 찾아가 구매할 수 있다. 통째로도 판매되지만, 오늘날에는 대부분 내장을 제거하고 바로 조리할 수 있게 손질된 상태로 나온다.
대형 마트나 정육점에서는 다리, 가슴살, 날개, 필레 등 특정 부위를 골라 구입할 수 있다. 또 에스칼로프 앙 코르동 블뢰escalope en cordon bleu(치즈와 햄을 끼워 넣어서 튀긴 에스칼로프—옮긴이) 같은 반조리 제품이나 닭고기로 만든 햄, 소시지 등 육가공품도 판매한다. 이러한 육가공품은 종교적 금기 사항을 준수할뿐더러, 돼지고기로 만든 전통적 육가공품보다 확실히 지방 성분이 적다.
한편 가금류 역시 토막을 내거나 본래 형태 그대로 냉동해서 판매되며, 이미 조리

통닭이 익었는지 확인하려면

조리 시간과 온도에 관한 권고 사항은 당연히 숙지해야 한다. 하지만 이것은 단지 예시일 뿐이다. 자르지 않은 통닭이 익었는지 확인하려면 몸통과 다리가 이어지는 부위를 작은 칼의 끝으로 살짝 찌른다. 이때 흘러나오는 육즙이 붉은 기가 전혀 없이 밝은 노란빛을 띠면 적당히 익은 것이다.

낯선 프랑스 미식 용어

솔리레스sot-l'y-laisse는 엉덩뼈 안쪽, 선골부 바로 위에 붙어 있는데, 놀랄 만큼 얇고 눈에 잘 띄지 않는, 아주 작은 두 조각의 살점이다. 특유의 맛이 독보적일 만큼 섬세하고 뛰어나 호스트가 통닭을 카빙하는 경우, 일반적으로 여성들에게 이 부위를 제공한다.

부위별로 손질된 가금류의 편이성

가금류를 통째로 조리하지 않고 특정한 부위만 이용할 경우, 그것을 주요리로 먹을 수도 있지만, 다른 재료와 조합해 더 푸짐하게 즐겨도 좋다.

가금류는 샐러드에 가장 큰 변화를 주는 재료이다. 닭 가슴살이 빠진 세자르(시저의 프랑스식 이름—옮긴이) 샐러드는 상상할 수 없다. 가금류가 들어간 샐러드는 가벼운 저녁식사 또는 여름날의 점심식사 메뉴로 완벽하다. 파티를 위한 별미 샐러드의 대표 격인 페리구르딘 샐러드에는 일반적으로 얇게 저민 훈제 마그레(오리고기 중에서 가장 고급스러운 가슴살. 보통 겉만 살짝 익힌 스테이크로 조리한다—옮긴이)나 모래주머니, 쿠파르시cou farci(오리 가슴살과 향신료를 다져 만든 소를 오리 목 껍질에 싸서 익힌 요리—옮긴이), 푸아그라를 올린다.

가금류에서 가장 인기 있는 부위는 닭의 통다리와 가슴살, 에스칼로프, 넓적다리, 마그레, 칠면조의 다리 등이다. 부위별로 손질하여 판매하는 가금류는 사용하기 편한 것이 특징으로, 아주 간단한 조리만으로도 일상적 요리를 완성할 수 있다. 먹고 남은 것*의 처리 문제나 카빙carving(고기의 특별한 부분을 칼로 잘라내는 것, 또는 주방에서 조리된 생선의 뼈나 껍질 등을 제거하고 먹기 좋은 크기로 제공하는 것—옮긴이) 에 신경 쓸 필요도 없다(물론 특별한 식사 자리에서 카빙은 중요한 대목으로, 솜씨 좋은 사람은 그 기회에 자신의 재능을 자랑할 수 있다). 이따금 식탁 위에 통째로 올라온 동물을 보고 당황하는 아이들에게는 부위별로 조리한 일상적 가금류 요리가 만족스러울 것이다. 이는 실제 동물처럼 보이지 않게 하는 데 좋은 방법이다.

* 그러나 다른 음식과 마찬가지로, 먹고 남은 가금류도 그다음 날 다시 데워 먹으면 풍미가 더 진해져서 특별히 더 맛있다.

조리의 편이성

부위별로 잘라놓은 가금류를 이용하면 짧은 시간에, 순간적 영감에 따라 자유롭게 조리할 수 있다. 물론 토막 낸 닭고기는 소퇴즈에 약간 센 불로 노릇하게 굽기만 해도 된다. 올리브유나 버터 같은 유지를 더해 구우면 고기의 맛이 더 풍부해진다. 닭고기에 빵가루를 입혀 기름에 튀기면 육즙이 더 잘 보존될 뿐 아니라 지방에 의해 맛이 더 배가된다. 이렇게 조리한 닭고기는 크림이 들어간 다양한 소스와 잘 어울린다. 소화가 잘되게 하기 위해 간단히 레몬 한 조각을 곁들이는 것이 현명하다.

다이어트에 가장 적합한 조리법은 '파피요트papillote(재료를 유산지 싸 약한 불에 쪄내는 조리법—옮긴이)'다. 허브와 향신료를 올린 닭고기를 유신지로 감싸 약한 불에 쪄내면 육질은 더 부드러워지고 섬세한 맛이 극대화된다.

부위별로 손질한 가금류는 바비큐처럼 강한 불을 이용한 조리에도 적합하다. 조리 전에 고기를 머스터드와 꿀이 기본으로 들어간 진한 마리네이드에 몇 시간 동안 절이면, 연한 살을 보호하는 껍질이 형성되어 숯불의 열기로 고기의 수분이 마르는 것을 막을 수 있다.

가금류를 많이 사용하는 아시아 요리 같은 이국풍의 식사를 준비할 때는 닭 안심 또는 기타 얇게 저민 부위를 그대로, 또는 감미료나 꿀로 단맛을 내거나 향신료로 양념한 간장에 절였다가 웍에 굽는다.

―――――

맛있는 것이 건강에도 좋을 때

백색육인 가금류 고기는 건강에 유익하다는 긍정적인 이미지를 누리고 있다. 백색

닭고기는 반드시 익혀 먹는다.

닭고기를 이용한 '타르타르' 레시피도 많다. 이때 고기(가슴살)는 날로 사용하는 것이 아니라, 먼저 레몬즙을 넣은 끓는 물에 외프 포셰처럼 익혀 다른 재료와 섞는다. 닭고기는 신선도가 뛰어나더라도 날로 섭취하는 것을 권하지 않을뿐더러 특별히 맛있지도 않다. 반면 오리고기는 '레어까지는 아니더라도 살짝 핏기가 남아 있을 때 먹는 것이 가장 맛있다.

육의 장점을 면밀하게 공부한다면, 생각보다 훨씬 더 좋은 점이 많다는 사실을 알게 될 것이다. 물론 고기를 주의 깊게 선택했을 경우에 말이다.

살코기의 단백질

가금류 고기는 양질의 동물성 단백질이 풍부하다. 예를 들어 닭고기에는 우리 몸에 필요한 완전 단백질이 상당히 많이 들어 있다. 우리 몸은 이러한 단백질을 만들어내지 못하므로, 식품을 통해 아홉 가지 필수 아미노산을 섭취해야 한다. 닭고기는 바로 이 아홉 가지 필수 아미노산을 모두 함유하고 있다.

가금류는 껍질을 제외하면 지방질이 거의 없는 살코기를 우리에게 제공한다. 동물의 지방은 대부분 껍질(피부)에 포함되어 있다. 따라서 다이어트 중이거나 고지혈증 환자일 경우, 가금류 고기의 칼로리를 줄이려면 껍질은 (아무리 바삭하고 맛있더라도) 먹지 말아야 한다. 열량 밀도가 낮고 단백질이 풍부한 가금류는 체중 조절 또는 감량에 중대한 역할을 한다. 그러나 이러한 장점은 특정한 방식으로 조리했을 때만 효과를 발휘한다는 것을 명심하자. 가금류 고기를 크림 소스에 버무리거나, 기름에 튀기거나, 치즈와 햄을 끼워넣거나, 리예트로 만든다면 칼로리는 어마어마하게 증가한다.

칠면조는 살에 지방질이 가장 적은 가금류이다. 고콜레스테롤 혈증 환자가 칠면조 고기를 규칙적으로 섭취하면 LDL과 HDL 콜레스테롤 사이의 균형이 다시 맞춰질 수 있다. 또한 칠면조 고기는 심혈관 체계에 해로운 미리스트산을 모든 육류 가운데 가장 적게 함유하고 있다.

선택의 문제

수많은 다른 식품과 마찬가지로 닭고기 역시 최상의 상품을 고르려면 라벨을 확인하는 것이 중요하다. 프랑스에서 '페르미에Fermier 라벨 루주(농가식 라벨 루주)'는 위생적 환경 및 식물성 사료 제공, 필수적 성장 기간 등을 엄수해 사육한 동물임을 인증하는 품질 보장 마크이다.

'AB(Agriculture Biologique, 유기농)'는 동물의 복지를 고려한 생활환경과 유기농 사료 공급, 균형 잡힌 성장 과정을 보장하는 마크다. 이 인증 마크가 중요한 것은 맛이 좋은 상품을 고르는 데도 도움이 되지만, 위생은 물론 윤리적으로도 만족할 만한 환경에서 자란 동물에게 얻은 신선한 식품의 혜택을 누릴 수 있게 해주기 때문이다.

비타민의 보고

가금류 고기에는 비타민 B를 포함한 갖가지 비타민과 철, 인, 셀레늄 같은 무기질, 미네랄이 다량 함유되어 있다. 셀레늄은 건강 유지를 위해 반드시 필요한 물질로, 노화 및 심혈관 질환을 야기하는 산화 스트레스를 제한한다.

닭고기

다리(단각)

어깨

브레스 닭*

쉬프렘*

날개

* 브레스 닭poulet de Bresse: 20세기초에 품종 개량된 프랑스의 명품 닭 원산지명 통제 규정(AOC)에 의해 관리되는 이 닭은 푸른 발과 새하얀 깃털이 특징이며, 육즙이 풍부하고 향미가 뛰어나
서 로스트용으로 많이 쓰인다.
* 쉬프렘suprême: 닭의 가슴 부위 고기, 또는 그 고기로 만든 요리. 보통은 가슴 부위에 날개뼈와 껍질이 붙은 상태를 말한다.

가슴살

간

통다리(장각)

모래주머니

안심

넓적다리

쇄골

생닭 내장 손질하기

난이도: ♟♟♟

도구: 도마, 식칼, 토치

1 칼로 남아 있는 깃털 찌꺼기를 뽑는다.

2 쉽게 제거되지 않는 작은 깃털과 솜털은 가스레인지 불이나 토치 불로 재빨리 그슬려 제거한다.

이 기술은 농가 또는 시장에서 생산자에게 직접 구매한 닭을 손질하기 위한 것이다.

3 닭발에서 긴 중간 발가락만 남기고 나머지 발가락과 발톱은 잘라 버린다.

4 닭발을 토치 불로 그슬린다.

5 행주를 사용해 부풀어 오른 껍질을 떼낸다.

6 양쪽 날개 끝 관절 중 뾰족한 부분을 잘라버린다.

7 배가 아래쪽으로 오게 놓은 뒤 목을 잡아 늘이면서 껍질에 칼집을 낸다.

8 껍질을 뒤집어 벗기고 목을 바짝 자른다.

9 목 껍질의 중간 부분을 자른다.

10 식도와 모이주머니를 떼낸다.

11 목 껍질을 젖히고 칼로 목과 가슴 사이에 있는 V자형 뼈인 쇄골을 발라
낸다.

12 쇄골을 제거한다.

13 목 쪽 구멍 안으로 손가락을 집어넣어 폐를 떼낸다.

등이 아래쪽으로 가도록 뒤집은 뒤 엉덩이 쪽을 절개해 내장을 한 번에 꺼낸다.

14

15 염통, 간, 모래주머니는 따로 떼고, 나머지는 버린다.

16 간은 담즙과 녹색을 띤 부분, 굵은 혈관 등을 모두 제거한다.

17 모래주머니는 칼집을 넣어 안쪽의 두꺼운 막을 벗기고 깨끗이 헹군다.

18 실로 묶을 준비를 마친 닭의 모습.

셰프의 팁

이어서 통다리(장각)와 쉬프렘(216쪽 참조)을 잘라내거나, 프리카세*용(220쪽 참조)으로 8토막을 낼 수 있다.

이때, **3~6**단계의 과정은 필요하지 않다.

* 프리카세fricassée: 버터에 지져낸 고기를 육수와 채소를 넣어 푹 익힌 다음 소스(주로 화이트 소스)를 곁들여 내는 일종의 찜 요리법

닭고기 실로 묶어 고정하기

난이도: 🎩🎩🎩

도구: 도마, 식칼, 요리용 바늘과 실

1 날개를 아래쪽으로 돌려 관절을 꺾는다.

2 발목의 힘줄을 잘라준다.

3 등을 아래쪽으로 놓고 두 발을 같은 높이로 맞춘 다음, 실을 꿴 바늘은 다리 지방층을 찔러 통과시킨다.

4 매듭 지을 수 있게 바늘을 잡아당겨서 양쪽에 실이 각 10cm정도 나오게 한다.

셰프의 한마디

닭을 실로 묶으면 고르게 익힐 수 있을 뿐 아니라 고기를 잘랐을 때 모양이 보기 좋다.

5 닭을 뒤집어 목 쪽 구멍 부분을 껍질로 덮는다.

6 바늘로 한쪽 날개를 찌른 뒤 척추 아래를 지나 반대쪽 날개로 바늘 끝이 나오게 한다. 날개는 각각 두 곳에 실이 꿰이게 해야 모양이 흐트러지지 않는다.

7 실을 바짝 잡아당겨 단단히 묶는다.

8 로스트 준비를 마친 닭의 모습.

통다리(장각)와 쉬프렘 분리하기

난이도: 👨‍🍳👨‍🍳

도구: 도마, 식칼

셰프의 한마디

이 방식을 이용하면 닭을 단 몇 분 안에 손질할 수 있고, 나머지 몸통 부분은 육수나 육즙 소스의 재료로 쓸 수 있다.

1 깃털이 말끔히 제거된 닭을 준비해 발의 관절 부위를 잘라낸다.

2 날개에서 첫번째 관절의 바로 윗부분을 잘라낸다.

3 솔리레스를 찾아 떼낸다.

4 등을 아래쪽으로 오게 놓고, 다리와 몸통 사이의 껍질에 칼집을 낸다. 관절을 뒤로 꺾어 다리뼈가 빠지게 한다.

5 칼로 관절을 잘라 다리를 완전히 분리한다.

6 넓적다릿살을 절개해 뼈가 드러나게 한다.

7 넓적다리뼈와 관절의 연골을 제거한다.

8 아래쪽 다리뼈를 짧게 자르고 힘줄을 다시 끊어준다. 뼈 주변의 살을 망쇼네 한다.

9 가슴뼈를 따라 세로로 길게 칼집을 낸 뒤, 뼈에 붙은 살을 떼낸다.

10 양쪽 날개 관절과 이어진 쉬프렘을 분리한다.

11 날개 관절 끝에 붙은 살을 망쇼네해서 뼈가 드러나게 한다.

12 가볍게 뼈를 발라 조리 준비를 끝낸 닭의 주요 부위 4토막의 모습.

셰프의 한마디

껍질과 봉이 붙은 채로 손질한 쉬프렘은 접시에 담기 완벽한 모양이다.

살코기로만 이루어진 가슴살에 비해 조리했을 때 식감이 연해 먹기 편하다.

1 깃털이 말끔히 제거된 닭을 준비해 발을 자른다.

2 날개에서 첫번째 관절 바로 윗부분을 자른다.

3 등을 아래쪽으로 가게 놓고, 다리와 몸통 사이의 껍질에 칼집을 낸다. 이어 관절을 뒤로 꺾어 다리뼈를 몸통에서 분리한다.

4 관절 부위를 잘라 다리를 몸통에서 완전히 뗀다.

5 다리 중간의 관절을 또 잘라 2토막 낸다.

6 단각(통다리의 아래쪽) 끝부분의 뼈는 잘라 버리고 힘줄을 끊은 뒤 망쇼네한다.

7 등 부위를 몸통에서 분리하기 위해 대각선으로 칼집을 넣는다.

8 등 쪽을 뒤로 꺾어 뗀다(이 부분은 육수를 낼 때 쓴다).

9 가슴뼈를 아래쪽으로 가게 놓고, 가운데 부분에 칼집을 넣어 힘껏 쪼갠다.

10 가슴뼈 주변의 살을 조심스럽게 뗀다.

11 가슴살을 둘로 나눈다.

12 뼈에 붙은 살을 긁어서 뼈가 드러나도록 만든다.

13 각 부분을 2토막으로 자른다.

14 8토막으로 손질한 닭의 모습. 이 상태로 프리카세와 같은 요리를 만들 수 있다.

셰프의 한마디

뼈째 토막 낸 닭으로는 코크오뱅, 뿔닭 양배추찜, 마렝고식 닭 요리, 풀레 아 라 크렘(224쪽 참조)과 같은 요리를 만들 수 있다.

볼라유 아 라 크렘(크림 소스를 끼얹은 닭요리)

난이도: 🧑‍🍳🧑‍🍳

분량: 4인분

준비 시간: 25분 · 조리 시간: 30분

도구: 소퇴즈, 거품기, 거름망

재료

큰 닭 1마리(주로 브레스 닭 사용. 8토막으로 잘라 준비.
220쪽 참조), 버터 50g, 땅콩기름 3TS,
양파 2개(다져 준비), 밀가루 40g,
맑은 닭육수 1L(몸통과 자투리 고기로 끓인 것, 66쪽 참소),
생크림 200ml, 소금, 후춧가루

1 고기에 소금과 후추를 뿌린다. 기름과 버터를 두른 소퇴즈에 고기를 넣고 노릇해질 때까지 살짝 지진다.

2 고기는 건져 따로 두고, 소퇴즈에 다진 양파를 넣어 볶는다. 양파에서 수분이 나오면 밀가루를 뿌린다.

3 밀가루에 색이 나지 않게 약한 불에서 볶아 화이트 루를 만든다.

4 닭육수를 조금씩 부어가며 계속 저어준다.

5 국물이 끓기 시작하면 건져뒀던 고기를 다시 넣고 뚜껑을 덮은 뒤 약한 불에서 25분 정도 뭉근하게 익힌다.

6 닭 날개와 가슴살은 조리하는 중간에 먼저 꺼낸다. 다리는 꼬챙이로 가장 굵은 부분을 찔렀을 때 맑은 육즙이 흘러나오면 다 익은 것이다.

7 꺼낸 고기는 식지 않게 보관한다. 팬에 남은 소스에 생크림을 붓고 잘 섞는다.

8 원하는 농도가 될 때까지 소스를 졸인 다음, 소금과 후춧가루로 간을 맞춘다.

9 소스를 거른다.

10 고기에 글라세한 양파(472쪽 참조)나 버터와 설탕 등을 넣고 하얗게 익힌 버섯 등 원하는 가니시용 채소를 섞은 다음, 그 위에 크림 소스를 끼얹는다.

크라포딘*용 영계 손질하기

난이도: 👨‍🍳👨‍🍳

도구: 도마, 식칼, 요리용 방망이

1 조리 준비를 마친 영계는 등이 아래로 가게 놓는다. 몸통을 앞부분과 뒷부분으로 나누기 위해 사선으로 칼집을 넣는다.

2 가슴을 뒤로 젖혀 펼친다.

* 크라포딘crapaudine: 가금류의 날개와 다리를 쫙 펼쳐서 굽는 요리법. 펼친 모양이 두꺼비와 닮았다고 해서 붙여진 이름이다.

그릴이나 바비큐로 닭을 구울 때 이 손질 방식을 활용하면 고기를 더 고르게 익힐 수 있고, 자르기도 쉽다.

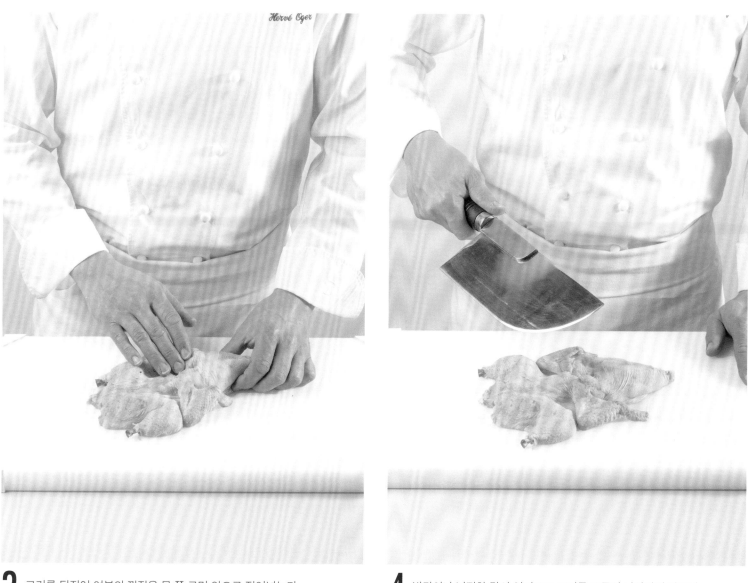

3 고기를 뒤집어 여분의 껍질을 목 쪽 구멍 안으로 접어넣는다.

4 방망이나 넓적한 칼의 옆면으로 고기를 두들겨 납작하게 만든다.

미국식으로 영계 굽기

난이도: 🍗 🍗

도구: 도마, 식칼, 그릴팬

1 조리 준비를 마친 영계는 등이 아래로 가게 놓은 뒤 몸통 안쪽으로 칼날을 넣어 (가슴 쪽은 건드리지 말고) 척추를 양끝까지 자른다.

2 닭을 거꾸로 뒤집어 가운데 가슴뼈를 쪼갠다.

3 닭을 다시 반대쪽으로 돌린 뒤 가슴뼈 양쪽에 있는 세모 꼴의 껍질 가운데에 각각 칼집을 낸다.

4 칼집 사이로 다리뼈를 각각 끼워넣는다.

5 구울 준비를 한다. 닭의 표면에 고루 양념한 뒤, 그릴팬 위에 사선으로 올려서 색이 날 때까지 30초 정도 굽는다.

6 닭을 90도로 돌려 다시 30초쯤 색이 나게 굽는다.

7 닭을 뒤집어 반대쪽도 같은 방식으로 노릇하게 굽는다.

8 구운 닭에 땅콩기름과 머스터드를 바르고 빵가루를 묻혀 오븐용 팬에 담는다.

9 170℃로 예열한 오븐에서 20분간 더 굽는다.

10 닭을 2토막으로 잘라서 서빙한다.

오리고기 토막 내기

난이도: 🎩🎩🎩

도구: 도마, 식칼

셰프의 한마디

오리의 머리를 자르기 전, 몸통에 남아 있는 깃털 찌꺼기를 뽑고,
209쪽의 〈생닭과 내장 손질하기〉 **4**단계처럼 토치 불로 발을 그슬린다.

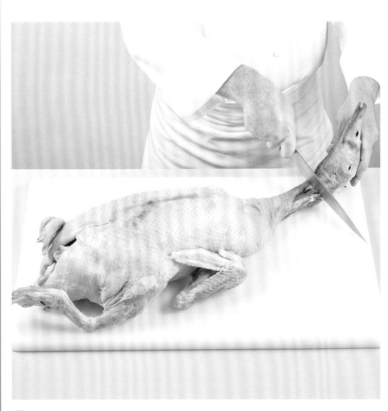

1 등을 아래에 놓고 머리를 자른다.

2 오리의 목을 자르고 기관과 식도를 꺼낸다. 고기에 소를 채울 계획이라면 껍질을 상하지 않게 남겨둔다.

3 간이 붙은 상태의 오리를 구입했을 경우 조심스럽게 간부터 떼낸 뒤 내장을 제거한다.

4 관절을 잘라 양쪽 다리를 분리한다.

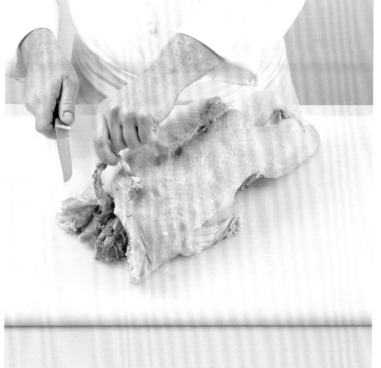

5 날개를 자른다.

6 쇄골에 덮여 있는 지방층을 절개해 쇄골을 뗀다.

7 가슴 한가운데를 얇게 절개해 가슴살(마그레)을 분리한다. 동시에 안심까지 잘라내려면 정확히 가슴뼈를 따라 칼집을 내야 한다.

8 길고 뾰족한 안심을 떼낸다.

9 가슴살 주변의 불필요한 지방질을 제거한다.

10 몸통의 등 쪽에서 솔리레스를 분리한다(이 부위는 보통 프라이팬에 굽는다).

11 몸통에 붙은 살과 지방층을 최대한 발라낸다.

12 조리 준비가 끝난 모든 오리고기 각 부위의 모습(몸통 뼈는 오리 육수를 내는 데 쓴다).

셰프의 한마디

지금까지 외식 업계와 관련 없는 일반인들은 통오리를 구하기가 어려웠다.
통오리는 주로 농장이나 프랑스 남서부에서 매년 열리는 '오리 생산자 직판 장터'에서 판매되었기 때문이다.
최근에는 슈퍼마켓에서 이따금 팔기도 하고(이 경우 통오리라고 해도 보통 간이 제거된 상태다),
몇몇 웹 사이트를 통해 냉동 상태의 오리를 구매할 수 있다.

오리 기름 추출하기

난이도: 👨‍🍳👨‍🍳

준비 시간: 15분 · 조리 시간: 1시간

도구: 바닥이 두꺼운 냄비, 거름망

셰프의 한마디

살짝 데친 감자를 튀기거나 구울 때 오리 기름을 사용하면 맛이 매우 좋아진다.
오리 기름은 냉동해 사용해도 무방하다.

1 오리 껍질과 지방을 칼로 다져 냄비에 넣고 약한 불에서 천천히 녹인다. 타거나 색이 나지 않게 주의한다.

2 녹은 오리 기름을 국자로 떠내 그릇에 담는다.

3 기름을 다 떠낸 뒤, 남은 오리 껍질 조각들을 갈색이 나도록 튀긴다(이것을 그라통grattons이라 한다).

4 그라통을 건진다.

5 그라통에 소금 간을 한다(그라통은 샐러드에 넣거나 랑그도크식 푸가스*를 만들 때 쓴다).

6 오리 기름을 거름망에 거른 뒤 밀폐용기에 담아 냉장보관한다.

* 푸가스fougasse: 올리브유, 허브, 앤초비 등을 넣어 구운, 포카치아와 비슷한 납작한 빵

오리 넓적다리 콩피하기

셰프의 한마디

콩피한 오리 다리의 보관 기간을 늘리려면,
물기를 제거한 오리 다리를 지방과 향신료와 함께 용기에 담아 100℃에서 3시간 동안 살균 처리한다.

1 오리 넓적다리와 날개에 굵은소금을 묻혀 하룻밤 동안 서늘한 곳에 둔다.

2 다음 날, 절인 고기를 깨끗이 헹군 뒤 물기를 제거한다.

3 고기를 무쇠 냄비 안에 넣고 재료가 잠길 만큼 오리 기름을 붓는다.

4 냄비에 부케 가르니 1개와 통후추 몇 알, 약간의 물을 넣는다.

5 냄비 뚜껑을 덮고 100℃의 오븐이나 아주 약한 불에서 약 3시간 동안 익힌다.

6 사용하기 직전까지 고기를 기름과 분리하지 않는다.

오리 장보네트* 만들기

난이도: 🍳🍳🍳

도구: 도마, 식칼

1 뾰족한 칼을 사용해 넓적다리 쪽 굵은 뼈를 들어낸다.

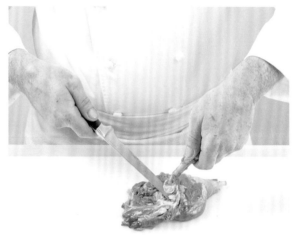

2 관절 부위에서 굵은 넓적다리뼈와 가느다란 다리뼈를 연결하는 힘줄을 끊고, 굵은 뼈를 뗀다.

3 다리뼈를 바른다.

4 다리뼈의 관절머리 부분을 자른다.

* 장보네트jambonnette: 가금류 고기를 장봉처럼 만든 것

셰프의 한마디

같은 방법으로 닭 또는 뿔닭 장보네트도 만들 수 있다.

5 다리에서 지저분한 자투리 살을 잘라내 표면을 고르게 만든다.

6 자투리 살을 다져 달걀흰자 1개(오리 다리 8개 기준), 소금, 후춧가루, 너트메그 가루 약간을 넣고 잘 섞는다.

7 뼈가 있던 자리에 **6**의 소를 채운다.

8 찬물에 미리 담가둔 크레핀으로 장보네트를 1개씩 싼 다음 무쇠 냄비(또는 두꺼운 냄비)에 넣고 찐다.

오리 마그레 푸알레하기

난이도: 👨‍🍳👨‍🍳

준비 시간: 15분 · 조리 시간: 15분

도구: 도마, 식칼, 프라이팬, 집게

1 마그레의 지방층에 바둑판 모양의 칼집을 가볍게 넣는다 (살은 건드리지 않도록 주의한다).

2 달구지 않은 프라이팬에 마그레의 지방층이 아래쪽으로 가도록 놓는다.

3 지방이 녹고 껍질이 노릇해질 때까지 약한 불에 10분간 서서히 굽는다. 탁탁 튀는 소리가 나거나 고기가 지나치게 타면 안 된다.

4 숟가락으로 오리 기름을 다른 그릇에 떠낸다.

조리 과정에서 나오는 오리 기름은 감자 요리에 사용한다(479쪽 참조).

5 소고기 스테이크를 구울 때처럼 손가락으로 익은 정도를 확인한다(144쪽 참조).

6 고기에서 더는 기름이 나오지 않는다 싶을 때, 센 불로 바꿔 2~3분간 껍질을 바삭하게 굽는다. 고기의 옆면도 잠깐 익힌다.

7 포크 등으로 찌르지 않고 집게로 마그레를 접시에 옮겨 담은 뒤 또 다른 접시로 덮어서 몇 분간 그대로 둔다.

8 마그레를 사선으로 두껍게 썬 다음 후춧가루를 뿌린다.

쇠오리*고기 손질하기

난이도: 👨‍🍳👨‍🍳👨‍🍳

도구: 도마, 식칼, 토치

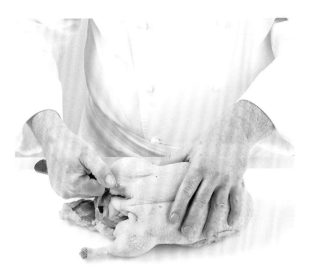

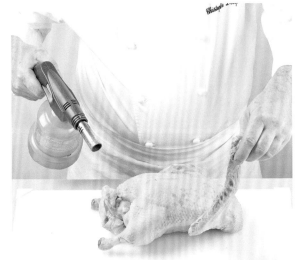

1 칼로 남아 있는 깃털 찌꺼기를 뽑는다.

2 쉽게 제거되지 않는 작은 깃털과 솜털은 가스레인지 불이나 토치 불로 재빨리 그슬려 제거한다.

3 날개는 위쪽의 어깨만 남기고 잘라 버린다.

4 목 껍질을 젖히고 쇄골을 떼낸다.

* 쇠오리canette: 몸길이 약 35cm의 작은 오리. 일반적으로 일컫는 오리canard에 비해 훨씬 작다.

셰프의 한마디

규모가 큰 연회에 내기 위한 통구이용 오리canard도 같은 방식으로 손질한다.

5 꽁지 위쪽에 붙어 있는 기름샘을 제거한다.

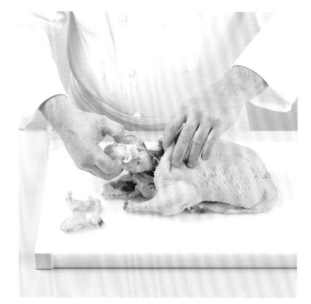

6 내장을 조심스럽게 한 번에 떼낸다.

7 염통, 간, 모래주머니, 지방을 따로 분리하고, 나머지는 버린다.

8 염통은 핏덩이와 힘줄 부분을 손질하고, 모래주머니는 가운데를 갈라 속까지 깨끗이 씻는다. 간은 담즙과 녹색을 띤 부분, 굵은 혈관 등을 모두 제거한다.

Trousser et brider une canette

쇠오리고기 실로 묶어 고정하기

난이도: 👨‍🍳👨‍🍳👨‍🍳

도구: 도마, 식칼, 요리용 바늘과 실

1 꽁지 위쪽에 붙어 있는 기름샘을 제거한다.

2 엉덩이뼈를 부수어 살을 접은 뒤 몸통 안으로 밀어넣는다.

3 양쪽 다리 밑에 붙은 세모 모양의 껍질 한가운데에 칼집을 낸다.

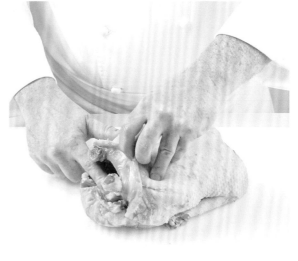

4 칼집 사이로 두 발을 각각 끼운다.

5 쇠오리의 등이 아래로 가게 놓고, 바늘로 다리 관절을 찔러 실이 몸통을 관통하게 한다. 처음 찌른 쪽 여분의 실을 30cm 정도 남겨야 매듭을 지을 수 있다.

6 쇠오리를 뒤집어 목 껍질을 가슴 위로 접는다. 바늘을 한쪽 날개에 찔러넣어 목 껍질로 덮인 가슴을 관통해 반대쪽 날개로 빼낸다.

7 실을 바짝 당겨 단단히 묶는다.

8 실을 새로 꿴 바늘을 다리뼈 바로 밑으로 찔러 넣은 뒤 몸통 안으로 접어넣은 엉덩이를 관통해 반대쪽 같은 부분으로 빼낸다. 뚫린 부분이 오므려지게 실을 바짝 당겨 단단히 묶는다.

쇠오리 로스트

난이도: 🔲🔲
분량: 4인분
준비 시간: 20분
· 조리 시간: 15분(고기 무게 450g 기준)
· 휴지 시간: 15분

재료
쇠오리 1마리, 버터 30g, 땅콩기름 2TS,
갈색 닭육수(74쪽 참조) 150ml,
소금, 후춧가루

도구: 로스팅 팬, 거름망, 냄비, 알루미늄포일

1 오븐을 220℃로 예열한다. 로스팅 팬에 손질한 쇠오리와 그 부속(목, 날개 끝부분 등)을 넣고, 소금과 후춧가루를 뿌린다. 버터 조각과 땅콩기름도 군데군데 올린다.

2 오븐에 넣어 15분간 구운 뒤 오븐의 온도를 180℃로 낮추고, 고기 450g당 15분을 기준으로 더 익힌다.

3 구운 쇠오리를 로스팅 팬에서 꺼낸다.

4 고기가 식지 않게 알루미늄포일로 덮어 15분간 휴지한다.

5 그동안 닭육수를 팬에 부어 데글라세한다.

6 바닥에 눌어붙은 것을 스패튤러로 완전히 긁어낸다.

7 거름망 밑에 냄비를 받치고 데글라세한 육즙 소스를 거른다.

8 양이 절반으로 줄어들 때까지 소스를 졸인다.

9 소스를 그릇에 따르고 숟가락으로 기름기를 최대한 걷어낸다.

10 휴지하는 동안 쇠오리에서 배어나온 육즙을 함께 섞은 뒤 바로 서빙한다.

Découper une canette

로스트한 쇠오리 토막 내기

난이도: 👨‍🍳👨‍🍳

도구: 도마, 식칼, 카빙 포크

셰프의 한마디

쇠오리 가슴살은 반드시 분홍빛이 돌 정도로 살짝 익혀야 한다.
다리가 조금 덜 익었을 경우에는 다시 몇 분간 오븐에 넣고 그동안 나머지 부분의 해체를 끝낸다.

1 로스트한 쇠오리를 도마 위에 놓고, 가슴몸통뼈 아래쪽을 카빙 포크로 찔러 고정한 상태에서 자르기 시작한다.

2 다리 관절을 바짝 잘라 몸통에서 분리한다.

3 다리의 가운데 관절 부위를 잘라 2토막을 낸다.

4 칼날을 가슴뼈에 바짝 붙여 가슴살과 날개를 한 덩어리(쉬프렘)로 자른다.

5 4에서 자른 쉬프렘을 각각 절반으로 자른다.

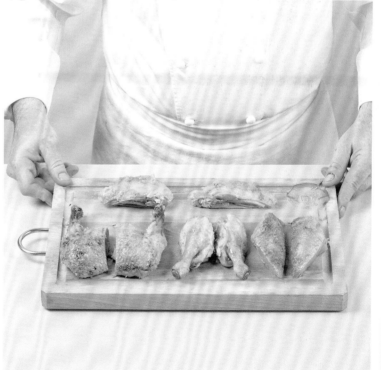

6 8토막으로 자른 쇠오리.

'두 가지 조리'를 위한 비둘기고기 손질하기

난이도: ♟♟

도구: 도마, 식칼

▪ 이 손질 방식은 자고새 또는 염주비둘기 모두에 적용할 수 있다. ▪

1 비둘기의 측면을 아래에 놓고, 다리와 몸통 사이 껍질에 칼집을 낸다. 이어 다리를 뒤로 꺾어 관절 부위가 드러나게 한다.

2 관절을 잘라 다리를 완전히 분리한다.

3 날개는 위쪽 어깻살만 남기고 잘라 버린다.

4 비둘기의 등을 아래에 놓고, 칼로 쇄골을 바른다.

셰프의 한마디

이 손질 방식은 가슴살이 연한 야생 조류(야금류)에 특별히 적용된다.
다릿살은 뻣뻣하고 질겨서 콩피나 장보네트 등으로 따로 조리한다.

5 쇄골을 완전히 제거한다.

6 몸통을 위와 아랫부분으로 나누기 위해 사선으로 칼집을 넣는다(척추뼈가 있는 아랫부분은 육수를 낼 때 쓴다).

7 몸통 윗부분에서 뼈를 뗀다.

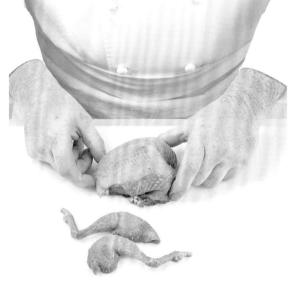

8 로스트할 준비가 된 다리의 모습. 다리와 따로 분리한 쉬프렘은 살이 특히 연하므로 먼저 살짝 구운 뒤 나중에 뼈를 발라낸다.

Déveiner un foie gras et le cuire en terrine

푸아그라 손질하기와 테린* 만들기

난이도: 👨‍🍳 👨‍🍳 👨‍🍳

도구: 도마, 식칼, 테린용 틀, 오븐용 그릇

셰프의 한마디

레시피에 알코올이 추가되어 있을 경우에는 아르마냑 브랜디를 선택하는 것이 좋다.

1 푸아그라는 미지근한 물에 1시간 동안 담갔다가 물기를 제거해 말랑말랑하게 만들어 준비한다.

2 푸아그라의 불룩한 면을 위로 가게 놓고, 2쪽(큰 덩어리 1, 작은 덩어리 1)으로 나눈다.

* 테린terrine: 잘게 썬 고기 또는 생선 등을 그릇에 담아 단단히 다져지게 한 뒤 차게 식힌 다음 얇게 썰어 전채 요리로 내는 음식

3 **굵은 혈관 제거하기:** 대정맥이 이어진 방향을 따라가면서 부드러워진 푸아그라를 엄지손가락으로 파헤치고, 대정맥을 조심히 끌어올린다.

4 대정맥이 끊어지지 않을 만큼 끝까지 끌어올린 뒤 칼끝으로 대정맥 주변에 퍼진 혈관까지 모두 제거한다.

5 작은 푸아그라도 똑같은 방법으로 혈관을 제거한다.

6 푸아그라에 플뢰르 드 셀과 후춧가루를 뿌린다(그 밖에 믹스트 페퍼콘, 에스플레트 고춧가루 등 원하는 양념을 써도 좋다).

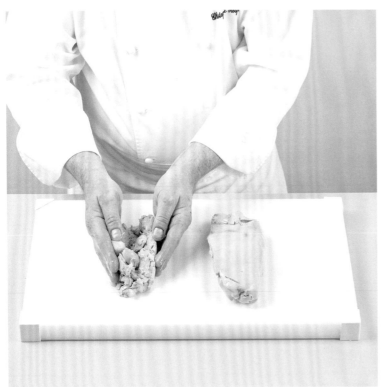

7 모양이 흐트러진 푸아그라를 손으로 다시 뭉친다.

8 테린 틀 안에 푸아그라를 채우고, 중간에 공기가 들어가지 않도록 손으로 잘 눌러준다.

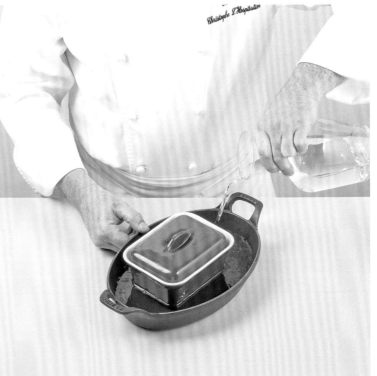

9 오븐을 100℃로 예열하고, 테린 틀을 오븐용 그릇 안에 놓는다.

10 뚜껑을 덮고 중탕을 위해 뜨거운 물을 틀 높이의 3분의 2 지점까지 붓는다.

11 오븐에 넣고 40~45분간 익힌다. 요리용 온도계로 온도를 확인한다. 푸아그라가 적당히 익을 수 있는 중심 온도 57℃에 이르면 오븐에서 꺼낸다.

12 중탕 그릇에서 테린 틀을 꺼내 기름을 최대한 따른다. 이 기름은 서늘한 곳에 보관한다.

13 네모난 폴리스티렌이나 알루미늄포일 판으로 푸아그라를 덮고 그 위에 누름돌을 올려 누른 상태로 냉장고에 넣는다.

14 6시간 뒤, 덮개를 벗기고 푸아그라의 윗면에 **12**의 기름을 다시 끼얹는다. 먹기 전에 24시간 냉장보관한다. 냉장 상태로 10일간 보관이 가능하다.

산딸기를 곁들인 푸아그라 푸알레하기

난이도: 👨‍🍳👨‍🍳

셰프의 한마디

푸아그라는 무화과, 커런트, 건포도 같은 신선한 과일과 잘 어울린다.

1 조리 시작 최소 30분 전에 푸아그라를 1.5cm 두께로 썰어둔다.

2 소금과 후춧가루를 뿌리고, 접시에 담아 조리하기 전까지 냉장고에 보관한다.

3 기름을 두르지 않고 달군 프라이팬에 푸아그라를 넣고 양쪽 면을 각각 2분 정도 굽는다.

4 따뜻하게 데워둔 접시에 곧바로 옮겨 담는다.

분량: 2인분

준비 시간: 10분 · 조리 시간: 10분

도구: 도마, 식칼, 프라이팬

재료

손질하지 않은 푸아그라 250g, 황설탕 2ts,
셰리 식초 3TS, 오리 또는 닭 육수 100ml(66쪽 참조),
산딸기 1팩(125g), 소금, 후춧가루

5 팬에 남은 기름을 따라 버리고, 황설탕을 갈색으로 녹여
카라멜리제한다.

6 눌어붙은 캐러멜에 셰리 식초를 넣어 데글라세하고, 이
어서 닭육수를 붓는다.

7 소스를 시럽 상태로 졸인 다음 산딸기를 넣는다.

8 소스가 고루 묻도록 산딸기를 굴리면서 따뜻하게 데운
다. 구운 푸아그라 위에 산딸기를 올리고 소스를 더 끼얹
는다.

Découper un lapin

토끼고기 토막 내기

난이도: 🧑‍🍳🧑‍🍳

도구: 도마, 식칼

셰프의 한마디

토끼의 다리를 통으로 잘라 가금류 장보네트처럼 소를 채워 조리할 수도 있다(238쪽 참조).

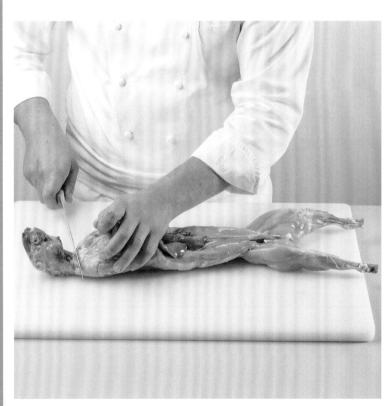

1 머리를 자른다.

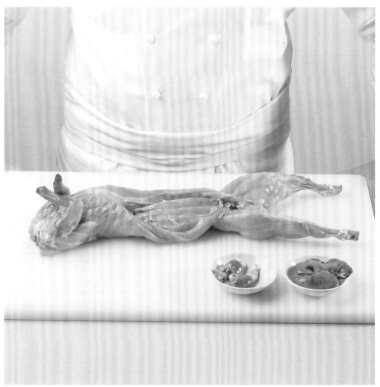

2 간(필요 시 콩팥까지)을 따로 뗀다.

3 허리와 갈비 사이 몸통을 자른다.

4 (관절이 아닌) 견갑골 밑을 절개해 어깨를 분리한다.

5 목의 앞부분을 제거한다.

6 흉곽 안쪽으로 칼을 넣어 가슴 쪽 중간 뼈를 자른다.

7 등쪽 척추를 잘라 몸통을 둘로 나눈다.

8 둘로 나눈 흉곽을 다시 2토막으로 자른다.

9 다리의 움푹 들어간 부분에 칼집을 내 관절을 뒤로 꺾는다.

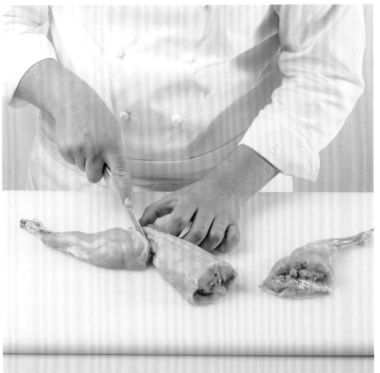

10 엉치뼈(뼈의 끝부분)를 따라 양쪽 다리를 분리한다.

11 필요 시 다리를 (중앙 관절 약간 윗 부분에서) 2토막 낸다.

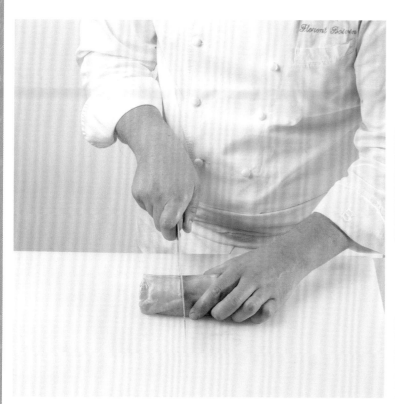

13 등허리는 통째로 두거나 2~3토막으로 자른다.

12 엉치뼈의 끝부분을 잘라낸다.

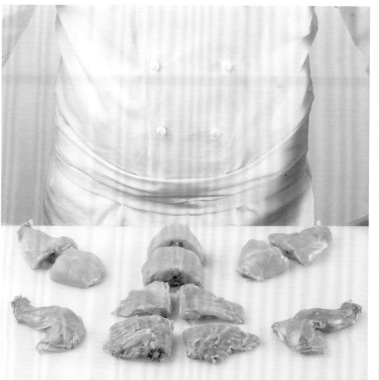

14 라팽 샤쇠르(264쪽 참조) 같은 프리카세용으로 손질된 토끼고기의 모습.

토끼 허릿살 뼈 발라내기와 소 채우기

난이도: 👨‍🍳👨‍🍳👨‍🍳

도구: 도마, 식칼

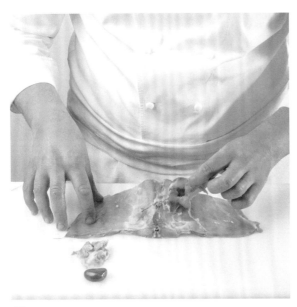

1 허릿살을 양끝의 얇은 부분까지 쫙 펼쳐놓고, 불필요한 지방질과 콩팥을 제거한다.

2 중심부의 척추를 따라 칼날을 살살 밀어넣어 중간에 끼어 있는 가로돌기를 피해 필레미뇽을 뜬다.

3 이어서 두번째 가로돌기를 피해 필레를 뜬다.

4 반대쪽도 똑같은 방식으로 필레미뇽과 필레를 뜬다. 등 껍질까지 절개하지 않도록 주의한다.

5 척추를 등껍질에서 조심스럽게 분리해서 완전히 떼어낸다.

6 양끝의 얇은 살을 일직선으로 바르게 잘라 버린다.

7 소금과 후춧가루를 뿌린 다음, (레시피에 따라) 준비된 소를 올린다.

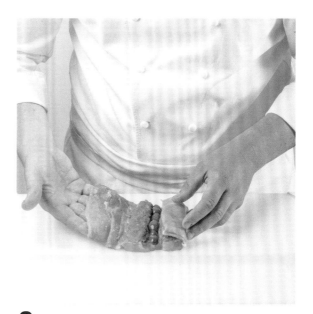

8 콩팥을 다시 넣고, 양쪽의 살을 접어 감싼다.

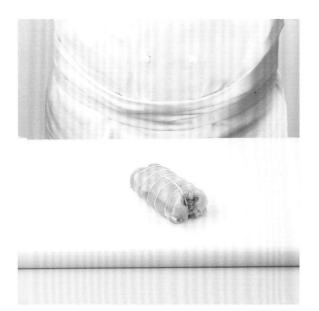

9 레시피에 따라 작은 로스트용 고기처럼 실로 묶어도 좋다.

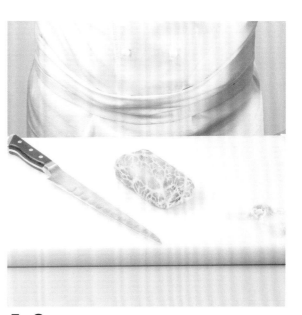

10 고기 전체를 크레핀으로 쌀 수도 있다.

라팽 샤쇠르

난이도: 🍳🍳
분량: 4인분
준비 시간: 30분 · 조리 시간: 45분

도구: 무쇠 냄비 2개, 프라이팬, 거름망

재료

토막 낸 토끼 1마리, 땅콩기름 4TS,
당근 1개, 양파 1개(당근과 양파는 미르푸아로 썰어 준비, 440쪽 참조),
밀가루 1TS, 마늘 2쪽(껍질을 벗겨 으깨 준비),
부케 가르니 1개, 토마토 페이스트 1TS,
코냑 50ml, 드라이한 화이트와인 350ml,
갈색 송아지육수 150ml(68쪽 참조), 얇게 썬 양송이버섯 250g,
버터 30g, 다진 타라곤 2TS, 소금, 후춧가루

1 토끼고기에 소금과 후춧가루를 뿌린다. 기름을 두른 무쇠 냄비에 고기를 넣고, 연갈색이 고르게 나도록 충분히 지진다.

2 채소 미르푸아를 넣고 수분이 나올 때까지 익힌다.

3 그 위에 밀가루를 흩뿌린다(이것을 생제singer라고 한다).

4 센 불에서 고기를 뒤집어 밀가루가 연갈색이 나도록 굽는다.

5 마늘과 부케 가르니, 토마토 페이스트를 넣는다.

6 코냑으로 플랑베한다.

7 화이트와인을 붓는다.

8 와인의 알코올 성분이 날아가면 육수를 넣는다.

9 냄비 뚜껑을 덮고 약한 불에서 35분간 뭉근하게 끓인다.

10 프라이팬에 버터를 넣고 센 불에서 양송이버섯을 소테*한다.

* 소테sauter: 소량의 기름(또는 버터)으로 채소나 고기를 센 불에서 빠르게 익히는 조리 방법

11 고기를 다른 냄비로 옮긴다.

12 소스를 거름망에 거른 뒤 옮겨둔 고기와 섞는다.

13 양송이버섯을 넣는다.

14 잘게 썬 타라곤을 뿌려 곧바로 서빙한다.

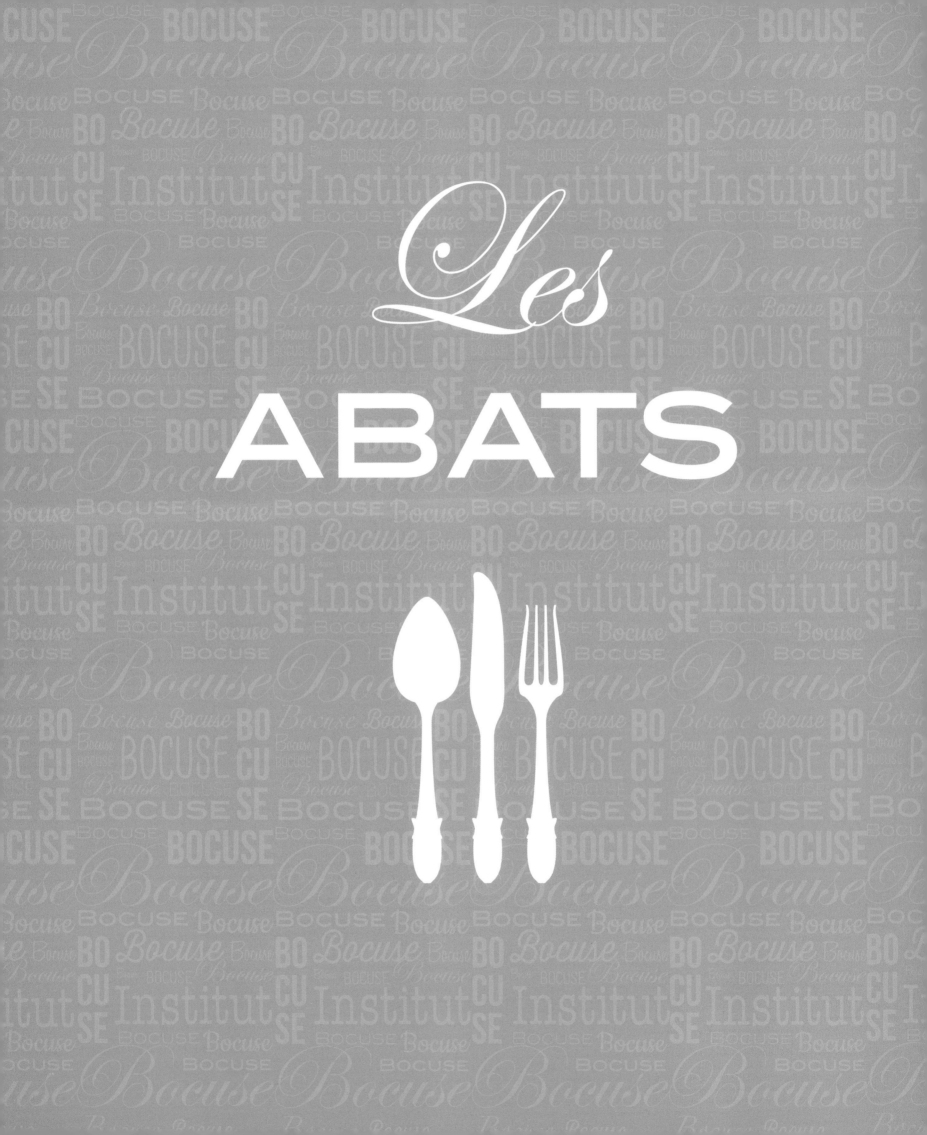

Les ABATS

육류 부산물

육류 부산물

거칠면서도 섬세한, 조금은 값싼 맛

'육류 부산물' 또는 '잡육'이라고 부르는 이 부분은 간단히 말해 도축된 동물에서 순수한 고기를 제외한 내장 및 기타 식용 가능한 부위를 뜻한다. 내장류, 송아지 머리, 족발, 머리 고기 파테, 꼬리, 소 볼살은 물론 간, 골, 아무레트amourette(소나양, 송아지의 골수—옮긴이) 등이 여기에 속한다. 이름만 들으면 맛있는 음식이라기보다 괴기스러운 이미지가 떠오른다.

일찍이 고대 로마 시대 부자들은 육지와 해양에 사는 다양한 동물들의 장기를 먹었다. 그중 가장 인기가 높았던 것은 암퇘지의 유통乳筒과 외음부였는데, 특히 생식력이 없는 돼지의 것을 선호했다. 이렇게 종류까지 특정하는 것은 이러한 기관 자체의 특수성이 맛에 버금갈 만큼 중요했음을 보여준다. 이러한 기관을 식재료로서 손질하고 양념하는 방식은 비교적 간단했다. 이는 당시 사람들이 부드럽고 미묘한, 재료 본연의 맛을 좋아했다는 증거이다.

이렇게 잘 알려지지 않은 부위 중 일부는 종종 씨를 받기 위한 동물의 장기와 잘못 혼용되기도 한다. 송아지 췌장과 콩팥은 각각 흉선(흉곽 안의 장기) 및 동물의 신장과 혼동된다. 생식과 상관없는 장기들을 매우 강한 의미를 내포하는 다른 장기와 혼용하는 것은 그 상징적 이미지를 단순한 미각적 또는 영양학적 고려보다 우선시한다는 것의 방증인 듯하다.

요리에 관한 인용구

해명

"자세한 상황은 기억나지 않았지만, 문득 진열대 위에 놓여 있던 내장들이 떠올랐다 …… 짐승의 혀, 그리고 골 …… 나는 그것을 어떻게 요리하는지 찾아보았다 …… 내 유년 시절의 기억을 하나하나 맛보았다. 골은 내 혀 밑에서 사르르 녹아 삼키기도 전에 저절로 사라졌다. 반면에 혀는 거부감이 들었다. 아무리 열심히 씹어도 목구멍으로 쉬이 넘어가지 않았고, 입 안에 질깃한 무언가가 남았다. 그날 나는 골과 혀를 먹었다. 장날에 우연히 보게 되어도 이제는 아무도 먹지 않는 고기에 대한 향수로 먹었다."

—알렉시스 제니*

* 알렉시스 제니Alexis Jenni(1963~): 프랑스의 소설가. 2011년 『프랑스식 병법(L'Art français de la guerre)』으로 공쿠르 상을 수상했다—옮긴이

붉은 잡고기? 흰 잡고기?

육류 부산물은 판매에 앞서 전문가가 손질해둔 상태에 따라 붉은색과 흰색으로 구분된다. 부산물에 관련하여 유용한 조언을 구하려면 정육점 같은 전문 매장을 찾는 것이 가장 좋다. 대형 슈퍼마켓에서도 조리하기 편하게 손질된 냉장 또는 냉동 상태의 육류 부산물을 찾아볼 수 있다. 부산물은 조리하기 하루 전날 최대한 늦게 구입하는 것이 좋고, 쉽게 상할 수 있으므로 익히지 않은 채 보관해서는 안 된다.

흰색 부산물은 전문가의 손에 복잡한 손질을 거쳐야 한다. 주로 데치는데, 애벌로 익히고 난 뒤 한 번 더 익힌다. 흰색 또는 상아색인 것을 보면 익혀진 것을 알 수 있다. 흰색 부산물의 가장 대표적인 예는 송아지 머리로, 둥글게 말거나 절반으로 자르거나, 또는 원형 그대로 판매된다.

붉은색 부산물은 매우 간단한 손질 과정을 거친 뒤 곧바로 판매대에 오른다. 따라서 구매하자마자 바로 조리해야 한다. 대표적으로 콩팥, 간, 혀 등이다.

마지막으로 머릿고기로 만든 파테나 샐러드처럼 곧바로 먹을 수 있도록 이미 조리된 제품도 있다.

———

편안한 분위기의 비스트로

이처럼 원재료와 손질 방식이 다양하기 때문에 내장 상품의 감각적인 특징은 천차만별하다. 예를 들어 뇌는 입안에서 사르르 녹는 듯하지만, 족발은 바삭하면서도 쫀득하고 질깃한 식감을 동시에 낸다.

소의 부산물은 송아지나 어린 양에 비해 풍미가 더 진하고, 조직감은 더 치밀하다. 송아지와 어린 양의 부산물은 아직 어려도 향이 뛰어나며, 식감 역시 곧 뭉개질 것처럼 부드럽다.

부산물은 조리 방식에 따라 식감과 맛의 차이가 더 뚜렷해진다. 송아지 머리는 그리비슈 소스처럼 새콤하고 주재료의 맛을 강하게 살리는 소스를 곁들이면 더 맛있다. 반대로 양의 췌장에는 비교적 맛이 순한 생크림과 양송이버섯이 잘 어울린다. 섬세한 풍미가 더 강렬한 다른 맛에 가려지지 않기 때문이다.

이와 같은 유명한 고전적 조리법은 국민 레시피 목록에 올라 있지만, 육류 부산물의 조리 방식은 대부분 현존하는 지역의 전통에 의존한다. 부산물 요리를 가장 자주 일상적으로 먹는 곳은 프랑스 북부 지방으로, 특히 소의 부산물을 많이 먹는다.

반대로 부산물 요리를 가장 덜 먹는 곳은 프로방스 지방이다. 단, 양의 부산물은 콩팥 잠두콩 볶음이나 바비큐 그릴에 구운 심장, 간, 췌장, 콩팥 요리처럼 수많은 프로방스식 레시피에서 사용된다.

내장류의 판매량이 심각하게 줄어들면서 10여 년 전부터 관련 협회에서는 이미지의 변화를 추구하여 이 식재료를 더 매력적으로 만들었다. 수차례의 시연회를 통해 대중과의 소통에 집중한 결과, 오늘날 육류 부산물은 과거와는 대비되는 강력한 이미지를 갖게 되었다.

더욱이 최근 떠오른 트렌드인 '비스트로노믹 퀴진bistronomique cuisine(비스트로bistro라는 편안한 분위기의 식당에서 선보이는 가스트로미크gastromique한 고급 미식 요리—옮긴이)'은 부산물 요리를 떠받치는 힘이 되고 있다. 실제로 이러한 식당의 단품 메뉴에는 부산물을 이용한 요리가 종종 포함되어 있다. 이 같은 식당의 요리는 가격이 비싸지 않아야 한다(이는 뛰어난 품질의 요리를 고를 때도 마찬가지다). 하지만 누구나 정확한 노하우를 갖고 있는 것은 아니다.

가스트로놈 & 비스트로노미

최근의 유행 경향은 소규모 식당의 발전을 이끌고 있다. 이러한 식당들은 복고적이면서도 현대적이며 고급스러운 분위기에서 고객들을 맞이하고, 메뉴는 옛날 맛에 초점을 맞춘다. 시대에 뒤떨어져도 언제나 맛은 뛰어난 전통적인 식재료에 이제는 통용되지 않지만 그래서 더 매력적인 노하우를 더해 만든 요리를 비스트로에서 선보인다.

———

내장의 영양학적 가치

내장류도 종류에 따라 각각의 영양학적 특성이 있지만, 겉으로 보이는 차이는 없다. 대신 재건 및 강화를 위한 식품이라는 공통점이 있어 세계대전 이후 프랑스에서 많이 소비되었다.

내장류에는 '정통적인' 고기 못지않게 우수한 품질의 단백질이 많이 들어 있다. 또 각종 미네랄과 미량원소(철, 아연, 망간, 구리, 셀레늄)의 알찬 보고이며, 그 밖에 비타민 A, D, E와 비타민 B군(B1, B9, B12)도 다량 함유하고 있다.

몇몇 내장류는 절제해 섭취해야 한다. 요산 같은 독성 물질을 함유해 체내의 여과 기능을 수행하는 장기들이 바로 그런 경우이다. 내장류를 구입할 때는 가능한 한 친환경 농장에서 사육된 동물의 것을 선택한다. 이러한 라벨이 붙은 상품은 호르몬과 항생제 성분이 적고 가장 우수한 동물성 식품임을 보장한다.

부산물 요리를 선택한다는 것은 그 재료의 독특한 속성을 이겨낼 만큼 미식에 대한 갈망이 강하다는 증거다. 육류 부산물은 천차만별해서 모든 종류를 다 좋아할 수도, 다 싫어할 수도 없다. 개인의 기억과 입맛, 습관에 따라 찾는 것과 거부하는 것이 있다. 부산물로 요리를 만들어 시식하는 것은 자신의 욕망과 인내력의 한계를 알아보기 위한 좋은 방법이며, 우리 자신과 손님들에게 새로운 맛을 발견하는 기쁨을 줄 수 있는 기회이다. 물론 끔찍한 경험이 될 수도 있겠지만 말이다.

소테용 송아지 콩팥 손질하기

난이도: 🍳 🍳

도구: 도마, 작은 칼

셰프의 한마디

다른 특수 부위와 마찬가지로 콩팥 역시 신선도를 절대적인 선택 기준으로 삼고 구입해야 한다.

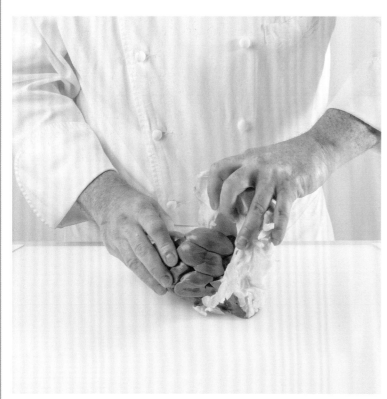

1 콩팥 겉의 지방층을 제거한다.

2 콩팥을 둘러쌓고 있는 얇은 막도 떼낸다(제거된 지방질은 요리에 쓸 수 있다).

3 콩팥에 칼집을 살짝 넣어 쫙 펼친다.

4 작은 칼을 사용해 콩팥 안쪽의 흰 부분을 모두 떼낸다.

5 요관尿管 등 질긴 부분도 최대한 제거한다.

6 콩팥을 큼직한 주사위 모양으로 썬다.

Cuire un rognon dans sa graisse

지방층에 싸인 콩팥 익히기

난이도: 🍳🍳

도구: 도마, 식칼, 소퇴즈

셰프의 한마디

콩팥의 지방을 천천히 녹여 불순물을 거르면 감자를 소테할 때 사용할 수 있다(이는 벨기에에서 자주 이용되는 조리법이다).

1 콩팥의 지방층을 1cm 정도 두께만 남기고 모두 제거한다.

2 혈관과 요관의 위치를 찾기 위해 콩팥과 몸통이 이어진 부분을 확인한다.

3 콩팥의 모양을 망가뜨리지 않게 조심하면서 칼끝으로 요관 등 단단한 부분을 최대한 제거한다.

4 콩팥에 소금과 후춧가루를 뿌린다. 소퇴즈에 버터와 기름을 넣은 다음 센 불에서 콩팥의 겉면을 색이 나게 굽는다.

5 소퇴즈의 뚜껑을 덮고 180℃로 예열한 오븐에서 약 16분간 더 익힌다.

6 덮개를 씌운 상태로 10분간 휴지한 뒤 두껍게 썬다.

Préparer des ris de veau

송아지 흉선* 손질하기

난이도: 👨‍🍳👨‍🍳

도구: 소퇴즈

셰프의 한마디

많이 알려져 있지는 않지만, 양의 흉선도 맛이 훌륭하다. 금세 익기 때문에 간단히 소테해 조리하는 것이 좋다.

1 흉선을 얼음물에 담가 1시간 동안 핏물을 뺀다. 필요할 경우 중간에 물을 갈아준다.

2 찬물이 담긴 소퇴즈에 흉선을 넣고 끓인다.

* 흉선: 흔히 스위트 브레드sweet bread라고 부른다. 전 세계 미식가들이 좋아하는 식재료로, 특히 송아지의 흉선은 뛰어난 풍미를 자랑한다.

3 물이 끓기 시작하면 불을 약하게 줄이고 5분간 끓인다.

4 흉선을 얼음물에 넣어 식힌다.

5 흉선의 모양이 부서지지 않게 주의하면서 얇은 막과 불필요한 지방을 깨끗이 제거한다.

6 흉선 위에 그릇 등 무거운 것을 올려 1시간 이상 누른 뒤 조리하기 직전까지 서늘한 곳에 보관한다.

송아지 흉선 브레제하기

난이도: 👨‍🍳👨‍🍳

분량: 4인분

준비 시간: 20분 · 조리 시간: 30분

도구: 소퇴즈, 거름망, 냄비

재료
송아지 흉선 2개, 땅콩기름 2TS, 당근 1개, 양파 1개,
셀러리 1줄기, 버섯 4개(채소 모두 미르푸아로 썰어 준비,
440쪽 참조), 포트와인(마데이라와인 또는 화이트와인) 50ml,
갈색 또는 맑은 송아지육수 300ml(66쪽 또는 68쪽 참조),
생크림 150ml, 소금, 후춧가루

1 흉선에 소금과 후춧가루를 뿌린 뒤 기름과 버터를 두른 소퇴즈에서 노릇하게 살짝 굽는다.

2 소퇴즈에서 구운 흉선은 꺼내고, 채소 미르푸아를 넣어 수분이 배어나올 때까지 몇 분간 볶는다.

육류·부산물

3 포트와인으로 데글라세한다.

4 국물의 양이 3분의 2로 줄어들 때까지 졸인다.

5 송아지육수를 붓는다.

6 다시 끓기 시작하면 불을 약하게 줄이고 흉선을 채소 위에 놓는다.

7 유산지를 원형으로 오려 뚜껑 대신 덮는다.

8 약한 불에서 20분간 뭉근히 끓인다.

9 흉선은 식지 않게 보관하고, 소스는 거름망에 거른다.

10 거른 소스에 생크림을 넣어 섞는다.

11 소스가 숟가락에 코팅될 정도로 걸쭉해질 때까지 졸인다.

12 마지막으로 간을 맞춘 소스를 흉선 위에 끼얹는다.

셰프의 한마디

이 소스에는 종종 버섯을 추가하기도 한다(전통적으로는 세프버섯*을 넣는다).
가니시로는 생파스타, 모둠 채소, 당근 무슬린 등을 올릴 수 있다.

* 세프cèpe버섯: 그물버섯과의 프랑스산 야생 버섯. 이탈리아에서는 포르치니porcini라고 부르며, 나무 향이 진하고 식감은 고기와 비슷하다

뇌 손질하기와 삶기

난이도: 👨‍🍳👨‍🍳

도구: 소퇴즈, 에퀴무아르

▪ 송아지, 양, 돼지의 뇌도 모두 같은 방식으로 손질한다. ▪

셰프의 한마디

끓는 물에 익힌 뇌를 큰 주사위 모양으로 썬 뒤 소금과 후춧가루로 간하고 튀김옷을 입혀 튀기면 매우 맛있다(330쪽 참조).

1 식초를 탄 얼음물에 뇌를 담가 1시간 동안 핏물을 뺀다. 필요할 경우 중간에 물을 갈아준다.

2 큰 볼에 담긴 물이나 흐르는 물로 뇌에 덮여 있는 얇은 막과 불순물 덩어리를 조심스럽게 제거한다.

3 소퇴즈에 소금을 섞은 찬물을 채우고 뇌를 넣는다. 거기에 타임 1줄기와 월계
수잎 1장, 통후추 몇 알을 넣은 뒤, 약한 불에서 끓인다.

4 끓기 시작하면 거품과 불순물을 걷어낸다.

5 손가락으로 뇌를 눌렀을 때 약간 단단하게 느껴지면 다 익은 것이다.

6 에퀴무아르로 뇌를 건져 키친타월 위에서 물기를 뺀다.

Cervelle meunière

뇌 뫼니에르*

난이도: 👨‍🍳👨‍🍳
분량: 6인분
준비 시간: 5분 · 조리 시간: 15분

도구: 프라이팬

재료
핏물을 빼서 삶은 뇌 3개(282쪽 참조), 밀가루 75g,
버터 100g, 땅콩기름 2TS,
레몬즙(레몬 1/2개 분량), 다진 파슬리 1TS,
레몬 1/4개, 소금, 후춧가루

1 뇌에 소금과 후춧가루를 뿌리고 밀가루를 묻힌 뒤 여분의 가루를 떨어낸다.

2 센 불에 달군 프라이팬에 기름과 버터 50g을 녹인 뒤 밀가루를 묻힌 뇌를 넣는다.

* 뫼니에르meunière: 프랑스어로 '제분업자'라는 뜻으로, 재료를 밀가루에 가볍게 묻힌 모습이 마치 제분소집 딸이 가루를 뒤집어쓴 모습과 닮았다는 데서 붙여진 명칭이다. 밀가루를 살짝 묻혀 굽는
요리에 이 명칭이 붙고는 한다.

3 프라이팬을 기울여 끓는 버터를 숟가락으로 뇌에 계속 끼얹어가며 약 10분 간 고루 익힌다.

4 뇌를 꺼내고 팬에 남은 버터는 제거한다. 버터 50g을 다시 새로 넣고 밝은 갈 색이 날 때까지 끓인다.

5 레몬즙과 다진 파슬리를 넣는다.

6 소스를 몇 초간 끓인 뒤 뇌 위에 끼얹는다. 레몬 조각을 곁들여 서빙한다.

Le
GIBIER

수렵육

수렵육

수렵 시대를 회고하다

수렵육은 아마도 상징적 가치가 제일 강한 천연 식품일 것이다. 역사상 오랫동안 귀족층의 특권이며 전유물이었던 사냥은 수렵육을 확보하기 위한 기술이자 중대한 사회적·행동적 요구에 부응하는 행위이다. 귀족적인 기마 수렵이든, 이보다 훨씬 대중적인 시골의 사냥몰이든, 수렵을 하는 사람들은 그것을 정의하고 통제하는 관련 규정 외에도 절대 왕정 시대 수렵단의 일원으로 돌아가는 경험을 공유한다. 이 같은 맥락에서 오늘날 수렵육은 현대의 먹거리 중 가장 강한 이미지를 얻게 되었다.

그런데 실제로 소비되는 수렵육은 대부분 그것을 먹는 사람들이 직접 잡은 것이 아니라, 간단히 돈을 주고 구매한 것이다. 신선한 수렵육은 사냥꾼이 파는 경우도 가끔 있지만, 일반적으로는 전문 매장에서 취급한다.

수렵육은 대중에게 소외된 식품은 아니지만, 비교적 특별한 경우에 먹는다. 연말 파티 시즌에는 소비량이 크게 늘어나고, 나머지 시기에는 정체된 양상을 보인다.

수렵육은 얼린 상태로도 판매된다. 고기 자체는 보존성이 크게 떨어지지만, 냉동하면 아주 오랫동안 보존이 가능하기 때문이다. 수렵육은 대부분 가을과 겨울에만 사냥이 허용된다는 것 또한 중요하다.

통칭 '수렵육'에 속하는 동물들을 분류하는 방식은 여러 가지가 있다. 우선 암사슴, 수사슴, 노루, 집토끼, 산토끼, 멧돼지 등 '털이 난 수렵 동물'과 멧도요, 메추라기, 웨스턴캐퍼케일리, 꿩, 개똥지빠귀, 자고, 산비둘기 같은 '깃털 달린 수렵 동물'로 크게 나눌 수 있다. 또 수렵 동물은 몸집의 크기가 다양해서 '큰 수렵 동물'과 '작은 수렵 동물'로 분류되기도 한다. 마지막으로 사냥꾼들은 '정착성 수렵 동물'과 '이동성 수렵 동물'을 구별한다. 여기서 말하는 이동성 수렵 동물은 매년 장거리 여행을 하는 철새들이다.

힘과 철

야생 동물들은 자연의 섭리에 따라 자유롭고 독립적으로 살아간다. 어딘가에 붙잡힌 채 성장하지 않고 스스로의 힘으로 생존하면서 단단한 근육을 키워나간다. 이 근육은 결과적으로 탄탄하고 기름기가 거의 없는(지질 함유량이 1~4퍼센트에 불과한) 살이 된다.

지방의 양을 구체적으로 비교하면, 산토끼는 집토끼의 1/5배, 자고는 닭의 1/3배, 암사슴은 소의 1/25배에 불과하다!

그러나 수렵육은 대개 미식가의 레시피대로 조리한다는 점에 주목하자. 고기를 진한 소스에 조리고, 여기에 푸짐한 가니시까지 곁들이면……

수렵육을 '다이어트에 좋은' 고기로 생각할 수도 있지만, 이번 장에서는 전통적인 레시피를 다룰 예정이므로 해당 사항이 없을 것이다. 품질이 뛰어난 고기가 모두 그렇듯, 수렵육 또한 철과 비타민 B군이 풍부하다. 동물이 섭취한 다양한 먹이에 허브와 나무의 향미가 더해져 수렵육의 살에서는 특유의 진한 맛과 향이 배어난다.

| 알아봅시다 |

겨울의 향기

수렵육은 겨울철에 누릴 수 있는 커다란 즐거움 중 하나다. 수렵육이 가장 맛있는 계절인 데다 가장 고전적인 레시피도 이 시기에 적합하기 때문이다. 노루는 가장 쉽게 잡을 수 있는 수렵 동물이지만, 3월부터 5월 사이에는 사냥을 피하는 것이 좋다. 2~8월에는 야생 멧돼지를 발견하기 힘들다. 꿩과 자고는 11월부터 2월까지가 사냥하기 좋은 시기다.

전통적 레시피의 근대성

수렵육은 그 동물을 직접 손질(깃털 뽑기, 가죽 벗겨서 부위별로 해체하기 등)하지 않더라도, 조리가 그리 간단하지만은 않다. 먼저 커다란 수렵육을 작게 잘라 진한 향신료와 와인 등으로 만든 마리네이드에 절인다.

고기를 오랫동안 충분히 재우면 육질이 연해지고, 혹시 있을지 모르는 기생충을 없앨 수 있다. 미리 냉동하지 않았던 고기라면 이 과정을 반드시 거쳐야 한다. 수렵육은 가공 및 숙성을 하지 않기 때문에 몇몇 기생충으로부터 완벽하게 보호하기가 어렵다. 털이 있는 수렵 동물의 고기는 강렬한 맛과 잘 어울린다. 중세시대부터 사용했던 향신료나 진한 허브, 와인을 이용한 마리네이드 등이 그것이며, 이때 쓴 와인은 나중에 소스를 만들 때 재활용한다. 수렵육에는 종종 굽거나 설탕에 조린 과일을 곁들이는데, 이는 고기의 진한 향을 더 극대화하기 위한 훌륭한 방법이다. 소스에 라르동을 넣거나 얇은 삼겹살로 고기를 감싸는 것도 현명한 선택이다. 이렇게 하면 고기에 약간의 지방질이 더해져 육즙이 더 풍부하게 느껴진다.

깃털 달린 수렵 동물의 고기는 조리하기가 덜 까다롭다. 닭을 통째로 오븐에 굽듯이 아주 단순하고 쉽게 요리할 수 있다. 물론 수렵육을 로스트할 때는 고기에서 흘러나온 육즙을 계속 표면에 끼얹어주고, 몸통 안에 소를 최대한 푸짐하게 채워넣어야 한다.

수렵육은 향이 진하고 육질이 단단해 파티용 테린이나 파테를 만들기에 적합하다. 정육, 육가공품 전문 매장이나 조리식품 가게에서도 수렵육으로 만든 테린과 파테를 판매한다. 물론 가정에서 먹고 남은 수렵육 부스러기로 직접 만들 수도 있다.

수렵육 테린은 유리 단지에 담아두는 것이 가장 좋다. 유리 단지에 넣은 테린은 실

알아봅시다

놀라운 사실

일부 수렵육(멧돼지, 수사슴, 꿩, 자고, 오리, 메추라기 등)은 해당 동물을 윤리적·위생적으로 우수한 환경에서 사육해서 생산한다. 이미 프로그램이 짜인 사냥이 시작되면 이 동물들을 울타리가 둘러진 야생 공간에 풀어놓는다.

알아봅시다

수렵육과 와인의 이상적인 결합

소스를 곁들인 수렵육은 향이 진하고 강렬하다. 그래서 이와 완벽하게 어울릴 만한 와인을 고를 때는 극도로 신중해질 수밖에 없다. 일반적으로 수렵육에는, 향이 진해서 입안에 여운이 길게 남으면서도 결코 무겁지 않은 와인을 곁들인다. 와인과의 이상적인 결합은 식사 후 원활한 소화를 위해서도 유용하다. 특히 미네랄 향이 돋보이는 와인은 마셨을 때 조금 개운한 느낌이 든다.

제로 남은 수렵육을 오래 보관하기 위한 훌륭한 수단이다. 굵게 다진 수렵육에 말린 과일과 알코올, 몇 가지 향신료를 넣어 고루 섞는다. 이것을 살균한 유리 단지에 담아 뚜껑을 꽉 닫고, 끓는 물에 넣어 2~3시간 동안 중탕하면 완성된다.

Marinade pour daube ou gibier

도브*용 소고기 또는 수렵육 마리네이드하기

난이도: 👨‍🍳

분량: 고기 1.5kg

준비 시간: 15분

도구: 거름망, 식품용 랩

1 토막 낸 소고기 또는 수렵육을 그라탱용 그릇에 담고, 레드와인을 고기가 잠길 만큼 붓는다.

2 고기 종류에 맞는 향신료와 채소를 넣는다. 통후추도 넣는다.

* 도브daube: 레드와인과 양파, 허브 등을 첨가하여 천천히 끓이는, 프랑스 남부 프로방스식 전통 스튜

재료
풀바디 레드와인 750ml, 당근 1개, 양파 2개,
잎을 제거한 셀러리 1줄기(채소 모두 미르푸아로 썰어 준비, 440쪽 참조), 마늘 2쪽, 통후추 1ts,
주니퍼베리 1ts(수렵육을 위한 선택 사항), 부케 가르니 1개,
말린 오렌지 껍질 1조각(스튜용 고기를 위한 선택 사항)

3 랩을 씌워 서늘한 곳에 놓아둔다. 마리네이드 시간은 레시피에 따라 맞춘다.

4 마리네이드를 거르고, 채소는 레시피에 따라 요리에 쓸 수 있으니 따로 보관한다.

노루 넓적다리 로스트

난이도: 👨‍🍳👨‍🍳

분량: 6인분

준비 시간: 30분 · 조리 시간: 고기 450g당 15분

도구: 커다란 팬 3개, 거름망, 냄비, 스패튤러

재료

노루 넓적다리 1개(엉덩이뼈를 제거한 상태), 버터 50g, 노루육수 또는 갈색 송아지육수 150ml(68쪽 참조), 소금, 후춧가루

마리네이드: 레드와인 750ml, 채소(양파 1개, 당근 1개) 브뤼누아즈로 썰어 준비(443쪽 참조), 부케 가르니 1개, 마늘 2쪽, 통후추, 주니퍼베리

1 조리 하루 전에 마리네이드 재료를 준비하고, 커다란 팬에 노루 넓적다리를 담는다.

2 고기가 담긴 팬에 마리네이드 재료를 모두 넣고, 랩을 씌워 다음 날까지 서늘한 곳에 둔다(가끔 고기를 뒤집는다).

3 조리 당일, 고기를 꺼내 수분을 제거한 뒤 실로 묶어 로스팅 팬에 담는다(잡고기가 있으면 함께 넣어준다). 버터 조각을 군데군데 올리고, 소금과 후춧가루를 뿌린다.

4 센 불에서 고기의 겉면에 색이 고루 나도록 충분히 굽는다. 이어서 210℃로 예열한 오븐에 넣고 15분간 익힌 뒤 오븐의 온도를 180℃로 낮춘다.

5 구운 넓적다리를 꺼내 식지 않도록 알루미늄포일을 덮어 둔다.

6 그동안 로스팅 팬에 육수 또는 걸러둔 마리네이드를 붓고 데글라세한다.

7 팬에 눌어붙은 것을 스패튤러로 긁어낸다.

8 거름망 아래 작은 냄비를 받치고 육즙 소스를 거른 뒤 소스의 양이 절반으로 줄어들 때까지 졸인다.

9 양 넓적다리를 자르는 것과 같은 방법으로 고기를 썬다 (496쪽 참조).

10 휴지 중에 배어나온 피를 모아 육즙에 **8**의 소스를 다시 데우기 전, 섞는다.

Civet de chevreuil

노루고기 시베

난이도: 🍳🍳🍳
분량: 6인분
준비 시간: 40분 · 조리 시간: 3~4시간

도구: 여과기, 무쇠 냄비, 시누아, 작은 냄비, 프라이팬

▪ 이와 같은 방식으로 멧돼지나 산토끼 시베도 만들 수 있다. ▪

1 하루 전날, 토막 낸 노루고기를 여과기에 담아 피를 최대한 뺀다(특히 냉동된 고기일 경우 피가 많이 나온다. 피는 버리지 않고 체에 거른 뒤 보관한다).

2 와인을 비롯한 마리네이드 재료를 준비해 고기에 붓고 하룻밤 재운다.

3 조리 당일, 마리네이드한 고기를 건져 키친타월 위에서 물기를 제거한다.

4 마리네이드를 거름망에 거르고, 남은 채소는 따로 둔다.

재료

토막 낸 노루고기 1.5kg, 라르동* 150g, 땅콩기름 4TS, 코냑 50g,
갈색으로 글라세한 샬롯 12개(472쪽 참조), 양송이버섯 250g, 버터 100g,
크루통 약간, 다진 파슬리, 소금, 후춧가루

마리네이드: 290쪽 참조

5 무쇠 냄비에 기름과 라르동을 넣고 노루고기의 겉면이 고르게 색이 나게 굽는다. 소금과 후춧가루로 밑간을 한다.

6 코냑으로 플랑베한다.

7 고기를 냄비에서 꺼내 따로 둔다.

8 마리네이드에서 건진 채소를 냄비에 넣고 색이 나게 볶는다.

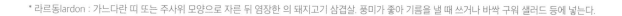

* 라르동lardon : 가느다란 띠 또는 주사위 모양으로 자른 뒤 염장한 의 돼지고기 삼겹살. 풍미가 좋아 기름을 낼 때 쓰거나 바싹 구워 샐러드 등에 넣는다.

9 고기를 다시 넣고 생제한다.

10 4에서 걸러둔 마리네이드를 붓는다.

11 소스가 끓기 시작하면 표면에 뜨는 불순물을 걷어 낸다.

12 와인 향이 날아갈 때까지 뚜껑을 연 채 조리한다.

13 뚜껑을 덮고 약한 불에서 뭉근히 끓이거나, 140℃로 예열된 오븐에 냄비를 넣고 1시간 30분~2시간 정도 고기가 부드럽게 익을 때까지 익힌다.

14 고기가 부드럽게 익으면 냄비에서 건져 따뜻하게 보관하고, 소스는 시누아에 거른다. 이때 국자로 건더기를 눌러 으깨서 채소 퓌레를 추출한다.

15 소스를 숟가락 표면에 코팅될 정도로 걸쭉해질 때까지 졸인다.

16 졸인 소스를 고기에 붓고 다시 데운다.

17 마지막으로 **1**에서 보관한 노루 피를 조금씩 넣어 농도를 맞춘다. 피를 섞은 뒤에는 소스가 끓지 않도록 주의한다.

18 갈색으로 글라세한 샬롯을 프라이팬 1개 분량만큼 준비한다.

19 양송이버섯을 버터에 소테하고, 크루통도 연갈색으로 굽는다.

20 완성된 시베에 크루통, 양송이버섯, 샬롯을 곁들이고 다진 파슬리를 뿌린다.

Le
POISSON
et les
CRUSTACÉS

생선과 갑각류

생선과 갑각류

섬세하고 건강한 맛

바다의 맛을 담은 요리가 넘쳐나는 해안 지방, 그리고 알자스의 '리즐링 와인 소스를 곁들인 송어 구이'나 동브의 크넬 드 브로셰(강꼬치고기 크넬)처럼 지역색이 강한 요리를 제외하면, 전통적인 프랑스 요리에서 수산물을 이용하는 예는 거의 없다. 어쨌든 우리가 상상하는, 혹은 희망하는 정도보다는 훨씬 찾아보기 힘든 것이 사실이다.

프랑스에서 육류는 17세기 이후로 식사의 중심 자리를 놓치지 않고 있다. 프랑스 사람들의 이 이상한 습성은 국토의 대부분이 바닷가에서 멀리 떨어져 있다는 이유만으로는 설명될 수 없다. 사실 생선은 바다에만 사는 것이 아니라, 프랑스의 수많은 호수, 연못, 강에도 얼마든지 많이 있다. 중세 시대의 사순절에는 생선은 금욕의 상징이었고, 단순한 대용물을 만들어 향신료와 콩디망 아래 숨겨두기도 했다. 그래서 이후 생선은 하나의 온전한 요리로 인정받기 힘들었다.

그러나 생선과 조개류, 갑각류는, 널리 알려진 영양적 가치는 물론 미식의 측면에서도 결코 무시할 수 없는 맛과 식감을 내는 훌륭한 식재료다.

해초, 바다의 여신 사이렌이 즐겨 먹는 디저트

생선과 조개, 갑각류가 바다가 우리에게 주는 선물의 전부는 아니다. 아시아와 달리 유럽에서는 이제야 해초가 훌륭한 먹거리로 각광받기 시작했다. 해초는 각종 미네랄이 풍부하고 종류에 따라 맛도 다양하다. 또한 각종 특수 물질이 함유되어 있어 혁신적 조리 기법의 원천이 된다. 우뭇가사리(한천)는 젤라틴보다 사용하기 쉬운 식물성 젤화제이다. 스피룰리나는 아직 잘 알려져 있지 않은 데다 조리하기도 까다롭지만, 체중 감량을 목적으로 엄격한 식이요법을 실행할 때 단백질 보조 식품으로 활용할 수 있다. 그 밖에도 김은 일본식 마키를 만들 때 없어서는 안 될 필수 재료다.

다양한 생선의 분류

생선은 프랑스에서 소비되는 것만 해도 150종이 넘을 만큼 종류가 엄청나게 다양하다. 그러니 전문가가 아닌 이상 생선 종류를 일일이 구별하기는 어렵다. 따라서 대부분은 크게 두 종류로 나누는데, 그 기준은 '기름진 생선과 담백한 생선' '양식산 생선과 자연산 생선' '민물 생선과 바다 생선'이다. 그 밖에 생선의 원산지도 주목할 수 있다.

생선의 생김새와 크기는 말 그대로 천차만별이지만, 모든 생선에 해당하는 몇 가지 공통된 특징이 있다.

바다에서 얻는 건강

우선 생선은 체내에 쉽게 흡수되는 단백질이 풍부하고, 열량은 적다. 또한 각종 비타민의 알찬 보고로, 특히 적혈구의 생성과 신경 체계의 원활한 운영, 세포 내 물질 대사를 위해 반드시 필요한 비타민 B12가 많이 들어 있다.

기름진 생선에는 비타민 A와 비타민 D가 다량 함유되어 있다. 비타민 A는 필수 항산화물질로, 시력 향상에 도움이 된다. 비타민 D는 칼슘의 흡수를 도울 뿐 아니라 우울증, 암, 초기 치매 같은 심각한 질환의 예방을 돕는다.

생선에는 철과 인을 비롯해 중요한 미네랄 성분이 많이 들어 있다. 인은 뼈와 치

양식산 연어 & 자연산 연어

오랫동안 자연산 연어에 비해 상대적으로 홀대받던 양식산 연어가 마침내 건강에 더 이롭다는 평가를 받게 될 것 같다. 자연산 연어는 잠재적으로 중금속에 오염되었을 가능성이 있기 때문이다. 물론 이는 라벨 루주, AB, 소몽 드 프랑스Saumon de France(프랑스산 연어) 같은 공식 마크를 통해 품질이 인증된 양식산 연어에 한정된 이야기이다.

냉동 생선의 신선도

냉동 상태로 판매할 생선은 잡자마자 그 자리에서 영하 30~40˚C에서 얼린다. 이렇게 하면 신선도를 보장할 수 있어 생물 생선의 사용이 여의치 않을 때 훌륭한 대안이 될 수 있다. 단, 냉동 생선도 보존 기간이 6개월을 넘어서는 안 된다. 오메가3를 비롯한 일부 영양소는 품질이 급속히 변하기 때문이다.

아 건강을 지켜주고, 우리에게 필요한 에너지를 생산하는 데 결정적인 역할을 한다. 철은 적혈구 생성에 반드시 필요하며, 신체 성장 및 발달을 돕는다. 아연과 구리, 셀레늄도 빼놓을 수 없다. 셀레늄의 효능은 셀 수 없이 많지만, 특히 항암 효과가 뛰어나고 암 치료의 부작용을 최소화한다.

마지막으로 생선에는 오메가3로 대표되는 불포화지방산이 다량 함유되어 있다. 그래서 우리에게 에너지를 공급하면서 나쁜 콜레스테롤(LDL)의 수치를 낮춰주고, 우리 몸과 세포, 혈관에 좋은 콜레스테롤(HDL)은 지켜준다. 오메가3 함량이 특히 많은 것은 안초비, 연어, 고등어, 청어, 정어리, 송어 같은 '기름진' 생선 종류다. 실제로 이들의 지방 함유량은 5~12퍼센트인 반면, '담백한' 생선 종류는 1~4퍼센트밖에 안 된다.

이처럼 생선은 건강에 여러 모로 이로운 식품이다. 그래서 안세스Anses(Agence nationale de sécurité sanitaire de l'alimentation, de l'environnement et du travail, 프랑스 국립 식품환경위생노동 안전청이다—옮긴이) 2010년 이후 안세스에서는 건강과 관련된 각 분야의 위험성을 평가하고 있다. 이곳에서는 일주일에 두 번 기름진 생선과 담백한 생선을 번갈아 섭취할 것을 권장한다. 이때 다양한 종류의 생선—양식산과 자연산(혹은 반 자연산), 민물과 바다 생선—을 고루 먹는 것도 중요하다. 사실 모든 생선은 모두 체내에 쌓이면 무겁고 위험하기까지 한 오염 물질의 영향을 받을 수 있다. 이를 방지하기 위한 최선의 방법은 습관적으로 생선을 선택하지 말고 늘 다양성을 고려하는 것이다. 게다가 생선을 종류별로 골고루 섭취하는 것은 미식의 측면에서도 더 매력적이다. 미식의 세계는 새롭고 낯선 맛을 통해 풍성해진다.

좋은 생선이란?

생선은 다양한 형태로 판매된다. 신선한 생물 생선의 경우 통째로 내장만 제거하기도 하고, 필레를 뜨거나 토막을 내기도 한다. 그 밖에 냉동 또는 훈연하거나 통조림으로

가공한 생선도 있다. 이처럼 다양한 판매 유형은 조리 및 저장 방식과도 연관된다.

물론 생선은 가능한 한 믿을 수 있는 생선 가게에서 생물로 구입하는 것이 가장 좋다. 그러면 상품의 신선도를 보장할 수 있을 뿐 아니라, 손질 및 조리법에 관한 현명한 조언을 구하고, 제철 생선이 무엇인지도 알 수 있다. 생선 가게에 진열된 생선은 모양과 색깔을 통해 신선도를 알 수 있다. 자르지 않은 통생선의 경우, 우선 가장 상하기 쉬운 눈이 또렷하고 불룩 튀어나와 있어야 한다. 아가미는 붉거나 분홍빛을 띠고, 살은 탄탄하고 윤기가 흘러야 한다.

생물 생선을 구입할 때는 상품의 신선도 유지를 위해 몇 가지 수칙을 정확히 지키는 것이 좋다. 우선 생선은 쇼핑의 마지막에 구매하고, 아이스팩으로 포장해 집까지 가져간다. 가져온 생선은 키친타월로 물기를 꼼꼼히 닦은 뒤 산소와 접촉하지 않도록 식품용 랩을 씌운다(이것은 습기와 공기를 좋아하는 세균의 번식을 막기 위한 과정이다). 이렇게 포장한 생선은 냉장실 신선 칸에서 2일 이상 보관이 가능하다.

통조림 생선과 훈연한 생선, 소금에 절이거나 말린 생선은 보관하기가 매우 쉽다. 가장 어려운 것은 상품을 선택하는 일이다. 영양과 위생, 친환경적 측면에서 우수한 상품을 원한다면 라벨을 참조하는 것이 가장 효율적이다.

생선을 잘 조리하려면

생선은 종류가 많은 만큼 당연히 조리 방법도 다양하다. 생식부터 튀김까지, 어떤 방식으로도 익힐 수 있고, 불을 쓰지 않고도 조리할 수 있다.

훈연 생선, 스시, 사시미, 타르타르, 카르파초

생선을 훈연할 때 적정 온도는 고작 25℃ 정도이다. 이 온도에서는 생선살이 전혀 익지 않는다. 파티 테이블에 가장 자주 오르는 생선은 익히지 않은 훈제 연어다. 일본의 스시와 사시미, 마키는 타문화권의 전통 요리로, 프랑스에서 상당한 인기를 끌고 있다. 이들은 모두 날생선에 단순히 밥과 간장, 와사비, 소금과 식초에 절인 생강을 곁들인 음식이다.

타히티, 페루, 멕시코에서 유래한 생선 요리인 세비체, 타르타르, 카르파초는 날생선을 레몬즙, 소금, 고추 양념으로 만든 마리네이드에 버무려 간단히 완성한다.

앞서 살펴봤듯이 생선은 특히 상하기 쉬운 식품이므로, 이와 같은 레시피로 조리할 때는 신선도 유지에 각별한 주의를 기울여야 한다.

물과 생선

생선살은 당연히 수분을 많이 품고 있다. 그래서 상하기 쉬울뿐더러 극도로 섬세한 풍미를 낸다. 이 섬세함을 부각하는 데 가장 적합한 조리 방법은 단순히 물로만 익히는 것이다.

이를 위해서는 생선을 약하게 끓는 쿠르부용에 넣고 삶거나 그 수증기로 쪄낸다. 크기가 작은 생선은 전자레인지를 이용해 짧은 시간에 조리할 수 있다.

생선의 향미를 가두는 조리법

생선을 무쇠 냄비에 브레제하거나 파피요트로 조리하면 농축된 맛을 낼 수 있다. 허브나 채소 같은 가니시로 생선살을 완전히 감싸 익히는 조리 방식은 단단한 생선살의 식감을 살리고, 재료 본연의 맛에 진한 향미를 더해 풍미가 배가된다. 생선이 지닌 미묘한 향은 결코 향신료에 의해 가려지지 않는다.

가시 때문에 생선 먹기가 꺼려진다?

생선 가시가 바늘 끝처럼 입안을 찌를 수 있기 때문에 생선이 싫다는 사람들도 있다. 그러나 생선을 토막 낼 때나 필레를 뜰 때 꼼꼼히 가시를 제거하면 특별히 문제가 되지 않는다. 생선을 조리하기 전, 족집게를 이용해 가시가 뻗어 있는 방향을 따라서 뽑아내면 쉽게 제거할 수 있다.

종이를 이용한 파피요트

그동안 사람들은 지나치게 간편함을 추구한 나머지 알루미늄포일을 이용해 파피요트를 조리했다. 하지만 최근 알루미늄포일이 생선에 흔히 곁들이는 레몬의 산, 그리고 뜨거운 열과 조합했을 때 부작용을 낳는다는 사실이 밝혀졌다. 그 결과 이제는 대부분 파피요트 조리에 유산지를 사용한다. 또 종이 대신 바나나 잎 같은 나무 잎사귀를 쓰면 맛은 물론 시각적으로도 이국적인 느낌을 낼 수 있다. 오븐은 물론 수증기나 숯불로도 파피요트를 조리할 수 있다.

오븐에서 졸이듯 익히기

생선을 오븐에 익힐 때는 생선살이 마르지 않도록 수분을 제공할 수 있는 가니시(화이트와인, 육수, 기타 수분이 많은 채소)를 충분히 넣어야 한다. 이는 담백한 종류의 생선일 경우 특히 더 중요하다. 생선살은 낮은 온도에서 오랫동안 천천히 조리해야 한다. 그래야 가니시의 향미가 충분히 스며들어 육질은 부드러워지고 생선 본연의 맛이 더욱 살아난다.

조금은 거칠고 투박한 맛—바비큐와 석쇠 구이

최근의 경향과는 맞지 않지만, 바비큐나 석쇠 구이에 잘 어울리는 생선은 담백한 종류가 아닌 기름진 종류다. 담백한 생선의 경우, 강한 화력에 살이 바싹 말라서 뻣뻣해지기 쉽다. 바비큐와 석쇠 구이는 숯불에 생선을 너무 가까이 대지만 않으면 건강에 이로운 조리 방식이다. 또 생선살 고유의 향을 가장 잘 살릴 수 있는 방식이기도 하다.

기름에 튀긴 생선

생선을 맛있게 조리하기 위한 또 한 가지 방법은 밀가루나 빵가루를 얇게 입혀 기름에 튀기는 것이다. 튀김옷은 연한 생선살을 보호하면서 푸짐한 느낌까지 준다. 바다빙어처럼 작은 생선으로 만든 '뫼니에르'나 튀김은 조리하자마자 키친타월에 받쳐 기름을 빼고 소금을 뿌려 바로 먹어야 한다. 물론 이 같은 조리 방식은 건강에 조금 덜 이로울 수도 있다. 그러나 생선을 좋아하지 않는 사람들에게 생선 맛에 친숙해지도록 유도하기에 더없이 좋은 방법이다.

생선은 종류만큼 조리법도 굉장히 다양하다. 건강에 좋은 생선 요리 레시피는 싫증낼 겨를이 없을 정도로 무궁무진해 특별한 파티 테이블에는 물론, 일상적인 식사 메뉴에도 빠지지 않는다.

바다의 향이 뿜어내는 은근한 위력

조개류와 갑각류는 생선과 더불어 '해산물'이라는 무리로 분류될 수 있다. 생선과 달리 이들의 속성은 대중에게 거의 알려져 있지 않지만, 미식가들은 언제나 이것을 축하연에서 빼놓을 수 없는 최고의 식재료로 꼽는다. 주로 민물보다는 바다에서 많이 잡히는 조개류와 갑각류는 무엇과도 견줄 수 없는 독특하고 세련된 풍미가 있다. 섬세한 우윳빛을 띠는 속살은 단독으로 먹어도 되지만, 더 고급스러운 식재료를 곁들여도 좋다. 일반적으로 조개류와 갑각류는 특별한 행사나 축일에 먹는 호화로운 음식이다.

게, 새우, 로브스터, 민물가재, 닭새우, 랑구스틴 등 갑각류는 대부분 바다 동물이며, 육지에 사는 것은 몇 종뿐이다. 온몸이 분절된 단단한 외피로 덮여 있는 갑각류는 머리-가슴(머리와 가슴이 이어져 머리가슴을 이루기도 한다)-배, 이렇게 세 부분으로 나뉜다. 배에는 다리와 집게발이라는 부속체가 달려 있는데, 이 안에 들어 있는 살도 싹싹 긁어내 사용한다. 갑각류는 살만 먹는 것이 아니라 그 밖의 부분까지 소스나 육수 등으로 활용할 수 있다.

큰가리비, 굴, 홍합, 대합조개, 백합, 가리비 등 조개류는 연체동물에 속한다. 석회질의 조가비 안에 들어 있는 몸은 '연체동물'이라는 이름답게 연하고 부드러우며, 머리와 발, 커다란 내장으로 이루어져 있다. 조개는 모양과 색깔이 다양한 만큼 식감과 맛도 다채롭다. 일부 조개는 모래알 같은 위협적 요인으로부터 스스로를 보호하기 위해 조가비 안에 진주와 진주층을 숨기고 있다.

최고의 신선함

갑각류와 조개류는 열량 밀도가 낮고, 지방질이 거의 없다. 반면 생선과 마찬가지로 셀레늄, 구리, 아연, 아이오딘 같은 필수 미량원소와 미네랄은 다량 함유되어 있다. 해산물은 단백질과 철의 훌륭한 보고이다. 특히 홍합, 굴 같은 일부 해산물은 적색육에 버금갈 정도이지만, 우리 몸에는 가장 이로운 단백질과 철의 원천으로 평가받는다.

해산물을 건강하게 섭취하려면 신선도가 가장 뛰어날 때 먹어야 한다. 다양한 해산물 중 가장 고급스럽고 인기가 높은 종류는 살아 있는 상태로 판매된다. 그런데 소비자의 입장에서는 이것이 구매를 망설이게 되는 중요한 심리적 요인이 되기도 한다. 살아 있는 갑각류를 구입하면 가정에서 직접 끓는 물에 데쳐야 하기 때문이다. 생물 갑각류는 물에 적신 키친타월로 감싸 2일 이상 냉장보관이 가능하다. 이때 다리와 집게발은 몸통에 붙여 묶어야 스스로 상처를 내는 것을 막을 수 있다. 조

아이오딘과 물질대사

아이오딘은 생체 기능의 활성화를 위해 반드시 필요하다. 체온 조절, 건강한 세포의 생성 및 성장, 재생 등 우리 몸에서 일어나는 기초적 물질대사에 관여하는 갑상선 호르몬의 주요 구성 요소 중 하나이기 때문이다. 갑상선 호르몬은 신경계의 발달 및 근육의 기능과도 관련이 있다.

프랑시스 퐁주*의 '굴'

"굴은 중간쯤 되는 자갈만 한 크기에다 표면은 우툴두툴하며, 색깔은 고르지 않지만 희끄무레하게 빛난다. 굴의 내부 세계는 고집스럽게 닫혀 있다. 그러나 우리가 열 수도 있다. 그러려면 행주로 굴의 움푹한 부분을 잡고 이가 빠진 무딘 칼로 몇 번에 걸쳐 닫힌 껍데기를 벌려야 한다. 호기심 때문에 손가락은 베이고, 손톱은 깨지는 고된 작업이다. 거듭된 타격은 굴 껍데기에 하얗고 동그란, 일종의 후광 같은 흔적을 남긴다. 마침내 안쪽에서 드러난 것은 마시고 먹을 수 있는 세계. (엄밀히 말하면) 진주모의 창공 아래, 위쪽 하늘이 아래쪽 하늘 위로 내려앉아 끈끈한 점액질의 짙은 초록빛 자루 같은 늪을 이룬다. 가장자리에 시커먼 술이 달린 늪은 후각과 시각을 향해 빠져나갔다가 다시 차오른다."

—『物物의 편Le Parti pris des choses』중에서

* 프랑시스 퐁주Francis Ponge(1899~1988): 20세기 초현실주의 이후 프랑스 시 문학을 대표하는 시인 겸 평론가. 일상 세계의 사물을 주제로 한 이른바 '사물주의' 시를 많이 썼다―옮긴이

개류도 살아 있는 상태로 판매될 때가 많다. 조개의 신선도를 알아보려면 살짝 건드렸을 때 재빨리 조가비를 꽉 닫는지 확인하면 된다.

마음이 특별히 약하거나, 거친 조리 기술에 익숙지 않은 사람이라면 냉동된 해산물을 선호할 것이다. 생선과 마찬가지로 해산물 역시 신선도 유지를 위해 바다에서 건져 올리자마자 곧바로 냉동한다.

섬세함과 단순함

조개나 갑각류처럼 섬세한 맛과 향을 지닌 식재료를 가장 잘 활용하는 방법은 최대한 단순하게 요리하는 것이다. 양념 및 조리를 절제해야만 해산물의 고귀한 향미가 부각될 수 있기 때문이다. 가장 권장할 만한 두 가지 조리법은 약하게 끓는 물에 익히는 '포칭'과 수증기를 이용한 '찜' 방식이다.

조개찜을 할 때는 뚜껑이 있는 냄비에 조개를 직접 담고, 허브 같은 향신 재료와 함께 물을 약간 부은 다음 뚜껑을 덮고 끓인다. 이는 홍합이나 대합조개에 가장 어울리는 조리법이다. 완성된 조개찜은 가벼운 양념이나 버터를 살짝 바른 빵과 함께 먹는다.

큰가리비처럼 익히지 않고 날로 먹거나 레몬즙만 살짝 뿌려 먹는 것이 더 맛있는 조개류도 있다. 살아 있는 상태로 식탁에 올리는 조개류도 있는데, 조가비에서 분리되자마자 곧바로 입안으로 들어가는 굴(석화)이 바로 그런 경우다.

그 밖에 널리 알려진 고전적인 해산물 레시피도 물론 많다(조리 과정은 앞서 소개한 것들보다 훨씬 더 복잡하다). 이들 레시피는 대부분 19세기부터 이어져왔으며, 두 가지 주요한 특징이 있다. 하나는 지방성 재료를 매개로 해산물의 섬세한 풍미를 강화하기 위해 크림을 많이 사용한다는 것이고, 다른 하나는 호화로운 부재료를 써서 주재료의 고귀함을 부각한다는 것이다. 대표적인 예는 샴페인 사바용 소

알아봅시다

4월부터 10월까지 굴을 먹지 마라?

실외 온도(당시의 유일한 식품 보존법은 실외에 두는 것뿐이었다)가 높을 때 굴을 먹고 치명적인 식중독에 걸린 사례가 수차례 발생하자 1759년 프랑스 왕실에서는 4월 1일부터 10월 31일까지는 굴 판매를 금지하는 칙령을 선포했다. 이 금지령은 소비자를 보호했을 뿐 아니라 산란기에도 굴을 수확하던 관행을 막는 효과도 있었다.

스를 끼얹은 굴 요리다.

계절성

사실 조개류와 갑각류는 사시사철 아무 때나 구할 수 있다. 그러나 가장 만족할 만한 품질의 상품을 가장 저렴한 가격에 구입하려면 제철인지 아닌지를 고려하는 것이 바람직하다.

	1월	2월	3월	4월	5월	6월	7월	8월	9월	10월	11월	12월
갑각류												
게					V	V	V					
새우	V	V	V	V	V	V	V	V	V	V	V	V
민물가재						V	V	V	V	V		
대하						V	V					
로브스터						V	V	V	V			
랑구스틴					V	V	V	V	V			
조개류												
총알고둥	V	V	V	V	V						V	V
쇠고둥			V	V	V						V	V
큰가리비	V	V	V	V						V	V	V
굴	V	V	V						V	V	V	V
홍합	V	V							V	V	V	V

생선과 갑각류

생선과 조개류, 갑각류는, 널리 알려진 영양적 가치는 물론 미식의 측면에서도
결코 무시할 수 없는 맛과 식감을 내는 훌륭한 식재료다.

생선

강꼬치고기

노랑촉수

서대

북극 곤들매기

송어

명태

도미

북대서양 대구

농어

참치

달고기

넙치

연어

대구

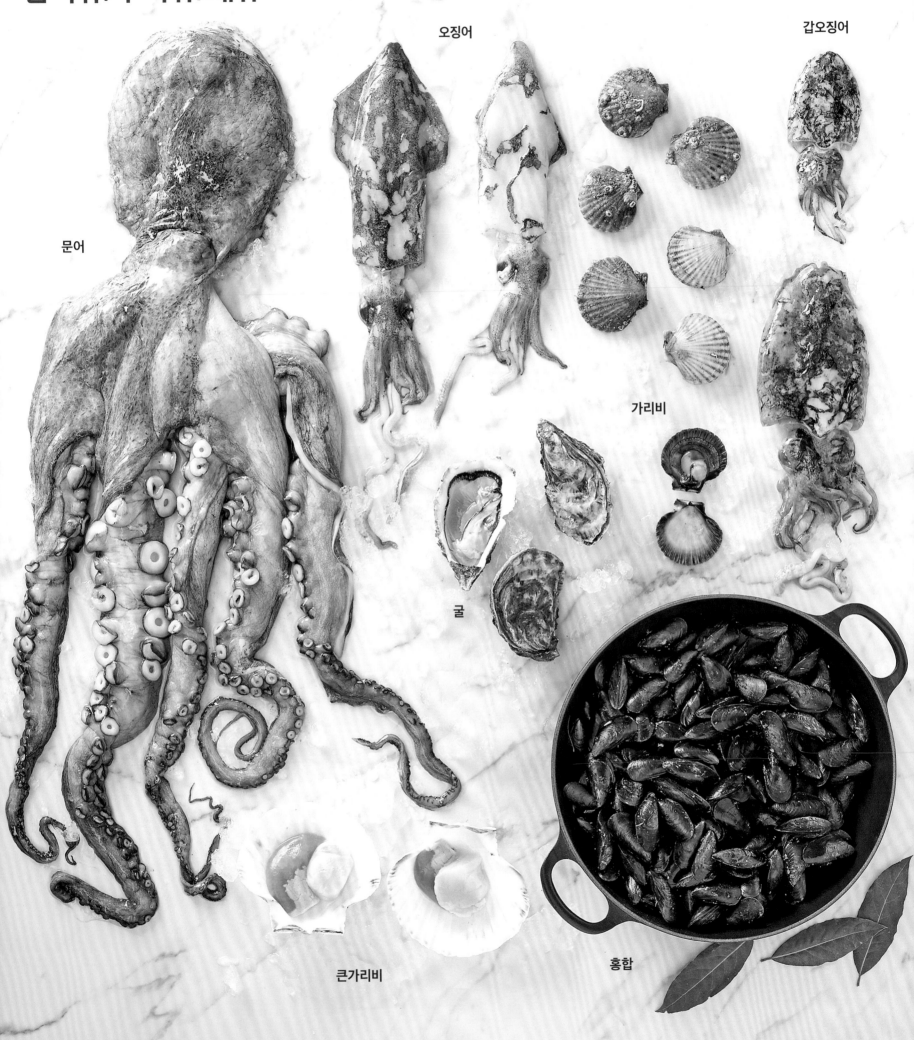

갑각류/두족류/패류

오징어

갑오징어

문어

가리비

굴

큰가리비

홍합

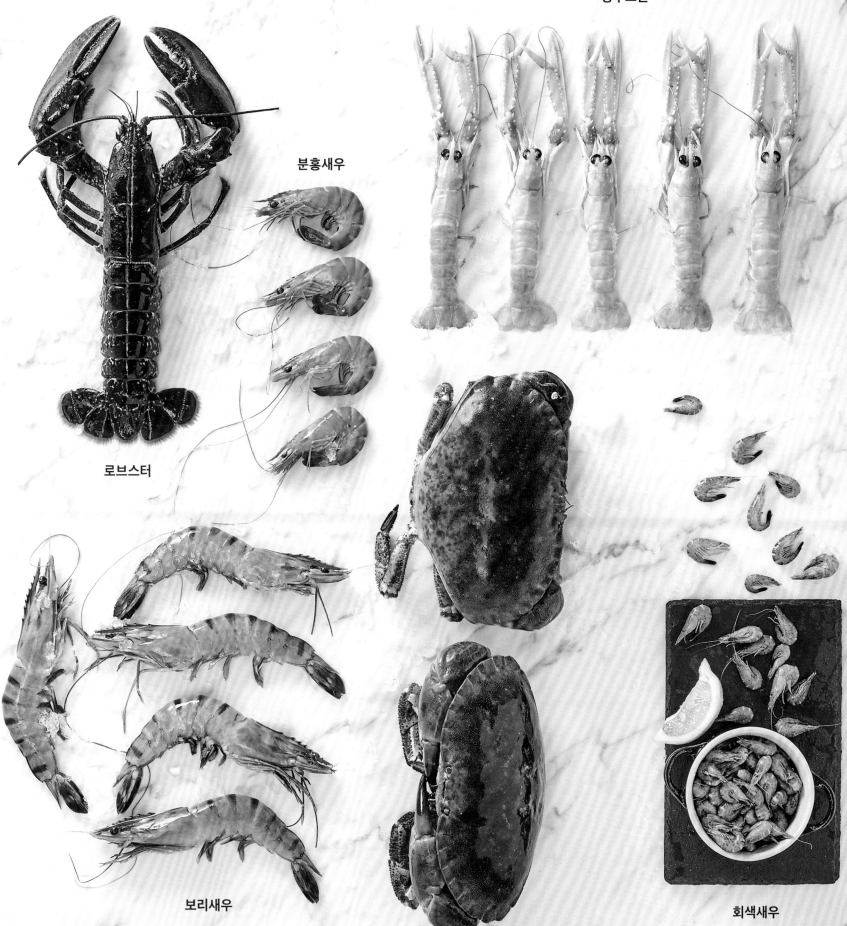

랑구스틴

분홍새우

로브스터

보리새우

게

회색새우

Habiller et détailler un gros cabillaud

대구 손질하기와 토막 내기

난이도: 👨‍🍳 👨‍🍳 👨‍🍳

도구: 도마, 식칼, 가위, 큰 톱니칼, 필레팅 나이프(선택 사항)

▪ 대구목目에 속하는 다른 대형 생선들도 같은 방법으로 손질한다. ▪

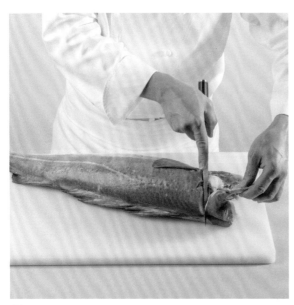

1 목 주변의 살을 뗀다. 이 부위는 수프나 생선육수(88쪽 참조)를 끓일 때 사용한다.

2 가위로 등지느러미와 배지느러미를 꼬리에서 머리 방향으로 자른다.

3 배 속에 붙은 검은색의 얇은 막을 제거한다.

4 큰 톱니칼을 이용해 흉곽을 포함한 토막과 꼬리 쪽 토막으로 나눈다.

5 흉곽을 포함한 토막에서 필레 뜨기: 생선 토막의 배 쪽을 아래로 가게 놓고, 등 쪽 가시를 따라 칼날을 넣어 몸통뼈 양쪽의 살을 바른다.

6 필레를 가볍게 다듬어 모양을 잡고, 가시가 있는 배 쪽 끝부분을 잘라 제거한다.

7 필요의 경우, 칼날이 유연한 필레팅 나이프를 이용해 껍질을 벗긴다.

8 냄비에서 2인분을 조리하려면 필레를 안쪽으로 말아 실로 묶는다.

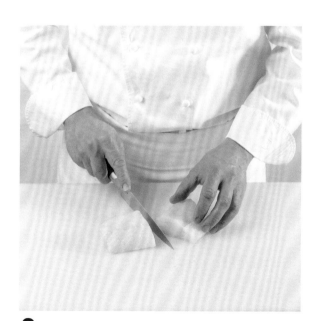

9 필레를 절반으로 잘라 2인분으로 만들 수도 있다.

10 꼬리 쪽 토막은 필레를 뜨거나(312쪽 참조), 배벽을 제거한 뒤 두툼하게 썬다.

연어 필레 뜨기와 토막 내기

~~~ ((⌒)) ~~~

난이도: 🧑‍🍳 🧑‍🍳 🧑‍🍳

도구: 도마, 필레팅 나이프, 가시 제거용 핀셋

셰프의 한마디
연어의 껍질을 기름에 튀겨 굵게 빻은 가루를 생연어 마키에 곁들여 먹으면 맛있다.

1 도마에 손질을 마친 통연어(316쪽 참조)의 머리는 위쪽으로, 등은 손질하는 사람 쪽으로 오게 비스듬히 놓는다.

2 한 손으로 연어를 움직이지 않게 잡고, 머리 밑으로 칼날을 밀어넣어 등 쪽 가시 바로 위쪽으로 칼집을 넣는다.

3 칼날을 눕힌 채 등 쪽 가시를 쭉 따라가면서 첫번째 필레를 뜬다. (날이 유연하게 휘어지는) 필레팅 나이프로 먼저 필레의 윗부분을 분리한 뒤 굵은 가시를 따라가며 살을 바른다.

4 연어를 반대 방향으로 돌린 뒤 칼날을 잔가시가 박힌 배 쪽에 넣고 쭉 따라가며 살을 바른다.

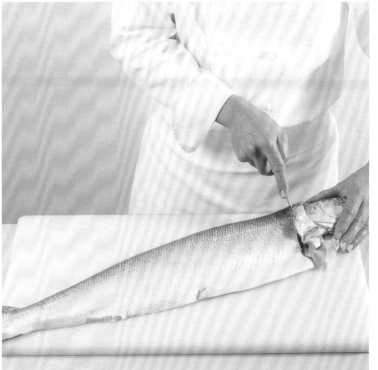

5 다시 원위치로 돌리고, 머리 뒤쪽 살에 칼집을 넣어 첫번째 필레 뜨기를 마무리한다.

6 두번째 필레를 뜨기 위해 먼저 생선을 뒤집고, 머리 주변 살에 칼집을 넣는다.

생선과 갑각류

7 한쪽 손으로 살을 들어 올린 상태로 필레를 떠서 **뼈**와 완전히 분리한다.

8 필레 곳곳에 남아 있는 지느러미 살을 제거한다. 가장자리도 깔끔하게 다듬는다.

9 필레 표면을 손끝으로 더듬어 남아 있는 가시를 찾아 핀셋으로 제거한다. 뽑아낸 가시는 찬물에 담가 털어낸다.

10 이 단계에서 필레를 위니라테랄*용 파베*로 자를 수 있다.

* 위니라테랄unilatéral: 한쪽 면만 그릴에 구운 연어 필레 요리
* 파베pavé: 육류나 생선을 두툼한 네모꼴 덩어리로 자른 것

11 필요한 경우, 꼬리 부분을 잡고 필레팅 나이프를 사용해 껍질을 벗긴다.

12 필요한 경우, 껍질을 벗긴 필레를 파베 또는 에스칼로프*로 자른다.

셰프의 한마디

신선한 통연어는 빠르게 손질하여 다음의 레시피에 맞게 토막 낸다.

- 두툼한 필레 → 연어 웰링턴* 또는 연어 사시미
- 껍질을 벗긴(또는 벗기지 않은) 파베 → 냉동용
- 꼬리 쪽의 얇은 부분 → 연어 타르타르(317쪽 참조)
- 자투리 살 → 연어 무스(360쪽 '큰가라비 관자 무슬린' 참조)

* 에스칼로프escalope: 육류나 생선을 얇고 넓게 저민 것
* 웰링턴wellington: 소고기나 연어 필레에 푸아그라와 버섯 페이스트를 바른 뒤 페이스트리 반죽으로 감싸 구운 요리

Habiller un saumon

연어 손질하기

〜〜

난이도: 👨‍🍳👨‍🍳

도구: 도마, 식칼, 가위, 비늘 긁개

1 가위로 등지느러미와 배지느러미를 꼬리에서 머리 방향
으로 자른다(일부 지느러미는 몹시 날카로울 수 있으니
주의해야 한다).

2 꼬리를 단단히 잡고, 표면에 덮인 비늘을 모두 긁어낸다.
배 부위는 특별히 조심스럽게 다루어야 한다.

3 아가미덮개를 열고 아가미를 잡아당겨 가위로 자른다.
이때 머리 안쪽과 배를 연결하는 작은 근육까지 자르지
않게 주의한다.

4 생선의 안쪽이 완전히 비어 있는지 확인하고, 남아 있는
내장을 모두 제거한다.

Tartare de saumon

연어 타르타르

난이도: 👨‍🍳👨‍🍳
분량: 4인분
준비 시간: 20분

도구: 도마, 식칼

재료

신선한 연어 필레 400g(껍질과 가시를 제거한 것),
샬롯 1개 또는 적양파 1/4개(잘게 다져 준비), 셀러리 1줄기 또는
펜넬 구근 1/4개(미르푸아로 썰어 준비, 440쪽 참조),
다진 허브(딜, 처빌, 바질, 고수 등) 3TS, 올리브유 3TS,
레몬즙(레몬 1/2개 분량), 소금, 후춧가루 또는 핑크 페퍼콘

장식(선택 사항): 방울토마토 1개(껍질을 벗긴 것),
레몬 제스트, 딜풀 줄기 약간

1 연어를 가느다란 끈 모양(라니에르lanière)으로 자른 뒤
작은 주사위 모양으로 썬다.

2 큰 볼에 연어와 채소, 다진 허브, 올리브유, 레몬즙을 모
두 넣어 섞는다. 취향에 따라 소금과 후춧가루를 뿌린다

3 접시에 둥근 틀을 놓고 타르타르를 담는다.

4 장식을 한 뒤 곧바로 서빙한다.

그라블락스

난이도: 👨‍🍳👨‍🍳

분량: 8인분

준비 시간: 20분

냉장 시간: (연어 크기에 따라)12~18시간

도구: 도마, 필레팅 나이프, 식품용 랩

재료

설탕 100g, 게랑드 소금* 250g,
딜 1묶음(다져 준비), 커다란 연어 필레 1장(껍질 벗기지
않은 것, 312쪽 참조)

셰프의 한마디

스칸디나비아에서는 그라블락스에 딜과 꿀, 머스터드를 넣은 비네그레트와 껍질째 구운 통감자 요리를 곁들여 서빙한다.

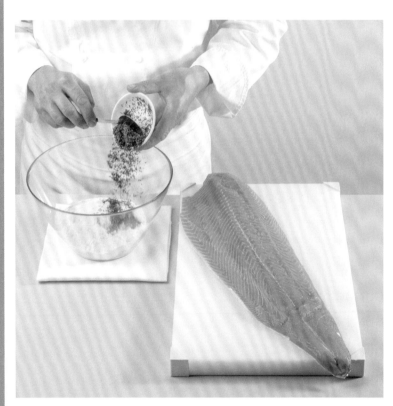

1 볼에 설탕, 소금, 다진 딜을 넣고 잘 섞는다.

2 넓은 용기의 바닥에 1의 혼합물을 조금 펴 바른 뒤 그 위에 연어 필레를 껍질 쪽이 아래로 가게 놓는다. 이어 남은 혼합물로 필레를 덮는다.

생선과 갑각류

* 게랑드 소금: 프랑스 브르타뉴주 게랑드 지역 해안에서 토판염전 방식으로 생산되는 바다 소금이다. 수분을 가지고 있으면서도 정제되지 않아 회색빛을 띠는 굵은 소금으로, 회색 소금이라 부르기도 한다.

3 손바닥으로 꾹꾹 눌러가며 필레에 혼합물이 고루 덮이게 한다

4 랩을 씌워 12~18시간 동안 냉장고에 넣어둔다. 중간에 생선에서 흘러나온 즙을 2~3회 제거한다.

5 키친타월로 연어에 남은 수분과 딜을 꼼꼼히 닦는다.

6 칼날이 유연한 필레팅 나이프를 사용해 연어를 약 8mm 두께로 썬다.

서대 또는 가자미 손질하기

난이도: 🧢🧢🧢

도구: 도마, 식칼, 가위, 비늘 긁개

셰프의 한마디

생선의 상태가 신선하면 짙은 껍질이 쉽게 벗겨지기 때문에 필레를 망가뜨릴 위험성이 없다.

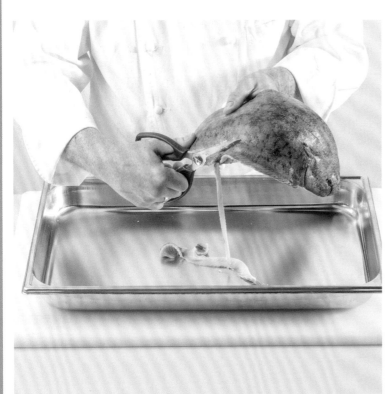

1 가위로 서대를 다듬는다(지느러미는 모두 자른다).

2 꼬리 바로 옆에 칼집을 살짝 내 짙은 껍질의 끝부분을 벗긴다.

3 껍질 끝부분을 한쪽 손으로 잡고(너무 미끄러우면 마른 행주를 사용한다), 몇 번에 걸쳐 껍질을 완전히 벗긴다. 이때 반대쪽 손은 조금씩 옆으로 옮겨가며 껍질이 벗겨진 부분을 평평하게 누른다.

4 비늘 긁개나 칼로 흰 껍질 쪽의 비늘을 긁는다.

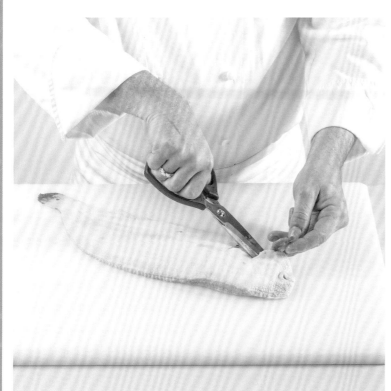
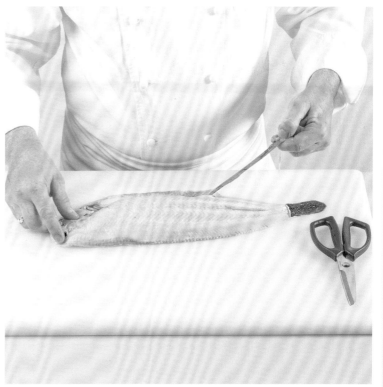

5 가위로 아가미를 자른다.

6 안쪽이 완전히 비어 있는지 확인하고 남아 있는 내장을 제거한다.

Lever des filets sur des grosses soles

큰 서대 필레 뜨기

난이도: 👨‍🍳👨‍🍳👨‍🍳

도구: 도마, 식칼, 가위

▪ 씨알이 굵은 서대를 '필레용 서대'라고 부른다. ▪

1 가위로 서대를 다듬는다(지느러미는 모두 잘라낸다).

2 꼬리 바로 옆에 칼집을 살짝 내 짙은 껍질의 끝부분을 벗긴다.

3 껍질 끝부분을 한쪽 손으로 꽉 잡고(너무 미끄러우면 마른 행주를 사용한다), 몇 번에 걸쳐 껍질을 완전히 벗긴다. 이때 반대쪽 손은 조금씩 옆으로 옮겨가며 껍질이 벗겨진 부분을 평평하게 누른다.

4 같은 방식으로 흰 껍질도 벗긴다.

5 생선을 반듯하게 놓고, 먼저 중심선을 따라 꼬리 끝 부분까지 칼집을 넣는다.

6 칼날을 눕힌 채 가시를 따라 등 쪽 필레를 뜬다. 머리를 피해 칼을 넣어 우회하면서 살을 두툼하게 발라낸다.

7 생선을 반대 방향으로 돌려 배 쪽에서 가시를 따라가며 필레를 뜬다.

8 생선을 뒤집어 **5~7**단계를 반복한다.

9 필레 가장자리의 지느러미를 제거해 모양을 다듬는다. 잘라낸 지느러미와 부스러기 살은 생선육수를 낼 때 쓴다.

10 서대 필레는 통째로 사용할 수도 있고, 구조네트 (330쪽 참조)로 어슷하게 썰거나 솔 본 팜(326쪽 참조)를 위해 접어둘 수도 있다.

솔 뫼니에르

난이도: 👨‍🍳 👨‍🍳

분량: 3~4인분

준비 시간: 10분 · 조리 시간: 7~8분

도구: 생선용 프라이팬

재료

큰 서대 1마리, 밀가루 150g, 버터 120g,
땅콩기름 2TS, 레몬즙(레몬 1/2개 분량),
다진 파슬리 1TS, 소금, 후춧가루

셰프의 한마디

이 간단한 조리 기술은 거의 모든 종류의 생선과 필레에 적용할 수 있다.

1 서대에 소금과 후춧가루로 밑간을 한 후, 밀가루를 고루 묻히고 여분의 가루를 털어낸다.

2 센 불에 프라이팬을 올리고 절반 분량의 버터 60g과 땅콩기름을 넣고 뜨겁게 달군 뒤 서대의 흰 껍질 쪽이 아래로 가게 놓는다.

3 3~4분간 익힌 뒤 생선을 뒤집는다. 불을 약간 줄이고, 프라이팬을 기울인 채 녹은 버터를 생선에 계속 끼얹으면서 반대쪽 면까지 익힌다.

4 생선을 접시에 옮기고, 프라이팬에 남은 기름은 버린다. 버터 60g을 새로 프라이팬에 넣고 밝은 갈색이 될 때까지 끓인다.

5 레몬즙을 첨가한다.

6 소스를 몇 초 동안 끓이다가 다진 파슬리를 섞어 생선 위에 끼얹는다.

Sole bonne femme

솔 본 팜*

난이도: 👨‍🍳👨‍🍳

분량: 4인분

준비 시간: 25분 · 조리 시간: 7분

도구: 오븐 용기, 냄비, 거품기

재료

버터 100g(실온에서 무른 버터), 양송이버섯 슬라이스 200g, 서대 필레 4장(322쪽 참조), 생선육수 200ml(생선 뼈와 부스러기 살로 끓인 것, 88쪽 참조), 액상 생크림 200ml, 곱게 다진 파슬리 2TS, 소금, 후춧가루

1 준비한 버터 중 1/3을 오븐 용기 안쪽에 바른다.

2 용기 바닥에 양송이버섯을 깔고, 서대 필레에 소금과 후 춧가루를 뿌려 버섯 위에 올린다.

3 생선육수를 붓는다.

4 버터를 바른 유산지로 필레를 덮는다.

326

생선과 갑각류

* 솔 본 팜sole bonne femme: 프랑스어로 서대를 뜻하는 솔sole과 좋은 여자를 뜻하는 본 팜bonne femme를 합친 단어로, '좋은 아내의 서대 요리'를 말한다. 조리가 쉬운 반면 맛은 훌륭해 붙여진 명칭으로, 소박하게 조리했다는 의미로 '본 팜'을 붙여 부르는 요리들이 있다.

5 필레를 가스레인지(또는 전기레인지) 불에 올려 잠시 익힌 후, 160℃로 예열한 오븐에 넣어 5분간 더 익힌다.

6 익힌 필레는 소량의 생선육수와 함께 약간 우묵한 타원형 접시에 옮겨 담아서 식지 않게 보관한다. 남은 육수와 버섯은 냄비에 붓고 끓인다.

7 소스의 농도가 숟가락 표면에 코팅될 정도로 걸쭉해질 때까지 센 불에 졸인다.

8 생크림을 붓고 다시 걸쭉하게 졸인다.

9 냄비를 불에서 내린 다음, 소스의 풍미와 윤기를 살리기 위해 남은 버터를 섞는다. 마지막으로 다진 파슬리를 넣는다.

10 접시에 필레를 담고 그 위에 소스를 듬뿍 끼얹는다. 샐러맨더나 오븐에 잠시 올려 살짝 색을 낸 뒤 바로 서빙한다.

Merlans à l'Anglaise

명태 앙글레즈

난이도: 👨‍🍳👨‍🍳
분량: 4인분
준비 시간: 15분 · 조리 시간: 8분

도구: 소퇴즈, 뒤집개

재료

명태 4마리, 달걀 2개, 밀가루 140g, 고운 빵가루 140g,
버터 50g, 땅콩기름 50ml,
소금, 후춧가루, 레몬 1개

1 명태는 등을 갈라서 가시를 발라낸다(338쪽 참조). 밀가루, 달걀물, 빵가루를 각각 3개의 그릇에 담아 준비한다.

2 명태에 소금과 후춧가루를 뿌린다.

3 2의 명태에 밀가루, 달걀물, 빵가루를 차례로 묻힌다.

4 코팅된 프라이팬을 뜨겁게 달군 뒤 기름과 버터를 넣고, 버터가 녹으면 3의 명태를 올린다.

생선과 갑각류

셰프의 한마디

앙글레즈 조리 방식은 명태 외에도 대구과에 속하는 모든 종류의 흰살 생선에 적용할 수 있다.

5 한쪽 면이 노릇하게 익으면, 조심스럽게 뒤집는다.

6 반대쪽 면에 녹은 버터를 계속 끼얹어가면서 3분간 굽는다.

7 접시에 키친타월을 겹겹이 깔고, 그 위에 구운 명태를 올려서 기름을 뺀다.

8 레몬 1/4개와 타르타르소스(32쪽 참조)를 곁들여 곧바로 서빙한다.

솔 구조네트* 튀김

난이도: 👨‍🍳👨‍🍳

분량: 3~4인분

준비 시간: 10분 · 조리 시간: 5분

도구: 소퇴즈, 거품기

재료

밀가루 100g, 옥수수 전분 50g,
베이킹파우더 1/2ts, 얼음물 250ml,
서대 필레(큰 서대 1마리 분량, 구조네트로 썰어 준비,
323쪽 참조), 튀김용 기름, 소금, 후춧가루

1 튀김용 기름을 170℃가 될 때까지 가열한다. 그동안 큰 볼에 밀가루, 옥수수 전분, 베이킹파우더를 넣고 얼음물을 부어 거품기로 잘 섞는다.

2 길쭉하게 썬 구조네트에 소금과 후춧가루를 뿌린 뒤 튀김 반죽에 재빨리 담갔다가 곧장 기름 속에 넣는다.

3 노릇한 색이 날 때까지 몇 분간 튀긴다.

4 접시에 키친타월을 겹겹이 깔고, 그 위에 튀김을 올려 잠시 기름을 뺀다. 레몬이나 베르트 소스(36쪽 참조)를 곁들여 바로 식탁에 서빙한다.

* 구조네트goujonnette: 가자미 류의 흰살 생선 필레를 가늘게 썬 것

생선과 갑각류

Habiller un turbot

넙치 손질하기

난이도: 👨‍🍳👨‍🍳👨‍🍳

도구: 도마, 식칼, 가위

▪ 가자미도 같은 방식으로 손질할 수 있다. ▪

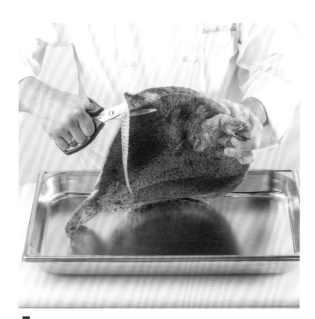

1 가위로 넙치를 다듬는다(지느러미는 모두 자른다).

2 가위를 이용해 아가미를 잘라 버린다.

3 몸통 배 안쪽이 깨끗하게 비어 있는지 확인한다. 필요할 경우 배 안쪽을 좀 더 절개하여 남아 있는 내장까지 깨끗이 제거한다.

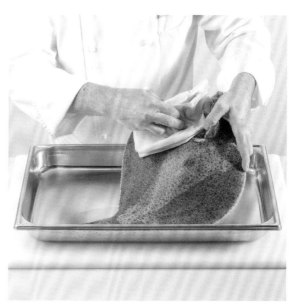

4 키친타월로 배속과 겉을 깨끗이 닦아내면 토막을 내거나 필레를 뜰 준비가 끝난다.

Lever des filets de turbot

넙치 필레 뜨기

난이도: 👨‍🍳 👨‍🍳 👨‍🍳

도구: 도마, 식칼, 필레팅 나이프

▪ 가자미도 같은 방식으로 필레를 뜰 수 있다. ▪

셰프의 한마디

넙치는 자연산에 비해 양식이 점점 더 증가하는 추세다. 브르타뉴의 양식 기술이 발달하면서 품질 또한 향상되고 있다.

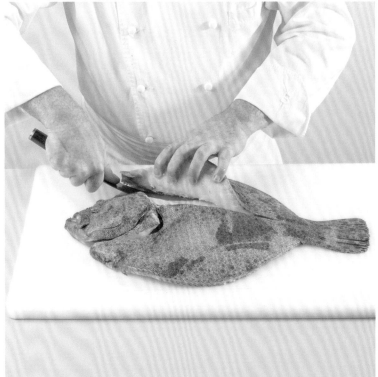

1 손질된 넙치의 머리는 오른쪽, 등이 손질하는 사람 쪽으로 오도록 반듯하게 놓는다. 중심선을 따라 가시 부분까지 칼집을 넣는다.

2 칼날을 눕힌 채 가시를 따라 등 쪽 필레를 뜬다. 머리 옆을 따라 칼집을 넣어 살을 발라낸다.

생선과 갑각류

3 넙치를 반대 방향으로 돌린 후, 다시 가시를 따라가며 배 쪽 필레를 뜬다.

4 넙치를 뒤집어 중심선을 따라 가시 부분까지 칼집을 넣는다. 이어 **5~7**단계을 반복한다.

5 꼬리 쪽 껍질을 단단히 잡고 필레팅 나이프를 이용해 필레의 껍질을 조심스럽게 벗긴다.

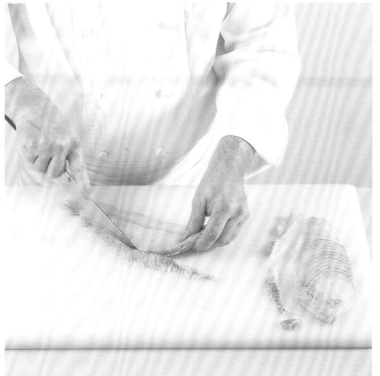

6 필요에 따라 필레의 모양을 다듬고, 가장자리의 까끄라기를 잘라낸다. 생선가시와 껍질, 부스러기 살은 육수 낼 때 사용하고, 까끄라기는 볼오방* 모양의 가니시를 만들 때 쓴다.

* 볼오방vol-au-vent: 가금류나 생선 다진 것을 소스에 버무려 퍼프 페이스트리 위에 올린 요리

넙치 토막 내기

난이도: 👨‍🍳👨‍🍳

도구: 도마, 식칼, 클리버 나이프(또는 큰 칼)

▪ 가자미를 토막 내는 방법도 이와 같다. ▪

1 반원 형태로 칼집을 넣어 머리를 제거한다. 머리 뒤쪽에 붙은 살을 최대한 확보한다.

2 꼬리를 단단히 잡고 중앙 등뼈를 따라 클리버 나이프로 몇 번 내리쳐 반으로 자른다.

3 2등분한 넙치를 다시 3~4토막으로 자른다. 무게를 일정하게 맞추려면 얇은 부분은 두툼한 부분보다 폭을 더 넓게 잘라야 한다.

4 토막 낸 넙치를 깨끗한 물에 헹궈 핏기를 완전히 제거한 뒤, 물기를 꼼꼼히 닦는다.

쿠르부용에 생선 토막 포셰하기

◁───◇───▷

난이도: 👨‍🍳👨‍🍳

도구: 소퇴즈, 에퀴무아르

▪ 넙치나 가자미를 삶을 때 이용하는 방식이다. ▪

1 생선 쿠르부용(86쪽 참조) 1L를 센 불에 올려 팔팔 끓기 시작하면 생선 토막을 넣는다.

2 불을 약간 줄이고 생선의 두께에 따라 8~10분간 삶는다. 쿠르부용은 계속 가볍게 끓는 상태여야 한다.

3 에퀴무아르로 생선을 건진다.

4 가시와 껍질을 조심스럽게 제거한다. 제대로 익힌 생선은 살이 쉽게 분리되고, 붉은 기가 보이지 않아야 한다. 뵈르 블랑이나 올랑데즈 소스를 곁들여 서빙한다(52, 42쪽 참조).

Habiller un poisson rond

생선 손질하기

난이도: 🍳🍳🍳

도구: 도마, 식칼, 가위, 비늘 긁개

• 농어, 명태, 노랑촉수, 송어, 페라* 처럼 몸통이 둥근 생선은 같은 방식으로 손질할 수 있다. •

1 가위로 등지느러미와 배지느러미를 꼬리에서 머리 방향으로 자른다(일부 지느러미는 몹시 날카로울 수 있으니 주의해야 한다).

2 꼬리를 짧게 다듬는다.

3 한쪽 손으로 꼬리를 잡고 비늘을 모두 긁어낸다. 배 부위는 특히 조심스럽게 다루어야 한다.

4 아가미덮개를 열고 아가미를 손으로 잡는다.

* 페라féra: 연어와 유사한 생선으로, 주로 프랑스, 스위스, 이탈리아 접경 지역인 사부아 지역의 레만 호수에 잡히는 민물고기를 가리킨다.

5 날카로운 아가미에 손을 베지 않도록 조심하면서 살살 잡아당긴다. 보통 내장의 일부도 딸려 나오는데, 이때 생선의 배가 찢어지지 않도록 주의해야 한다.

6 가위로 배 쪽에 난 구멍을 잘라 넓혀 남은 내장을 제거한다.

7 몸통 안쪽 척추에 길게 붙어 있는, 거무스름하고 쓴맛이 나는 핏덩어리 부분을 조심스럽게 뗀다. 배 벽에 덮인 얇고 검은 막도 제거한다.

8 키친타월로 생선을 꼼꼼히 닦는다.

생선 등 쪽에서 가시 발라내기

난이도: ♟♟♟

도구: 도마, 식칼, 가위, 비늘 긁개

셰프의 한마디

이 방식으로 농어, 명태, 송어 등의 가시를 발라낼 수 있다.

1 가위로 등지느러미와 배지느러미를 꼬리에서 머리 방향으로 자른다.

2 꼬리를 짧게 다듬는다.

3 한쪽 손으로 꼬리를 잡고 비늘을 모두 긁어낸다. 배 부위는 특히 조심스럽게 다루어야 한다.

4 아가미덮개를 열고 아가미를 손으로 잡는다.

5 날카로운 아가미에 손을 베지 않도록 조심하면서 살살 잡아당긴다. 같은 구 멍으로 내장도 최대한 빼낸다. 명태 같은 몇몇 생선은 배 부분이 특히 연하므 로 찢어지지 않게 주의해야 한다.

6 등을 머리에서 꼬리 방향으로 절개한다. 굵은 등 가시를 중심으로 반대쪽에 한 번 더 칼집을 넣는다.

7 머리와 배속을 건드리지 않게 주의하면서 등 가시 양쪽에 붙은 살을 분리한다.

8 큰 가위로 머리와 이어진 가시를 바짝 자르고, 꼬리 쪽에 연결된 가시도 자른다.

9 등 가시를 살살 잡아당겨 배 쪽의 잔가시까지 한꺼번에 떼낸다.

10 껍질에 구멍이 나지 않게 조심하면서 배지느러미 연결 부분을 자른다.

11 남아 있는 내장과 배 벽에 덮인 검은 막을 제거하고 생선 안쪽을 물로 조심스럽게 씻은 다음, 키친타월로 물기를 닦는다.

12 빵가루를 묻혀 굽거나 속을 채워 조리할 준비가 된 생선의 모습.

셰프의 한마디

앙글레즈 생선 구이(328쪽 '명태 앙글레즈' 참조)나 무스 타입의 소(360쪽 '큰가라비 관자 무슬린' 참조)를 채운
생선 요리를 만들 때 이 방식으로 생선을 손질한다.

생선 필레 뜨기

〰️

난이도: 👨‍🍳👨‍🍳

도구: 도마, 식칼, 필레팅 나이프(선택 사항)

▪ 여기서 예시로 사용한 생선은 농어다. ▪

1 도마 위에 생선을 머리가 왼쪽, 등이 위쪽으로 가도록 비스듬히 놓는다.

2 한 손으로 생선을 가볍게 누른 상태에서 머리 아래부터 등 가시 바로 위까지 절개한다.

3 머리 위쪽에 붙은 살을 바르기 위해 아가미덮개 주위에 둥글게 칼집을 넣는다.

4 칼날을 눕힌 채 대각선으로 밀어넣어 첫번째 필레를 뜬다.

셰프의 한마디

생선 가시와 부스러기 살로 진한 육수(88쪽 참조)를 끓여 냉동하면 장기간 보관할 수 있다.

5 머리가 오른쪽으로 오게 생선을 뒤집어놓고 두번째 필레를 뜬다.

6 배 쪽 살의 모양을 다듬는다. 일부 생선의 배 쪽 살은 특히 약하니 주의해야 한다.

7 필요에 따라 꼬리 쪽을 단단히 잡고 필레팅 나이프로 껍질을 조심스럽게 벗긴다.

8 필레의 모양을 다듬는다.

아귀 필레 뜨기와 메다용*으로 자르기

난이도: 🧑‍🍳🧑‍🍳

도구: 도마, 식칼

셰프의 한마디

아귀 필레는 파베로 자르거나 실을 묶고 베이컨으로 감싸 통째로 구울 수도 있다(310쪽 '대구 손질하기와 토막 내기' 참조).

1 아귀를 배 쪽이 아래로 가게 놓고, 날카로운 칼로 등과 껍질을 잇는 막을 잘라서 껍질을 벗긴다.

2 등 한가운데 있는 중간 뼈의 양쪽을 따라 칼집을 넣어 필레 2덩이를 분리한다.

* 메다용medaillon: 육류나 생선을 둥글게 썬 작은 조각

3 필레에서 지저분한 부분을 제거한다.

4 필레에서 배 벽을 떼어낸다(이 부분은 가니시나 무스를 만들 때 쓴다).

5 필레의 모양을 마저 다듬는다(다듬으며 잘라낸 부스러기 살은 육수를 끓일 때 넣는다).

6 필레를 2cm 두께의 메다용으로 썬다.

생선과 갑각류

아귀 꼬리 조리하기

난이도: 👨‍🍳👨‍🍳

1 아귀를 배 쪽이 아래로 가게 놓고, 날카로운 칼로 등과 껍질을 잇는 막을 잘라 껍질을 벗긴다.

2 지저분한 막을 최대한 제거한다.

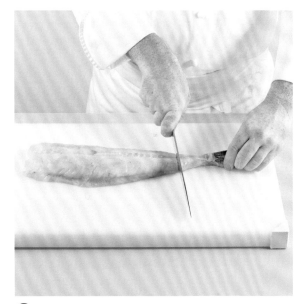

3 꼬리 쪽의 얇은 부분은 잘라 버린다.

4 살에 듬성듬성 칼집을 넣고, 그 안에 로즈메리 잎과 마늘을 끼운다.

분량: 6인분
준비 시간: 20분
조리 시간: 5분(아귀 무게 450g 기준)

도구: 도마, 식칼, 무쇠 냄비

재료
아귀 꼬릿살 1kg, 마늘 6톨(껍질 벗겨 2등분한 것),
로즈메리 1가지(잎만 따서 준비), 밀가루 50g,
버터 50g, 올리브유 4TS,
슬라이스 레몬 몇 조각, 소금, 후춧가루

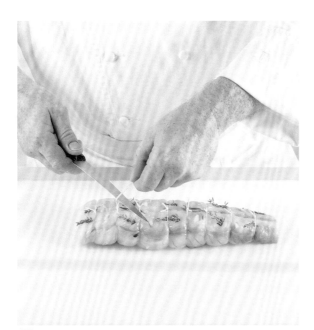

5 라드로 감싼 투르느도를 준비할 때처럼 아귀를 실로 단단히 묶는다(152쪽 참조)

6 소금과 후춧가루를 뿌린 뒤 밀가루를 가볍게 묻힌다.

7 뜨겁게 달군 무쇠 냄비에 버터와 올리브유를 두른 뒤 아귀를 넣고 전체적으로 노릇하게 굽는다.

8 200℃로 예열한 오븐에 냄비를 넣고, 아귀 무게 450g당 5분을 기준으로 더 굽는다. 그동안 아귀에서 배어나는 육즙을 여러 번 끼얹어준다.

생선 파베 굽기

난이도: 👨‍🍳👨‍🍳

도구: 무쇠 그릴팬, 오븐 용기

▪ 이 같은 방식으로 다랑어나 황새치도 구울 수 있다. ▪

1 생선 파베를 약 1시간 동안 취향에 맞게 마리네이드한다 (115쪽 참조). 마리네이드한 생선은 건져 수분을 제거한 후 뜨겁게 달군 그릴팬에 올린다.

2 약 30초 뒤 줄무늬가 생기면 파베를 90°로 돌려 격자무늬가 나오게 다시 30초 정도 굽는다. 파베를 뒤집어 반대쪽 면에도 똑같이 격자무늬를 낸다.

3 파베를 오븐 용기에 옮겨 담고, 붓으로 마리네이드를 발라준다.

4 170℃로 예열한 오븐에 넣고 약 4분간 더 구워 완성한다. 단, 생선 살의 두께에 따라 시간은 조절할 수 있다.

노랑촉수 굽기

난이도: 👨‍🍳👨‍🍳

도구: 무쇠 그릴팬

셰프의 한마디

팬 위에서 노랑촉수를 지나치게 뒤적거리면 껍질이 팬에 눌어붙을 수 있으므로 주의한다.

1 내장과 비늘을 제거한 노랑촉수를 약 1시간 동안 취향에 맞게 마리네이드한다(115쪽 참조).

2 마리네이드한 노랑촉수를 꺼내 수분을 닦고, 소금과 후 츳가루를 뿌린 뒤 뜨겁게 달군 그릴팬에 올린다. 격자무 늬를 내기 위해 90°를 돌려가며 3분간 굽는다.

3 노랑촉수를 조심스럽게 뒤집어 반대쪽 면도 똑같이 굽 는다.

4 올리브유를 약간 뿌리고, 바질잎과 둥글게 썬 레몬 조각 으로 장식한다.

Quenelles de brochet

크넬* 드 브로셰

난이도: 👨‍🍳👨‍🍳👨‍🍳

준비 시간: 40분 · 조리 시간: 6분(한 냄비 분량)

· 냉장 시간: 3시간

도구: 스패튤러, 에퀴무아르, 거름망, 바닥이 두꺼운 소퇴즈

재료

강꼬치고기 500g(가시를 제거한 것), 달걀(노른자 1개, 흰자 2개),
포마드 버터(말랑한 버터) 150g, 녹인 버터 60g,
소금, 후춧가루(또는 카옌 고춧가루)

파나드*: 우유 250ml, 버터 100g, 밀가루 125g(체에 쳐서 준비),
달걀 4개, 소금

▪ 전통적인 크넬 드 브로셰는 낭튀아 소스(92쪽 참조)를 끼얹은 그라탱 형태로 조리한다. ▪

1 강꼬치고기 살을 가늘고 길게 썬 다음, 달걀노른자, 달걀 흰자, 포마드 버터와 함께 블렌더에 갈아 매끈한 반죽 형태로 만든다. 소금과 후춧가루를 첨가한다.

2 얼음을 채운 큰 그릇에 볼을 올려놓고, 생선 반죽을 고운 거름망에 걸러 볼에 담는다.

3 녹인 액상 버터를 생선 반죽에 넣어 섞는다.

4 **파나드 준비하기:** 소퇴즈에 우유와 버터, 소금 약간을 넣고 가열한다.

* 크넬quenelle: 간 고기나 생선에 크림 또는 달걀을 섞어 부드럽게 만든 뒤 작은 배 모양으로 빚어서 끓는 물에 익힌 프랑스식 완자 요리

* 파나드panade: 달걀과 밀가루, 버터, 우유를 끓여서 반죽 상태로 만든 것, 또는 빵, 버터, 우유 등을 넣어 끓인 수프

5 우유가 끓기 시작하면 소퇴즈를 불에서 내린다. 여기에 밀가루를 한꺼번에 넣고 섞는다.

6 소퇴즈를 다시 약한 불에 올리고 계속 저으면서 수분을 날린다(데세셰). 파나드가 매끈한 상태가 되면 불을 끄고 그대로 식힌다.

7 파나드를 큰 볼에 담고 달걀을 하나씩 넣어 섞어준다.

8 파나드와 생선 반죽을 섞은 뒤 랩을 씌워 냉장고에 3시간 동안 넣어둔다.

9 물에 소금을 넣고 약하게 끓인다. **크넬 만들기:** 숟가락으로 반죽을 떠서 다른 숟가락에 옮기는 과정을 몇 번 반복하면 크넬 특유의 배 모양이 만들어진다.

10 약하게 끓는 소금물에 크넬을 넣고 약 6분간 삶는다. 크넬이 반쯤 익었을 때 한 번 뒤집고, 완전히 익으면 에퀴무아르로 건져 마른 행주 위에서 물기를 뺀다.

랑구스틴 손질하기

난이도: 👨‍🍳 👨‍🍳

도구: 식칼

셰프의 한마디

랑구스틴은 갑각류 중 가장 상하기 쉽다. 운송 및 판매는 살아 있는 것을 얼음 상자에 넣어 기절시키거나

잡자마자 바닷물에 삶은 상태로 이루어진다. 머리가 떨어져나가거나, 약한 암모니아 냄새가 나는 물렁물렁한 랑구스틴은 피해야 한다.

1 머리를 꼬리(몸통)에서 분리한다.

2 꼬리 껍데기를 눌러 배 부분을 부스러뜨린다.

3 꼬리에 덮여 있는 껍데기를 군데군데 조심스럽게 벌려 벗겨낸다.

4 창자를 제거하기 위해 등 쪽에 살짝 칼집을 낸다.

5 칼끝을 이용해 내장을 잡아 뺀다.

6 소테할 준비가 된 랑구스틴 꼬릿살 모습. 머리는 아메리칸 소스나 갑각류육수(90, 98쪽 참조), 비스크를 만들 때 사용한다.

민물가재 창자 제거하기

난이도: 🎩

▪ 이 기술은 92쪽 '낭튀아 소스'와 600쪽 '민물가재로 맛을 낸 브레스 닭과 마카로니 그라탱' 레시피에서 활용할 수 있다. ▪

1 민물가재를 깨끗한 물로 꼼꼼하게 씻는다. 한 손으로 민물가재 몸통을 잡고 꼬리 중앙 지느러미 관절을 접어 떼낸다.

2 꼬리 관절에 붙어 있는 쓴맛이 나는 창자를 살살 잡아당겨 제거한다.

Tronçonner un homard

로브스터 토막 내기

난이도: 👨‍🍳

도구: 도마, 식칼

1 칼로 머리가슴의 앞부분을 가로로 쪼갠다. 이어 꼬리를 떼고, 자른 머리가슴 안쪽의 지저분한 것을 제거한다(357쪽 5단계 참조).

2 큰 칼로 꼬리를 약 2cm 두께로 자른다.

구이용 로브스터 가로로 2등분하기

난이도: 👨‍🍳

도구: 도마, 큰 칼

셰프의 한마디

로브스터는 간단하게 가염버터를 바르고 내장이나 마늘을 더해 굽는다.

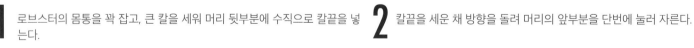

1 로브스터의 몸통을 꽉 잡고, 큰 칼을 세워 머리 뒷부분에 수직으로 칼끝을 넣는다.

2 칼끝을 세운 채 방향을 돌려 머리의 앞부분을 단번에 눌러 자른다.

3 로브스터를 반대로 돌려놓고, 몸통을 꼬리 끝까지 가로로 가른다.

4 2등분된 로브스터를 도마 위에 평평하게 놓는다.

5 지저분한 부분과 몸통 위쪽에 붙어 있는 모래주머니를 제거한다. 진녹색의
내장은 그대로 두거나, 따로 분리해 소스에 사용한다.

6 꼬리 쪽 창자를 제거한다.

큰가리비 까기와 손질하기

난이도: 👨‍🍳👨‍🍳

도구: 오이스터 나이프, 식칼

1 가리비를 마른 행주에 받쳐 왼손으로 잡는다. 오이스터 나이프로 껍데기의 둥근 쪽 입구를 살짝 째 작은 틈을 만든다.

2 칼로 위쪽 껍데기의 안쪽 표면을 마구 긁으면서 칼날을 안으로 밀어넣어 위쪽 껍데기에 붙은 관자를 자른다.

3 가리비 껍데기가 벌어지면 손으로 위쪽 껍데기를 들어서 뗀다.

4 관자와 내장은 그대로 두고, 자연스럽게 떨어지는 부분들을 모두 걷어낸다. 가장자리 살도 따로 떼어둔다.

5 숟가락으로 관자와 내장을 뗀다.

6 내장의 거뭇한 부분을 제거하고 말끔히 다듬는다.

7 관자의 옆면에 붙은 작고 질긴 부분을 제거한다.

8 관자와 내장을 깨끗한 물에 재빨리 헹군다.

9 마른 행주로 물기를 꼼꼼히 닦는다.

10 걷어낸 살들은 물에 씻어 질긴 부분과 함께 육수를 낼 때 사용한다(90쪽 참조).

큰가리비 관자 무슬린

난이도: 👨‍🍳👨‍🍳
분량: 무스 1kg
준비 시간: 20분

도구: 푸드 프로세서, 유연한 스패튤러

재료
큰가라비 관자 500g, 달걀흰자 1개,
전유 생크림 400ml(차갑게 냉장한 상태),
버터 80g(액체 상태로 녹여 준비),
소금, 후춧가루 또는 카옌 고춧가루

1 푸드 프로세서 용기에 가리비 관자를 넣는다.

2 관자를 곱게 간다. 이어 모터가 돌아가는 상태에서 뚜껑의 구멍을 통해 달걀 흰자를 넣는다.

3 관자 혼합물을 믹싱 볼에 옮겨 담는다. 이어 얼음을 가득 채운 더 큰 볼 안에 믹싱 볼을 놓는다.

4 스패튤러로 혼합물을 세게 휘저으면서 생크림을 조금씩 붓는다.

5 녹인 버터를 섞어주면서 계속 휘젓는다.

6 소금과 후춧가루로 간을 맞춘다. 완성한 가리비 무슬린은 사용하기 직전까지 얼음 위에서 차갑게 보관한다.

오징어 또는 작은 갑오징어 손질하기

난이도: 🍳🍳🍳

도구: 도마, 식칼

1 세모 모양의 지느러미를 떼고, 몸통을 덮고 있는 껍질을 벗긴다.

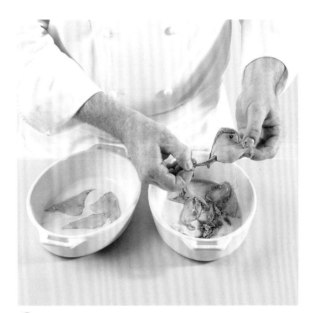

2 지느러미의 껍질을 벗긴다.

3 머리를 쭉 잡아당겨 몸통과 분리한다. 그때 머리에 붙은 내장이 몸통에서 빠져나오도록 한다.

4 머리를 평평하게 놓고, 칼로 눈의 바로 아래쪽을 잘라 머리에 딸린 단단한 입과 내장을 제거한다.

5 몸통 안에 들어 있는 깃털처럼 생긴 투명한 뼈(갑오징어에는 작고 납작한 뼈)를 빼낸다.

6 몸통을 뒤집어 이물질이 깨끗이 제거되었는지 확인한다.

7 몸통과 다리, 지느러미를 깨끗한 물에 헹궈 키친타월로 물기를 제거한다.

8 오징어 링은 몸통을 그대로 썰면 된다.

9 소테용은 몸통을 갈라 끈 모양으로 썬다. 오징어의 길이가 짧을 경우에는 대각선으로 썰면 된다(살이 너무 두꺼우면, 작은 칼로 십자 모양의 자잘한 칼집을 넣는다).

10 오징어 몸통에 소를 채울 경우, 다리와 지느러미를 잘게 썰어 소에 섞는다.

Nettoyer des moules

홍합 세척하기

난이도: 🎩

도구: 무딘 칼, 거름망, 에퀴무아르

▪ 홍합은 선도가 가장 중요하므로 세척 단계에서 특별한 주의가 필요하다. ▪

1 무딘 칼로 홍합 껍데기에 붙은 작은 조개를 긁어낸다. 실 같은 이물질은 뾰족한 쪽으로 잡아당겨 제거한다.

2 많은 양의 물에 홍합을 담가 휘저으며 씻는다. 맑은 물이 나올 때까지 물을 여러 번 갈아준다.

3 홍합에서 빠져나온 모래는 바닥에 가라앉게 하고, 홍합 만 건져 거름망에 받친다.

4 껍데기가 깨진 홍합과 입이 많이 벌어진 홍합은 버린다. 입이 약간 열린 홍합의 경우, 가볍게 눌렀을 때 아무 반응 이 없으면 이 역시 버려야 한다.

Ouvrir des moules crues

생홍합 까기

난이도: 👨‍🍳👨‍🍳

도구: 작고 무딘 칼 또는 오이스터 나이프

▪ 보통 생홍합에는 굴과 마찬가지로 레몬즙이나 식초에 절인 다진 샬롯을 곁들인다. ▪

1 왼손에 행주를 대고 홍합을 뾰족한 쪽이 위로 가도록 잡는다. 엄지손가락으로 홍합의 왼쪽 가장자리를 누른 채 칼끝을 오른쪽 가장자리 안쪽으로 밀어넣는다.

2 홍합의 둥근 쪽으로 칼을 살살 움직여 위쪽 껍데기에 붙은 힘살(폐각근)을 자른다.

3 홍합의 뾰족한 쪽으로 칼을 다시 밀어올려서 두번째 힘살을 자른다.

4 위쪽 껍데기를 들어올려 뗀다.

물 마리니에르(홍합 화이트와인 찜)

난이도: 👨‍🍳 👨‍🍳

분량: 1kg

준비 시간: 10분 · 조리 시간: 5분

도구: 마르미트, 작은 냄비

1 마르미트에 홍합(또는 기타 조개)과 다진 샬롯을 버터 30g과 함께 넣는다.

2 화이트와인을 붓고, 부케 가르니를 넣는다.

3 뚜껑을 덮고 센 불에서 홍합이 모두 입을 벌릴 때까지 약 5분간 익힌다.

4 에퀴무아르로 홍합을 모두 건져 각각 한쪽 껍데기만 떼 낸다. 아직까지 입을 벌리지 않은 홍합은 버린다.

재료

홍합 또는 기타 조개(해감 후 깨끗이 씻어 준비. 364쪽 참조) 1kg, 샬롯 2개(얇게 저민 것),
버터 60g, 화이트와인 100㎖, 부케 가르니 1개, 다진 파슬리 3TS

5 마르미트에 남은 홍합 국물을 작은 냄비로 옮겨 담는다. 이때 바닥에 가라앉은 모래가 섞여 들어가지 않도록 조심한다.

6 국물이 끓기 시작하면 다진 파슬리와 함께 남은 버터 30g을 넣어 소스의 윤기와 풍미를 더한다.

7 소스를 홍합 위에 끼얹는다.

8 남은 파슬리를 뿌려 장식한다.

Ouvrir des huîtres creuses

생굴 까기

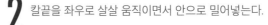

난이도: 👨‍🍳👨‍🍳

도구: 오이스터 나이프

1 굴을 마른 행주에 받쳐서 왼손(오른손잡이의 경우)으로 잡고, 가장자리의 중간쯤에서 적당한 틈을 찾아 칼로 살짝 벌린다.

2 칼끝을 좌우로 살살 움직이면서 안으로 밀어넣는다.

생선과 갑각류

셰프의 한마디

산란기인 여름철의 굴은 우윳빛을 띠며 섭취하지 않아야 한다.
일부는 이러한 굴을 살이 통통하고 뽀얀 '우수한 품질의' 굴과 혼동하는데, 이는 잘못 알고 있는 것이다.

3 칼로 위쪽 껍데기를 긁듯이 앞으로 밀어올려 힘살을 자른다.

4 굴의 입이 벌어지면 위쪽 껍데기를 들어올려 뗀다. 굴 안쪽에 든 물은 깨진 껍데기 조각이 섞여 있을 수 있으므로 버린다. 물은 굴에서 다시 나온다.

Les PÂTES, CÉRÉALES et LÉGUMES SECS

파스타, 곡물, 말린 콩류

파스타, 곡물, 말린 콩류

낟알, 종자, 화본과 식물

렌틸콩, 흰 강낭콩, 쌀, 밀, 병아리콩…… 이 알록달록한 구슬들은 한 알 한 알 모두 맛있는 요리로 탄생될 수 있다. 곡류와 콩류는 수많은 문명의 주식으로, 대개 아시아, 아프리카, 남아메리카 대륙에서 소비된다. 수세기 동안 유럽 대부분의 지역에서도 주식으로 애용했다.

식물학자의 입장에서 곡류와 콩류는 완전히 다르다. 하지만 셰프들은 이 두 식품을 결합한 요리를 즐겨 만든다. 곡물과 콩은 활용하기도, 조리하기도 쉽다. 장기간 보관도 어렵지 않아서 언제든 맛있고 건강에도 좋은 요리로 만들 수 있다.

꼬투리 안에 감춰진 작은 보물

일반적으로 콩이라 하면 콩과 식물의 꼬투리 안에 들어 있는 '씨앗'을 말한다. 콩과 식물은 여느 식물과 달리 뿌리를 통해 토양 속의 질소를 흡수하지 않고, 대신 부족한 질소를 채워준다. 콩을 순환 농업에 반드시 필요한 작물로 꼽는 것은 바로 이렇게 토양을 비옥하게 만들어주기 때문이다.

콩과 식물은 매우 튼튼해 비료를 따로 주지 않아도 된다. 타작한 콩은 저장성 또한 뛰어나 열과 빛, 벌레로부터 안전한 농가 창고에 1년 이상 방치해도 괜찮다.

유행과 상관없는 건강식

콩은 오래전 프랑스 농촌에서 일반적으로 즐겨 먹던 주식이었다. 과거에서 전승된 수많은 레시피 중에도 콩을 이용한 요리가 꽤 있다. 대표적인 예는 흰 강낭콩 스튜인 카술레cassoulet, 렌틸콩을 곁들인 프티 살레petit salé(소금물에 절인 돼지고기 장봉—옮긴이), 이탈리아에서 건너와 니스 지방의 식탁에 정착한 병아리콩 파니스 등이다. 콩이 가진 이미지는 매우 다양하다.

일부 소비자들은 콩을 대중적이지만 다소 평범하고 촌스러운 먹거리로 생각한다. 반면 (원산지, 명칭, 생산 방식이 표기된 라벨을 통해) 품질의 우수성을 인증 받은 콩이라면, 지역 전통의 보전에 힘을 보탠다는 뿌듯함을 주는 매개체로 생각될 수도 있다. 또 건강하고 균형 잡힌 식생활에 관심이 많은 소비자들에게는 콩이야말로 기적 같은 효능을 지닌 식품이다.

실제로 콩은 지방 함유량이 적고, 섬유소와 주요 미네랄 성분이 풍부하게 들어 있다. 인도의 전통 음식처럼 곡물과 함께 조리하면 식물성 단백질까지 충분히 제공할 수 있다. 또한 콩은 복합 탄수화물을 함유한 훌륭한 에너지 공급원이기도 하다. 시합을 앞둔 운동선수들에게 콩으로 만든 음식을 권장하는 것은 바로 이 때문이다.

다량의 끓는 물과 인내심

오랫동안 콩은 아주 단순한 방식으로 조리되었다. 우선 필수적인 첫 단계는 콩을 물에 담가 불리는 것이다. 다량의 물에 하룻밤 동안 불리면 충분한데, 콩의 발효를 막으려면 반드시 시원한 장소에 두어야 한다. 실용적 측면에서 고려했을 때, 이 과정은 조리 시간을 단축하고, 무엇보다 콩에 담긴 영양소의 소화 흡수를 용이하게 해주는 효과가 있다. 불린 콩은 물에 헹군 뒤 다시 물을 넉넉히 붓고 최소한 35~40분간 삶는다. 이때 물에 타임이나 월계수 잎, 세이지 같은 허브를 넣으면, 콩의 맛이 좋아지고, 소화에도 도움이 된다. 평균 이상으로 단단한 콩을 삶을 때는 해초를 함께 넣으면 좋다. 그 밖에 압력솥을 사용하면 조리 시간을 절반으로 줄일 수 있다.

콩은 죽에 가까운 형태로 조리하기도 하고, 과테말라에서 거의 매 끼니에 먹는 검은강낭콩 블루테처럼 수프를 끓일 때 섞기도 한다.

일반적으로 콩은 맛이 그리 진하지 않다. 대부분 부드럽고 은은한 맛을 내 각종 향신료 및 허브와 잘 어우러진다. 채소나 고기와의 조합도 전혀 무리가 없어, 유명한 레시피를 변형해도 예민한 입맛에 충격을 주지 않는 완벽한 요리가 탄생할 수 있다.

얼마 전부터는 현대인의 바쁜 일상에 맞추어 단시간에 완성할 수 있는 간편하고 새로운 조리 방식에 적합한 콩들이 개발되고 있다. 현재 시장에서는 거의 모든 종류의 콩을 굵게 빻아 가볍게 익히거나, 살짝 납작하게 누른 플레이크의 형태로 판매한다. 물론 이렇게 변형된 콩은 전혀 가공하지 않은 콩에 비해 저장성이 떨어진다.

콩 플레이크에 밀가루와 채 썬 채소를 섞어 프라이팬에 기름을 살짝 두르고 동글납작한 모양으로 지져내면 갈레트galette가 완성된다. 이 요리는 휴대가 용이해서 유목민의 주식으로 적합하며, 아이들도 좋아한다.

콩 플레이크를 각종 소에 섞을 수도 있다. 이것은 채식주의자들이 몇몇 요리에 포만감을 주기 위해 자주 이용하는 기술이다.

콩을 밀가루처럼 곱게 빻아 콩가루로 만들기도 한다. 콩가루는 물에 잘 풀린다. 물에 푼 콩가루는 가열하면 점점 걸쭉해지는 성질이 있어서 지나치게 묽은 요리의 농도를 맞출 때 활용할 수 있다. 가장 과감한 시도는 블루테 수프나 각종 소스를 만들 때 콩가루를 넣는 것이다.

이처럼 혁신적인 형태로 가공한 콩은 유기농 식품 매장이나 다이어트 식품 전문점에서 어렵지 않게 구매할 수 있다. 심지어 대형 마트에서도 점점 발전하는 고객의 요구에 부응하기 위해 특설 코너를 마련해 이러한 상품을 취급한다.

노란콩, 활용성 높은 대체 식품

수많은 콩 가운데 노란콩은 특징적 위상을 차지한다. 아시아가 원산지인 이 콩은 다양한 형태로 가공할 수 있어서 특히 일본 전통 식문화의 근간을 이룬다. 유럽에서도 채식주의자를 위한 요리가 발전하면서 노란콩으로 만든 각종 식품이 널리 알려져 있다.

노란콩을 이용한 가공 식품 중에는 젖소에게 얻는 우유를 대신한 '두유'와 크림이 있다. '두유'라는 명칭은 부드러운 이미지를 주지만, 사실 이 뽀얀 액체는 발효한 콩에 물을 섞어 곱게 간 것으로 크림은 노란콩에 물과 해바라기씨 오일, 밀 시럽을 첨가해 만든다.

노란콩의 또 다른 가공식품은 두부이다. 단단한 모두부와 부드러운 순두부로 나뉜다. 순두부는 크림을 대체할 수 있지만, 휘핑해서 거품을 올릴 수는 없다는 점이 다르다. 단단한 모두부는 향미 소스나 즙으로 마리네이드해 사용할 수 있다. 사실 두부는 무미無味에 가깝기 때문에 다른 어떤 맛과도 쉽게 어우러진다. 또 단백질이 풍부해서 채식주의자들이 육류 대신 자주 사용한다.

두부는 가볍게 양념한 뒤 굽거나 튀기거나 끓이는 방식으로 조리할 수 있다. 또 아무 양념도 하지 않은 신선한 두부를 샐러드에 곁들이면 가볍지만 영양소는 충분한 한 끼 식사가 된다.

미소는 노란콩을 장기간 발효시켜 만든 페이스트로, 아시아 식품점에서 구입할

알아봅시다

노란 콩은 건강에 좋을까?

건강과 관련하여 노란 콩(흔히 백태 또는 대두라고 불리는 콩—옮긴이)의 효능을 칭찬하는 목소리는 수없이 많다. 노란 콩이 나쁜 콜레스테롤의 수치를 낮춰주고, 일부 여성 암을 예방하며, 체중 조절에 도움이 된다는 것이다. 하지만 과학자들은 노란 콩에 다량 함유된 이소플라본 성분이 에스트로겐과 유사한 기능을 해 남녀 모두에게 호르몬 교란을 일으킬 수 있음을 염려한다. 더욱이 노란 콩은 대표적인 유전자 변형 농산물(GMO)이므로, 가능하면 유기농 상품을 선택하는 것이 바람직하다. 이처럼 노란 콩의 효능에 관해 의견이 분분한 것은 사실이지만, 다양하고 균형 잡힌 식생활에서 노란 콩의 섭취는 분명 건강에 위험하기보다는 이로운 면이 더 많다.

수 있다. 일본식 장국(미소 수프)의 주재료인 미소는 강렬한 향과 풍부한 단백질 함유량이 특징이며, 몇몇 소스에 섞었을 때 진한 맛과 동양적인 느낌을 낼 수 있는 귀한 양념이다.

곡물, 에너지와 단백질의 원천

곡류는 콩류와 함께 섞어 먹는 것이 이상적이다. 완벽하게 균형 잡힌 혼합의 본보기는 곡물과 콩을 2대 1의 비율로 섞는 전통 음식이다. 쌀과 렌틸콩으로 만든 대표적 인도 음식인 '달dhal'은 정확히 이 비율을 고수한다. 기타 전통 요리에서도 곡물과 콩을 조합하는 경우가 많지만, 비율까지 정확히 따르지는 않는다. 아프리카 북서부에서는 쿠스쿠스와 세몰리나에 병아리콩을 섞어 먹고, 아시아에서는 쌀 요리에 (콩으로 만든) 간장을 자주 쓴다.

프랑스에서는 콩류와 곡류를 '녹말류'라는 총칭으로 혼용하는 경향이 있다. 더욱이 1970년대부터는 체중 증가의 주요 원인이라는 이유로 녹말류의 섭취를 제한하는 이들도 생겨났다. 그러나 프랑스 사람들이 곡물(특히 밀)을 섭취하는 주된 형태인 빵은 여전히 식생활에서 빼놓을 수 없는 존재이자 식사의 상징이다.

아침식사를 깨우는 곡물

유럽에서 하루의 식사 중 곡물을 가장 많이 먹는 것은 아침이다.

제빵용 곡물(즉 글루텐 성분이 들어 있어서 물을 섞어 반죽했을 때 부풀어 오르는 곡류)은 빵과 페이스트리, 과자를 만드는 제과점에 반드시 필요한 재료다.

곡물은 영양 성분이 풍부해서 특히 어린이에게 중요한 필수 에너지원으로 여겨진다. 곡물이 빠진 식생활은 상상하기 어려우며, 그만큼 다양한 형태로 이용되고 있다. 빵, 페이스트리, 브리오슈, 비스코티, 초콜릿을 입힌 시리얼 바, 우유에 말아먹는 초콜릿 시리얼, 오트밀, 뮤즐리, 구운 뮤즐리에 꿀을 더한 그래놀라 등 일일이 열거하기 힘들 정도다.

식물성 우유의 형태로 '마시는' 곡류도 있다. 보리, 맥아, 호밀을 주재료로 초콜릿이나 치커리 향을 입힌 음료나 귀리 우유가 대표적인 예이다. 곡류는 비스킷, 초콜릿바 등 휴대하기 편한 형태로 가공하기 쉬워서 다양한 스낵과 간식, 비상식의 주재료로 이용되기도 한다.

가루, 통곡물, 플레이크

유명 식품회사에서 파스타와 쌀의 대체품으로 개발 중인 통밀, 그리고 최근의 퀴노아를 제외하면, 미리 가공되지 않은 상태로 판매되는 곡물은 거의 없다.

오늘날 곡물은 매우 다양한 형태로 가공되고 있다. 대부분은 콩류에 가장 적합한

가공 방식이지만, 곡물에도 유사하게 적용될 수 있다.

우선 곡물로 만든 식물성 '우유'가 있다. 물에 충분히 불린 곡물을 고성능 블렌더에 다량의 물과 함께 넣고 곱게 갈아 여과기에 거르면 완성이다. 맛있고 풍미가 강하지 않은 이 음료는 지방 섭취를 제한하거나 단순히 새로운 먹거리를 원하는 사람들이 우유 대신 선택할 수 있는 간편한 대체품이다.

'시리얼 크림'이라는 이름으로 판매되는 것은 사실 지나치게 묽은 소스나 수프의 농도를 걸쭉하게 맞추기 위해 사용하는 아주 고운 곡물 가루다. 곱게 빻은 곡물 가루 중 가장 유명하고 자주 사용되는 것은 밀가루로, 특히 빵을 만들 때 필수적이다.

곡류는 약간 거칠게 빻은 세몰리나나 콩류와 똑같은 형태의 플레이크로도 가공된다. 예를 들어, 귀리 플레이크는 짭짤한 전식용 비스킷 재료로 매우 적합하다.

에너지부터 원시 상태까지

오랫동안 곡물은 단순히 허기진 위장을 채울 수 있는, 포만감이 큰 음식이라는 대중적 이미지를 갖고 있었다. 마리 앙투아네트가 빵을 요구하는 국민들에게 제안했던 그 유명한 브리오슈처럼 말이다. 그러나 곡물은 단순한 '허기 채우기'용 식품이 아니라, 우리 몸의 성장 발달을 위해 반드시 필요한 알찬 에너지원이다. 더욱이 일부 곡물은 가축의 사료로 이용된다는 사실도 주목할 만하다.

곡류에는 복합 탄수화물(녹말)과 단백질, 주요 미네랄, 섬유질이 풍부하다. 건강에 이로운 양질의 지방 성분도 미미하지만 들어 있다. 지방 성분은 특히 배아에 들어 있는데, 이것은 기름으로 추출할 수 있다(옥수수유나 화장품으로 이용되는 맥아유 등).

건강은 물론 맛의 측면에서도 정제 곡물(껍질을 벗기고 다양한 공정을 거쳐 하얗게 만든 곡물)과 갈색 속껍질 때문에 거칠어 보이는 비정제 곡물은 서로 큰 차이가 있다. 비정제 곡물은 가공을 전혀 하지 않았기 때문에 영양 성분이 고스란히 남아 있다. 하지만 두 곡물 가운데 어느 쪽을 선택할지는 생각만큼 자명한 문제가 아니다. 사실 곡물의 재배 과정에서 사용하는 살충제 성분이 대부분 갈색 속껍질에 축적되어 있기 때문이다. 따라서 가장 바람직한 선택은 '유기농' 재배를 인증받은 곡물을 구입하는 것이다.

수많은 곡류 가운데 우리 식생활에서 매우 특수한 위치를 차지하고 있는 두 가지 곡물이 있다. 낟알 형태 그대로 소비하는 쌀과 파스타로 가공해서 먹는 듀럼밀이다.

파스타, 정교함과 단순함

파스타는 듀럼밀로 만든 세몰리나에 물과 소금을 넣고 반죽해 만든다. 여기에 허브

단백질의 집약체, 밀고기

색깔은 희끄무레하고, 식감은 고무처럼 약간 질깃하며, 맛은 애매모호하다. 밀고기는 이처럼 겉보기에는 그다지 먹음직스럽게 느껴지지 않는다. 하지만 온갖 향신료와 소스, 콩디망을 더하면 그런 대로 먹을 만하게, 심지어 맛있게도 만들 수 있다. 밀고기는 완제품으로도 판매되지만, 직접 만드는 것도 크게 어렵지 않다. 일반 밀가루나 스펠트 밀가루를 물로 반죽한 뒤 물에 여러 번 헹궈 전분기를 완전히 제거하고 단백질이 풍부한 글루텐만 남긴다. 이어 갖은 양념을 한 반죽을 약하게 끓는 물에 한참 중탕해 익힌다. 밀고기에는 단백질 외에 철과 비타민(특히 비타민 B2)도 많이 들어 있다. 원래 불교 승려들의 주식 가운데 하나였던 밀고기는 채식주의자들에 의해 널리 알려졌다. 이들은 블랑케트, 소를 채운 채소, 볼로네즈 소스 등 각종 요리에 고기 대신 밀고기를 활용한다.

또는 향신료, 달걀을 첨가하기도 한다('달걀 파스타'라고 부르려면 세몰리나 1kg당 전란 또는 난황 140g 이상을 넣어야 한다). 이어 반죽을 원하는 모양대로 만들어 건조하면 파스타가 완성된다. 이 과정은 얼핏 간단해 보인다. 전문적 기술도 거의 필요 없고, 가장 오래된 요리 방식에도 적용된다. 메소포타미아 문명과 중국 한漢나라, 고대 로마 시대에도 이미 파스타가 존재했다(고대 로마의 미식가 아피키우스는 라사냐를 만든 최초의 인물이었다). 파스타의 오랜 역사와 각 나라의 신화 및 음식 애국주의에서 차지하는 독보적 위치는 그 시초와 관련하여 많은 논란을 일으키고 있다.

그러나 예전에는 오히려 더 관대한 분위기였다. 마르코 폴로는 중국 여행길에 가져온 파스타라는 새로운 음식을 이탈리아에 전하게 된 것을 기뻐했다. 물론 현재 이 주장은 설득력을 잃기 시작한 것 같지만 말이다.

파스타는 시초부터 듀럼밀이나 통밀, 스펠트밀, 메밀을 굵게 빻은 세몰리나로 만드는 것이 일반적이다. 하지만 생파스타에는 부드러운 밀을, 아시아에서는 쌀가루나 부드러운 밀을 사용한다.

중세 시대에 말린 파스타는 2~3년간 보관이 가능했다. 그러니 흉작에 따른 식량 부족을 걱정하고 식품 저장에 애로가 많았던 당시 사회에는 획기적인 먹거리일 수밖에 없었다. 오늘날에도 생파스타와 달리 말린 파스타는 수분 함유량이 12퍼센트 미만이라 직사광선만 피하면 꼬박 1년 동안 보관할 수 있다.

파스타는 지역의 산물과 미각에 완벽하게 어우러질 수 있다. 독일 남부와 스위스,

알자스 지방에서 발달한 스패츨spaetzle은 달걀을 넣은 파스타이다. 반죽의 질감이 밀대로 밀 수 없을 만큼 묽고 부드럽기 때문에 작은 구멍이 송송 뚫린 기구를 통해 곧장 끓는 물에 빠뜨려 익힌다. 변형된 파스타의 또 다른 예는 프랑스 사부아 지방의 크로제crozets이다. 이 파스타는 반죽에 메밀가루가 섞인 데다 반드시 저온에서 건조하기 때문에 풍미가 진하다. 그 밖에 반죽 안에 고기, 채소, 치즈 등의 소를 채워 넣은 작은 쿠션이나 통통한 달 모양의 파스타도 있다. 일본의 교자, 이탈리아의 라비올리, 도피네식 라비올리, 폴란드의 피에로기 등이 그 예이다.

파스타 물

파스타 조리에 관한 수칙은 각 집안의 풍습에 따라 달라진다. 기본적인 원칙은 간단하다. 파스타는 넉넉한 크기의 냄비에 물을 충분히 붓고 소금을 약간 넣어 삶아야 녹말이 서로 달라붙는 것을 피할 수 있다. 냄비 뚜껑은 덮지 말고, 바닥에 눌어붙지 않도록 가끔 휘젓는다. 조리 시간은 파스타를 넣은 뒤 물이 다시 끓어올랐을 때부터 측정한다. 정확한 시간은 물론 파스타의 크기와 속성에 따라 다르다. 이따금 요리를 단순화할 줄 알았던 작가 알렉상드르 뒤마에게 파스타의 조리는 단지 '기분 문제'였다.

사람들은 대개 파스타를 삶을 때 기름(특히 올리브유)을 약간 넣는데, 이는 쓸데없는 짓이다. 기름은 물과 섞이지 않기 때문에 조리에 방해가 될 뿐이다. 하지만 파스타를 건져서 물기를 뺀 뒤 약간의 기름이나 버터를 첨가하는 것은 괜찮다. 지방 성분이 뜨거운 파스타에 닿으면 저절로 코팅이 되면서 파스타가 서로 달라붙는 것을 막아준다.

다 익은 파스타를 건져낸 뒤에는 물을 완전히 빼 녹말 성분을 제거한다. 녹말이 남아 있으면 소스가 더 크리미하고 걸쭉해지기 때문이다. 심지어 소스의 걸쭉한 질감을 위해 일부러 파스타를 삶은 물을 한두 스푼 정도 넣으라고 권하는 사람들도 있다. 그동안 파스타는 콩과 비슷한 부류로 여겨져왔다. 그러나 전통적으로 파스타는 콩류보다는 소스에 조린 고기와 어울리고, 그 자체가 각종 소스와 녹인 치즈로 맛을 더한 독자적인 요리가 된다.

이탈리아에서는 알덴테로 익힌 파스타를 건져내자마자 곧바로 조리 중인 소스에 넣는다. 프랑스에서는 파스타를 먹기 직전에 조리한다. 파스타를 조리하자마자 서로 달라붙을 새도 없이 뜨거울 때 바로 내가기란 상당히 어렵다. 그라탱 형태의 파스타도 미국 문화의 영향으로 점점 더 자주 눈에 띄고 있다. 최근에는 라멘이 본토 일본은 물론 프랑스에서도 지역색을 띤 파스타이자 패스트푸드로 각광 받고 있다. 라멘을 '패스트 누들fast noodle'이라고 부르기도 한다.

건강한 기쁨

파스타는 건강에 좋은 음식이지만, 일반적으로 파스타를 논할 때 그 점을 언급하지는 않는다. 파스타 요리의 영양적 가치는 결국 파스타를 조리할 때 첨가하는 재료로 결정되기 때문이다. 물론 파스타에는 지구력의 원천이 되는 복합 탄수화물이

글루텐 불내증

최근 환경오염으로 인한 각종 알레르기 문제가 심화되면서, 글루텐 불내증도 전염병 수준으로 확산되고 있는 듯하다. 글루텐 불내증을 소아 지방변증(셀리악 병)과 혼동해서는 안 된다. 소아 지방변증은 글루텐이 철분과 칼슘 등 몇몇 영양소의 흡수를 저해해서 심각한 결핍으로 이어지게 하는 병이다. 반면 글루텐 불내증은 글루텐의 섭취를 중단한 사람들이 모두 경험할 수 있는 행복한 삶(웰빙)으로 설명된다. 사실 이 행복한 삶은 섬유소와 주요 미네랄이 부족한 밀가루나 흰 빵 같은 정제식품을 끊은 대신 품질과 영양 면에서 우수한 음식을 먹고, 상대적으로 식사량을 줄인 결과이다.

풍부하게 들어 있다. 뉴욕 마라톤 대회 전날, 참가 선수들이 저녁 식사로 파스타를 먹는 이유이다. 오랫동안 이탈리아 사람들은 프랑스 사람들이 파스타를 너무 오래 익힌다고 손가락질했다. 하지만 오늘날 이러한 비난이 더는 통하지 않는다. 이제는 프랑스 사람들도 파스타는 알덴테로 익혀야 소화가 느리게 되어서 칼로리 섭취를 줄일 수 있고 결국 건강에 더 좋다는 사실을 알기 때문이다.

1970년대까지 파스타는 단순하고 지나치게 열량이 높다는 비난으로 고급 요리에서 배제되는 수난을 겪었다. 하지만 오늘날 파스타는 활력과 에너지의 상징으로 평가받는다.

맛과 모양

최근 들어 생파스타의 선호도가 높아지자 각 제조사들은 기발한 모양의 생파스타를 속속 선보이고 있다. 심지어 판자니Panzani®(프랑스의 파스타 브랜드 명—옮긴이)사에서는 놀랍게도 유명 디자이너에게 생파스타의 디자인을 의뢰한 것으로 알려졌다. 그 결과 1980년대 후반 필리프 스타크Philippe Starck가 디자인한 독보적인 모양의 만달라Mandala® 파스타가 출시되었다.

시금치, 당근, 심지어 퀴라소(퀴라소 섬에서 재배하는 오렌지의 일종인 라라하 귤의 껍질을 말려서 넣은 술의 일종—옮긴이)로 향미를 더한 파스타는 요리에 밝은 청록색을 비롯한 화려한 색채감을 부여한다.

글루텐 성분이 풍부한 파스타는 탄력 있고 유연하며, 익혔을 때 모양이 잘 흐트러지지 않는다. 탄성이 좋은 듀럼밀 파스타는 더욱 그렇다. 반면 쌀이나 일반 밀로 만든 파스타는 상대적으로 변형되기 쉬워서 대부분 단순한 국수나 띠 모양으로 성형한다.

파스타의 모양은 단지 미적 측면에서만 중요한 것이 아니다. 파스타의 모양에 따라 조리 방식도 달라질 수 있다.

새의 혓바닥이나 작은 별, 알파벳 같은 모양의 초소형 파스타는 수프나 포타주에 잘 어울린다. 가는 홈이 파인 파스타에는 액상 소스가 잘 배어든다. 푸실리나 로체티처럼 꼬인 모양의 파스타에는 녹인 치즈같이 진하고 크리미한 소스를 틈새까지 고루 묻힐 수 있다.

볼로네즈 소스에 버무린 단순한 스파게티 한 그릇이면 가족 간의 소박한 일요일 식탁을 꾸미기에 충분하다.

파스타는 변신이 자유로워 모든 음식에 활용할 수 있다. 심지어 최소한의 물로 익힌 파스타는 리소토의 재해석이 될 수 있다. 물을 다 흡수한 파스타에 파르메산 치즈를 섞으면 리소토와 다를 바가 없다. 파스타는 이따금 쌀을 대신해 디저트에 사용되기도 한다.

벼와 그 안의 작은 낟알

쌀은 인도와 아시아 요리에서 빼놓을 수 없는 재료이지만, 요리에 따라 사용되는 쌀의 종류는 모두 다르다. 즉, 인도의 비리야니biryani(생쌀에 향신료와 닭고기 등을 넣고 볶은 인도식 쌀 요리—옮긴이)와 일본의 스시, 인도네시아의 나시고렝은 모두 쌀을 주재료로 하지만, 이들 사이에 공통점은 하나도 없다. 남아메리카와 북아메리카, 유럽에서도 쌀 요리를 많이 먹는다.

쌀의 재배 조건은 상당히 까다롭다. 쌀은 많은 일조량과 높은 온도 및 습도를 요구하기 때문에 열대와 아열대 기후 지역에서만 재배할 수 있다. 그런데 경제적·지리적 개발과 관련된 여러 이유로 이들 지역은 기계화의 도입이 힘들다.

쌀은 초콜릿맛 파우더처럼 어린 시절의 기쁨을 떠올리게 하는 뻥튀기의 형태로 만들기도 한다. 또 글루텐이 형성되지 않는 쌀가루나, 한 번 쪄서 곱게 빻은 '쌀 크림(creme de riz, 이름과 달리 쌀을 쪄서 말린 뒤 곱게 빻은 가루 형태이다. 이 가루를 물이나 우유에 풀어서 끓이면 크림 내지 죽 같은 형태가 된다—옮긴이)', 물론 식물성 우유로도 가공한다. 그러나 다른 곡물에 비해 쌀은 크게 변형하지 않고 낟알 그대로 먹는 경우가 더 많다.

현미와 백미, 찐쌀

쌀의 낟알에만 초점을 맞추면, 전 세계에서 소비되는 8,000여 종의 쌀을 낟알의 형태와 생산 지역, 맛 등에 따라 크게 분류할 수 있다.

조리 분야에서는 쌀을 저장 기간, 조리 시간, 영양학적 품질에 따라 크게 세 종류로 나눈다.

비정제미 또는 현미

현미는 벼의 겉껍질(왕겨)만 벗겨낸 쌀이다. 쌀의 영양 성분이 집중되어 있는 미강(쌀겨)과 배아(씨눈)를 그대로 보전한 것이라 주요 미네랄과 비타민 B, 섬유소, 항산화 성분이 풍부하다. 현미는 익히는 데 시간이 적어도 45분 이상 소요되며, 저장성은 좋지 않은 편이다. 미묘한 헤이즐넛 향이 배어 있어 샐러드에 영양을 보충하기 위한 재료 등으로 활용된다. 미강 부분에는 생산 과정 중에 사용된 화학물질(비료) 성분이 축적되어 있으므로, 가능하면 유기농 현미를 선택하는 것이 좋다.

백미

백미는 현미에서 배아와 미강을 제거하고, 순수한 진줏빛 낟알을 얻기 위해 연마 과정까지 거친 쌀이다. 이러한 과정에서 훌륭한 영양 성분은 대부분 사라진다. 세계적으로 애용되는 백미의 품종은 리소토 전용 쌀인 아르보리오와 자스민, 타이, 바스마티 등 독특한 향이 있는 쌀이다. 백미를 익히는 데는 약 20분이 소요되지만, 조리 전 쌀을 물에 불리거나 씻은 경우에는 시간이 더 단축된다.

찐쌀

찐쌀은 겉껍질을 벗기기 전에 미리 익혀 말린 쌀이다. 진공 상태로 가열하는 동안 배아와 미강에 들어 있는 영양소가 쌀알의 중심부로 옮겨가기 때문에 저장성이 좋다. 따라서 영양 문제에 관심이 있는 사람들은 실용적인 측면에서도 찐쌀을 이용할 만하다. 찐쌀은 다른 쌀보다 조리 시간이 짧아 5분이면 충분히 익는다.

두 가지 조리 방식을 중심으로 변형하기

쌀은 품종과 레시피는 엄청나게 다양하지만, 의외로 조리 방식은 상당히 간단한 편이다. 쌀을 익히는 방법은 크게 두 가지다. 파스타처럼 다량의 물에 삶는 방법과 소량의 물을 붓고 끓여서 쌀알이 물을 모두 빨아들이게 하는 방법이다. 이를 각각 크레올 라이스식 조리와 필라프식 조리라고 한다. 물론 이 두 방법은 다양하게 변형될 수 있다.

크레올 라이스식 조리는 쌀을 다량의 끓는 물에 삶아 익히는 것이다. 조리 시간은 쌀을 붓고 물이 다시 끓어올랐을 때부터 찐쌀은 몇 분, 현미는 45분이면 충분하다. 이 방식은 현미와 야생쌀의 조리에 적극 권장된다. 몇몇 품종의 쌀은 완전히 익기 전에 불을 끄고 뚜껑을 덮은 채 쌀이 물기를 일부 흡수하고, 향신 재료의 향이 배도록 뜸을 들였다가 건진다.

이 조리 방식의 주요 장점은 간편성 말고도 쌀알이 서로 뭉치지 않고 하나하나 흩어진 상태로 조리할 수 있다는 것이다.

전기밥솥을 이용한 조리도 수증기로 익힌다는 것만 다를 뿐 원리는 같다. 수증기로 쪄낸 밥에서는 독특한 향이 나는데, 조리 중에 사용한 바구니가 그 원인 중 하나다. 쌀을 수증기로 찌는 방법은 다음과 같다. 우선 대나무 바구니 안에 베보자기를 깔고 그 위에 하룻밤 동안 물에 불린 쌀을 얇게 펼쳐놓는다. 베보자기는 수증기가 통할 수 있을 만큼 충분히 커야 한다. 이어 물이 끓고 있는 냄비 위에 바구니를 얹어 약 30분간 찐다.

필라프식 조리 역시 매우 간단하다. 단, 쌀알에 수분이 모두 흡수되어야 하므로 조리 시 사용되는 물의 양을 정확히 맞춰야 한다. 물론 물에 향신료를 첨가해 쌀에 향이 배게 할 수 있다. 이렇게 조리한 밥은 다른 어떤 양념도 필요하지 않을 것이다.

리소토도 기본적으로 이와 같은 과정에 따라 만든다. 단, 육수를 부을 때는 수분이 쌀알에 흡수되는 상황을 보아가며 조금씩 부어야 한다. 몇몇 필라프와 마찬가지로 리소토를 만들 때는 우선 쌀을 향신료와 함께 기름이나 버터에 쌀알이 투명해질 때까지 볶다가 육수를 붓는다.

전통적으로, 익힌 쌀(밥)에는 생선과 스튜를 곁들였다. 오늘날, 리소토는 먹기 직전에 만들어야 하고 정확성이 많이 요구되기 때문에 조리가 까다로울 수 있지만, 다양한 아이디어를 적용할 수 있다는 점에서 유행에 맞는 독특한 요리이다.

여름철에는 쌀을 샐러드의 영양 보충 재료로 자주 활용한다. 또 채소 안에 채우는 소를 만들 때 다진 고기 대신 쓸 수도 있다.

쌀은 어릴 때 먹던 디저트의 상징인 전통적 라이스 푸딩의 주재료이기도 하다. 쌀을 향신료와 함께 우유에 넣고 끓인 뒤 쌀알이 통통하게 불 때까지 그대로 식혀 완성한다. 라이스 케이크는 쌀을 우유에 끓여 달걀과 캐러멜을 섞은 다음 오븐에서 중탕으로 쪄낸 것이다.

쌀을 꼭 씻어야 할까?

쌀을 씻는 것에 대해서는 각 가정의 풍습에 따라 당연히 씻어야 한다는 사람도 있고, 상상할 수 없는 일로 생각하는 사람도 있다. 쌀을 씻는다는 것은 사실 다량의 물에 쌀을 헹구는 것이다. 쌀알들이 서로 마찰하면서 전분기가 물에 녹아 회부연 쌀뜨물의 형태로 씻겨나가는데, 이때 개인의 습관에 따라 맑은 물이 나올 때까지 계속 헹굴 수도 있고, 아직 뿌연 기운이 남아 있을 때 마칠 수도 있다. 쌀 씻기는 곡물에 불순물이 섞여 있거나 조금 지저분해 보일 때 필요하다. 특히 쌀을 물에 헹궈 전분기를 제거하면 익혔을 때 쌀알들이 서로 덜 달라붙는 효과가 있다. 따라서 쌀을 씻는 행위 자체는 실질적으로 나쁜 것도, 좋은 것도 아니다. 레시피상 쌀알을 알알이 흩어지게 조리해야 할 경우에는 필요하지만, 차진 밥을 지어야 할 때는 오히려 저해 요소가 될 수 있다.

오랫동안 곡물은 단순히 허기진 위장을 채울 수 있는, 포만감이 큰 음식이라는 대중적 이미지를 갖고 있었지만,
우리 몸의 성장 발달을 위해 반드시 필요한 알찬 에너지원이다.

파스타

도피네식 라비올리

탈리아텔레

라비올리

라사냐

슈페츨레

뇨키

오레키에테

펜네

쌀국수

소바

크로제*

* 크로제 : 메밀 또는 듀럼밀을 반죽해서 만든 사부아Savoie 지방의 특산 파스타

말린 콩류

흰강낭콩

잠두콩

팽폴 강낭콩

붉은강낭콩

검은콩

적렌틸콩

녹색 스플릿 피

병아리콩

노란색 스플릿 피

녹색 퓌 렌틸콩

쌀

인디카 찐쌀(장립종)

야생미

바스마티 쌀

카마르그산 백미(장립종)

아르보리오 쌀(단립종)

곡류

보리 세몰리나

메밀

슈펠트밀(독일산 소맥)

퀴노아

오트 플레이크

카무트

Préparer des pâtes fraîches

생파스타 만들기

난이도: 👨‍🍳👨‍🍳
분량: 1kg

도구: 제면기(파스타 기계)

재료
밀가루 300g, 고운 듀럼밀 세몰리나*(아시아 식품점에서 구입 가능) 300g, 신선한 달걀 6개

1 밀가루와 세몰리나를 반죽기의 용기에 담거나 작업대 위에 소복하게 쌓아둔다. 달걀을 깨뜨려 가루와 섞는다.

2 1의 혼합물을 잘 치대서 균질한 상태의 반죽을 만든다. 반죽은 실온에서 1시간 동안 휴지한다.

3 반죽을 8덩이로 나눈 뒤, 1덩이씩 제면기에 통과시켜 평평하게 민다. 반죽의 두께가 가장 두꺼운 1단계부터 5단계까지 차례로 조절하면서 점점 더 얇게 만든다.

4 세몰리나를 뿌린 면 보자기 위에 반죽을 펼쳐놓고, 약 15분간 건조시킨 뒤 원하는 크기로 자른다(387쪽 참조).

* 세몰리나semolina: 단백질 함량이 높은 듀럼밀을 빻아서 만든 가루. 마카로니나 스파게티의 원료로 사용된다.

Découper des pâtes

생파스타 자르기

난이도: 🎩🎩

도구: 식칼, 제면기

1 원하는 종류의 파스타로 형태를 만들기 전, 먼저 반죽을 큼지막한 사각형으로 자른다. 라자냐: 평평한 반죽을 약 8x16cm 크기로 자르면 곧바로 완성된다.

2 페투치니: 덧가루를 뿌린 제면기 롤러에 반죽을 통과시킨 뒤 펼쳐 말리거나 파스타 전용 건조기에 넣어 말린다.

3 탈리아텔레: 작은 사각형 반죽을 2회 접는다.

4 접은 반죽을 일정한 폭으로 썬다. 평평하게 펼쳐 말리거나, 새둥지처럼 뭉쳐 세몰리나 덧가루를 뿌린다.

색과 향을 넣은 생파스타 만들기

난이도: 👨‍🍳👨‍🍳

분량: 1kg

도구: 제면기

재료

신선한 달걀 6개, 밀가루 300g,
고운 밀 세몰리나(아시아 식품점에서 구입 가능) 300g

갑오징어 먹물 반죽: 오징어 먹물 4TS
녹색 반죽: 바질 1묶음(또는 다듬어 씻은 시금치 250g)
토마토와 고추 반죽: 토마토 페이스트 3TS,
에스플레트 고춧가루 1/4ts
버섯 반죽: 말린 세프버섯 2TS

1 바질(또는 시금치)은 믹서에 간다. 말린 세프버섯은 블렌더로 곱게 분쇄한 뒤 따뜻한 물 50ml에 불린다. 색깔별로 준비한 부재료를 달걀과 밀가루, 세몰리나에 섞어 반죽한다(386쪽 참조).

2 다양한 색과 향을 넣어 완성한 생파스타 반죽을 만들 수 있다.

Ravioles demi-lunes ricotta-épinards

리코타 치즈와 시금치를 넣은 반달형 라비올리

난이도: 👨‍🍳👨‍🍳

분량: 1.5kg

준비 시간: 30분

도구: 링 커터

재료

녹색 생파스타 반죽 1kg(388쪽 참조), 달걀흰자 1개

소: 리코타 치즈(또는 브루스*) 400g,
시금치 300g(끓는 물에 데쳐 물기를 완전히 제거한 뒤 다져
준비, 469쪽 참조), 달걀 1개, 넛메그, 소금, 후춧가루

1 지름 약 6~7cm의 링 커터를 사용해 파스타 반죽을 동그랗게 찍어낸다. (커터의 모서리는 매끈하든 톱니 모양이든 상관없다.)

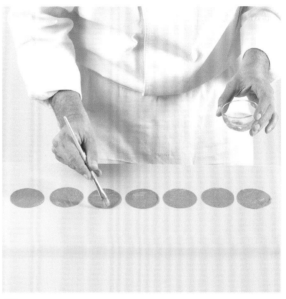

2 동그랗게 찍어낸 반죽마다 가장자리 절반에 달걀흰자를 바른다.

3 소 재료를 모두 섞어 라비올리 속에 넣을 소를 만든다. 반죽의 한쪽에 소를 조금씩 올린다.

4 반죽을 반으로 접은 다음, 링 커터를 뒤집어 라비올리의 가장자리를 눌러가며 붙인다.

* 브루스brousse: 프로방스산 염소젖 또는 양젖으로 만든 흰색 크림 형태의 비숙성 치즈. 현재는 소젖으로도 많이 만들며, 주로 샐러드에 사용된다.

삼각형 라비올리와 토르텔리니

난이도: 🎩🎩
분량: 1.5kg
준비 시간: 30분

도구: 칼 또는 롤 커터, 붓

재료
토마토와 고추로 만든 파스타 반죽(388쪽 참조) 1kg,
달걀흰자 1개

염소젖 치즈와 말린 토마토 소:
신선한 염소젖 치즈(셰브르) 500g,
말린 토마토 올리브에 절인 것200g(잘게 다져 준비),
달걀 1개, 신선한 타임(잘게 다져서 준비), 소금, 후춧가루

1 자와 칼 또는 피자용 롤 커터를 이용해 반죽을 각 변 6cm 길이의 정사각형으로 자른다.

2 사각형 반죽의 네 귀퉁이에 달걀흰자를 바른다.

3 반죽 위에 소를 조금씩 올린다.

4 대각선을 중심으로 반죽을 접고, 손끝으로 가장자리를 눌러준다.

5 **삼각형 라비올리:** 칼이나 롤 커터로 가장자리를 다듬어서 완벽한 세모꼴을 만든다.

6 **토르텔리니:** 삼각형의 양끝이 포개지도록 접어 손끝으로 꽉 아물린다.

가리비 관자 라비올리

난이도: 🧑‍🍳🧑‍🍳
분량: 1.5kg
준비 시간: 40분

도구: 링 커터, 붓

재료
오징어 먹물 파스타 반죽 1kg(388쪽 참조),
달걀노른자 1개

소: 가리비 관자 400g(버터에 소테해 준비), 카레 가루 1ts

1 지름 약 6~7cm의 링 커터를 사용해 파스타 반죽을 동그랗게 찍어낸다.

2 붓을 이용해 반죽의 가장자리 절반에만 달걀노른자를 바른다.

3 반죽 한가운데에 소를 조금씩 올린다.

4 나머지 반죽을 1장씩 덮고, 가장자리를 손끝으로 눌러 안쪽의 공기를 뺀다.

5 2장의 반죽이 맞붙도록 링 커터를 뒤집어 꽉 누른다.

6 가장자리에 달걀노른자를 한 번 더 바른다. 끓는 소금물에 넣고 3분간 삶는다.

원형 라비올리 만들기

난이도: ♟♟♟

분량: 1.5kg

준비 시간: 30분

도구: 링 커터

재료

오징어 먹물 파스타 반죽(388쪽 참조), 달걀흰자 1개

가리비 관자 소: 가리비 관자 400g(버터에 소테해 준비),
카레 가루 1ts

1 사각형 라비올리 만들기 과정(396쪽 **1~3**단계)을 그대로 반복한다. 가리비 소를 준비해서 반죽 위에 조금씩 올린다.

2 소가 놓인 공간에 사이사이 달걀흰자를 바르고, 나머지 1장의 반죽을 소가 놓인 반죽 위에 덮는다.

3 반죽의 중심부부터 바깥쪽을 향해 손끝으로 라비올리 사이사이의 공간을 꾹꾹 눌러 공기를 빼는 동시에 서로 단단히 맞붙인다.

4 링 커터로 라비올리를 하나씩 찍어낸다. 링 커터의 모양은 민무늬든 톱니무늬든 상관없다.

소를 넣은 생파스타 익히기

~⟨⟩~

난이도: 👨‍🍳👨‍🍳

도구: 냄비, 에퀴무아르

1 큰 냄비에 물을 붓고 소금 간을 해서 끓인다. 생파스타를 끓는 물에 넣고, 모양이 망가지지 않도록 불을 살짝 줄인다.

2 3분간 삶은 후, 손가락으로 파스타를 눌러 익었는지 확인한다. 중심부가 단단하고, 질척한 느낌이 없으면 다 익은 것이다.

3 에퀴무아르로 파스타를 조심스럽게 건진다.

4 녹인 버터나 올리브유를 약간 끼얹고, 파르메산 치즈를 뿌리거나 허브로 장식해 바로 서빙한다.

사각형 라비올리 만들기

난이도: ♟♟♟

분량: 1.5kg

준비 시간: 30분

도구: 칼, 자, 붓, 롤 커터

1 넓은 띠 모양의 파스타 반죽을 세로 12cm 길이로 자른다.

2 세로의 중간인 6cm 지점에 플라스틱 자를 가로로 대고 가볍게 눌러 표시한다.

3 자를 앞서와 반대 방향으로 대고 각 변 6cm 길이의 정사각형이 만들어지도록 표시한다.

4 재료를 모두 섞어 소를 만든다. 정사각형 반죽 한가운데에 소를 조금씩 올린다.

재료

연갈색 반죽 1kg(388쪽 참조), 달걀흰자 1개

세프버섯 소: 다진 샬롯 3개와 세프버섯 400g으로 만든 뒥셀(458쪽 참조),
크렘 프레슈 또는 마스카르포네 치즈 2TS, 달걀 1개, 소금, 후춧가루

5 소가 놓인 공간 사이사이에 달걀흰자를 바른다.

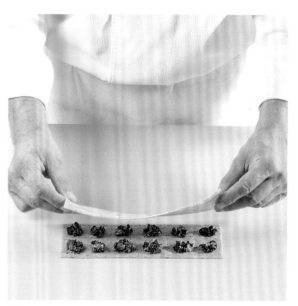

6 소가 놓인 반죽 위에 나머지 1장의 반죽을 덮는다.

7 반죽의 중심부부터 바깥쪽을 향해 자로 라비올리 사이사
이 공간을 눌러 공기를 빼는 동시에 서로 단단히 맞붙인다.

8 칼이나 롤 커터로 라비올리를 자른다.

Gnocchis de pomme de terre

감자 뇨키

난이도: 👨‍🍳👨‍🍳👨‍🍳
분량: 4인분
준비 시간: 20분 · 휴지 시간: 30분
조리 시간: 3분

재료

감자 500g(끓는 소금물에 삶거나 찐 다음 퓌레 상태로 준비.
469쪽 참조), 달걀노른자 1개,
밀가루 약 200g(감자 상태에 따라 조절), 소금

도구: 거름망, 포크, 냄비, 에퀴무아르, 스패튤러

1 감자 퓌레에 수분을 일절 보태지 않고 으깨 체에 곱게 내린다.

2 스패튤러로 감자와 달걀노른자를 잘 섞고, 소금 간을 한다.

3 밀가루를 조금씩 넣으면서 반죽한다. 타르트 반죽처럼 탄력이 있되 손가락에 묻어나지 않을 정도가 되면 완성이다.

4 뇨키 반죽을 둥그런 공처럼 만든다.

파스타, 곡물, 마른 콩류

5 덧가루를 뿌린 작업대 위에서 반죽을 나누어 손가락 굵기의 길쭉한 막대 형태로 만든다.

6 막대 형태의 반죽을 2cm 길이로 자른 뒤 손바닥 사이에서 굴려 작은 타원형으로 빚는다.

7 포크 날 위에 반죽을 올린 채 살짝 눌러 뇨키에 무늬를 내고, 수분이 날아가도록 밀가루를 뿌린 면포 위에 뇨키를 올려 30분간 말린다.

8 큰 냄비에 소금물을 끓인다. 물이 끓으면 뇨키를 넣고 불을 약간 줄인다.

9 약 3분간 삶는다. 뇨키가 위로 떠오르면 에퀴무아르를 이용해 조심스럽게 건진다.

10 뵈르 블랑(57쪽 참조) 또는 올리브유를 살짝 끼얹고, 바질 또는 파르메산 치즈를 뿌려 바로 서빙한다.

불구르* 익히기

난이도: 🧑‍🍳

도구: 뚜껑이 있는 큰 냄비

1 큰 냄비에 물을 끓인다. 물의 양은 중간 굵기의 불구르를 기준으로 2배쯤 잡는다.

2 물이 끓으면 불구르를 넣고 소금 간을 한 뒤 불을 줄인다.

3 냄비 뚜껑을 덮고 밀알이 퍼지도록 20분간 익힌다.

4 뭉쳐 있는 불구르에 버터 1조각 또는 올리브유를 조금 넣고 섞어 포크로 흩뜨려준다.

* 불구르bulgur: 다양한 품종의 밀(주로 듀럼밀)을 쪄 말린 뒤 빻은 것으로 유럽이나 중동, 인도에서 많이 먹는다.

Cuire le quinoa

퀴노아 익히기

난이도: 👨‍🍳👨‍🍳

도구: 큰 냄비, 거름망

1 퀴노아를 깨끗한 물에 여러 번 헹궈 쓴맛을 내는 사포닌 성분을 제거한다.

2 큰 냄비에 물을 끓여 소금 간을 하고, 거름망에 밭친 퀴노 아를 넣은 뒤 약 10분간 익힌다.

3 낟알을 감싸고 있는 작은 링 모양의 속껍질이 떨어져 나 가기 시작하면 다 익은 것이다. 익힌 퀴노아의 식감은 약 간 설겅거려야 한다.

4 익힌 퀴노아를 건져 깨끗한 찬물에 식힌다.

Cuire du riz pilaf

쌀 필라프 만들기

난이도: 🍳🍳

도구: 뚜껑이 있는 소퇴즈, 스패튤러

셰프의 한마디

이 방법은 장립종인 아메리카 쌀이나 카마르그 쌀은 물론, 다양한 품종을 섞은 혼합미에도 적용할 수 있다.

1 소퇴즈에 잘게 다진 양파를 색이 나지 않게 몇 분간 버터에 볶는다.

2 원하는 분량의 쌀(4인분 기준 250ml, 약 200g)을 소퇴즈에 쏟아붓는다. 쌀이 버터와 섞여 약간 투명한 색이 돌 때까지 스패튤러로 계속 섞으며 볶는다.

3 쌀 양의 1.5배 분량의 육수(채소, 닭, 생선 또는 갑각류 육수를 조리법에 따라 선택)를 준비해 팔팔 끓여 뜨거운 채로 쌀을 볶은 소퇴즈에 한 번에 붓는다.

4 부케 가르니 1개를 넣는다.

5 원형으로 오린 유산지를 육수 표면에 올리고 뚜껑을 덮는다. 소퇴즈를 160℃로 예열한 오븐에 넣어 약 17분간 익힌다.

6 쌀이 익으면 오븐에서 꺼낸 뒤 버터 1조각을 넣어 뭉친 쌀알이 떨어지도록 조심스럽게 저어 흩뜨린다.

아시아식 밥 짓기

난이도: 👨‍🍳👨‍🍳

도구: 여과기, 바닥이 두꺼운 냄비

재료
바스마티 쌀 또는 자스민 쌀(4인분 기준 250ml, 약 200g),
찬물(보통은 쌀 양의 1.5배이지만 스시용 밥은 1.25배로 준비),
소금

셰프의 한마디

바스마티 쌀은 아시아 식품점에서 품질이 좋은 것으로 선택해야 익혔을 때 길고 가느다란 쌀알 모양이 유지된다.

1 큰 볼에 찬물을 담아 쌀을 씻는다. 과다한 전분기를 제거하기 위해 한 번 씻은 쌀을 체에 밭치고, 맑은 물이 나올 때까지 여러 번 물을 갈아주며 씻는 과정을 반복한다.

2 깨끗이 씻은 쌀을 냄비에 담고 찬물을 부은 뒤 소금 간을 한다.

3 센 불에서 끓인다.

4 끓기 시작하면 불을 가장 약하게 줄이고, 김이 새어나오지 않도록 뚜껑을 확실히 덮는다. 필요하다면 행주로 뚜껑을 감싸는 것도 좋다.

5 20분간 뚜껑을 열거나 내용물을 건드리지 않고 그대로 익힌다. 표면에서 작은 분화구가 터지듯 수증기가 나오면 다 익은 것이다.

6 냄비를 불에서 내린다. 뚜껑을 덮은 채 5분간 뜸을 들인 후, 주걱으로 밥을 가볍게 섞는다.

Réaliser un risotto

리소토 만들기

난이도: 👨‍🍳👨‍🍳

셰프의 한마디

리소토는 대부분 이탈리아산 쌀(보통 아르보리오 쌀)로 만든다.
그러나 카르나놀리 쌀*를 사용하면 훨씬 더 부드러운 식감의 리소토를 만들 수 있다.

1 소퇴즈에 올리브유를 두르고 다진 샬롯(또는 양파)를 색이 나지 않도록 몇 분간 볶는다.

2 쌀을 넣고 스패튤러로 계속 저으면서 쌀알이 투명해질 때까지 타지 않게 볶는다.

3 볶는 쌀에 화이트와인을 넣어주는데, 알코올 성분은 날린다.

4 따뜻한 육수 2국자를 넣고, 약한 불에 그대로 두어 쌀이 육수를 흡수하게 한다.

* 카르나놀리 쌀riz carnaroli: 이탈리아 북부의 롬바르디아 지방에서 재배되는 자포니카 품종의 쌀. 아밀라펙틴의 함량이 많아 아르보리오 쌀보다 수분을 많이 흡수하기 때문에 크리미한 리소토를 만들 수 있다.

분량: 4인분

준비 시간: 10분 · 조리 시간: 20분

도구: 뚜껑이 있는 소퇴즈

재료

다진 샬롯 2개(또는 작은 양파 1개), 올리브유 3TS,
아르보리오 쌀 200g, 화이트와인 100ml,
육수 약 1L(채소, 가금류, 생선 또는 갑각류 육수. 레시피에 따라 선택),
버터 50g(또는 마스카르포네 치즈 2TS, 또는 액상 생크림 100ml),
파르메산 치즈 50g, 소금, 후춧가루

5 쌀이 부드럽게 익을 때까지 **4**의 과정을 몇 차례 반복한다.

6 버터나 마스카르포네 치즈 또는 생크림을 섞는다.

7 강판에 간 파르메산 치즈를 넣고 부족한 간을 맞춘다. 생선과 해산물 리소토의 경우, 치즈는 넣지 않는다.

8 내가기 전 5분간 뚜껑을 덮고 뜸을 들인다.

Réaliser un risotto d'épeautre

슈펠트밀 리소토 만들기

난이도: 👨‍🍳👨‍🍳

분량: 4인분

준비 시간: 10분 · 조리 시간: 15분 또는 40분

재료

다진 양파 1개, 올리브유 3TS, 슈펠트밀 200g,
채소 부용 약 1L(79쪽 참조), 버터 30g, 소금, 후춧가루

도구: 뚜껑이 있는 소퇴즈, 스패튤러

1 소퇴즈에 올리브유를 두르고 양파를 색이 나지 않게 3분간 볶는다.

2 슈펠트밀을 넣고 밀알에 기름이 충분히 밸 때까지 저으며 볶는다.

3 따뜻한 육수 2국자를 넣고, 약한 불에서 밀이 육수를 모두 흡수할 때까지 뭉근히 익힌다. 이때 밀이 바닥에 눌어붙지 않도록 가끔 저어주어야 한다.

4 3의 과정을 반복하며 스패튤러로 일정하게 저어준다. 슈펠트밀의 조리 시간은 제품마다 다르다(포장에 적힌 설명을 확인할 것). 이미 쪄서 나온 제품은 약 15분이지만, 보통은 40분까지 소요된다.

5 밀이 원하는 정도로 익을 때까지 계속 저으며 조리한다.

6 버터를 넣어 섞고 소금과 후춧가루로 간을 맞춘다. 이어 뚜껑을 덮고 5분간 뜸을 들인 뒤 바로 서빙한다.

폴렌타* 익히기

난이도: 👨‍🍳👨‍🍳

도구: 바닥이 두꺼운 소퇴즈, 거품기

셰프의 한마디

폴렌타의 조리 시간은 경우에 따라 다르다(제품 포장의 설명을 확인할 것).
쪄서 나온 폴렌타는 약 5분이면 되지만 일반적으로는 45분까지 소요된다.

1 소퇴즈에 물 1L와 우유 250ml, 소금 1ts, 후춧가루를 넣고 불에 끓인다. 여기에 고운 폴렌타 가루 250g(6~8인분)을 넣고 거품기로 세게 휘저어 섞는다.

2 불을 줄이고, 거품기로 계속 휘저으면서 뭉근하게 익힌다. 퓌레처럼 부드러운 폴렌타를 만들려면 원하는 질감에 따라 생크림으로 농도를 조절한다. 완성된 폴렌타는 굳기 전에 바로 서빙한다.

폴렌타 굽기

난이도: 👨‍🍳 👨‍🍳

도구: 코팅된 프라이팬, 실리콘 패드, 조리용 틀, 스패튤러

1 익힌 폴렌타(410쪽 참조)에 물 750ml, 우유 250ml(생크림 안 됨), 소금을 넣고 좀더 끓인다. 뜨거운 상태의 폴렌타를 실리콘 패드 위에 놓은 틀에 붓는다.

2 스패튤러에 녹인 버터를 묻혀 폴렌타의 표면을 매끈하게 다듬는다. 폴렌타가 식으면 냉장고에 2시간 동안 넣어 굳힌다.

3 폴렌타를 막대 모양 등 원하는 형태로 자른다. 코팅된 프라이팬에 올리브유를 조금 두르고 폴렌타를 올린다.

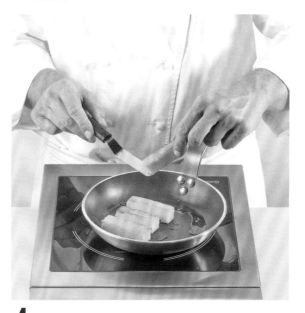

4 폴렌타의 각 면을 약 3분씩 노릇하게 굽는다.

Cuire des haricots blancs secs

마른 흰콩 삶기

난이도: 🍳

도구: 마르미트, 에퀴무아르

▪ 이 방법으로 플라졸레*, 붉은 강낭콩, 병아리콩 등도 조리할 수 있다. 렌틸콩의 경우, 1단계를 제외하고 똑같이 조리한다. ▪

셰프의 한마디

압력솥을 사용하면 조리 시간을 절반으로 줄일 수 있다.

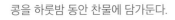

1 콩을 하룻밤 동안 찬물에 담가둔다.

2 콩을 건져 소금 간을 하지 않은 찬물을 가득 채운 마르미트에 넣고 끓인다. 물이 끓으면 거품을 걷어낸다.

---

* 플라졸레flageolet: 프랑스산 강낭콩의 한 종류. 크기는 작고 연녹색을 띠며 식감은 부드러우면서도 씹는 맛이 있다.

* 폴렌타polenta: 옥수수가루 같은 곡물 가루를 물에 끓여 만든 죽 요리로, 고대 로마 시대부터 이탈리아 사람들의 주식이었다. 죽 형태 그대로 먹기도 하고, 굽거나 튀겨 메인 요리에 곁들이기도 한다.

3 부케 가르니 1개, 4등분한 양파와 당근을 각 1개씩 넣는다.

4 중간 불에서 뚜껑을 덮은 채 35~40분간 끓이되, 25분 정도 지났을 때 소금 간을 한다. 조리 시간은 콩의 종류와 건조 상태에 따라 달라진다.

5 **콩 맛보기:** 잘 익힌 콩의 질감은 부드럽지만 뭉그러져서는 안 된다. 다 익은 콩은 에퀴무아르로 건진다.

6 향미를 위해 넣었던 채소들은 모두 골라 빼낸다. 익힌 콩에 육즙 소스를 섞어 조리하기도 한다.

Lentilles en salade asiatique

아시아풍 렌틸콩 샐러드

난이도: 👨‍🍳👨‍🍳

6인분

준비 시간: 15분 · 조리 시간: 20분

도구: 소퇴즈, 프라이팬

재료

렌틸콩 200g, 땅콩 50g,
푸아그라 200g(주사위 모양으로 잘라 준비)

비네그레트 소스: 다진 생강 1ts, 포도씨유 1TS, 참기름
1ts, 시드르 식초 1ts, 잘게 썬 차이브 2TS

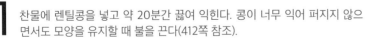

1 찬물에 렌틸콩을 넣고 약 20분간 끓여 익힌다. 콩이 너무 익어 퍼지지 않으면서도 모양을 유지할 때 불을 끈다(412쪽 참조).

2 땅콩을 프라이팬에 노릇하게 볶는다.

파스타, 곡물, 말린 콩류

3 푸아그라를 넣고 따뜻해질 정도로만 잠시 데운다.

4 미지근해진 렌틸콩을 건져 그릇에 담고 땅콩과 푸아그라도 넣는다.

5 유리 볼에 비네그레트 재료를 모두 넣어 잘 섞는다.

6 샐러드에 소스를 끼얹어 양념한다.

Les
LÉGUMES

채소류

채소류

조금, 많이, 열렬히—열정의 채소류

채소 품종에 관한 공식 자료에 따르면 현재 프랑스에서 정식으로 유통되는 채소는 자그마치 2,000종이 넘는다. 토마토 한 가지만 해도 종류가 400가지 이상이다. 이는 날마다 새로운 채소를 세 가지씩 먹는다고 해도, 모든 채소를 다 맛보려면 꼬박 2년이 걸린다는 뜻이다.

하지만 상대적으로 현실에서 채소를 대하는 태도는 매우 편협하다. 프랑스의 경우, 한 사람이 1년 동안 섭취하는 채소의 총량 가운데 3분의 2 이상은 단 3종의 채소(감자, 토마토, 당근)로 채워진다.

채소에 관한 이 같은 무지함은 당연히 통탄할 만하다. 이렇게 된 이유는 견고한 역사적 배경에서 찾아볼 수 있다. 19세기에는 감자를 제외한 모든 채소가 에너지를 내는 것과는 별 상관없는 식품으로 간주되어, 영양 결핍에 시달리는 사람들에게는 관심의 대상이 아니었다. 부자들도 흉작과 전쟁을 겪으면서 채소에 대해서는 비슷한 반응을 보였다. 그 결과 채소는 오랫동안 '가니시'라는 부수적 역할을 하는 식재료로 평가절하되었다. 물론 늦었지만 그나마 다행스럽게도 이제 사람들은 채소의 영양과 맛, 색깔이 얼마나 광범위한지 깨닫고 있다.

알아봅시다

몇 킬로그램?

프랑스 국립통계경제연구소(INSEE)의 최근 발표에 따르면, 프랑스 국민은 1인당 매년 평균 감자 30kg, 토마토 14kg, 당근 9kg 소비한다. 그 뒤를 잇는 채소의 소비량은 3kg대로 급감한다.

건강과 젊음의 칵테일

채소는 경이로울 정도의 다양성을 자랑할 뿐 아니라 건강에 이로운 각종 효과와 무수한 미각적 즐거움을 두루 제공한다.

식욕을 자극하는 다양한 빛깔

오염된 환경과 스트레스 상황에서 많이 생성되는 활성산소는 세포의 노화를 늦추고 신체적 건강을 유지하기 위해 반드시 물리쳐야 하는 존재다. 활성산소는 암이나 심혈관계 질환 같은 중대한 질병과 조기 노화의 실질적 원인이다. 활성산소의 생성을 최소화하고, 신체의 방어 능력을 강화하는 데 가장 효과적인 방법은 항산화물을 섭취하는 것이다. 항산화물은 과일과 채소에 다량 함유되어 있다.
대표적인 항산화물은 식물성 색소인 카로틴이다. 채소의 먹음직스러운 색깔은 바로 이 카로틴에서 생겨난 것이다. 샛노란빛부터 검정에 가까울 만큼 진한 보랏빛까지, 여러 빛깔의 채소를 고루 챙겨 먹는 것은 다양한 항산화물을 섭취하기 위한 간단하고도 바람직한 방법이다.

토마토의 붉은빛을 내는 라이코펜 같은 몇몇 항산화물은 지용성이라 조리 과정에서 지방성 물질을 더했을 때 몸에 더 잘 흡수된다. 예를 들어 건강에 좋은 지중해식 요리의 비법 중 하나는 음식에 약간의 올리브유를 끼얹는 것이다.

파괴되기 쉬운 비타민

비타민은 우리 몸이 원활하게 기능하는 데 반드시 필요하지만, 체내에서 생성되지 않기 때문에 음식을 통해 섭취해야 한다. 채소는 프로비타민 A와 비타민 C의 훌륭한 보고이다.

채소의 일곱 가지 분류

채소류를 분류하는 기준은 다양하다. 요리에서는 채소를 다음의 일곱 가지 종류로 나눈다.

종류	설명	예
잎채소	(주로 녹색을 띠는) 잎을 먹는 채소	양배추, 상추, 시금치, 소럴 등
줄기채소	심이 박힌 줄기를 먹는 채소	아스파라거스, 리크, 셀러리 등
열매채소	식물학적으로는 열매(과일)에 속하지만, 대부분 채소처럼 이용함	가지, 토마토, 아보카도, 껍질콩 등
뿌리/덩이줄기 채소	땅속에 묻힌 뿌리나 덩이줄기를 먹는 채소	감자, 당근, 래디시, 순무 등
버섯류	야생에서 채취하거나 재배하는 버섯은 엽록소도, 뿌리나 줄기도 없다는 점에서 다른 채소들과 완전히 차별화됨	양송이버섯, 삿갓버섯, 그물버섯 등
비늘줄기/향신채소	잎이나 구근을 먹는, 향이 강한 채소. 흔히 양념으로 사용됨	마늘, 양파, 차이브, 파슬리 등
콩과 식물(협과)	장기 보관이 가능하다는 점에서 곡류에 더 가까운 채소	렌틸콩, 병아리콩, 완두콩 등

프로비타민 A는 피부와 시력, 뇌세포를 보호하는 역할을 한다. 비타민 C는 성장과 면역력 향상에 도움이 되며, 철분의 흡수와 콜라겐 생성에 반드시 필요하다.

채소에 함유된 비타민은 몹시 섬세해 시간이 지날수록 조금씩 파괴된다. 또한 열에 약해서 조리 방식을 선택할 때 주의를 기울여야 한다. 수용성 비타민은 물에 녹아 없어질 수 있기 때문에 채소를 물에 너무 오래 담가놓지 않는다.

비타민은 주요 미네랄과 함께 채소의 껍질 부분에 집중적으로 들어 있다. 그러므로 채소의 껍질을 제거할 때는 최대한 얇게 벗기는 것이 좋다. 물론 이상적인 방법은 껍질을 제거하지 않고 그대로 섭취하는 것이다. 햇당근과 미니 순무처럼 어린 채소는 껍질째 먹어도 좋다.

식이섬유와 수분

식이섬유는 채소의 구성 성분 가운데 수분과 함께 가장 큰 비중을 차지하는 요소다. 수용성이든 불용성이든 소화 효소에 의해 분해되지 않으며, 독성이 있는 찌꺼기를 우리 몸 밖으로 신속히 배출하는 데 도움을 주어 속을 편하게 해준다.

수용성 식이섬유는 탄수화물의 소화 흡수를 더디게 만들어, 당뇨의 지표인 혈당을 조절할 수 있게 해준다. 또, 이른바 나쁜 콜레스테롤인 LDL 콜레스테롤의 증가를 제한하여 관상동맥 질환을 예방한다.

마지막으로 채소는 영양 밀도가 높은 반면, 열량 밀도는 아주 약하다. 따라서 먹는 즐거움과 영양의 균형을 동시에 충족하기 위해 반드시 필요한 식품이다.

물론 채소류가 가진 모든 장점은 요리 방식, 특히 열을 이용한 조리 방식에 따라 달라질 수 있다.

마법의 냄비

요리는 마법에 가까운 작업이다. 식품의 화학적 구성은 물론 맛과 향, 질감, 색깔 등을 모두 변화시키기 때문이다.

1970년대까지 채소의 조리는 '과잉'이 특징이었다. 시간과 온도의 과잉은 채소의 영양소를 파괴하고, 맛없어 보이는 빛깔로 만들고, 본연의 맛을 망가뜨리고, 다양한 식감을 물컹한 식감 하나로 바꿔놓았다.

최근에는 각각의 채소가 지닌 미묘한 특성을 존중하여 대략 다섯 가지 방식으로 조리하는 추세다. 여기에 익히지 않고 먹는 생식이나 카르파초까지 포함하면 채소의 조리 방식은 여섯 가지로 늘어난다.

열을 이용하지 않는 조리

채소는 익히지 않고 강판에 갈거나 막대 모양으로 썰어서, 또는 샐러드로 먹는 것이 영양적 측면에서 더 우수하다. 단, 채소를 너무 미리 썰어두지 말고, 흐르는 물에 잘 씻어 사용해야 한다. 그렇지만 편안하게 먹는다 했을 때 채소를 생으로 섭

블랑시르

블랑시르blanchir란 '표백하다'라는 뜻으로, 요리에서 채소를 블랑시르한다는 것은 본격적인 조리에 앞서 끓는 물에 살짝 데친 뒤 곧바로 얼음물에 담가 식히는 작업을 의미한다. 이렇게 하면 채소의 고유한 빛깔이 더욱 생생해지고, 단단한 질감도 유지된다. 블랑시르는 산화 작용을 최소화하고 조리 시간을 단축시킴으로써 채소의 맛과 영양적 품질을 보전할 수 있다는 장점이 있다. 채소를 냉동하기 전에도 블랑시르 단계를 거치면 보존성이 향상된다.

취하는 것이 가장 좋은 선택은 아니다. 생채소의 식이섬유는 소화하기가 몹시 어렵기 때문이다.

비트, 펜넬, 양송이버섯, 래디시 등으로 만드는 채소 카르파초는 열로 조리하는 대신 감귤류의 즙이나 식초에 절여 조리한다. 채소는 작고 얇게 썰면 영양 성분의 일부가 파괴된다. 신선하고 상태가 좋을 때 건강에 매우 이롭다.

채소는 생으로 섭취할 때 빛깔이 가장 예쁘고, 영양적 가치도 제일 우수하다.

끓는 물에 익히기

가장 보편적인 채소의 조리 방식은 끓는 소금물에 넣어 익히는 것이다. 채소를 최대한 단시간에 조리한 뒤 곧장 얼음물에 담가 식히는 것이 이 방식의 포인트다.

감자처럼 녹말이 주성분인 뿌리채소는 비교적 장시간 조리해야 한다. 끓는 물 대신 찬물에 넣고 천천히 점진적으로 가열하면 재료가 더 고르게 익는다.

카르둔(아티초크와 셀러리를 섞은 듯한 맛의 엉겅퀴과 식물, 주로 남유럽에서 아스파라거스처럼 요리해 먹는다―옮긴이)이나 근대, 아티초크 같은 흰색 채소는 산소와 접촉했을 때 빠르게 갈변한다. 끓는 물에 레몬즙과 약간의 밀가루를 넣고 데치면 채소의 색이 변하는 것을 막을 수 있다. 이러한 조리 방식을 '퀴르 아 블랑cuire à blanc(하얗게 데치기)'이라고 한다.

수증기로 찌기

수증기를 이용해 찌는 것은 데치기나 삶기에서 파생된 조리 방식으로, 간단하면서도 유용하다. 채소에 함유된 주요 영양소는 물론 향과 맛, 식감까지 최대한 살릴 수 있기 때문이다. 수증기로 찌는 조리법은 거의 모든 채소류에 적합하다. 단, 갈변이 쉬워 '하얗게 데쳐야' 하는 채소류나 수분을 지나치게 흡수해서 조직이 뭉크러질 수 있는 토마토, 주키니 호박, 가지 같은 채소는 예외다.

채소를 찌는 방법은 다음과 같다. 채소를 구멍이 송송 뚫린 금속 또는 대나무 재질의 찜기에 담아 소량의 물이 담긴 냄비 위에 올린 다음 냄비를 가열한다. 찜기 안에 허브를 넣어 채소에 은은한 향이 배게 할 수도 있다. 물의 양은 최소한으로 잡아서 찜기의 밑면이 물에 닿지 않게 하고, 증기가 밖으로 새어나가지 않도록 냄비와 찜기를 모두 완전히 밀폐해야 한다. 시중에는 사용이 매우 편리한 전기 찜기도 나와 있다. 1980년대까지 크게 유행했던 압력솥은 물을 이용한 조리에 높은 온도와 압력의 효율성을 접목한 기기이다. 모든 압력솥에 광범위하게 따라붙는 '코코트 미뉘트cocotte-minute(순간의 냄비)'라는 별칭은 조리의 '신속성'을 강조하기 위한 것이다.

마지막으로, 비난과 사랑을 동시에 받고 있는 전자레인지 역시 수증기를 이용한 조리가 가능하다. 전자레인지에 채소와 함께 극소량의 물을 넣고 가동하면 된다. 전자레인지를 이용한 조리가 건강에 미칠지도 모르는 위험성을 무시한다고 해도, 다음의 간단한 규칙 세 가지만 준수하면 전자파의 부정적 효과를 최소화할 수 있다. 첫째, 채소에 별도로 넣어준 물이 직접 닿지 않게 한다. 둘째, 최대 출력을 1000W로 제한한다. 셋째, 조리 시간은 2분을 넘기지 않는다.

채소의 맛을 농축할 수 있는 오븐 조리

기름을 발라 오븐팬에 올려 굽든, 뚜껑이 있는 용기 안에 허브와 약간의 지방(버터

생식주의

생식주의는 20세기 초 건강하고 자연친화적인 삶을 위한 정신적 또는 사상적 탐구와 영양학적 연구가 접목되면서 탄생했다. 생식주의자들은 전혀 익히지 않은 날것만 섭취하며, 채식주의자일 경우가 많다. '열을 사용하지 않은 요리'를 위해서는 각종 대체 식품과 새로운 기술, 무한한 창의성을 활용해야 한다.

또는 기름)과 함께 넣어 익히든, 오븐에서 조리한 채소는 저온 조리의 장점을 모두 갖추고 있다. 저온 조리는 채소의 맛, 특히 단맛을 응축하는 데 효과적이다. 토마토, 샬롯, 가지를 낮은 온도에서 천천히 익히면 특유의 은은한 단맛이 살아난다.

채소를 유산지에 싸 익히는 파피요트는 오븐을 이용한 조리의 한 형태다. 유산지로 싸기 전 향신료와 허브로 양념할 수도 있다.

맛의 균형을 잡아주는 볶기

채소를 작게 또는 얇게 썰어 기름을 살짝 두른 웍에 넣고 아주 센 불로 단시간에 볶아내면 채소의 아삭한 식감과 선명한 빛깔을 그대로 살릴 수 있다. 아시아에서 유래한 이 조리 방식은 오이, 숙주 등 서양에서 흔히 생으로 먹는 채소에 잘 어울린다.

채소와 쉽게 친해질 수 있는 튀기기

채소를 일정한 크기로 썰거나 칩처럼 얇게 저며 끓는 기름에 한두 번 튀기는 이 조리 방식은 채소에 부족한 지질을 보강해줄 뿐 아니라, 특유의 고소한 풍미를 더해준다. 기름에 튀긴 채소는 맛이 풍부하고, 겉은 바삭하면서 안은 부드러운 식감을 낸다. 이 조리 방식은 성공 확률이 매우 높은 데다 채소를 싫어하는 사람들까지 만족시킬 수 있다.

————

맛의 연금술

흔히 우리는 음식을 만들 때 똑같은 레시피를 반복하곤 한다. 그 이유는 단순하다. 어떻게 하는지 알기 때문에, 좋아하기 때문에, 더 쉽고 간단하기 때문에. 예를 들면, 당근은 무조건 곱게 채 썰고, 토마토는 속을 채우고, 블루테는 리크와 감자로 만든다는 식이다. 이처럼 유명한 고전적 레시피를 따르는 것에도 나름의 정당성은 있다. 하지만 왜 다른 가능성에 대해서는 아예 생각조차 안 하는 걸까?

식생활의 다양성을 꾀하고, 선택한 채소 레시피를 더 효율적으로 활용하려면, 각 가정에서 즐겨하는 다른 요리의 레시피를 접목해볼 수 있다. 물론 본래의 레시피에 나오는 주요 원칙은 준수해야 한다. 맛의 연금술을 시도하더라도 영양의 균형과 건강과 직결되는 기본적 수칙은 절대로 간과하면 안 된다.

최상의 조건에서 재배한 특별히 신선한 채소라도 지나치게 오랫동안 조리했다가는 영양소를 모두 '흘러보내는' 불상사를 초래할 수 있다.

알아봅시다

맛의 연금술이란?

맛과 건강의 집약체인 특별한 결과물을 만들어내기 위해 최상의 레시피와 조리 방식을 결합하는 것이다.

한 잔의 채소

오이나 파프리카처럼 수분이 많은 신선 채소는 생으로 먹거나 주스 또는 스무디로 만들어 먹는 것이 좋다. 향긋한 허브를 추가하면 아주 산뜻한 맛이 나며, 블렌더나 믹서로 즉석에서 갈아 마실 경우 채소의 각종 영양소를 고스란히 섭취할 수 있다.

채소는 감귤류 즙이나 각종 베리류 같은 과일과 훌륭한 조화를 이룬다. 채소즙에 잘게 부순 얼음을 넣어 차갑게 식힌 알코올 또는 무알코올 칵테일은 독특한 식전주가 된다. 토마토주스에 보드카를 섞은 블러디메리 같은 칵테일은 좀 더 고전적인 예이다.

채소의 즙을 내기 위해 굳이 착즙기나 원액기를 구입할 필요는 없다. 단순한 블렌더만으로도 충분하며, 채소에 수분이 부족해 보일 경우 약간의 물이나 오렌지 주스를 함께 넣고 갈면 된다. 건더기가 전혀 없는 순수한 액체 상태의 즙을 원하면 고운 거름망에 한 번 거른다. 이때 남은 과육에도 영양소가 많이 들어 있으므로 절대 버리지 않는다.

수프를 바꾸는 수프

채소를 갈아넣은 수프를 만들려면 우선 물이나 수증기로 채소를 익혀야 한다. 둘 중 어느 방식을 택할지는 앞서 살펴본 대로 채소 자체의 수분 함유량에 따라 좌우된다.

익힌 채소는 믹서로 곱게 간다. 비교적 연하고 은은한 맛을 원하면 몇 가지 채소를 섞어도 되지만, 진한 맛을 내려면 한 가지 채소만 쓴다. 이때 당근을 약간 추가하면 아이들이 좋아하는 선명하고 생동감 있는 색을 낼 수 있다.

곱게 간 채소에 나머지 재료를 섞은 차가운 블루테에 생크림과 프로마주 블랑, 치즈 퐁뒤(다양한 치즈를 한데 녹인 것) 등을 추가하면 걸쭉한 농도의 수프가 완성된다. 이 수프는 따뜻하게 데워 내가되, 풍미를 더하려면 버터나 생크림, 향이 있는 오일 같은 지방성 물질을 약간 첨가한다. 뜨거운 수프에 닿았을 때 저절로 녹을 만한 치즈나 작게 썬 장봉 또는 라르동을 곁들여도 좋다. 수프의 부드러운 질감을 내

수 없을 뿐 아니라 날것일 때 전혀 장점을 찾아볼 수 없는 거의 유일한 채소들이다. 생채소는 단조로운 맛 때문에 쉽게 질릴 수 있다. 따라서 생채소를 더 맛있게 즐기려면 반드시 딥이 필요하다. 생채소에 어울리는 딥은 크게 세 종류로 나뉘며, 각각 무한대로 변형이 가능하다. 첫째는 향이 진하고 신선한 치즈이다. 둘째는 마요네즈나 앙쇼야드anchoïade(올리브유에 안초비와 케이퍼, 다진 마늘을 섞어 만든 소스—옮긴이)처럼 기름을 기본으로 만든 소스이고, 셋째는 과일 또는 채소를 섞어 만든 과카몰레 같은 소스이다.

으깨거나 갈거나 섞은 채소, 퓌레

채소류 중에는 포크로 눌러도 쉽게 뭉그러질 만큼 과육이 무른 것들이 있다. 이러한 채소는 매끈한 질감의 퓌레를 만들기에 적합하다(퓌레에 덩어리가 약간 섞여 있어도 곧 으깨지므로 상관없다). 가지의 과육을 익혀 으깬 뒤 소금, 후춧가루로 가볍게 양념한 퓌레는 '가지 캐비어'라고 불릴 만큼 훌륭한 음식이다. 오이, 호박, 주키니 호박 같은 박과 채소나 셀러리악 퓌레를 육두구 가루로 양념하고, 소스에 조린 고기에 곁들이면 추운 겨울에 완벽하게 어울리는 요리가 된다.

채소 퓌레의 맛이 지나치게 맛이 강할 경우, 으깬 감자를 약간 섞으면 누구나 좋아할 만한 은은한 맛으로 변한다.

퓌레는 만들기가 생각만큼 쉽고 간단하지 않다. 우선 채소를 전체적으로 고르게 익혀야 하고, 채소 자체의 수분 양을 정확히 가늠해야 적당한 농도의 퓌레를 만들 수 있다. 예를 들어, 가지는 따로 물을 추가할 필요 없이 길이로 2등분해서 오븐에 굽기만 하면 된다. 호박류는 특히 세심하게 수분을 제거해야 한다. 퓌레용 감자는 품종을 잘 선택해야 한다. 프랑스에서는 비교적 질감이 단단한 샬롯, 셰리, 라트 종이 퓌레를 만들기에 가장 적합하다.

이동 중에 먹을 수 있는 채소

우리는 앞서 채소를 길쭉한 막대나 얇은 칩 모양으로 썰거나 밀가루 반죽을 입혀서 기름에 튀기는 조리법에 대해 살펴본 바 있다.

폼 프리트(감자 튀김)는 막대의 굵기에 따라 클래식, 폼 파유(클래식보다 가느다란 막대), 퐁 뇌프(클래식보다 굵은 막대) 등 여러 종류로 나뉜다. 감자 외에도 조직이 단단한 채소라면 모두 막대 모양으로 썰거나 얇게 저며 튀길 수 있다.

감자는 일정한 모양으로 썰어 끓는 기름에 넣기 전에 소금 간하는 것이 일반적이다. 프랑스 북부 지방에서는 전통적으로 소기름에 감자를 튀긴다.

끓는 기름에 작은 빵 조각을 넣었을 때 자잘한 기포가 무수히 생기면 기름의 온도가 약 180℃에 이른 것이다. 너무 많은 양의 채소를 한꺼번에 넣는 것은 피해야 한다. 기름의 온도가 급격히 떨어질 수 있기 때문이다. 튀김 요리를 할 때는 기름이

포테이토 매셔 vs 블렌더

블렌더로 감자 퓌레를 만들면 감자에 함유된 녹말 성분 때문에 퓌레의 질감이 차지고 끈적해진다. 그래서 감자 퓌레는 포테이토 매셔를 이용하거나 간단하게 포크로 으깨는 것이 좋다.

기 위해 꼭 생크림이 필요한 것은 아니다. 블루테에 곱게 으깬 삶은 감자를 섞어도 충분히 부드러운 느낌이 난다.

걸쭉한 수프에는 모든 채소류를 이용할 수 있다. 반면 맑은 수프에는 채소와 고기를 작게 썰어 넣는다. 미네스트로니 또는 대부분의 아시아식 수프에는 파스타를 넣기도 한다. 맑은 수프용 채소는 완두콩이나 스노피, 당근 등 조직이 단단한 것을 선택해야 육수에 넣었을 때 뭉그러지지 않는다. 더 만족스러운 결과물을 위해서는 채소를 미리 센 불에 재빨리 한 번 볶아 사용한다.

부용으로 만든 맑은 수프는 예전에는 환자나 노인들의 전용식이었지만, 오늘날에는 꼭 그렇지는 않다. 이 수프에는 조리 과정 중 채소에서 빠져나온 각종 영양소가 녹아 있다. 따라서 조리하자마자 먹는 경우, 채소의 영양소를 고스란히 섭취할 수 있다. 맑은 수프에 향긋한 허브를 곁들여 뜨겁게 또는 차갑게 먹으면 갈증이 해소되고, 체내에 에너지가 충전된다. 설탕의 섭취를 제한하려는 사람들은 아침에 과일 주스 대신 먹어도 좋다.

타르타르와 카르파초, 생채소

앞서 살펴본 바와 같이, 생채소 또는 간단히 산酸을 이용해 조리한 채소는 건강에 특히 이롭다. 이러한 장점을 제대로 누리려면 주스처럼 신선하고 품질이 우수한 상품으로 골라 먹어야 한다.

그린 샐러드는 전통적 식사를 구성하는 주요한 요소 중 하나다. 생선, 전분, 치즈, 말린 과일 등으로 영양을 보강한 샐러드는 완벽한 한 끼 식사로도 적합하다. 이런 조리 방식은 다른 생채소를 압도하는 경향이 있다.

채소를 이용한 요리는 카르파초, 타르타르 등 매우 광범위하다. 채소 타르타르는 단단한 질감의 채소를 작은 주사위 모양으로 썰어 적당한 소스로 마리네이드한다(예를 들어, 펜넬은 감귤류 소스와 잘 어울린다). 완두콩, 감자, 가지는 익히지 않고는 먹을

맛있는 튀김 요리를 위한 3가지 수칙

1. 튀김용 기름이 약간 걸쭉하게 느껴지거나 불순물이 보이면 새 기름으로 교체한다.
2. 땅콩기름이나 카놀라유처럼 발연점이 180℃ 이상인 기름만 사용한다.
3. 채소는 튀기자마자 키친타월에 받쳐 여분의 기름을 뺀다.

아주 많이 필요하다. 간단한 몇 가지 규칙만 지키면 이 조리 방식이 건강에 미칠 수 있는 부정적 영향을 막을 수 있다.

채소에 밀가루 반죽을 입혀 튀기는 것은 얼핏 까다롭게 보일 수 있다. 특히 호박꽃처럼 고급스러운 채소나 인도 또는 일본의 이국적인 채소를 튀겨야 할 때는 더욱 그렇다.

기본적인 조리법은 폼 프리트나 칩을 튀길 때와 비슷하다. 채소에 튀김옷을 아주 얇고 가볍게 입혀 끓는 기름에 넣으면 된다. 튀김 반죽은 안쪽에 든 연한 채소의 조직을 보호하는 바삭한 껍질을 형성한다.

어떤 형태든 기름에 튀긴 채소는 일상의 식탁은 물론 길거리에서도, 여행 또는 피크닉을 할 때도 간편하게 즐길 수 있다. 손으로 집어먹을 수 있기 때문에 이동 중에 섭취가 가능한 대표적인 음식이다.

채소를 이동 중에 섭취할 수 있는 또 다른 조리법은 타르트로 만드는 것이다. 넓게 편 파트 푀이테나 필로filo에 채소와 기타 재료를 얹어 오븐에 구워낸다. 타르트 타탱은 일반적 타르트와는 반대로 채소 위에 치즈나 라르동 같은 지방성 재료를 뿌려서 채소가 팬 바닥에 직접 닿게 구운 것이다.

이 조리법은 엔다이브처럼 구성 성분상 특별히 맛있다고는 할 수 없는 채소에서 깜짝 놀랄 만큼 뛰어난 풍미를 느낄 수 있게 해준다. 채소가 캐러멜화 반응을 일으키면서 특유의 쓴맛이 희석되기 때문이다.

채우는 채소, 채워지는 채소

채소의 외피에 그 과육과 다진 고기로 만든 소를 채우는 조리 방식은 18세기 프랑스에서, 정확히 말하면 베르사유 궁에서 시작되었다. 물론 여기에 토마토는 포함되지 않았다. 당시 프랑스에는 아직 토마토의 존재가 알려지지 않았기 때문이다. 당시에는 호박 같은 커다란 채소에 소를 채워 식탁을 화려하게 장식했다. 이 조리법은 텃밭에서 자란 채소의 우수한 품질과 자연스러운 모양을 더욱 돋보이게 했다.

오늘날에는 잘 여문 채소의 풍미를 극대화하기 위해 이 조리법을 이용한다. 소는 전통적으로 다진 고기를 기본으로 만든다. 채소에서 파낸 과육을 고기와 섞어 그 채소의 외피 안에 채워넣은 뒤 오븐에서 천천히 익히면 육즙과 채즙이 풍부한 맛있는 채소 요리가 완성된다.

이 같은 조리법에는 토마토나 가지, 양파처럼 달지는 않아도 은은한 맛을 내는 채소가 가장 적합하다.

움푹 파인 채소 안에는 곡물류, 치즈, 다른 채소 등 온갖 종류의 소를 손쉽게 채울 수 있다.

방울토마토나 양송이버섯처럼 비교적 크기가 작은 채소에 소를 채우면 간단하면서도 건강에 좋은 오르되브르(전채)가 된다.

부드러움의 극치, 그라탱

그라탱 또는 프로방스식 그라탱인 티앙tian은 채소로 만들 수 있는 맛있고 영양이 풍부한 요리이다. 5~6mm 두께로 통썰기한 채소를 두꺼운 그릇에 담아 오븐에 천천히 굽기만 하면 되는데, 그라탱은 채소를 완전히 눕혀 담는 반면 티앙은 비스듬히 세워 담는다. 그라탱의 경우, 크림이나 우유, 치즈, 달걀 등을 섞은 혼합물을 채소 위에 부어준다. 가장 유명한 그라탱 중 하나는 감자가 주재료인 그라탱 도피누아다. 이것은 프랑스 남동부 도피네 지방의 향토 음식이자 전통적인 가정 요리이다. 스위스에서는 채소 위에 그뤼예르 치즈를 뿌리고, 동브 지역에서는 크림을 많이 사용한다.

그라탱 위에 빵가루나 치즈 가루를 듬뿍 얹어 구우면 특별히 바삭한 식감을 낼 수 있다. 더욱이 얇은 껍질이 형성되어 내용물의 맛과 온기를 지켜주는 역할까지 한다. 그라탱은 대개 한 가지 종류의 채소로 만들지만, 두세 종류의 채소를 섞어도 맛있다. 단, 이때 채소는 익는 데 걸리는 시간이 비슷한 것으로 골라야 한다.

티앙은 물론 다양한 방식으로 해석할 수 있지만, 전통적으로는 프로방스식 요리에서 가장 많이 사용하는 열매채소인 토마토, 가지, 주키니 호박으로 만든다. 이 세 가지 채소를 통썰기해 그라탱 용기에 순서대로 비스듬히 세워 담는다. 채소 사이의 빈틈이 없도록 차곡차곡 담아야 익혔을 때 부피가 줄어들어 모양이 흐트러지는 일이 없다. 오븐에 넣기 전, 얇게 저민 생마늘을 채소 사이에 군데군데 끼워넣고, 그 위에 프로방스산 허브와 올리브유를 듬뿍 뿌린다.

그라탱과 티앙은 사용하는 채소와 기타 부재료의 성격이 약간 달라 각각 겨울과 여름에 어울리는 별미로 꼽힌다.

전식부터 후식까지

신개념 요리는 퀴진과 파티스리의 기술 접목을 추구한다. 서로 다른 분야의 전통적 조리 기술을 도입함으로써 더 알찬 결과물을 내려는 것이다. 이러한 혁신의 일환으로 최근에는 채소를 사용한 달콤한 요리를 후식으로 선보이는 예도 있다.

파티스리 분야에서 이용하는 기술과 방식으로 채소를 조리해 식사 중에 올리기도 한다. 여름철에는 채소 소르베와 그라니타(슬러시의 일종)가 훌륭한 앙트레로서 제몫을 한다. 양파 같은 월동채소를 설탕에 조린 콩포트는 수렵육 스튜나 푸아그라 테린에 은은한 맛을 더해준다. 치즈로 맛을 낸 채소 마카롱은 작은 채소로 만든 달콤짭짤한 크렘 브륄레와 더불어 식전주에 잘 어울린다. 또 당근 케이크는 최근 프랑스에서 인기 있는 후식의 하나로 꼽힌다.

좋은 채소 고르는 법

원하는 레시피가 무엇이든, 채소는 반드시 주의 깊게 선택해야 한다. 좋은 채소를 고르는 요령은 종류에 따라 달라 선택이 더욱 복잡해진다.

우선 채소의 제철을 숙지하고 있으면 구매 시점에 자연적으로 가장 많이 생산되는 상품을 1순위로 고를 수 있다. 영양과 맛이 최고조에 이른 채소를 원할 경우, 이보다 더 좋은 선택 요령은 없다.

자신이 사는 지역에서 생산된 상품을 우선적으로 고르는 것도 중요하다. 채소는 우리의 식탁에 오르기 위해 지구 반 바퀴를 거쳐올 필요가 없다. 따라서 수확하여 햇빛도 없는 냉장 컨테이너 안에서 '숙성'한 경우가 더 많다.

장보기

채소류는 각기 고유한 특성이 있어 어떤 모양과 색깔일 때 가장 먹기 좋은지 딱 집어 말하기 어렵다. 그러나 대부분의 채소에 공통적으로 적용되는 특성도 몇 가지 있다. 우선 껍질에서 인위적이지 않은, 자연스러운 윤기가 흐르고, 시든 부분이 없어야 한다. 또 껍질을 손가락으로 눌렀을 때 자국이 남지 않고, 팽팽한 상태여야 한다. 베이거나 움푹 들어가거나 상한 부분이 있는 채소는 물론이고, 전체적으로 색깔이 지나치게 고르고 심하게 '완벽해' 보이는 채소도 피한다. 흔히 표준 규격에서 벗어났다고 말하는 채소는 사실 맛과 영양의 측면에서 여느 상품과 다를 바 없다. 그러한 채소의 크기와 모양이 보관을 잘못했거나 적절히 다루지 않아서 생긴 결과는 아니다.

오랫동안 채소를 구매하려면 시장을 찾는 것이 가장 확실한 방법이었다. 프랑스 남부나 시골의 관광지에 있는 특별한 재래시장을 자주 찾는 사람들에게는 이렇게 장을 보는 것이 여전히 큰 즐거움이다. 하지만 안타깝게도 오늘날에는 이러한 시장을 절대적으로 신뢰하기가 힘들다. 일부 상인들은 도매상에서 가져온 상품을 판매하기 때문에 슈퍼마켓에서 구매하는 것과 다를 바가 없다.

상품의 정확한 원산지를 알고 싶어하는 소비자들의 강한 욕구에 부응하기 위해, 대형 마트와 지역의 생산자가 직접 계약을 체결하는 사례가 점점 늘고 있다. 대규모 유통업체의 장점 중 하나는 신선 식품이 입고되어 많은 구매자들에게 판매되기까지의 과정이 신속하게 진행된다는 것이다. 이렇게 순환이 빠른 만큼, 채소류가 진열대에 올라 있는 기간은 동네의 작은 슈퍼마켓과 달리 매우 짧은 편이다.

시장에서 파는 맏물은 대체로 가격이 비싸지만, 신선한 채소를 구할 때 가장 좋은 선택이다. 대중의 기억 속에서 거의 사라진 희귀한 채소를 구할 때 최선의 방법이기도 하다. 이러한 채소는 수요가 많지 않아 수익성이 떨어지기 때문에 대형 마트에서 찾아보기 힘들다.

유기농 전문 매장에서는 영양과 맛의 우수성이 최대 장점인 상품들을 판매한다. 최근 몇 년간 이러한 매장들은 거의 모든 지역에서 찾아볼 수 있을 만큼 빠르게 확산되고 있다. 판매 가격대도 대규모 유통업체와 엇비슷할 만큼 점점 낮아지는 추세다.

유통 과정을 단순화하여 우수한 품질의 상품을 합리적인 가격에 얻기 위해서는 생산자에게 직접 구매하는 것이 가장 좋다. 현재는 AMAP의 마일리지 제도를 통해 생산자와 직접 계약을 체결하기가 훨씬 더 쉽고 간단해졌다.

텃밭 가꾸기

텃밭은 좋은 채소를 얻기 위해 선택할 수 있는 가장 타당한 수단 중 하나다. 텃밭 가꾸기는 요리하는 일은 물론 맛있고 신선한 결과물을 얻기 위한 노력의 가치를 높여준다. 또한 패티팬 스쿼시나 참소리쟁이, 쇠비름 등 시중에서는 구하기 어렵거나 아예 구입이 불가능한 채소류까지 키울 수 있다는 엄청난 장점이 있다.

그러나 안타깝게도 텃밭을 가꾸는 데 필요한 시간과 공간을 모두 확보할 수 있는 소비자는 극히 일부에 지나지 않는다.

텃밭이 잘 유지되어 싱싱한 채소들이 자라면, 수확 시기가 지나칠 만큼 자주 찾아와 이웃에게 나누어주거나 물물교환을 할 정도가 된다. 그래도 남는 채소는 냉동 보관할 수도 있다.

———

한번 생각해봤을 때 좋은 채소

오늘날 채소는 우리의 식생활에서 매우 중요한 한 부분을 차지하고 있다. 채소가 이처럼 귀하게 여겨지기 시작한 것은 미셸 게라르Michel Guérard나 조엘 로뷔숑 Joël Robuchon 같은 유명 셰프들이 도입한 누벨 퀴진의 혁명적 물결이 일었던 1970년대부터다.
일반 대중이 채소의 풍부한 맛과 폭넓은 활용 가능성을 깨닫자 접시 위 채소의 중대한 가치를 비로소 인정받게 되었다. 여기에 건강과 영양적 균형에 관한 최근의 지대한 관심과 날씬한 몸매에 대한 열망이 더해졌다.

그러나 엄청나게 다양한 채소류를 모든 사람들이 다 좋아하는 것은 아니다. 실제로 채소를 가장 꺼리는 것은 어린아이들이다. 특히 맛이 강한 채소의 경우는 더 심해서, 양배추, 시금치, 엔다이브는 모든 아이들이 공통적으로 싫어한다. 반면 토마토나 당근은 확실히 생김새 때문에 이득을 보는 몇 안 되는 채소다(물론 감자도 여기 포함된다). 생생한 빛깔이 자연스레 눈길을 사로잡는 데다 이미 아이들이 제일 잘 아는 채소이기 때문이다.

하지만 아주 어릴 때(생후 4~5개월)부터 채소 맛에 익숙해지게 하면 아이들도 거부감 없이 받아들일 수 있다. 이유식에 식이섬유의 함유량이 많지 않은 중성적인

알아봅시다

농민과 농업을 지키기 위한 연합 AMAP

AMAP은 최근 몇 년 사이에 강화되고 크게 발전한 소비자와 생산자 사이의 네트워크이다. 특히 기업의 운영 위원회나 지역 사회 내의 단체들을 통해 쉽게 가입할 수 있는 AMAP은 자신의 경제적 선택권을 주장하면서 필요한 상품을 구입하기 위한 효율적 방법이다.

알아봅시다

채소의 올바른 냉동법

채소를 블랑시르해서 소분한 뒤 밀폐용기에 담아 영하 10℃ 이하의 냉동고에 보관한다.

맛의 채소를 몇 숟가락 더하는 식으로 조금씩 맛을 들이는 것이다.

요리에서는 훌륭한 조화를 이루지만, 사실 채소는 육류와는 상반되는 이미지를 갖고 있다. 실제 식품으로서는 여성적 정체성을 띠며, 화려한 오색의 빛깔로 식탁에 경쾌함을 더한다. 이는 최근 음식을 선택하는 중요한 기준이기도 하다.

게다가 채소는 종교와 철학에 따른 제한적 식생활에 대부분 부합한다. 실제로 가장 엄격한 종교적 규율에서도 조리법과 상관없이 채소의 섭취 자체를 금하지는 않는다.

채소는 다양한 종류만큼 레시피도 무궁무진하며, 건강에 이롭고, 개인의 선택을 존중하면서도 여러모로 즐거움을 준다는 점에서 최고의 식품이라고 할 수 있다. 물론 채소의 맛은 그것을 조리하는 개인의 역량에 좌우된다.

제철 채소의 유효 기간과 보관법

다음은 프랑스에서 생산되는 제철 채소의 종류와 보관에 관한 조언이다.
사실 채소는 전 세계에서 자라는 데다 생산 기술이 발달되었기 때문에, 현재는 계절과 상관없이 거의 모든 종류의 채소를 구할 수 있다.

그러나 제철에 구입한 채소는 맛과 영양적 측면에서 품질이 가장 뛰어나며, 가격도 저렴하다. 또한 제철 채소는 보관하기도 가장 용이하다.

채소	보관 시 유의 사항	1월	2월	3월	4월	5월	6월	7월	8월	9월	10월	11월	12월
마늘	생마늘은 냉장고에서 며칠간 보관할 수 있다. 반면 건조 마늘은 습하지 않고 직사광선이 닿지 않는 장소에서 수개월간 실온 보관할 수 있다.				V	V	V	V	V				
아티초크	냉장고에서 3~4일간 보관이 가능하며, 조리한 당일에 모두 소비해야 한다.						V	V	V	V	V	V	
아스파라거스	신선한 아스파라거스는 매우 예민해 고작 1~2일간 냉장보관할 수 있다. 냉장고에 넣을 때는 젖은 행주로 감싸 뾰족한 쪽이 위로 향하게 둔다.				V	V	V						
가지	냉장고의 채소 전용칸에서 5~6일간 보관할 수 있다. 단, 냉장실의 공기는 너무 차갑거나 건조해서는 안 된다.						V	V	V	V	V		
아보카도	아보카도는 '덜 익은' 단계에서 '지나치게 익은' 단계로의 전환이 매우 빠른 편이다. 과일 바구니에 담아 실온에 두어도 좋다.	V	V	V	V	V						V	V
비트	냉장고의 채소 전용칸에서 1주일간 보관할 수 있다.						V	V	V	V	V		
브로콜리	자르지 않고 밀폐용기에 넣거나 식품용 랩으로 포장하면 냉장고 채소 전용칸에서 4~5일간 보관할 수 있다.							V	V	V	V	V	
당근	자르지 않은 당근은 냉장고 채소 전용칸에서 2주간 보관할 수 있다.	V	V	V	V						V	V	V
셀러리	줄기채소가 대부분 그렇듯 젖은 행주로 감싸서 냉장고에 넣으면 4~5일간 신선하게 보관할 수 있다.	V	V	V							V	V	V
셀러리악	껍질을 벗기거나 자르지 않은 셀러리악은 냉장고 채소 전용칸에서 최장 2주까지 보관할 수 있다.						V	V	V				
양송이	밀폐용기에 넣어 냉장고에서 1~2일간 보관할 수 있다.	V	V	V	V	V	V	V	V	V	V	V	V
양배추	자르지 않은 양배추는 냉장고 채소 전용칸에서 4~5일간 보관할 수 있다.	V	V	V							V	V	V
콜리플라워	냉장고 채소 전용칸에 통째로 혹은 작은 송이로 나누어 넣으면 3~4일간 보관할 수 있다.	V	V	V						V	V	V	V
오이	오이는 냉기에 약한 편이다. 냉장고의 온도가 너무 낮다면, 실온에 2~3일간 두는 편이 더 낫다.			V	V	V	V	V	V	V			
호박	자르지 않은 호박은 시원하고 건조한 곳에 겨우내 두어도 된다. 조각낸 호박은 식품용 랩에 싸서 냉장고에 넣으면 4~5일간 보관할 수 있다.	V									V	V	V

채소	보관 시 유의 사항	1월	2월	3월	4월	5월	6월	7월	8월	9월	10월	11월	12월
주키니 호박	자르지 않은 주키니 호박은 냉장고 채소 전용칸에서 3~4일간 보관할 수 있다.					∨	∨	∨	∨	∨			
엔다이브	공기와 접촉하면 녹색으로 변하고 쓴맛이 강해지므로 식품용 랩으로 포장해서 냉장고 채소 전용칸에 넣는다. 유효 기간은 1주일이다.	∨	∨	∨	∨						∨	∨	∨
시금치	시들거나 무르기 쉬운 시금치는 젖은 행주로 싸서 냉장고에 넣으면 2일은 보관할 수 있다.	∨	∨	∨	∨	∨	∨	∨			∨	∨	∨
펜넬	냉장고 채소 전용칸에서 1주일간 보관할 수 있다. 향신료로 쓰이는 잎(회향풀) 또한 밀폐용기에 넣어 1주일간 냉장보관할 수 있다.	∨	∨	∨	∨								∨
껍질콩	시들거나 무르기 쉬운 껍질콩은 젖은 행주로 싸서 2~3일간 냉장보관할 수 있다.							∨	∨	∨			
멜론	실온에서는 1~2일, 냉장고 채소 전용칸에서는 3~4일간 보관할 수 있다.						∨	∨	∨	∨			
순무	냉장고 채소 전용칸에서 1주일간 보관할 수 있다.	∨	∨	∨	∨	∨					∨	∨	∨
양파	껍질을 벗기지 않은 양파는 실온에서 1개월 동안 보관할 수 있다. 저민 양파는 밀폐용기에 넣어 3~4일간 냉장보관할 수 있다.	∨	∨	∨	∨					∨	∨	∨	∨
리크	냉장고 채소 전용칸에서 4~5일간 보관할 수 있다. 얇게 썬 리크는 밀폐용기에 넣어 2~3일간 냉장보관할 수 있다.	∨	∨	∨	∨					∨	∨	∨	∨
파프리카	자르지 않은 파프리카는 냉장고에서 1주일간 보관할 수 있다. 자른 파프리카는 랩으로 싸 3~4일간 냉장보관할 수 있다.												
감자	건조하고 너무 춥지 않은 장소에서 수개월간 보관이 가능하다. 오래된 감자는 점점 초록색으로 변하는데, 초록색 부분은 감자 싹과 !!더불어!! 매우 위험할 수 있다.	∨	∨			∨	∨	∨	∨	∨	∨	∨	
래디시	래디시는 상하기 쉬워 줄기가 달린 상태로 냉장고 채소 전용칸에 넣어도 고작 1~2일간만 보관할 수 있다.			∨	∨	∨	∨						
상추	씻은 뒤 젖은 행주로 덮어 냉장고 채소 전용칸에 넣으면 4~5일간 보관할 수 있다.	∨	∨			∨	∨	∨	∨	∨	∨	∨	
토마토	신선도를 지켜주는 꼭지를 제거하지 않으면 실온에서 3~4일간 보관할 수 있다. 절대 냉장고에 넣지 않는다.						∨	∨	∨	∨	∨		

채소는 경이로울 정도의 다양성을 자랑할 뿐 아니라
건강에 이로운 각종 효과와 무수한 미각적 즐거움을 두루 제공한다.

뿌리채소

감자

생강

당근

파스닙

샐서피

비트

붉은 래디시

분홍 래디시

검정 래디시

무

셀러리악

열매채소

주키니 호박

패티팬 스쿼시

파프리카

오이

가지

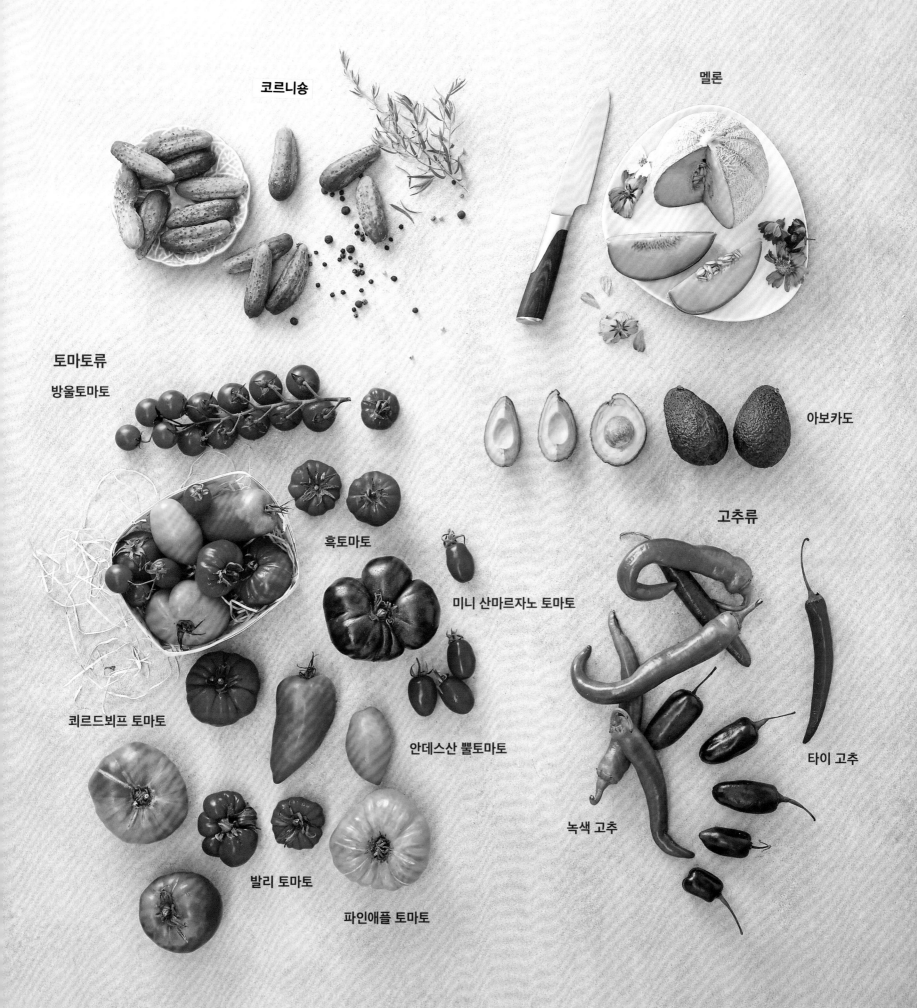

코르니숑

멜론

토마토류

방울토마토

아보카도

고추류

흑토마토

미니 산마르자노 토마토

쾨르드뵈프 토마토

안데스산 뿔토마토

타이 고추

녹색 고추

발리 토마토

파인애플 토마토

잎채소

양배추

서양근대

브로콜리

배추

콜리플라워

펜넬

로마네스코 브로콜리

적채

엔다이브

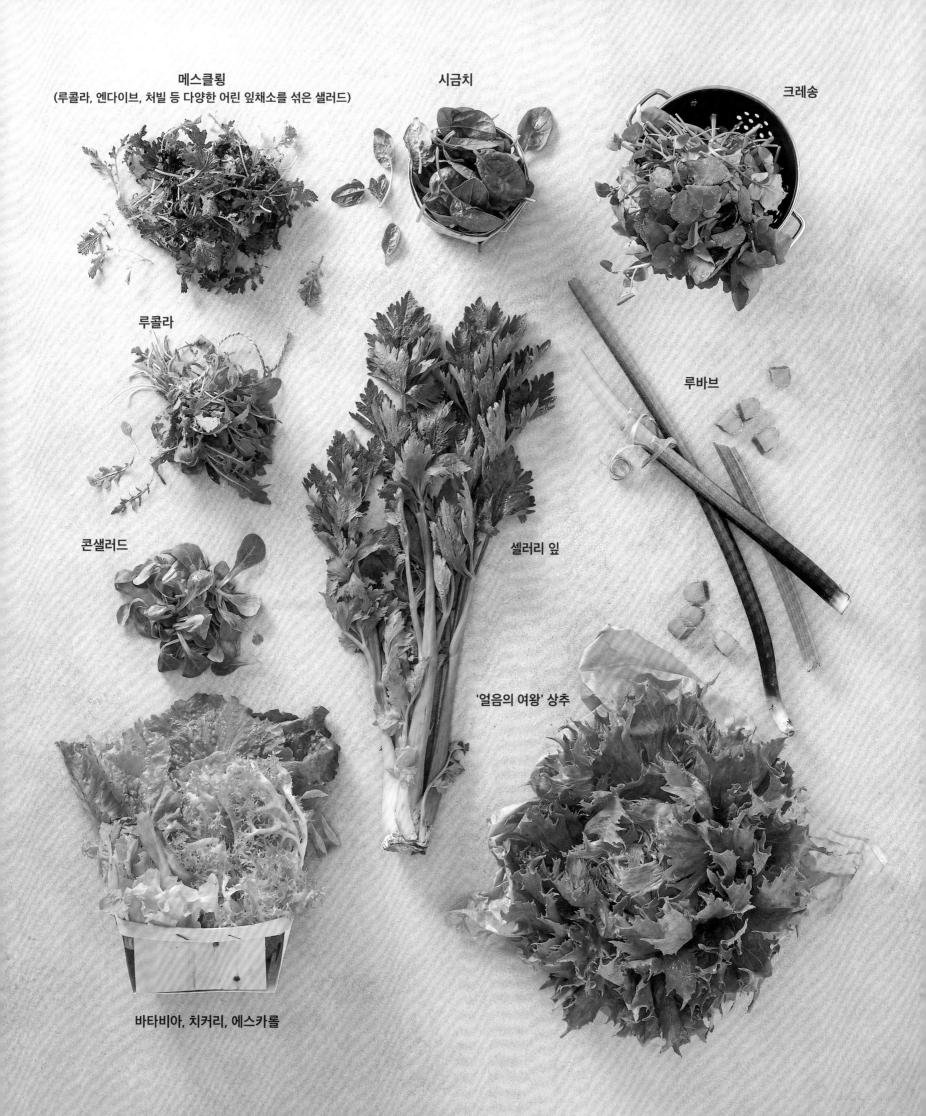

메스클링
(루콜라, 엔다이브, 처빌 등 다양한 어린 잎채소를 섞은 샐러드)

시금치

크레송

루콜라

루바브

콘샐러드

셀러리 잎

'얼음의 여왕' 상추

바타비아, 치커리, 에스카롤

감자

아래는 모두 프랑스산 감자 품종 이름이다.

샤를로트

로즈발

벨드퐁트네

비틀로트

모나리자

보노트 드 누아르무티에

블뢰다르투아

빈치

라트

아망딘

아가타

프랑슬린

당근 롱델 썰기와 시플레 썰기

난이도: 🍳

도구: 도마, 식칼

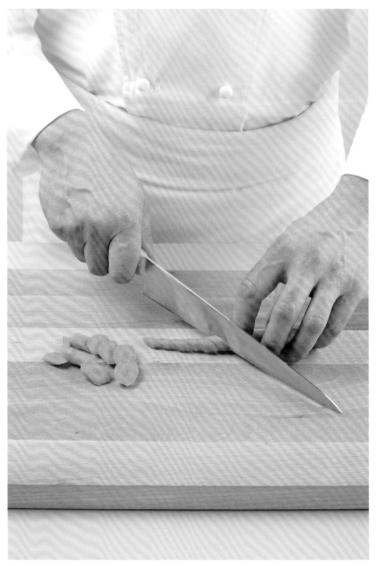

1 **롱델(통썰기):** 당근을 통째로 둥글게 썬다.

2 **시플레(어슷썰기):** 당근을 한쪽으로 비스듬하게 썬다.

당근 페이잔 썰기

난이도: 👨‍🍳

도구: 도마, 식칼

1 껍질을 벗긴 당근을 세로로 2등분한다. 2등분한 당근은 다시 부채꼴로 4등 분한다.

2 4조각으로 썬 당근을 가지런히 모은 다음 두께 약 2mm의 작은 세모 모양 이 되도록 썬다.

Tailler des légumes en mirepoix

채소 미르푸아 썰기

ᘇᘇᘇ

난이도: 🍳

도구: 도마, 식칼

1 껍질을 벗긴 양파를 절반으로 자르고, 밑동을 제거한다.

2 2등분한 양파를 다시 각각 4등분한다.

3 가로로 큼직하게 썬다.

당근 미르푸아: 껍질을 벗긴 당근을 세로로 2등분하고, 다시 각각 절반으로 자른다. 4등분한 당근을 가지런히 모아서 주사위 모양으로 큼직하게 썬다.

Tailler des légumes en macédoine

채소 마세두안 썰기

난이도: 👨‍🍳👨‍🍳

도구: 만돌린 슬라이서, 도마, 식칼

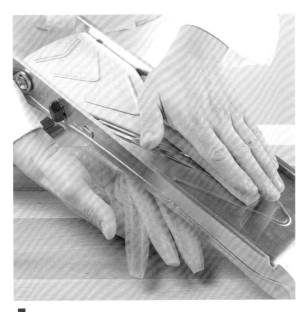

1 껍질을 벗긴 당근을 만돌린 슬라이서를 사용해 6mm 두께로 자른다.

2 슬라이스한 당근을 직사각형 모양으로 썬다.

3 직사각형 당근을 막대 모양으로 썬다.

4 막대 모양 당근을 작은 주사위 모양으로 썬다.

채소 쥘리엔 썰기

난이도: 👨‍🍳👨‍🍳

도구: 만돌린 슬라이서, 도마, 식칼

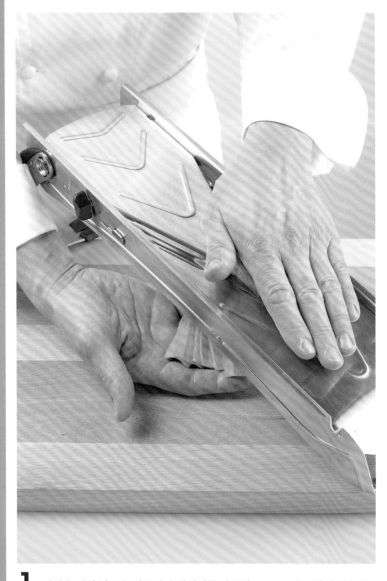

1 껍질을 벗긴 당근을 만돌린 슬라이서를 사용해 1mm 두께로 얇게 자른다.

2 슬라이스한 당근을 차곡차곡 쌓아 곱게 채 썬다.

채소 브뤼누아즈 썰기

난이도: 👨‍🍳👨‍🍳

도구: 만돌린 슬라이서, 도마, 식칼

1 만돌린 슬라이서를 사용해 채소를 3mm 두께로 자른다.

2 슬라이스한 채소를 막대 모양으로 썬 다음, 가지런히 모아 다시 작은 주사 위 모양으로 썬다.

펜넬 얇게 썰기

난이도: 👨‍🍳

도구: 도마, 식칼

1 펜넬의 구근만 남기고 나머지는 윗줄기와 뿌리 부분을 자른다. 구근을 2등분한다.

2 절단면이 도마의 바닥에 닿게 놓고, 조리법에 맞는 두께로 썬다.

Canneler et couper une courgette

주키니 호박 카늘레*하고 썰기

난이도: 🎩

도구: 카늘레 나이프, 도마, 식칼

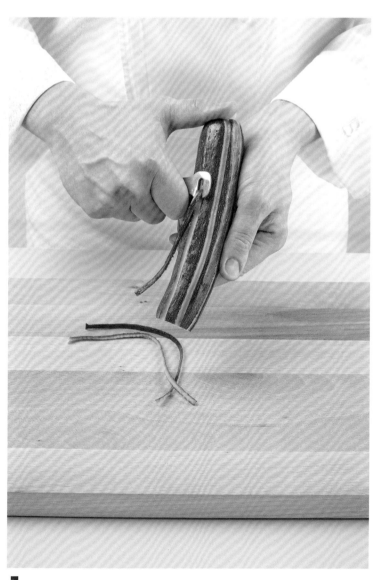

1 주키니 호박의 양쪽 끝부분을 자르고, 카늘레 나이프를 사용해 껍질을 한 줄 간격으로 벗겨 무늬를 낸다.

2 호박을 길이로 2등분하고, 조리법에 맞는 두께로 썬다.

* 카늘레canneler: 채소나 과일의 표면에 세로로 긴 홈을 파서 무늬를 내는 작업

오이 얇게 썰기

난이도: 🎩

도구: 도마, 식칼

1 껍질을 벗긴 오이를 길이로 2등분한 뒤 숟가락으로 씨 부분을 판다.

2 오이의 움푹 팬 부분이 도마에 닿게 놓고, 조리법에 맞는 두께로 썬다.

오이 카늘레하고 썰기

난이도: 🎩

도구: 카늘레 나이프, 멜론 볼러

1 오이를 씻은 뒤 물기를 제거한다. 카늘레 나이프로 껍질을 한 줄 간격으로 벗겨서 무늬를 낸다.

2 오이를 롱델 썰기 하거나 4~6cm 길이로 토막 낸다. 토막 낸 오이는 멜론 볼러를 사용해 밑부분을 1cm 정도 남기고 속을 판다.

리크 손질하기

난이도: 👨‍🍳

도구: 도마, 식칼

셰프의 한마디

손을 베는 일이 없도록 사진에서 손가락의 위치에 주목하자.

1 리크 뿌리와 짙은 초록색 부분을 모두 자른다(이 부분은 육수를 낼 때 사용한다). 리크를 물에 깨끗이 씻어 롱델 썰기 한다.

2 시플레 썰기: 한쪽으로 어슷하게 썬다.

3 페이잔 썰기: 리크를 길이로 2등분한다. 썬 리크에 칼집을 길게 두 번 넣어 3등분한다(리크의 끝까지 칼집을 넣지 않도록 주의한다). 작은 네모 모양이 되게 썬다.

4 한 묶음으로 묶기: 포토푀에 넣거나 소금물에 익힐 경우(469쪽)는 리크를 한 묶음으로 묶어서 조리한다.

Préparer du céleri

셀러리 손질하기

난이도: 🎩

도구: 도마, 식칼, 작은 칼

▪ 근대나 카르둔 줄기도 같은 방식으로 손질한다. ▪

1 셀러리는 뿌리 쪽의 심을 제거하고 잎을 뗀다.

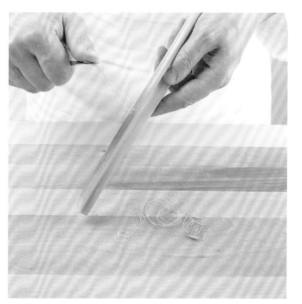

2 작은 칼로 질긴 섬유질을 제거한다.

3 칼로 셀러리를 슬라이스한다.

4 셀러리를 큼직하게 토막 낸 뒤 얇게 포를 떠 곱게 채 썰 수도 있다.

아스파라거스 손질하기와 껍질 벗기기

난이도: 🎩🎩

도구: 도마, 작은 칼, 필러

1 아스파라거스의 뾰족한 앞부분에서 시들거나 지저분한 싹눈을 제거한다.

2 줄기의 중간부터 위쪽에 있는 작은 돌기들을 모두 뗀다.

3 필러로 줄기 아래쪽의 껍질을 살살 벗긴다.

4 똑같은 길이로 맞추어 썬다.

콜리플라워/브로콜리 손질하기

난이도: 👨‍🍳

도구: 도마, 작은 칼

1 브로콜리를 작은 송이로 썬다. 콜리플라워도 잎사귀를 떼고 작은 송이로 자른다.

2 작은 칼로 작은 송이의 끝부분을 잘라 소미테*를 만든다.

---

* 소미테sommitè: 브로콜리나 콜리플라워의 잎 부분을 작은 송이 모양대로 자른 것

Préparer des épinards

시금치 손질하기

난이도: 👨‍🍳

도구: 도마, 식칼

▪ 소럴도 같은 방식으로 손질한다. ▪

1 다듬은 시금치를 다량의 물에 넣고 흔들어가며 충분히 씻는다. 필요할 경우 물을 2~3회 갈아주며 헹군다. 시금치의 물기를 제거한 뒤 줄기를 뗀다.

2 손질한 시금치 잎을 도마 위에 겹겹이 포개놓고, 레시피에 따라 곱게 또는 굵게 채 썬다.

상추 시포나드 만들기

난이도: 🎩

도구: 도마, 식칼

1 상추를 씻어 물기를 제거한 뒤, 가운데 심 부분을 제거한다.

2 상추를 겹겹이 쌓은 뒤 곱게 채 썬다.

* 시포나드chiffonnade: 푸른 잎채소나 허브를 실처럼 가늘게 채 썬 것. 전채 요리의 밑에 깔거나 가니시로 사용한다.

아티초크 밑동 손질하기

난이도: 👨‍🍳👨‍🍳

도구: 도마, 식칼, 작은 칼, 냄비

1 아티초크의 줄기를 부러뜨리고, 밑동만 남도록 위쪽 잎사귀 부분을 바짝 자른다.

2 심을 돌려가며 작은 칼로 겉잎을 깎는다.

손질한 아티초크 심을 바로 사용하지 않을 때는 소금과 레몬즙을 넣은 물에 담가놓아야 표면이 마르지 않는다.

3 손질을 마친 아티초크 심은 곧장 차가운 소금물에 담근다. 여기에 레몬 1개 분량의 즙과 껍질(또는 화이트식초)을 넣고 끓인다.

4 삶은 아티초크는 물기를 제거(에구테)하고 식힌다. 가운데의 솜털 같은 수술을 작은 숟가락으로 파낸다.

미니 자색 아티초크 손질하기

난이도: 👨‍🍳👨‍🍳

도구: 도마, 식칼, 작은 칼

1 아티초크 줄기의 끝부분을 자르고, 아래쪽 겉잎을 세번째 겹까지 제거한다. 잎을 바깥쪽으로 꺾어 부러뜨리면 된다.

2 아티초크를 손에 쥐고 작은 칼로 잎을 돌려 깎는다.

3 밑동 부분을 돌려가며 말끔하게 다듬는다.

4 밑동만 남기고 잎사귀 부분을 바짝 자른다.

5 밑동을 다듬어 마무리한다.

6 밑동에서 수술을 파낸 뒤 곧장 레몬즙을 넣은 찬물에 담근다.

Tailler des champignons de Paris

양송이버섯 자르기

난이도: 🧑‍🍳

도구: 도마, 식칼, 과일칼

▪ 양송이버섯은 식초를 탄 물에 재빨리 헹군 뒤 키친타월에 받쳐 물기를 제거한다. ▪

일반적인 자르기: 버섯을 수직으로 4등분하거나 비스듬히 4
등분한다.

쥘리엔 자르기: 버섯을 얇게 저민 다음, 몇 겹씩 포개놓고 가느
다란 막대 모양으로 썬다.

뒥셀*용으로 자르기: 쥘리엔으로 썬 버섯을 모아 잘게 썬다.

양송이버섯 돌려 깎기: 한쪽 손으로 작은 칼의 칼등 부분을 살
짝 쥔다. 반대쪽 손으로 버섯의 기둥을 잡고 조금씩 돌려가면
서 칼로 버섯의 갓에 무늬를 새긴다.

* 뒥셀duxelle: 버섯, 양파, 샬롯 등을 곱게 다져 버터에 볶으면서 무르게 졸인 것. 주로 생선이나 채소, 라비올리 안에 채우는 소로 쓰인다.

굵은 버섯 손질하기

난이도: 🍳

도구: 도마, 과일칼

1 과일칼로 버섯의 껍질을 벗긴다.

2 **기둥 제거:** 떼어낸 기둥은 잘게 다져 뒥셀을 만들 때 사용한다.

Monder et couper des tomates

토마토 껍질 벗기기와 자르기

난이도: 🧑‍🍳
조리 시간: 1분

도구: 도마, 작은 칼, 식칼, 냄비

셰프의 한마디

토마토 퐁뒤는 주사위 모양으로 썬 토마토(토마토 콩카세)와 잘게 다진 샬롯을 올리브유에 충분히 볶은 뒤 소금과 후춧가루로 양념한 것이다.

1 토마토는 꼭지를 제거하고, 표면에 십자로 칼집을 넣는다.

2 끓는 물에 토마토를 약 1분간 데친 뒤 얼음물에 담가서 식힌다.

3 작은 칼로 껍질을 벗긴다.

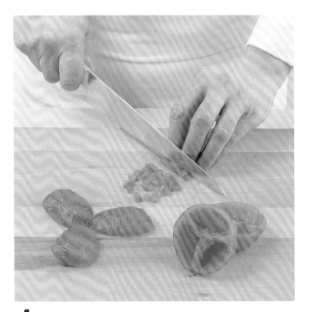

4 토마토를 2등분해서 씨를 제거한 뒤 레시피에 따라 꽃잎 모양이나 주사위 모양으로 자른다(가로, 세로, 높이 5mm씩 주사위 모양으로 아주 작게 자른 것을 콩카세 concasse라고 한다).

채소 구슬 만들기

난이도: 🍳

도구: 다양한 크기의 멜론 볼러

1 큰 구슬 모양으로 파낸 감자.

2 가니시용으로 준비한 작은 구슬 모양의 당근, 호박, 기타 채소.

Ciseler un oignon

양파 다지기

난이도: 👨‍🍳👨‍🍳

도구: 도마, 식칼

셰프의 힌마디

손을 베는 일이 없도록 사진에서 손가락의 위치를 주목하자.

1 껍질을 벗긴 양파를 수직으로 2등분한다.

2 양파의 끝부분은 남긴 채 칼집을 수직으로 일정하게 7~8 번쯤 넣는다.

3 양파의 끝부분은 남긴 채 칼집을 수평으로 3줄 넣는다.

4 수직으로 썰어 다진다.

양파 고리 모양으로 자르기

난이도: 👨‍🍳👨‍🍳

도구: 도마, 식칼

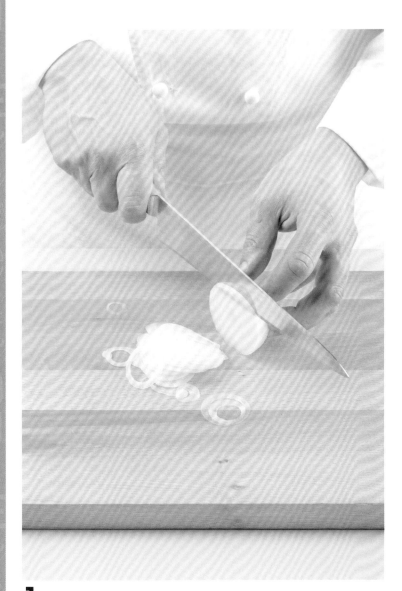

1 껍질을 벗긴 양파를 얇게 썬다.

2 살살 흩뜨려 고리 모양으로 하나씩 분리한다.

샬롯 다지기

난이도: 👨‍🍳 👨‍🍳

도구: 도마, 식칼

셰프의 한마디
손을 베는 일이 없도록 사진에서 손가락의 위치를 주목하자.

1 껍질을 벗긴 샬롯을 길이로 2등분한다.

2 샬롯의 끝부분은 남긴 채 칼집을 수평으로 2~3번 넣는다.

3 샬롯의 끝부분은 남긴 채 칼집을 수직으로 일정하게 4~5번 넣는다.

4 수직으로 썰어 다진다.

마늘 곱게 다지기

난이도: 🧑‍🍳

도구: 도마, 식칼

1 껍질을 벗긴 마늘을 2등분한 뒤 얇게 슬라이스한다.

2 작은 막대 모양으로 썬 마늘을 한데 모아 곱게 다진다.

파슬리 다지기

난이도: 👨‍🍳

도구: 도마, 식칼

1 파슬리를 씻어 키친타월에 받쳐 물기를 제거한 뒤 잎만 뗀다.

2 칼등의 끝부분을 손으로 누른 채 칼날을 내리찍듯이 움직여 파슬리를 다진다.

차이브 다지기

난이도: 🍳

도구: 도마, 식칼

셰프의 한마디
손을 베는 일이 없도록 사진에서 손가락의 위치에 주목하자.

1 차이브는 묶인 다발을 풀지 않은 채 그대로 흐르는 물에 씻은 뒤 키친타월에 받쳐 물기를 제거한다.

2 칼로 차이브를 내리쳐 다진다.

허브 다지기

난이도: 👨‍🍳

도구: 도마, 식칼

1 준비된 허브(사진은 바질, 처빌, 타라곤)를 물에 헹군 뒤 키친타월에 받쳐 물기를 제거한 뒤 잎사귀만 뗀다.

2 칼로 허브를 다진다.

채소 데치기(앙글레즈)

난이도: 🧑‍🍳

도구: 냄비

1 팔팔 끓는 소금물에 채소를 넣고, 필요에 따라 적절히 익힌다.

2 익힌 채소를 건져 찬물 또는 얼음물에 담가 최대한 빨리 식힌다. 완전히 식으면 물기를 제거한다.

채소 데치기(블랑)

난이도: 🍳

재료
밀가루 2TS, 레몬 1개, 소금

도구: 냄비, 거품기

셰프의 한마디
이 조리법은 특히 갈변하는 채소(아티초크 밑동, 엔다이브, 서양근대, 카르둔 등)를 조리할 때 유용하다.

1 찬물 150ml에 밀가루를 푼다. 찬물 2L에 레몬즙을 짜넣고, 여기에 밀가루 혼합물을 부어 거품기로 잘 섞는다. 소금 간을 한 뒤 냄비를 불에 올린다.

2 밀가루 물이 끓기 시작하면 채소를 넣고 필요에 따라 적절히 익힌다. 이렇게 데친 채소는 갈변하지 않고 본래의 색이 유지된다.

당근 글라세하기

난이도: 🍳

준비 시간: 5분 · 조리 시간: 10분

도구: 냄비, 유산지

재료

돌려 깎은 당근 500g(475쪽 '감자 돌려 깎기' 참조),
버터 50g, 설탕 1TS

1 냄비에 당근과 버터, 설탕을 넣는다. 재료가 잠길 만큼 물 또는 닭육수 100ml를 붓는다.

2 유산지를 냄비 크기에 맞게 오려 재료 위에 덮는다. 수증기가 빠질 수 있게 유산지 중심부에 작은 구멍을 낸다.

3 수분이 거의 다 졸아들 때까지 약 10분간 뭉근히 익힌다.

4 완성된 당근은 윤기가 돌면서도 본래 색을 유지해야 한다.

알양파 글라세하기

난이도: 👨‍🍳

준비 시간: 5분 · 조리 시간: 10분

재료

껍질을 벗긴 알양파 500g, 버터 50g, 설탕 1TS

도구: 냄비, 유산지

1 냄비에 알양파와 버터, 설탕을 넣는다. 물 또는 닭육수 100ml를 붓는다.

2 유산지로 만든 덮개를 씌우고, 약한 불에서 약 10분간 뭉근히 끓인다.

3 양파가 본래의 흰색을 유지하면서 윤기가 돌면 완성된 것이다.

4 양파에 캐러멜 빛이 돌 때까지 더 익힌 상태를 '아 브룅 à brun'이라고 한다.

채소 브레제하기

난이도: 👨‍🍳👨‍🍳

준비 시간: 5분 · 조리 시간: 20분

도구: 냄비

재료

채소 500g(펜넬, 셀러리 밑동 등),
버터 50g, 설탕 1TS

1 채소를 길이로 4등분한 뒤 냄비 안에 꽃 모양으로 펼쳐 담는다. 버터와 설탕, 물(또는 닭육수) 50ml를 넣는다.

2 약한 불에서 수분이 모두 날아가고 설탕이 녹아 황갈색으로 변할 때까지 10~20분간 익힌다. 중간에 채소를 조심스럽게 뒤집는다.

완두콩 에튀베*하기

난이도: 🍳
조리 시간: 5~10분

재료
껍질을 깐 신선한 완두콩 500g, 버터 50g

도구: 프라이팬, 유산지

1 프라이팬에 완두콩과 버터, 물 150ml를 넣는다. 소금 간을 한다.

2 유산지 덮개를 씌우고, 콩알의 굵기와 신선도에 따라 5~10분간 약한 불에서 뭉근히 익힌다. 수분이 다 날아가고, 완두콩이 파릇하면서도 약간 살캉거릴 정도로 익으면 완성이다.

* 에튀베étuver: 육류나 채소를 재료 자체의 수분을 이용해 천천히 오랫동안 익히는 조리법

Tourner des pommes de terre

감자 돌려 깎기

난이도: 🍳🍳

도구: 도마, 작은 칼

1 알이 굵고 매끈한 감자를 골라 껍질을 벗기고 양쪽 끝부분을 잘라낸 뒤 2등분 또는 4등분한다.

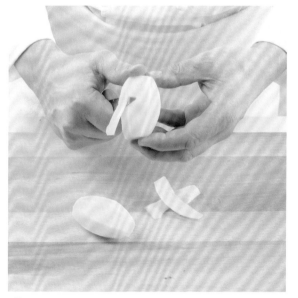

2 감자를 돌려가며 작은 칼로 표면을 두껍게 깎아 베틀북 모양으로 만든다.

3 감자의 크기에 따라 6~8면으로 깎는다.

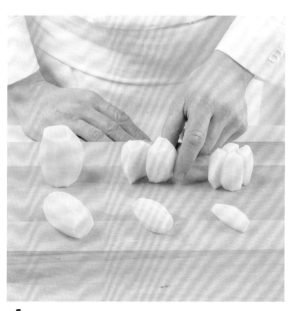

4 왼쪽부터 크기순으로 '바푀르vapeur' '샤토château' '코코트cocotte'라고 부른다.

475 채소류

만돌린 슬라이서로 감자 자르기

난이도: 👨‍🍳 👨‍🍳

도구: 만돌린 슬라이서

감자 칩: 껍질을 벗긴 감자를 두께 1mm로 조정한 기본 칼날로 슬라이스한다.

감자 채: 칼날을 가는 쥘리엔용으로 바꾸어 슬라이스한다.

벌집무늬(와플 무늬) 감자: 물결무늬 칼날로 슬라이스한다.

벌집무늬 감자 자르기: 손에 쥔 감자를 한 번 칼날 위로 밀고 난 뒤 90° 돌려 민다. 감자의 각도를 바꾸는 것을 반복해 슬라이스한다.

튀김용 감자 자르기

난이도: 🎩

도구: 도마, 식칼

감자의 껍질을 벗긴 뒤 양쪽 끝부분을 잘라 버리고 넓적하게 썬다. 굵기에 따라 다양한 감자튀김의 종류가 있다.

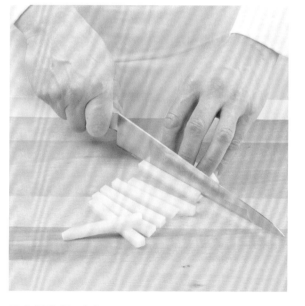

클래식(튀김용 감자): 가로 세로 각각 8mm인 막대 모양(바토 네)으로 썬다.

퐁뇌프: 가로 세로 각각 15mm인 막대 모양으로 썬다.

알뤼메트: 두께와 폭이 각각 4mm인 막대 모양으로 썬다.

감자 소테하기

난이도: 🍳

분량: 200ml

준비 시간: 5분 · 조리 시간: 10분

도구: 프라이팬

재료

버터 40g, 해바라기씨유 2TS,

감자 500g(롱델 썰기 한 뒤 데쳐 준비, 420쪽 참조)

1 프라이팬에 오일과 버터를 두르고 팬이 충분히 달구어지면 감자를 넣는다.

2 감자가 노릇노릇해질 때까지 약 10분간 굽는다. 중간에 가끔 팬을 가볍게 흔들어서 감자를 뒤집는다.

폼 드 테르 아 라 사를라데즈

난이도: ♟♟

준비 시간: 5분 · 조리 시간: 12분

도구: 프라이팬

재료
오리기름 70g,
감자 500g(롱델 썰기 한 뒤 데쳐 준비, 420쪽 참조),
다진 마늘 2톨, 다진 파슬리 2TS

1 오일과 버터 대신 오리기름을 넣고 감자를 소테한다(478쪽 참조). 감자가 거의 다 익었을 때 마늘과 파슬리를 추가한다.

2 2분간 더 익힌다.

감자 노릇하게 굽기

난이도: 🧑‍🍳

준비 시간: 10분 · 조리 시간: 15~20분

도구: 냄비, 프라이팬

재료

감자 500g(돌려 깎아 준비. 475쪽 참조), 버터 40g,
해바라기씨유 2TS, 소금

1 소금 간을 한 찬물에 감자를 넣고 불에 올린다. 물이 끓기
시작하면 5분간 더 익힌다.

2 감자를 조심스럽게 건져 그대로 식힌다.

3 버터와 오일을 두른 프라이팬에 감자를 넣고 중간 불에
서 굽는다.

4 손목의 스냅을 이용해 프라이팬을 가끔 흔들어준다. 감
자에 노릇노릇한 색이 나고, 겉은 바삭하면서 속은 부드
럽게 익을 때까지 약 15~20분간 잘 굽는다.

폼 드 테르 안나

난이도: 👨‍🍳
준비 시간: 10분 · 조리 시간: 7분

도구: 만돌린 슬라이서, 블리니 팬(팬케이크용 미니팬)

재료

감자 2개(지름 5~6cm의 원기둥모양으로 돌려 깎아 준비,
475쪽 참조),
정제 버터 30g(56쪽 참조), 소금

1 만돌린 슬라이서로 감자를 아주 얇게 슬라이스한다.

2 블리니 팬 안쪽에 정제 버터를 바르고, 슬라이스한 감자를 꽃 모양으로 돌려 담는다. 소금 간을 한다.

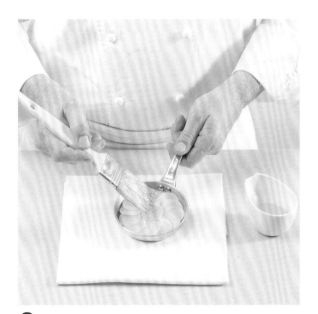

3 붓으로 정제 버터를 감자 위에 듬뿍 바른다.

4 180℃로 예열한 오븐에 넣고 감자의 표면에 황금빛이 돌 때까지 굽는다.

Pommes de terre boulangères

폼 드 테르 불랑제르

난이도: 👨‍🍳👨‍🍳

분량: 4인분

준비 시간: 15분 · 조리 시간: 20분

도구: 냄비, 오븐용 그릇

재료

양파 2개(채 썰어 준비), 버터 50g, 감자 8개(만돌린 슬라이서로 슬라이스해 준비. 476쪽 참조), 부케 가르니 1개, 소고기 부용 500ml(76쪽 참조), 소금, 후춧가루

1 냄비에 버터와 양파를 넣고 색이 나지 않게 볶는다. 소금과 후춧가루를 뿌린다.

2 오븐용 그릇에 양파와 감자를 번갈아 켜켜이 담는다. 맨 위층은 감자로 마무리한다.

3 부케 가르니를 가운데 올리고, 따뜻한 육수를 4분의 3 정도 붓는다.

4 170℃로 예열한 오븐에서 20분간 구워 곧바로 서빙한다.

Réaliser une purée de pommes de terre

감자 퓌레 만들기

난이도: 👨‍🍳👨‍🍳

분량: 4인분

준비 시간: 15분 · 조리 시간: 20분

재료

감자 8개, 버터,
뜨거운 우유(또는 우유와 생크림을 반씩 섞어도 된다)

도구: 냄비 2개, 푸드 밀* 또는 손절구

1 감자를 소금물에 익혀(469쪽 참조) 물기를 뺀다.

2 감자를 푸드 밀에 내리거나 절구에 넣어 으깬다.

3 취향에 따라 버터를 넣어 섞는다.

4 뜨거운 우유(또는 우유와 생크림을 반씩 섞은 것)를 감자
에 붓고 잘 섞는다. 우유의 양은 원하는 농도에 맞춰 조절
한다.

* 푸드 밀food mill: 감자나 고구마 등을 으깨서 내릴 때 사용하는 기구

감자 두 번 튀기기

난이도: 👨‍🍳👨‍🍳

준비 시간: 10분 · 조리 시간: 10분

도구: 튀김기

1 클래식 또는 퐁뇌프로 썬 감자를 물에 헹군 뒤 마른 행주에 밭쳐 물기를 완전히 제거한다.

2 튀김기에 기름을 붓고 160℃로 가열한 뒤 감자를 넣고 4~5분간 색이 나지 않게 튀긴다.

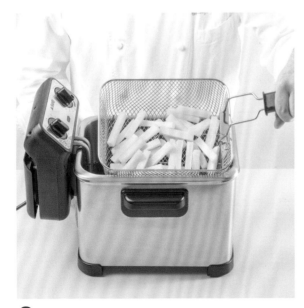

3 감자를 건져둔다(초벌 튀기기는 미리 해두어도 된다). 기름의 온도를 180℃로 높인다.

4 한 번 튀긴 감자를 다시 노릇노릇하게 튀겨 건진다. 겹겹이 깐 키친타월에 밭쳐 기름을 뺀 뒤, 소금 간을 해서 곧바로 서빙한다.

감자 칩 튀기기

난이도: 🍳🍳

준비 시간: 5분 · 조리 시간: 3~4분

도구: 튀김기

1 감자 칩용으로 썬 감자(476쪽 참조)를 가볍게 물에 헹군다. 물기를 완전히 제거한 뒤 170℃로 가열한 튀김기에 넣는다.

2 노릇노릇하게 색이 날 때까지 튀긴다.

3 감자 칩을 건진 뒤 키친타월에 받쳐 기름을 빼고, 소금을 약간 뿌린다.

4 벌집무늬 감자나 가늘게 채 썬 감자(알뤼메트)도 같은 방식으로 튀긴다.

폼 뒤셰스

난이도: 🔥🔥

분량: 4인분

준비 시간: 10분 · 조리 시간: 8분

재료
버터 50g, 달걀 1개,
수분 없는 감자 퓌레 500g(483쪽 참조)

도구: 별 모양 깍지를 끼운 짤주머니

1 따뜻한 감자 퓌레에 달걀과 버터를 섞는다.

2 1의 혼합물을 짤주머니 안에 채워넣는다.

3 오븐 트레이에 유산지를 한 장 깔고, 그 위에 짤주머니의 내용물을 짜서 꽃모양을 만든다. 170℃로 예열한 오븐에서 노릇한 색이 나도록 굽는다.

4 완성된 폼 뒤셰스는 오븐에서 꺼내자마자 바로 서빙한다.

Croquettes de pommes de terre

감자 크로켓

난이도: 👨‍🍳👨‍🍳

분량: **4인분**

준비 시간: **15분** · 조리 시간: **5분**

도구: **튀김기**

재료
버터 50g, 달걀 3개,
수분 없는 감자 퓌레 500g(483쪽 참조), 밀가루 100g,
빵가루 150g, 튀김용 기름

1 따뜻한 감자 퓌레에 버터와 달걀 1개를 섞는다. 손바닥에 밀가루를 살짝 묻히고 반죽을 돌돌 굴려 공처럼 만든 뒤 밀가루에 한 번 더 굴린다.

2 달걀 2개를 풀어 크로켓을 담갔다가 뺀다. 이어 빵가루를 고루 묻힌다.

3 충분히 가열된 기름에 크로켓을 넣고 튀긴다.

4 노릇노릇하게 튀겨진 크로켓을 키친타월에 받쳐 기름을 뺀다.

Pommes dauphine

폼 도핀

난이도: ♟♟♟

셰프의 한마디

폼 도핀을 성공적으로 만들려면 감자 퓌레를 수분이 전혀 없게 준비해야 한다.
감자를 껍질째 쪄 수분을 완전히 날린 뒤에 껍질을 벗기고 으깨는 방법을 추천한다.

1 소퇴즈에 물 100ml, 우유, 버터, 소금, 넛메그를 넣고 끓인다. 끓기 시작하면 밀가루를 한꺼번에 붓고 잘 섞는다.

2 1의 혼합물을 계속 저으며 수분을 날린다. 한 덩어리로 뭉쳐진 반죽이 소퇴즈 가장자리에 달라붙지 않고 떨어지는 농도가 되면 완성이다.

3 소퇴즈를 불에서 내려 약간 식힌 뒤, 달걀 1개를 넣고 스패튤러로 잘 섞는다.

4 남은 달걀을 1개씩 차례로 넣고 반죽에 멍울이 생기지 않도록 계속 세게 뒤섞는다. 반죽을 위에서 떨어뜨렸을 때 리본처럼 길게 이어지면 다 된 것이다.

분량: 8인분

준비 시간: 25분 · 조리 시간: 5분

도구: 소퇴즈, 튀김기, 스패튤러, 티스푼 2개

재료

우유 100ml, 버터 65g, 소금 1ts, 너트메그 1자밤,
체 친 밀가루 100g, 달걀 3개,
감자 퓌레 500g(우유, 버터, 생크림을 섞지 않고, 수분을
완전히 날린 상태로 준비), 튀김용 기름

5 유연한 스패튤러로 감자 퓌레를 퍼서 슈 반죽에 넣는다.

6 고루 잘 섞는다.

7 티스푼 2개를 이용해 반죽을 동그랗게 만들어 바로 기름에 넣고 튀긴다.

8 색이 고루 나도록 반죽을 뒤집어가며 약 5분간 노릇노릇하게 튀긴다. 키친타월에 밭쳐 기름을 뺀 뒤 뜨거울 때 바로 서빙한다.

La
DÉCOUPE
et le
SERVICE

카빙과 서비스

Découper un canard rôti

오리 로스트 카빙하기

셰프의 한마디

오리의 장각(통다리)은 몸통에 비해 익는 데 시간이 더 오래 걸리므로 보충 조리를 마친 뒤 2차에 서빙한다.

1 오븐에 구운 오리를 바로 내갈 수 있는 서빙 플레이트 위에 놓는다. 잘 손질된 카빙 나이프를 준비한다.

2 포크와 숟가락으로 오리를 똑바로 세워 육즙이 빠지게 한다.

3 홈이 파인 카빙용 도마에 오리를 옆으로 눕혀 놓는다. 이때 오리의 머리는 오른쪽, 배는 서빙하는 사람을 향해야 한다.

4 포크를 다리 중간의 지방층 사이에 찔러넣는다. 이때 포크의 볼록한 부분이 아래쪽으로 가야 한다.

5 카빙 나이프로 다리와 몸통이 이어지는 부분에 칼집을 넣는다.

6 칼날을 눕혀 날개 아래쪽으로 밀어넣어 다리를 몸통에서 분리한다. 이때 포크는 지렛대의 역할을 한다.

7 분리한 다리를 서빙하는 사람과 마주하게 놓고, 먹기 편하게 관절을 미리 자른다.

8 오리를 배가 아래쪽으로 가게 놓는다. 오리가 움직이지 않도록 포크로 갈비뼈 사이를 찌른 상태에서 나이프로 등뼈를 따라 절개하고, 이어 양쪽 측면에 칼집을 넣는다.

9 포크로 몸통을 단단히 고정한 채 날개부터 가슴까지 오리의 형태를 따라가며 살코기를 약 2mm 두께로 자른다.

10 따뜻하게 데워둔 서빙 플래터에 카빙한 오리고기를 옮겨 담는다.

허브와 빵가루를 입혀 구운 양 갈비 카빙하기

 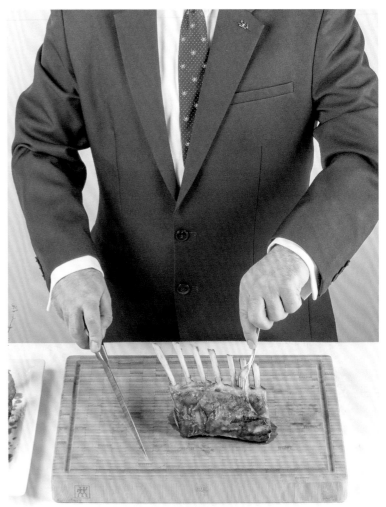

1 집게 대신 사용할 숟가락과 포크, 홈이 파인 카빙용 도마를 준비한다. 숟가락과 포크로 (고기를 찌르지 않게 주의하면서) 양 갈비를 집어 고기 부분이 손님 쪽을 향하도록 도마에 놓는다.

2 카빙 나이프를 준비하고, 왼쪽에서 두번째 갈빗대 앞쪽을 포크로 찔러 고정한다.

3 고기의 굽기 정도를 확인할 수 있게 갈비의 오른쪽 끝부분을 얇게 썬다.

4 카빙 나이프로 갈빗대 사이사이를 썬다. 썰린 갈비는 두께가 일정하고 뼈가 하나씩 붙어 있어야 한다.

5 숟가락과 포크의 등 쪽을 이용해 양 갈비를 한 접시에 2대씩 옮겨 담는다. 이 때 포크로 고기를 찌르지 않게 주의한다.

6 손으로 들고 먹기 편하게 드러난 뼈 부분을 알루미늄포일로 감싼다.

Découper un gigot d'agneau

양 넓적다리 카빙하기

세프의 한마디

금속 손잡이가 없으면 깨끗한 냅킨으로 대신한다.

1 양 넓적다리를 서빙 플래터에 올려 손님에게 보여준다. 칼날이 얇고 유연한 육류용 카빙 나이프와 포크를 준비한다. 다리 뼈에 금속 손잡이를 끼운다.

2 넓적다리를 카빙용 도마로 옮긴다. 불룩한 부분이 위로 올라오도록 뼈를 단단히 쥔 상태에서 카빙 나이프로 살코기를 바른다.

3 뼈와 수평을 유지하면서 아래쪽에서 위쪽을 향해 불룩한 살코기(누아noix) 부분을 얇게 자른다. 슬라이스한 고기는 서빙 플래터에 담는다.

4 뼈가 드러나면 고기를 뒤집어서 아래쪽의 불룩한 살코기(수누아sous-noix) 부분을 얇게 자른다. 슬라이스한 고기는 서빙 플래터에 담는다.

5 뼈에 붙은 고기(에귀예트 드 수리aiguillette de souris)를 발라 길쭉하게 썬다.

6 각 접시에 누아, 수누아, 에귀예트 드 수리를 1점씩 고루 담는다.

소 갈비등심 스테이크 카빙하기

1 갈비등심 스테이크를 카빙용 도마 위에 올려놓는다. 이
때 뼈는 서비스하는 사람을 향하고, 고기 부분이 손님을
향하게 한다.

2 카빙 포크의 등으로 스테이크를 눌러 고정한 채(포크로
고기를 찌르면 절대 안 된다) 불룩한 고기의 가장자리를
따라가면서 불필요한 지방층을 잘라 버린다.

3 카빙 나이프로 갈비뼈를 따라 잘라서 고기와 뼈를 분리
한다.

4 고기를 뼈와 직각 방향으로 1.5~2cm 두께로 썬다. 중심
쪽과 가장자리 쪽 고기의 양이 서로 비슷하도록 두께를
조절한다.

훈제 연어 카빙하기

1 긴 연어용 도마 위에 훈제 연어 필레를 머리가 오른쪽으로 가게 놓는다. 칼날이 유연한 필레팅 나이프를 준비한다.

2 포크를 왼손에 쥐고 연어의 꼬리 끝부분을 찔러 고정한다. 이 상태에서 칼날을 눕혀 앞뒤로 크게 움직이며 머리에서 꼬리 방향으로 살을 저민다. 두께는 1~2mm가 적당하다.

3 저민 연어의 가장자리를 포크의 한쪽 틈새에 끼우고 포크를 돌려 연어를 둘둘 만다.

4 둘둘 만 연어를 접시 위에 조심스럽게 펼쳐 담는다.

Découper un loup en croûte sauce choron

쇼롱 소스를 곁들인 앙 크루트 농어 구이 카빙하기

셰프의 한마디
서빙 플래터를 오븐 위에 데워두었다가 내가면 최대한 따뜻한 요리를 제공할 수 있다.

1 생선용 서빙 플래터에 앙 크루트 농어 구이를 머리가 왼쪽으로 가게 올려놓는다. 쇼롱 소스도 소스 그릇에 담아 준비한다.

2 작은 칼로 가장자리를 따라 페이스트리 껍질을 자른다. 자른 껍질을 생선용 포크로 조심스럽게 들어올린다.

3 크루트를 분리해 접시에 옮겨 담는다. 이 크루트는 나중에 같이 서비스한다.

4 분리한 크루트 뚜껑을 나란히 놓는다. 머리부터 꼬리 방향으로 등과 배의 살을 등뼈까지 잘라낸다.

5 농어의 옆줄을 따라 등 쪽 필레와 배 쪽 필레를 분리한다. 발라낸 필레를 접시 2장에 나누어 담는다.

6 머리 쪽을 포크로 찔러 고정한 상태에서 등뼈를 꼬리 쪽부터 살짝 들어올린다. 칼날을 눕혀 등뼈 아래 밀어넣고 뼈를 따라 왔다 갔다 해주면 뼈와 아래쪽 살이 쉽게 분리된다.

7 칼로 등뼈를 완전히 들어올려 머리 쪽에서 부러뜨린다. 꼬리와 등뼈를 뗀다.

8 농어 안에 들어 있는 소를 숟가락으로 떠서 크넬 모양으로 빚는다.

9 필레 옆에 소를 올리고, 그 위에 쇼롱 소스를 1숟가락 조심스럽게 끼얹는다.

10 마지막으로 크루트를 1조각 잘라 곁들인다.

Fileter une sole meunière

솔 뫼니에르 필레 뜨기

셰프의 한마디

뫼니에르 소스는 필레 뜨기가 끝날 때까지 약한 불에서 따뜻하게 데우다가 내가기 직전에 생선에 끼얹는다.

1 접시에 생선의 머리가 오른쪽, 배가 서비스하는 사람 쪽으로 가게 놓는다. 포크의 등 쪽으로 생선 머리를 살짝 누른 상태에서 나이프로 아가미 뒤쪽부터 꼬리까지 등뼈를 따라 자른다.

2 생선의 윤곽선을 따라가며 생선살과 지느러미 시작 부분 사이에 칼집을 넣는다. 등 쪽을 먼저, 배 쪽을 나중에 작업한다.

3 필레의 끝부분인 꼬리 옆쪽을 포크로 찍어 고정한다. 꼬리 밑으로 숟가락을 밀어넣고 위로 꺾어 부러뜨린다.

4 숟가락을 등 쪽 필레 밑으로 밀어넣는다. 등뼈를 따라 머리에서 꼬리 방향으로 숟가락을 조금씩 움직여 필레를 뜬다. 분리한 필레는 한쪽으로 옮겨놓는다.

5 같은 방식으로 배 쪽 필레를 뜬다.

6 숟가락으로 등뼈와 필레를 분리할 때는 항상 숟가락의 불룩한 부분이 필레에 닿게 해야 생선살이 부스러지지 않는다. 이때 포크의 등 쪽으로 생선을 눌러 고정해야 한다.

7 숟가락이 머리 쪽까지 다다르면, 등뼈를 부러뜨리지 말고 포크로 찍어 아치형으로 휘게 한 상태에서 숟가락으로 머리를 자른다. 자른 머리와 등뼈는 찌꺼기용 접시에 치운다.

8 숟가락을 사용해 머리부터 꼬리 방향으로 등 쪽 필레에서 까끄라기를 분리한다. 굵은 까끄라기는 꼬리에서 머리 방향을 향해 한쪽으로 모은다. 배 쪽 까끄라기도 같은 방식으로 처리한다.

9 숟가락을 사용해 등뼈 하단의 필레를 길이로 2등분한다.

10 서비스할 접시에 등 쪽과 배 쪽 살이 '교차되게(한 접시에 등 상단과 배 하단 필레를 담았다면, 다른 접시에는 등 하단과 배 상단 필레를)' 담는다.

1 냅킨을 깐 플래터에 넙치를 머리가 오른쪽, 꼬리가 왼쪽으로 가게 놓는다. 숟가락과 생선용 도구 3종(포크, 나이프, 작은 주걱)을 준비한다. 생선 가장자리의 까끄라기를 따라 칼집을 넣는다.

2 넙치 껍질의 끝부분을 포크 틈새에 끼운 다음, 꼬리에서 머리 방향으로 포크를 규칙적으로 돌린다. 이렇게 하면 껍질이 포크에 둘둘 말리면서 벗겨진다.

3 오른쪽 상단 필레를 첫번째로 뜬다. 숟가락을 등뼈와 필레 사이에 밀어넣고 머리부터 꼬리를 향해 조금씩 움직여 뼈와 살을 분리한다.

4 생선용 주걱과 숟가락으로 왼쪽 상단 필레를 들어올린다.

셰프의 한마디

서빙 플래터 위에 흰색 냅킨을 깔고 넙치의 검은 껍질 쪽을 냅킨에 닿게 놓으면,
필레를 뜰 때 껍질이 냅킨에 착 달라붙어 편하다.

5 생선용 나이프와 숟가락으로 까끄라기를 조심스럽게 긁
어낸다.

6 등뼈와 하단 필레가 쉽게 분리되게 숟가락을 등뼈 아래
로 밀어넣어 왔다 갔다 움직인다. 분리한 등뼈는 조심스
럽게 들어 찌꺼기용 접시에 옮겨놓는다.

7 숟가락을 사용해 하단 필레를 껍질에서 뗀다. 넙치의 시
커먼 껍질은 냅킨에 달라붙은 채 남는다.

8 숟가락으로 넙치의 볼살을 분리한다.

Filet de bœuf flambé au cognac sauce au poivre

코냑으로 플랑베한 소 안심 스테이크와 후추 소스

1 손님들이 보는 앞에서 조리할 수 있도록 작은 가스버너를 준비한다. 조리에 필요한 재료도 버너 앞에 정렬한다.

2 프라이팬에 버터 1조각을 넣고 가열한 뒤 스테이크를 손님의 요구에 맞추어 적절히 굽는다.

3 다진 샬롯을 넣고 함께 익힌다. 후춧가루를 뿌린다.

4 프라이팬을 불에서 내려 코냑을 부은 뒤 다시 불에 올려 끓인다. 이때 프라이팬을 약간 기울이면 알코올 증기에 불이 붙는다.

버터, 다진 샬롯, 코냑, 화이트와인, 송아지육수, 크렘 프레슈, 후춧가루, 소금

5 고기를 꺼내고, 팬에 화이트와인을 부어 데글라세한다. 수분이 반으로 졸아들면 송아지육수를 넣고 다시 졸인다.

6 크림을 섞어 소스를 부드럽게 만든다.

7 소스의 맛을 보고 부족한 간을 맞춘다.

8 스테이크를 다시 팬에 넣어 소스를 고루 묻힌 뒤 접시에 옮겨 담고 소스를 더 끼얹는다.

Flamber une dorade à l'anis

아니스 술로 도미 플랑베하기

1 손님들이 보는 앞에서 조리할 수 있게 작은 가스버너와 프라이팬, 아니스 술 1잔을 준비한다. 생선을 프라이팬에 올려 보여준 뒤 가스버너를 켜 팬을 가열한다.

2 팬을 불에서 내려 생선의 머리부터 꼬리 방향으로 아니스 술을 조심스럽게 끼얹는다.

셰프의 한마디
아니스 술로 플랑베한 도미 구이에 가장 잘 어울리는 가니시는 브레제한 펜넬이다.

3 팬을 기울여 불에 다시 올리면 알코올 증기에 불이 붙는다.

4 알코올이 불타오를 때, 팬을 버너 위에 똑바로 놓아 바로 불을 꺼뜨린다. 플랑베를 마친 생선은 카빙해 식탁에 올린다.

Tartare de bœuf

소고기 타르타르

재료

칼로 다진 소고기 250~300g, 달걀노른자 1개, 올리브유 80ml, 머스터드 1ts, 토마토케첩 1ts,
얇게 저민 샬롯 1개, 다진 파슬리 2ts, 다진 케이퍼 1ts, 다진 코르니숑 피클 1ts,
다진 차이브 1ts, 소금, 후춧가루, 타바스코 소스, 우스터 소스

1 손님 앞에 모든 재료를 정렬한다. 우묵한 접시와 숟가락, 포크도 준비한다.

2 우묵한 접시 한가운데에 달걀노른자와 머스터드를 넣고 포크로 잘 섞는다.
여기에 올리브유를 조금씩 부으면서 계속 휘저어 부드러운 농도의 혼합물을
만든다.

3 2의 혼합물 위에 나머지 재료를 모두 넣는다. 케첩, 우스터 소스, 타바스코 소스는 중심부에 오게 한다. 개인의 입맛에 맞게 소금과 후춧가루를 뿌린다.

4 모든 재료를 안쪽으로 모은 뒤 맛을 최대한 살리기 위해 숟가락으로 재료를 으깨면서 완전히 섞는다.

5 소스를 다진 고기에 넣고, 포크를 사용해 한쪽 방향으로 휘저어 섞는다.

6 소금 간한 뒤 맛을 보고 부족한 간을 더한다. 마지막으로 다진 파슬리나 케이퍼, 파르메산 치즈 등으로 장식한다.

Découper une volaille en vessie

볼라유 앙 베시* 카빙하기

셰프의 한마디

돼지 방광을 잘 부풀게 하려면 육수에 넣기 전에 미리 육수로 방광을 적시고, 다 익은 방광은 그 상태로 우묵한 접시에 담는다.

1 뜨겁게 달군 열판 위에 서빙 플래터를 올려놓고, 그 위에 돼지 방광으로 싼 닭을 가로로 놓는다.

2 방광의 위쪽을 칼끝으로 찌른 뒤 오른쪽에서 왼쪽 방향으로 쭉 가른다.

3 닭을 방광 위에 세워 육즙을 빠지게 한 다음, 카빙용 도마로 옮긴다. 이때 닭 목이 오른쪽으로 가게 놓는다.

4 포크로 엉덩이 옆을 누른 채 칼날을 목 안으로 밀어넣으면서 닭을 90°로 돌린다. 이렇게 하면 닭이 옆으로 누운 상태가 된다.

*볼라유 앙 베시volaille en vessie: 폴 보퀴즈의 시그니처 메뉴로, 각종 소를 넣은 브레스산 닭을 돼지 방광으로 싼 다음 끓는 닭 육수에 넣어 익혀 만든다.
앙 베시en vessie는 돼지 방광으로 싸서 익히는 조리법을 뜻한다.

5 칼날을 눕혀 날개 아래쪽으로 밀어넣고 포크를 지렛대 삼아 다리 관절을 부러뜨린 뒤 장각을 몸통에서 분리한다.

6 분리한 장각을 자를 때는 서비스하는 사람과 마주 놓고 작업한다. 먹기 편하도록 관절을 미리 자른다.

7 닭의 몸통을 도마 위에 비스듬히 놓고, 쉬프렘(가슴) 아래쪽을 포크로 찌른다. 이 상태에서 양쪽 쉬프렘 사이의 배를 가른다.

8 칼날을 몸통에 딱 붙인 채 앞뒤로 문지르듯 움직여 쉬프렘을 뗀다. 날개에서 관절을 분리할 때는 칼날을 눕혀 도마에 대고 작업한다.

9 숟가락으로 껍질을 벗기고 솔리레스를 뗀다. 마지막에 남은 몸통뼈는 찌꺼기용 접시에 치워놓는다.

10 두 접시에는 다리(단각)와 쉬프렘을, 또 다른 두 접시에는 넓적다리와 쉬프렘을 담아 서비스한다.

Les Recettes des Chefs

셰프의 레시피

허브와 포피시드, 딸기, 발사믹 소스를 곁들인 참치 다타키

난이도: 2단계 (아뮈즈부슈)
분량: 8인분

준비: 1시간 · 절임: 6시간 · 조리: 10분

다타키:
참치 필레 500g, 정제 버터(56쪽 참조) 20g,
플뢰르 드 셀, 후춧가루

콩디망:
작은 적양파 1개, 펜넬 150g, 발사믹 식초 150ml,
딸기 쿨리* 50ml,
다진 생강 10g, 고수 약간

피클:
당근 피클
미니 당근 32개
(마리네이드: 쌀식초 100ml,
라임 1개분의 제스트, 타임 1줄기)

콜리플라워 피클
소미테한 콜리플라워(소미테) 송이 24개
(마리네이드: 반으로 가른 바닐라빈 1깍지,
올리브유 100ml, 슈거 파우더 1ts)

딸기 피클
딸기 8개
(마리네이드: 올리브유 100ml,
바질 잎 약간, 오렌지주스 약간)

압착 수박*:
수박 1kg, 쌀식초 100ml, 꿀 1TS

망고 식초:
망고 1/4개, 쌀식초 50ml, 꿀 1TS

다타키 옷:
포피씨드 50g,
파슬리와 고수 1/2단(다져 준비)

참치 손질하기: 오븐을 140℃로 예열한다. 참치 필레를 가로세로 2cm, 길이 6cm의 막대 모양으로 썬다. 총 8조각의 참치 표면에 정제 버터를 바르고, 알루미늄포일로 감싸 오븐에 2분간 구운 뒤 그릴 위에서 식힌다.

콩디망 만들기: 적양파와 플로렌스 펜넬을 껍질을 벗겨 슬라이스한다. 발사믹 식초, 딸기 쿨리, 다진 생강, 고수를 섞어 만든 마리네이드에 손질한 적양파와 펜넬을 절인다.

피클 만들기: 미니 당근은 크레용 모양으로 썰어 마리네이드에 6시간 동안 절인다. 콜리플라워는 작은 송이로 잘라(소미테) 마리네이드에 6시간 동안 절인다. 딸기는 4등분해 마리네이드에 30분간 절인다.

압착 수박 만들기: 수박의 껍질을 벗기고 적당한 크기로 잘라 비닐팩에 넣고 꿀과 쌀식초를 끼얹는다. 비닐팩을 진공 포장기에 넣어 5번에 걸쳐 압착한다. 수박을 꺼내 지름 2.5mm의 동그란 틀로 찍어낸 뒤 5mm 두께로 썬다.

망고 식초 만들기: 껍질을 벗긴 망고의 과육을 주사위 모양으로 썰어 쌀식초, 꿀과 섞는다.

다타키 옷 입히기: 신선한 허브를 곱게 다져 포피시드와 섞는다. 여기에 참치 필레를 굴려 고르게 옷을 입히고, 사방 2cm 크기의 주사위 모양으로 썬다.

플레이팅하기: 접시에 압착 수박 3개를 일렬로 놓고, 그 위에 참치 다타키를 1조각씩 올린다. 슬라이스한 적양파와 펜넬로 다타키를 장식한다. 피클 3종을 수박 주변에 보기 좋게 배열하고, 망고 식초를 점점이 올려 마무리한다.

세프의 요리
516

* 쿨리coulis: 농도가 진한 퓌레나 소스
* 압착 수박compressed watermelon: 진공 상태로 압착한 수박. 맛이 진하고 식감이 독특해서 앙트레나 디저트에 많이 이용된다.

Rouleaux de saumon fumé, épinards, crème d'aneth

딜 크림을 곁들인
시금치 훈제 연어 룰라드

난이도: 3단계 (아뮈즈부슈)
분량: 10인분

시금치 훈제 연어 룰라드:
스코틀랜드산 훈제 연어 1kg,
넓은 시금치 잎 10장
소금, 후춧가루

딜 크림:
딜 1/4단, 샬롯 1개, 생크림 250ml,
판젤라틴 2장, 레몬즙(레몬 1개 분량)

플레이팅:
필로 시트 4장, 정제 버터 100g(56쪽 참조),
슈거 파우더, 분홍 래디시 1/4단, 올리브유,
옐로 머스터드, 플뢰르 드 셀

준비: 1시간 · 훈연: 20분 · 조리: 12분

연어는 껍질과 가시를 제거하고, 20분간 훈연한 뒤 긴 필레 모양으로 60g씩 10조각으로 잘라 냉장보관한다.

시금치는 씻은 뒤 줄기는 떼고 잎만 끓는 물에 살짝 데쳐 물기를 꽉 짠다. 깨끗한 행주 위에 펼쳐 수분을 제거한다.

딜 크림 준비하기: 딜은 씻어 잎만 뗀다. 작은 가지는 플레이팅에 사용하고, 나머지는 곱게 다진다. 샬롯은 껍질을 벗겨 곱게 다진다. 냄비에 생크림을 끓이다가 미리 찬물에 불려 물기를 제거해둔 젤라틴과 다진 딜, 샬롯, 오렌지주스를 넣어 고루 섞는다. 이것을 식품용 랩을 깐 30×10cm 크기의 틀에 부어 굳힌다.

딜 크림이 굳을 동안 오븐을 180℃로 예열하고, 필로 시트를 1장씩 떼어놓는다. 도마 위에 필로 시트를 1장 깔고, 정제 버터를 바른 뒤 슈거 파우더를 뿌린다(사진 **1**, **2**). 그 위에 필로 시트를 1장 덮고, 앞서와 똑같은 과정을 반복한 뒤 필로 시트를 또 1장 덮어 3겹을 만든다. 3겹짜리 필로 시트를 하나 더 만들어 50개의 작은 직사각형으로 자른 다음(사진 **3**, **4**), 다양한 크기의 원형 커터로 동그라미 무늬를 낸다(사진 **5**). 알루미늄 포일로 감싼 원통 위에 필로를 올려(사진 **6**) 오븐에 8분간 구운 뒤 식힌다.

연어에 소금과 후춧가루를 뿌린다. 작업대에 식품용 랩을 깔고 시금치를 1겹으로 펼친 뒤 연어를 올려 시금치로 단단하게 만다(사진 **7**). 식품용 종이 포일 또는 거즈로 룰라드를 감싸(사진 **8**) 70℃로 예열한 스팀 오븐에서 4분간 익힌 뒤 냉장보관한다.

래디시는 물에 씻어 아주 얇게 통썰기한 뒤 얼음을 채운 볼에 담가둔다.

딜 크림이 적당히 굳으면 유산지로 감싸 원통형으로 빚은 뒤 통썰기해 50조각을 만든다. 시금치 연어 룰라드는 양쪽 끝을 잘라내고 5등분한 뒤 표면에 올리브유를 발라 윤기를 더한다.

접시에 딜 크림 5조각을 놓고, 그 위에 연어 룰라드를 올린다. 구운 필로와 래디시, 딜, 옐로 머스터드로 장식한다. 연어 룰라드 위에 플뢰르 드 셀을 살짝 뿌려 마무리한다.

1

2

3

4

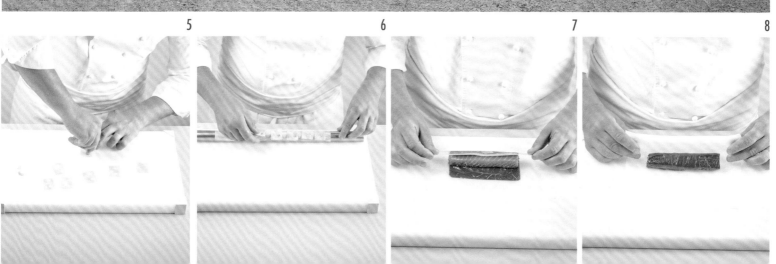

Œuf parfait, sauce roquette et wasabi, sablé au parmesan

루콜라 와사비 소스와
파르메산 치즈 사블레를 곁들인 달걀 파르페

난이도: 3단계 (아뮈즈부슈)
분량: 10인분

달걀 파르페:
신선란 10개

파르메산 치즈 사블레:
파르메산 치즈 120g, 밀가루 250g, 버터 200g,
소포장된 오징어 먹물 3팩

루콜라-와사비 소스:
루콜라 300g, 우유 200ml, 생크림 1L,
와사비(고추냉이) 40g, 소금, 후춧가루

플레이팅:
방울토마토 200g,
토마토 콩카세(460쪽 참조) 300g,
레몬 제스트(레몬 1개 분량)

준비: 1시간 · 조리: 1시간 30분

수비드 머신(저온 조리기)을 이용해 달걀을 63.2℃에서 1시간 30분간 익힌다.

사블레 만들기: 오븐을 140℃로 예열한다. 피르메산 치즈, 밀가루, 버터를 섞어 손으로 반죽한 뒤 2덩이로 똑같이 나누고, 그중 1덩이에 오징어 먹물을 섞어 검은색으로 만든다. 2가지 반죽을 2장의 유산지 사이에 넣고 3mm 두께로 민다(사진 **1, 3**). 반죽을 폭 5mm의 기다란 띠 모양으로 자른다(사진 **2, 4**). 유산지 위에 검은 띠와 흰 띠를 번갈아 배열한 뒤(사진 **5**), 또 1장의 유산지를 덮고 밀대로 밀어 2가지 색 반죽을 이어 붙인다(사진 **6**). 줄무늬가 나타나게 길이로 잘라 실리콘판 위에 올리고(사진 **7**), 오븐에서 20분간 굽는다.

루콜라 와사비 소스 만들기: 루콜라는 플레이팅에 사용할 잎 몇 장만 따로 떼어두고, 나머지는 우유와 함께 믹서로 간다. 여기에 생크림을 붓고 고루 섞어 시누아에 거른다. 와사비를 넣고 소금과 후춧가루로 간한다.

방울토마토는 끓는 물에 데쳐 껍질을 벗긴 뒤 꽃잎 모양으로 자른 것으로 30조각을 준비한다.

마티니 잔에 토마토 콩카세와 달걀을 담는다. 이어 거품을 올린 루콜라 와사비 소스를 조금씩 나누어 붓는다. 사블레 위에 꽃잎 모양으로 자른 토마토와 루콜라 잎, 레몬 제스트를 얹어 마티니 잔을 장식한다.

1
2
3
4

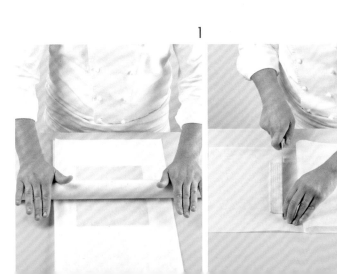

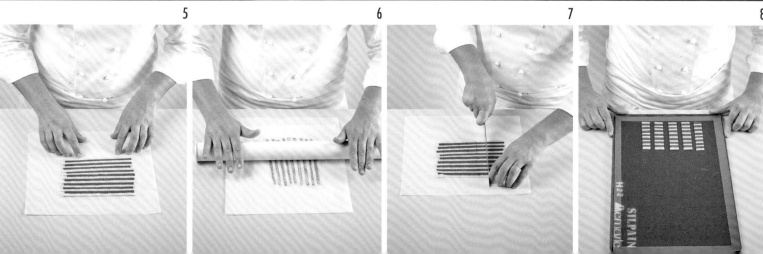

Tarte fine de rouget saladette de fenouil mariné aux herbes

허브와 절인 펜넬 샐러드를 곁들인 노랑촉수 타르트

난이도: 1단계 (차가운 앙트레)
분량: 8인분

가지 캐비아*:
가지 1kg, 올리브유 4TS, 양파 1개,
게랑드 소금, 후춧가루

펜넬 샐러드:
미니 펜넬 8개, 레몬즙(레몬 1개 분량),
올리브유, 소금, 후춧가루

노랑촉수 타르트:
파트 푀이테 1장(102쪽 참조),
150g짜리 노랑촉수 필레 8조각,
올리브유 2TS

플레이팅:
메스클링, 방울토마토 8개, 차이브 1단,
타라곤 1단, 래디시 1/2단, 플뢰르 드 셀,
에스플레트 고춧가루 약간, 발사믹 글레이즈

준비: 40분 · 절임: 20분 · 조리: 1시간 30분

가지 캐비아 만들기: 오븐을 170℃로 예열한다. 가지를 길이로 2등분해 안쪽에 칼집을 넣은 뒤 올리브유(2TS)를 끼얹고, 플뢰르 드 셀과 후춧가루를 뿌려 오븐에 넣는다. 30~40분 뒤 가지를 꺼내 숟가락으로 껍질을 제외한 살 부분만 긁어낸다. 양파를 슬라이스해 색이 나지 않게 (올리브유(2TS)에 볶은 뒤 가지 살과 섞어 20~30분간 수분을 날린다. 필요에 따라 부족한 간을 보충한다.

펜넬 샐러드 만들기: 미니 펜넬을 아주 얇게 썰어 소금과 후춧가루를 뿌리고, 레몬즙과 올리브유를 고루 끼얹은 뒤 냉장고에 넣어 20분간 절인다.

(펜넬을 절이는 동안) 노랑촉수 타르트 준비하기: 파트 푀이테를 밀어 직사각형으로 자른다. 자른 푀이테는 유산지를 깐 오븐팬에 담고 또 다른 오븐팬을 덮어 눌러서 20분간 굽는다.

타르트가 구워지는 동안, 노랑촉수 필레를 코팅된 프라이팬에 올리브유를 두르고 껍질 쪽부터 앞뒤로 2분씩 굽는다.

타르트 위에 가지 캐비아를 소복하게 쌓고, 그 위에 구운 생선을 올린다. 접시 한쪽에는 펜넬 샐러드를 담고, 2등분한 방울토마토와 허브, 메스클링, 레몬 제스트, 동그랗게 썬 래디시로 보기 좋게 장식한다. 플뢰르 드 셀과 에스플레트 고춧가루를 살짝 뿌리고, 빈 공간에 발사믹 글레이즈를 점점이 찍어 마무리한다.

* 가지 캐비아: 가지 씨 부분을 씹으면 마치 알이 터지는 것 같은 느낌이 나는데, 마치 캐비아를 먹는 듯하다고 해 붙여진 이름이다.

Saumon froid, poire et poivron jaune, mayonnaise

마요네즈 소스, 서양배와 노란 파프리카를 곁들인 차가운 연어

난이도: 1단계 (차가운 앙트레)
분량: 8인분

연어 필레 1.2kg, 염도 10%의 소금물 2L,
정제 버터(56쪽 참조) 1kg, 소금, 후춧가루

마요네즈 소스:

머스터드 60g, 달걀노른자 1개, 와인식초 1ts,
소금 3g, 후춧가루 1g, 유채씨 오일 250ml

마요네즈 소스 마무리:

비트 과육 15g, 파슬리 약간, 생크림 50ml,
사프란 가루 약간

노란 파프리카-서양배 브뤼누아즈:

(길쭉한 모양의) 서양배 200g,
노란 파프리카 200g, 레몬 1개, 바질 1/4단

플레이팅:

신선한 허브(고수, 딜 등),
아이스플랜트 잎 35g,
작은 주사위 모양으로 자른 수박 24조각,
작은 바게트 1개

준비: 1시간 · 절임: 20분 · 냉장: 1시간 · 조리: 10분

연어 손질하기: 연어 필레는 껍질을 벗기고 가시를 제거한 뒤 길이로 2등분해 소금물에 20분간 담가둔다. 절인 연어의 물기를 꼼꼼히 제거하고, 후춧가루를 뿌린 뒤 식품용 랩으로 단단히 말아 원통 모양을 만들고 1시간 동안 냉장한다. 70℃로 데운 정제버터에 연어를 넣고 10분간 포칭한 뒤 작게 토막 내서 랩을 벗긴다.

마요네즈 만들기: 머스터드, 달걀노른자, 식초, 소금, 후춧가루를 모두 넣어 잘 섞는다. 카놀라유 조금씩 부어가며 계속 저어 균질한 소스를 만든다.

비트 마요네즈: 비트 과육을 믹서에 갈아 즙만 짠다. 앞서 만든 마요네즈의 1/3에 비트즙을 섞어 피펫*에 채워둔다.

파슬리 마요네즈: 파슬리를 블렌더에 갈아 즙만 짠다. 앞서 만든 마요네즈의 1/3에 파슬리즙을 섞어 피펫에 채워둔다.

사프란 마요네즈: 생크림에 사프란을 넣어 고루 휘저은 뒤 남은 마요네즈와 섞는다. 피펫에 채워둔다.

노란 피망-서양배 브뤼누아즈 만들기: 서양배는 껍질을 벗기고 노란 파프리카는 속을 제거해 각각 작은 브뤼누아즈로 썬다. 레몬즙과 다진 바질을 섞어 냉장고에 넣어둔다.

바게트 칩 준비하기: 바게트를 햄 슬라이서로 얇게 잘라 90℃로 예열한 오븐에서 25분간 바싹 말린다.

플레이팅하기: 접시 한가운데에 연어를 놓고, 그 위에 노란 파프리카-서양배 브뤼누아즈를 올린다. 접시의 빈 공간에 3가지 색깔의 마요네즈를 점점이 찍고, 아이스플랜트 잎과 수박으로 장식한다. 마지막으로 바게트 칩을 연어 위에 올린다.

* 피펫pipette: 소량의 액체를 완성된 요리에 주입시키면서 플레이팅 할 수 있는 도구

Omble chevalier cuit à la nage, sauce barigoule

쿠르부용을 부어 익힌 곤들매기와 바리굴 소스

난이도: 1단계 (차가운 앙트레)
분량: 8인분

껍질을 벗기지 않은 곤들매기 필레 8조각,
굵은 천일염, 타라곤 약간,
쿠르부용(86쪽 참조) 1L

바리굴 소스:
빨간 파프리카 100g, 펜넬 80g, 당근 80g,
양파 80g, 마늘 1쪽,
엑스트라버진 올리브유 100ml, 팔각 1/2개,
고수 씨 10알, 소금,
에스플레트 고춧가루 약간,
토마토 페이스트 15g,
화이트 발사믹 식초 50ml,
화이트 와인 100ml

플레이팅:
래디시 2개, 어린 양파 2개, 미니 펜넬 1개,
상추 약간, 신선한 허브, 올리브유,
레몬즙(레몬 1개 분량)

준비: 45분 · 절임: 20분

곤들매기 발로틴* 준비하기: 곤들매기 필레는 껍질은 남기고 가시만 제거한 뒤 천일염으로 두껍게 덮어 20분간 절였다가 찬물에 씻는다. 식품용 랩 위에 곤들매기 필레를 놓고, 타라곤을 얹은 뒤 그 위에 필레 1조각을 반대 방향으로 쌓는다. 이중으로 겹친 필레를 식품용 랩으로 말아 양쪽 끝을 묶고, 바늘로 곳곳에 작은 구멍을 낸다. 이런 방식으로 곤들매기 발로틴 2덩이를 만든다. 남은 필레는 마름모 모양으로 자르고 껍질을 벗긴다. 팔팔 끓인 쿠르부용을 곤들매기 발로틴이 잠길 만큼 붓는다. 마름모 모양으로 썬 필레에는 75℃로 약간 식힌 쿠르부용을 붓는다. 쿠르부용을 부은 발로틴과 필레를 그대로 식힌 뒤 냉장고에 넣어 보관한다.

바리굴 소스 만들기: 준비된 채소는 씻어 껍질을 벗기고 얇게 썰어 올리브유 50ml를 두르고 볶는다. 익힌 채소에 고수 씨와 팔각을 (나중에 빼기 쉽게 거즈에 싸) 넣고 뭉근히 조린 뒤 소금과 에스플레트 고춧가루로 양념한다. 토마토 페이스트와 화이트 발사믹 식초, 화이트와인, 물 1컵을 추가로 넣고 20분간 더 끓인다. 거즈에 싼 향신료를 빼내고, 남은 올리브유 50ml를 넣고 고루 섞어 식힌다.

플레이팅하기: 만돌린 슬라이서로 래디시와 어린 양파, 미니 펜넬을 대팻밥처럼 얇게 저민다. 곤들매기 발로틴을 2.5cm 높이의 4토막으로 자른다. 서빙 접시에 바리굴 소스를 둥글게 담고, 그 위에 마름모 모양으로 자른 곤들매기 필레 2조각과 발로틴 1토막을 올린다. 마지막으로 얇게 썬 채소 3종과 레몬즙을 뿌린 상추를 보기 좋게 얹는다.

* 발로틴ballottine: 뼈를 도려내고 실로 둥글게 감은 고깃덩이

Assiette blanche

아시에트 블랑슈*

난이도: 1단계 (차가운 앙트레)
분량: 8인분

가리비 1kg

마리네이드:
라임즙(라임 5개 분량), 코코넛밀크 400ml,
플뢰르 드 셀 20g, 다진 생강 20g

가니시:
콜리플라워 100g, 분홍 래디시 1단,
블랙 래디시 200g, 리크 흰 부분 100g,
숙주 200g

코코넛밀크 에멀션:
코코넛밀크 400ml

핑거 라임* 크림:
핑거 라임 1개, 생크림 200ml,
플뢰르 드 셀 10g, 백후춧가루

플레이팅:
파르메산 치즈 300g, 코코넛칩 150g,
야생마늘(곰파) 꽃 24송이, 백후춧가루 2g

준비: 1시간 · 절임: 45분

가리비 절이기: 라임즙과 코코넛밀크, 플뢰르 드 셀, 다진 생강을 섞어 마리네이드를 만든다. 얇게 포 뜬 가리비를 마리네이드에 45분간 절인다.

가니시 준비하기: 콜리플라워는 작은 송이로 자른다. 로즈 래디시는 껍질을 벗겨 가는 바토네로 썬다. 블랙 래디시는 페이잔 썰기를 하고, 리크의 흰 부분은 쥘리엔으로 썬다. 숙주는 깨끗이 씻어 머리와 꼬리를 뗀다. 손질한 채소는 모두 얼음물에 담가둔다.

코코넛밀크 에멀션 만들기: 코코넛밀크를 거품기로 세게 휘저어 부드러운 무스 형태로 만든다.

핑거 라임 크림 만들기: 핑거 라임을 반으로 갈라 과육 알갱이만 긁어낸 뒤, 일부는 플레이팅용으로 남기고 나머지를 생크림, 플뢰르 드 셀, 백후춧가루와 섞는다.

플레이팅하기: 접시에 강판에 간 파르메산 치즈를 10x3cm의 직사각형 형태로 담는다. 절인 가리비를 치즈 위에 올리고, 수분이 적당히 빠지면 코코넛칩과 가니시를 얹는다. 핑거 라임 크림과 과육 알갱이로 접시의 가장자리를 점점이 장식하고, 야생마늘 꽃도 보기 좋게 놓는다. 마지막으로 코코넛밀크 에멀션을 군데군데 조금씩 올린다.

---

* 아시에트 블랑슈assiette blanche는 우리말로 '하얀 접시'라는 뜻이다.

* 핑거 라임finger lime: 오스트레일리아 원산의 감귤류. 손가락 같은 모양에 색깔은 보라색, 노란색, 검은색, 분홍색 등으로 다양하며, 안에 들어 있는 작고 동그란 알갱이가 캐비아를 닮아서 '캐비아 라임'이라고도 부른다.

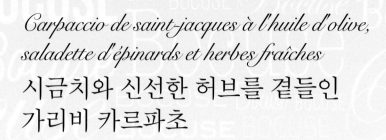

Carpaccio de saint-jacques à l'huile d'olive,
saladette d'épinards et herbes fraîches

시금치와 신선한 허브를 곁들인
가리비 카르파초

난이도: 1단계 (차가운 앙트레)
분량: 8인분

큰가리비 패주 24개

마리네이드:
레몬 2개, 딜 4줄기, 파슬리 4줄기, 처빌 4줄기,
타임 2줄기, 월계수잎 2장, 올리브유 100ml

플레이팅:
어린 시금치 40g, 플뢰르 드 셀,
에스플레트 고춧가루 약간, 케이퍼베리 4알,
꽃잎 모양으로 자른 방울토마토(460쪽 참조) 24조각,
생크림 8TS

준비: 20분

마리네이드 준비하기: 레몬 1개는 제스트용으로 겉껍질만 얇게 벗긴 뒤 곱게 채 썰어 끓는 물에 살짝 데친다. 남은 레몬은 과육을 발라내 주사위 모양으로 썬다. 허브는 플레이팅에 사용할 것만 조금 남기고 모두 굵게 다진다. 또 다른 레몬 하나는 즙을 짜서 올리브유, 다진 허브를 섞어 마리네이드를 만든다.

가리비 패주는 얇게 저며 준비한다.

플레이팅하기: 접시 위에 가리비 패주와 시금치 잎을 부채 모양으로 번갈아놓는다. 마리네이드를 고루 끼얹고, 플뢰르 드 셀과 에스플레트 고춧가루를 약간 뿌린다. 허브와 레몬 제스트를 곳곳에 보기 좋게 올린다.

케이퍼베리를 반으로 잘라 가리비 위 중앙에 올리고, 부채 모양으로 놓은 가리비 주변을 토마토와 생크림으로 장식한다.

Huîtres, kiwi, rhum cacao
굴, 키위, 카카오 럼

난이도: 1단계 (차가운 앙트레)
분량: 10인분

키위 10개, 굴 30개

카카오 럼:
카카오 분말 25g, 자카파 럼 100ml

딸기-생강 쿨리:
딸기 4알, 강판에 간 생강 10g,
다진 고수 잎 약간

양파:
적양파 1개, 쌀식초 100ml

루콜라 페스토:
루콜라 100g, 잣 50g, 올리브유 200ml, 소금

새콤한 크림:
생크림 100ml, 레몬 1개,
카피르 라임 제스트(라임 1개 분량), 소금

플레이팅:
레몬 바질 잎 30장, 자소엽(자색 차조기) 1단,
식용 꽃 24송이

준비: 30분 · 절임: 15분

키위 손질하기: 키위는 껍질을 벗겨 가운데 부분을 0.5cm 두께로 통썰기 해 키위 1개 당 3조각씩 준비한다. 남은 자투리는 2.5cm 길이의 타원형으로 썰어 냉장보관한다.

카카오 럼 준비하기: 카카오 분말을 약한 불에서 타지 않게 볶아 수분을 완전히 날린 뒤 럼주로 데글라세하고, 핸드 믹서로 잘 섞어 부드러운 에멀션 형태로 만든다.

딸기-생강 쿨리 만들기: 딸기를 생강과 다진 고수잎에 버무려 15분 정도 두었다가 믹서에 곱게 간다.

적양파 절이기: 적양파는 껍질을 벗겨 슬라이스한 뒤 쌀식초와 딸기-생강 쿨리를 끼얹어 15분간 절인다.

루콜라 페스토 준비하기: 루콜라는 씻어 물기를 제거한 뒤 잣, 올리브유, 소금과 함께 믹서에 갈아 피펫에 채워둔다.

새콤한 크림 만들기: 생크림을 거품기로 저어 거품을 올린 뒤 레몬즙 약간, 카피르 라임 제스트, 소금 약간을 첨가한다.

굴은 껍데기를 까 물기를 제거해둔다.

플레이팅하기: 주사기를 사용해 접시 위에 카카오 럼이 튄 것처럼 표현한다. 동그란 키위 3조각을 나란히 놓고, 그 위에 굴과 절인 양파, 레몬 바질 잎을 하나씩 쌓아올린다. 접시 한쪽에 새콤한 크림을 짤주머니로 짜고, 루콜라 페스토, 자소엽, 식용 꽃, 딸기-생강 쿨리로 보기 좋게 장식한다.

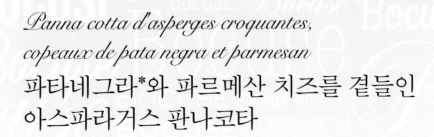

파타네그라*와 파르메산 치즈를 곁들인
아스파라거스 판나코타

난이도: 1단계 (차가운 앙트레)
분량: 8인분

아스파라거스 판나코타:
녹색 아스파라거스 700g, 생크림 1L,
판젤라틴 6장
소금, 후춧가루

가니시:
파타네그라 300g, 파르메산 치즈 200g

바질 오일:
생바질 1단, 올리브유 200ml, 소금

플레이팅:
허브 잎 약간, 루콜라 싹 200g

준비: 50분 · 조리: 25분

아스파라거스 판나코타: 아스파라거스는 껍질을 벗겨 뾰족한 머리 부분을 5cm 길이로 자른다. 여기서 굵은 것은 플레이팅을 위해 남겨두고, 몇 개는 만돌린 슬라이서로 아주 얇게 자른다.

굵직한 아스파라거스 머리를 포함해 아스파라거스를 찜기에 10분간 찐다. 머리는 따로 둔다.

남은 아스파라거스에 생크림을 붓고 10분간 끓인 뒤 믹서로 곱게 갈아 소금 간을 한다.

찬물에 불린 판젤라틴을 물기를 짜 아스파라거스 크림에 넣고 고루 섞는다. 이것을 시누아에 거르고, 우묵한 접시에 담아 냉장고에 넣는다.

그동안 오븐을 170℃로 예열한다. 파타네그라는 2장만 남기고 나머지를 대팻밥처럼 작고 얇게 잘라 냉장보관한다. 넓은 파타네그라 2장을 유산지를 깐 트레이 2개 사이에 펼쳐놓고 오븐에 15분간 굽는다. 오븐에 구워 바삭한 파타네그라 칩을 작은 삼각형 모양으로 자른다.

파르메산 치즈는 필러로 대팻밥처럼 얇게 긁어내 준비한다.

바질 오일 만들기: 올리브유에 바질 잎을 섞어 믹서에 간다. 소금을 약간 첨가한다.

플레이팅하기: 냉장고에서 아스파라거스 판나코타를 꺼내 준비한 재료를 보기 좋게 플레이팅한다. 바질 오일을 점점이 뿌리고, 허브 잎과 루콜라 싹을 올려 마무리한다.

* 파타네그라pata-negra: 야생 도토리만 먹여 키운 이베리코 흑돼지의 뒷다리에 소금을 뿌려 2년 이상 숙성시킨 생장봉. '하몽 이베리코 데 베요타'라고도 불리며, 스페인산 하몽 가운데 최상 등급으로 꼽힌다.

콩포지시옹 플로랄

난이도: 1단계 (차가운 앙트레)
분량: 10인분

준비: 1시간 · 절임: 20분 · 조리: 25분

콩포지시옹 플로랄:

브로콜리 250g, 콜리플라워 250g,
자색 콜리플라워 250g, 적색 엔다이브 1포기,
녹색 아스파라거스 1/2묶음,
미니 패티팬 스쿼시 250g, 미니 순무 250g,
미니 펜넬 250g, 미니 당근 250g,
주키니 호박꽃 5개, 로즈 래디시 1단,
미니 비트 150g, 적양파 150g,
미니 리크 150g, 미니 양배추 100g,
버터 40g, 작은 바게트 빵 1개,
양송이버섯 150g, 버터 20g,
레몬즙(레몬 1개 분량),
방울토마토 125g, 올리브유, 오렌지 3개,
트러플 50g, 파르메산 치즈 150g,
헤이즐넛 오일 100ml, 헤이즐넛 콩카세 100g,
식용 꽃(한련화, 마거리트 등) 20송이,
허브 잎(딜, 처빌, 차이브, 치커리 등), 후춧가루

오징어 먹물 크럼블:

버터 200g, 밀가루 300g, 오징어 먹물 20g

당근 젤리:

당근 500g, 한천 12g, 큐민 약간, 플뢰르 드 셀

채소 손질하기: 브로콜리, 콜리플라워, 자색 콜리플라워는 작은 송이(소미테)로 자른다. 적색 엔다이브는 작은 깃털 모양으로 썬다. 아스파라거스, 미니 패티팬 스쿼시, 미니 순무, 미니 펜넬, 미니 당근, 주키니 호박꽃, 래디시, 미니 비트, 적양파는 만돌린 슬라이서로 얇게 저민 뒤 얼음물에 담가둔다. 미니 리크는 어슷하게 썰어 끓는 소금물에 데친 뒤 찬물에 식힌 다음 물기를 제거하고 버터(20g)로 버무린다. 미니 양배추도 끓는 소금물에 데쳐 식힌다.

바게트 칩 만들기: 오븐을 90℃로 예열한다. 슬라이스 머신으로 얇게 자른 바게트를 오븐에 넣어 25분간 바싹 말린다.

버섯은 남은 버터와 레몬즙, 약간의 물을 넣고 윤기가 나게 볶는다. 방울토마토는 올리브유와 소금, 후춧가루 간을 해 20분간 절인다.

오렌지는 과육만 발라낸다.

트러플은 전용 강판을 사용해 얇게 자르고 파르메산 치즈는 필러를 사용해 슬라이스한다. 이 2가지를 함께 헤이즐넛 오일과 헤이즐넛 콩카세에 버무려 몇 분간 절인다.

오징어 먹물 크럼블 만들기: 오븐의 온도를 160℃로 올린다. 버터를 휘저어 부드럽게 만든 뒤 밀가루를 고루 섞어 반죽한다. 여기에 오징어 먹물을 넣고 충분히 치대 검은색으로 만든다. 반죽을 5mm 두께로 밀어 예열된 오븐에서 15분간 굽고, 완전히 식으면 곱게 으깬다.

당근 젤리 만들기: 착즙기로 당근 즙을 추출해 냄비에 끓인다. 한천을 넣어 고루 섞은 뒤 플뢰르 드 셀과 큐민으로 양념한다. 넓은 용기에 당근 혼합물을 3mm 높이로 붓고, 식품용 랩을 씌워 냉장고에서 굳힌다. 탄력 있게 굳은 젤리를 지름 8cm의 원형 커터로 찍어낸다.

접시에 당근 젤리를 놓고 오징어 먹물 크럼블을 젤리의 표면에 3mm 두께로 고르게 입힌다. 준비한 채소와 꽃을 '땅에 심듯이' 크럼블 위에 보기 좋게 올린다. 절여둔 트러플과 파르메산 치즈, 바삭한 바게트 칩, 허브 잎, 헤이즐넛 콩카세를 보기 좋게 올리고, 헤이즐넛 오일을 몇 방울 뿌려 마무리한다.

달팽이 캐비아와
크루스티앙 사이에 끼운 달팽이 타르타르

난이도: 2단계 (차가운 앙트레)
분량: 8인분

준비: 50분 · 조리: 15분

달팽이 캐비아 100g

달팽이 타르타르 만들기: 달팽이를 굵게 다진다. 프라이팬에 버터를 넣고 다진 마늘과 다진 파슬리를 볶다가 달팽이를 넣어 살짝 익힌다. 파스티스로 플랑베하고 아몬드 가루와 생크림을 넣어 잘 섞은 뒤 졸인다. 마지막으로 소금과 후춧가루로 간을 맞춘다.

달팽이 타르타르:
달팽이 20마리, 다진 마늘 1쪽, 버터 20g,
파슬리 약간, 파스티스 약간, 아몬드 가루 20g,
생크림 80ml, 소금, 후춧가루

크루스티앙 만들기: 오븐을 180℃로 예열한다. 필로 파트를 5x3cm 크기의 직사각형으로 잘라 정제 버터를 바른 뒤 오븐팬에 옮겨 담는다. 그 위에 유산지와 또 다른 오븐팬을 올려서 누른 채로 오븐에 4분간 구운 뒤 그대로 식힌다.

크루스티앙:
필로 파트 150g, 정제 버터(56쪽 참조) 15g

팝콘 만들기: 소퇴즈에 약간의 오일을 두르고 팝콘용 옥수수를 넣는다. 뚜껑을 덮고 옥수수 알이 모두 터질 때까지 가열한다.

팝콘:
식물성 기름, 팝콘용 옥수수 100g

달팽이 버터 만들기: 준비된 재료를 모두 섞어 팝콘에 골고루 묻힌 뒤 그대로 보관한다.

달팽이 버터:
정제 버터 20g, 가염 버터 100g,
파슬리 약간, 마늘 1쪽

바게트 칩 만들기: 햄 슬라이서로 얇게 자른 바게트 24조각 준비한다. 90℃의 오븐에 넣어 25분간 바싹 말린다.

플레이팅:
포마드 버터 100g, 플뢰르 드 셀 10g,
에스플레트 고춧가루 4g, 볶아 다진 잣 30g,
바게트 1개, 마늘 크림 1TS,
신선한 허브, 식용 꽃 24송이

플레이팅하기: 포마드 버터를 접시에 묻히듯이 올리고, 그 옆에 플뢰르 드 셀과 에스플레트 고춧가루, 다진 잣을 조금씩 놓는다. 이어 달팽이 캐비아를 얹은 바게트 칩 3개와 팝콘을 접시에 둘러놓는다. 마늘 크림을 조리용 주사기에 넣어 소용돌이 모양을 그린다. 크루스티앙 사이에 끼운 달팽이 타르타르를 접시 한가운데에 세워놓고, 작게 자른 허브와 식용 꽃으로 장식한다.

Rillettes de canard maison

가정식 오리고기 리예트*

난이도: 2단계 (차가운 앙트레)
분량: 8인분

오리 장각 4개, 크렘 프레슈 1TS, 잣 80g

아로마틱 가니시:

채소 미르푸아(양파, 당근, 셀러리) 300g,
마늘 10쪽, 드라이한 화이트와인 100㎖,
맑은 닭육수(66쪽 참조) 500㎖, 타임, 월계수,
로즈메리, 파슬리 각 1줄기,
생강가루 약간, 팔각 1개

플레이팅하기:

캉파뉴 빵 8조각, 코르니숑 피클 200g,
알양파 초절임 200g, 파슬리, 처빌, 차이브,
헤이즐넛 오일 약간, 오래된 발사믹 식초,
플뢰르 드 셀, 굵게 빻은 후춧가루

준비: 45분 · 냉장: 최소 12시간 · 절임: 18~20시간(선택 사항) · 조리: 8시간

하루 전, 오리 장각에서 지방층을 가볍게 걷어내 작은 주사위 모양으로 썬다. 이것을 진한 갈색이 날 때까지 바싹 구워 바삭한 리용을 만든다. 키친타월에 받쳐 기름을 빼고 소금 간을 한다.

오븐을 125℃로 예열한다. 스튜용 냄비에 리용을 만들 때 나온 오리 기름을 두르고, 채소 미르푸아와 마늘을 색이 나게 볶다가 구운 오리 장각을 넣는다. 화이트와인으로 데글라세하고 소금 간을 한 뒤 잠시 졸이다 맑은 닭육수를 재료가 잠길 만큼 붓는다. 허브와 향신료를 넣고, 뚜껑을 덮어 오븐에서 8시간 동안 익힌다.

냄비에서 오리 장각을 건져 따뜻하게 보관하고, 남은 국물은 시누아에 걸러 위에 뜨는 기름을 걷어낸 뒤 다시 불에 올려 졸인다(걷어낸 기름은 따로 모아둔다).

오리 장각의 기름을 제거한 뒤 뼈를 발라내고 살코기를 잘게 부순다. 오리 살코기에 졸인 국물과 따로 모아둔 오리 기름, 크렘 프레슈, 하루 전에 만든 리용, 잣(일부는 플레이팅을 위해 남긴다)을 섞고, 부족한 간을 맞춘다.

이렇게 완성된 리예트를 테린 그릇에 눌러 담고, 그 위에 오리 기름을 3mm 두께로 덮어 냉장고에 최소 12시간 동안 넣어둔다.

다음 날, 슬라이스한 캉파뉴 빵에 기름을 발라 그릴팬에 바삭하게 굽는다. 코르니숑과 알양파 초절임을 작은 볼에 담고 처빌, 파슬리, 차이브로 장식한다.

접시 한 귀퉁이에 오리 리용과 잣을 흩뿌리듯 놓고, 헤이즐넛 오일과 발사믹 식초를 살짝 끼얹는다. 플뢰르 드 셀과 굵게 빻은 후춧가루를 군데군데 뿌려 마무리한다.

* 리예트rillette: 돼지나 거위, 오리의 살코기를 다져서 지방과 함께 뭉근히 익힌 음식. 파테처럼 주로 토스트에 발라 먹는다.

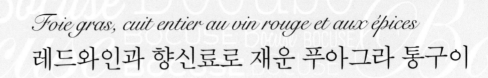

Foie gras, cuit entier au vin rouge et aux épices

레드와인과 향신료로 재운 푸아그라 통구이

난이도: 2단계 (차가운 앙트레)
분량: 8인분

신선한 푸아그라 1덩이(500~600g),
계피 1/2조각, 무화과 2개, 말린 무화과 100g,
머리 부분의 눈을 제거한 마늘 1쪽, 설탕 50g,
고수 씨 10g, 정향 1개, 건포도 100g,
오렌지 제스트(오렌지 3개 분량), 소금 7g,
후춧가루 1g, 레드와인 2L

준비: 30분 · 마세라시옹*: 4~5일 · 조리: 40분

푸아그라를 냉장고에서 꺼내 실온에 30분 정도 둔다. 이렇게 하면 조직이 부드러워져 양념이 잘 밴다.

그동안 푸아그라를 제외한 모든 재료를 커다란 마르미트에 넣고 끓인다. 와인의 양이 3/4으로 줄어들고 향신료와 과일의 향미가 충분히 우러나면 불을 끈다.

푸아그라에 소금과 후춧가루를 뿌린다.

푸아그라를 약 85℃로 가열한 와인에 담가 15분간 포치하고 우묵한 그릇으로 옮겨 담은 뒤 끓인 와인을 조심스럽게 부어 푸아그라가 완전히 잠기게 한다. 와인이 식으면 푸아그라가 위로 떠오르지 않게 누름돌을 올려 냉장고에 넣는다. 푸아그라에 와인의 풍미가 충분히 배게 최소한 4~5일 정도 그대로 둔다.

윤기가 도는 푸아그라를 통째로 나무 도마에 올려 서빙한다.

* 마세라시옹macération: 프랑스어로 '침출'을 뜻하며, 보통은 와인용 포도를 으깨 즙과 과육, 껍질이 섞인 채 식재료를 함께 보관하여 즙의 당분과 풍미, 색이 우러나 진해지도록 침출시키는 것을 말한다.

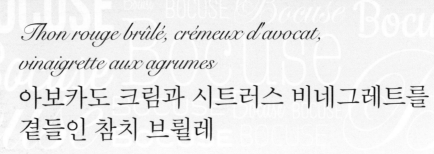

Thon rouge brûlé, crémeux d'avocat,
vinaigrette aux agrumes

아보카도 크림과 시트러스 비네그레트를
곁들인 참치 브륄레

난이도: 2단계 (차가운 앙트레)
분량: 8인분

참치 1.2kg, 참기름 100ml,
플뢰르 드 셀, 후춧가루

마리네이드:

쌀식초 100ml, 간장 100ml,
고수 씨 10알, 고수 1/4단,

아보카도 크림:

아보카도 6개, 우유 500ml, 생크림 500ml,
레몬즙(레몬 1~2개 분량),
에스플레트 고춧가루 약간, 고운소금

시트러스 비네그레트:

그레이프프루트 1/2개, 라임 1/2개, 레몬 1/2개,
오렌지즙(오렌지 1/2개 분량), 망고 1/2개,
고수 씨 7알, 곱게 다진 로즈메리(잎 1장),
바질 잎 1장, 엑스트라 버진 올리브유 200ml

플레이팅:

적색 엔다이브 2포기, 비트 1개, 래디시 4개,
미니 당근 2개, 아스파라거스 4개, 각종 새싹,

준비: 40분 · 절임: 2시간 · 조리: 5분

참치 준비하기: 참치에서 식감과 맛이 비교적 떨어지는 검은 살과 껍질을 제거한 뒤 작고 일정한 크기로 8토막을 내 꼬챙이에 꿴다. 토치로 표면을 고르게 그을려 색을 내고 곧바로 얼음물에 담가 식힌다.

마리네이드 만들기: 쌀식초와 간장을 냄비에 넣고 가열한다. 끓기 시작하면 불에서 내려 고수 씨와 고수를 넣고, 완전히 식힌 뒤 거름망에 거른다.

참치에 준비된 마리네이드를 부어 2시간 동안 절인다(중간에 생선을 가끔 뒤집는다).

아보카도 크림 만들기: 잘 익은 아보카도 6개를 반으로 잘라 숟가락으로 씨를 빼내고, 과육만 긁어낸다. 과육을 큼직하게 썰어 우유와 생크림, 소금물을 섞은 혼합액에 넣고 끓인다. 이렇게 하면 엽록소가 손실되지 않아 아보카도의 초록빛이 유지되고 질감도 더 부드러워진다. 아보카도 과육을 건져 약간의 혼합액과 함께 믹서에 갈아 진한 크림처럼 걸쭉하게 만든다. 레몬즙, 에스플레트 고춧가루, 소금 1자밤을 넣어 섞어준다. 뜨거울 때 곧장 식품용 랩을 씌워 차갑게 식힌다.

시트러스 비네그레트 만들기: 감귤류 과일의 과육을 1조각씩 발라내고 즙은 따로 모은다. 발라낸 과육을 일정한 크기의 브뤼누아즈로 썬다. 망고는 절반은 브뤼누아즈로 썰고, 나머지는 큼직하게 썰어 고수 씨, 로즈메리, 바질과 버무린다. 여기에 감귤류 즙을 섞어 믹서에 갈고, 올리브유로 윤기를 더해 거름망에 거른다. 비네그레트에 망고와 감귤류 브뤼누아즈를 섞고 마지막으로 간을 맞춘다.

플레이팅하기: 식혀둔 아보카도 크림을 브뤼누아즈로 썬다. 적색 엔다이브와 비트, 래디시, 미니 당근은 얇게 저며서 얼음물에 담가둔다. 참치는 길게 4등분해 양쪽 끝부분을 다듬은 뒤 참기름, 플뢰르 드 셀, 후춧가루를 뿌린다. 접시에 참치와 브뤼누아즈로 썰어둔 아보카도 크림을 보기 좋게 담고, 아보카도 크림 위에 아삭한 채소를 얹는다. 접시에 시트러스 비네그레트와 새싹을 점점이 곁들이고 시트러스 비네그레트 위에 감귤류 브뤼누아즈를 올려 완성한다.

Salade de langoustines aux jeunes legumes
croquants marinés aux agrumes

시트러스 비네그레트로 버무린
아삭한 어린 채소와 랑구스틴 샐러드

난이도: 2단계 (차가운 앙트레)
분량: 8인분

랑구스틴 24마리(kg당 8~10마리 크기),
포마드 버터 30g, 밀가루 30g, 올리브유 1TS,
에스플레트 고춧가루 약간

시트러스 비네그레트:
라임즙 1TS, 그레이프프루트즙 1TS,
오렌지즙 1TS, 올리브유 100~120ml,
에스플레트 고춧가루 약간, 소금, 흑후춧가루

트로피컬 비네그레트:
망고 쿨리 40ml, 패션프루트 8개,
올리브유 100ml, 레몬즙(레몬 1개 분량)

아삭한 채소 모둠:
흰색 아스파라거스 8개, 녹색 아스파라거스 8개,
아스코르브산* 약간,
줄기가 달린 미니 당근 16개,
미니 펜넬 8개, 잎이 달린 셀러리 4줄기,
기다란 래디시 16개, 푸아브라드 아티초크* 4개,
줄기 달린 미니 양파 8개, 방울토마토 28개,
껍질을 까서 데친 잠두콩 8개

과일 샐러드:
핑크 그레이프프루트 2개, 레몬 4개, 라임 4개,
오렌지 2개, 망고 1/2개

플레이팅:
롤로 로사* 1포기, 올리브유,
에스플레트 고춧가루 약간,
고수 씨, 고수, 잘게 썬 바질 잎 16장,
레몬 또는 만다린 오일, 비트 새싹 40g,
보리지 꽃과 한련화 꽃 24송이,
말린 주키니 호박꽃 8송이,
플뢰르 드 셀, 후춧가루

준비: 45분 · 휴지: 1시간 · 절임: 5분 · 조리: 5분

시트러스 비네그레트 만들기: 레몬, 그레이프프루트, 오렌지의 즙을 올리브유와 고루 섞은 뒤 소금, 흑후춧가루, 에스플레트 고춧가루로 양념한다.

트로피컬 비네그레트 만들기: 패션프루트의 씨와 과즙을 망고 쿨리, 올리브유, 레몬즙과 고루 섞는다.

아삭한 채소 모둠 준비하기: 아스파라거스는 껍질을 벗기고 뾰족한 부분을 어슷하게 잘라 아스코르브산을 섞은 얼음물에 1시간 동안 담갔다가 건진다. 물기를 제거한 아스파라거스를 끓는 소금물에 데친다. 칼끝이 쉽게 들어갈 정도로 익으면 찬물에 담가 식힌 뒤 물기를 닦아준다.

미니 당근, 미니 펜넬, 셀러리 줄기는 모두 껍질을 벗긴다. 당근과 래디시, 펜넬은 반으로 갈라 부채꼴로 썬다. 아티초크는 밑동 부분만 썰고, 미니 양파는 어슷하게 썬다. 손질한 모든 채소를 아스코르브산을 조금 섞은 얼음물에 1시간 동안 담갔다가 건져 물기를 제거한다.

방울토마토는 플레이팅에 쓸 24개만 통째로 놔두고, 나머지는 4등분해 씨와 심을 제거한 꽃잎 모양으로 준비한다.

과일 샐러드 만들기: 감귤류는 모두 껍질을 벗기고 과육만 1조각씩 발라낸다. 망고도 껍질을 벗겨 감귤류 과육과 비슷한 모양으로 작게 자른다. 이때 나오는 자투리는 모두 모아 믹서에 갈아둔다.

내가기 약 5분 전, 얼음물에 담가둔 채소를 모두 건져 물기를 빼고 시트러스 비네그레트를 약간 끼얹어 버무린다. 접시에 채소와 롤로 로사를 담은 뒤 올리브유를 뿌리고, 플뢰르 드 셀과 에스플레트 고춧가루, 흑후춧가루로 양념한다. 이어 망고와 감귤류 과육을 채소 주위에 빙 둘러놓고, 바질과 고수를 보기 좋게 얹는다.

랑구스틴 손질하기: 랑구스틴의 꼬리지느러미와 마지막 관절 부분의 마디만 남기고 나머지 껍데기는 모두 제거한다. 랑구스틴의 몸통에 세로로 이쑤시개를 꽂아 고정한 뒤, 버터를 바르고 밀가루를 살짝 묻힌다. 내가기 직전, 프라이팬에 올리브유를 두르고 랑구스틴의 한쪽 면만 굽는다(필요할 경우 오븐에 넣어 마무리한다). 플뢰르 드 셀과 에스플레트 고춧가루를 약간 뿌리고, 마지막으로 이쑤시개를 제거한다.

플레이팅하기: 샐러드 위에 랑구스틴을 걸쳐놓고, 꽃잎 모양의 방울토마토 과육을 얹는다. 시트러스 비네그레트와 트로피컬 비네그레트를 끼얹고, 레몬 오일 또는 만다린 오일을 살짝 뿌린다. 마지막으로 비트 새싹과 식용 꽃, 말린 주키니 호박꽃을 보기 좋게 올려 마무리한다.

* 아스코르브산: 수용성 비타민의 하나로 비타민 C라고도 한다. 자른 채소를 아스코르브산이 섞인 물에 담그면, 자른 면이 산화되어 갈변되는 것을 방지할 수 있다.

* 푸아브라드 아티초크poivrade artichauts 비교적 작고 갸름하며 보랏빛을 띠는 프로방스산 어린 아티초크를 뜻한다. 심 부분만 먹는 일반 아티초크보다 확연히 작아 보통 줄기까지 함께 요리한다.

* 롤로 로사ollo rossa: 이탈리아 원산의 적갈색 상추. 곱슬곱슬한 모양이 특징이며 칼륨, 마그네슘 등 영양 성분이 풍부해서 샐러드용으로 많이 쓴다.

Petits artichauts violets et médaillons de homard bleu

대서양산 로브스터 메다용과 작은 자색 아티초크

난이도: 2단계 (차가운 앙트레)
분량: 8인분

쿠르부용(86쪽 참조) 1L
대서양산 로브스터* 4마리

아티초크 조림:
토마토 4개, 자색 아티초크 16개,
레몬즙(레몬 2개 분량), 올리브유 8TS,
저민 샬롯 50g, 타임 1줄기,
으깬 마늘 4쪽, 흑통후춧가루 20알,
고수 씨 20알, 화이트와인 6TS,
맑은 닭육수(66쪽 참조) 200ml, 소금, 후춧가루

바질 오일과 튀긴 바질 잎:
바질 1/2단, 올리브유 6TS, 식물성 기름

플레이팅:
발사믹 글레이즈, 딜

준비: 30분 · 조리: 24분

로브스터 손질하기: 쿠르부용에 로브스터를 넣고 6분간 데친 뒤 껍질을 벗긴다. 머리와 집게발은 본래 형태대로 두고, 집게발 안의 연골을 뺀다. 집게발과 연결된 관절 부위의 살은 살피콩*용으로, 꼬리살은 얇게 원형으로 썰어 냉장고에 넣는다.

토마토는 껍질을 벗기고 씨와 심을 제거한 뒤 과육을 사방 5mm 크기의 주사위 모양으로 자른다

아티초크 조리기: 아티초크는 돌려깎아 밑동의 심과 줄기만 남긴다. 솜털 같은 수술을 도려낸 뒤 세로로 4등분하고, 갈변을 막기 위해 표면에 레몬즙을 바른다. 냄비에 올리브유를 두르고 뜨거워지면 샬롯을 먼저 볶는다. 그 다음 아티초크, 타임, 마늘, 통후춧가루, 고수 씨를 넣고 함께 볶다가 화이트와인과 닭육수를 붓고 뚜껑을 덮어 5분 정도 끓인다. 아티초크가 부드럽게 익었을 때 토마토를 넣고 5분간 더 끓인다.

아티초크를 건져내고, 남은 국물에 로브스터 살피콩을 넣고 더 졸이다가 소금, 후춧가루로 간한다. 졸인 소스에 레몬즙을 약간 넣어 산미를 더한다.

바질 오일 만들기: 올리브유에 바질 잎 몇 장을 넣어 그대로 둔다.

냄비에 식물성 기름을 붓고, 바질 잎 가운데 크고 예쁜 것을 골라 살짝 튀긴다.

접시에 아티초크와 로브스터 메다용, 집게발 1개를 보기 좋게 담는다. 아티초크 소스를 끼얹고, 발사믹 글레이즈와 바질 오일, 튀긴 바질 잎, 로브스터 머리, 딜로 장식한다.

* 대서양산 로브스터: 프랑스 브르타뉴 해안(대서양)에서 잡히는 최고급 로브스터로 '유럽산 로브스터'라 칭하기도 한다. 전체적으로 짙은 파란색을 띠어서 불어로는 오마르 블뢰homard bleu(파란 로브스터)라고 부르며, 살이 달콤하고 즙이 많은 것으로 유명하다.

* 살피콩salpicon: 가니시나 소스에 사용하기 위해 채소나 고기, 생선을 작은 주사위 모양으로 썬 것

Crudités comme une salade de fruits, eau aromatisée

아로마틱 워터를 곁들인 과일 샐러드풍의 생채소

난이도: 2단계 (차가운 앙트레)
분량: 10인분

처빌 1/4단, 딜 약간, 타라곤 1/4단,
소럴 1단, 아이스플랜트 잎 8장,
적색 엔다이브 1포기, 미니 패티팬 스쿼시 200g,
로즈 래디시 150g, 미니 펜넬 250g,
줄기 달린 당근 300g, 미니 주키니 호박 250g,
미니 키오자 비트* 100g, 적양파 50g,
미니 순무 100g, 양송이버섯 50g

아로마틱 워터:

천연 미네랄워터 500ml, 파르메산 치즈 100g,
플뢰르 드 셀 7g, 다진 생강 15g,
펜넬 50g, 백후춧가루

뒤 바리* 구슬:

리크 흰 부분 100g, 양파 80g, 버터 25g,
밀가루 50g, 콜리플라워 500g,
맑은 닭육수(66쪽 참조) 1L, 생크림 100ml,
알긴산나트륨 10g(블루테 소스 1L 분량),
염화칼슘 20g(물 1L 분량)

플레이팅:

식용 꽃 30송이(한련화, 마거리트 등),
오이스터 리프* 10장, 작은 바게트 1개,
드라이아이스 10조각

준비: 1시간 · 우려내기: 1시간 · 조리: 35분

채소 손질하기: 허브와 채소를 모두 다듬어 물에 씻는다. 적색 엔다이브는 한 잎씩 떼어 작은 깃털 모양으로 썬다. 미니 패티팬 스쿼시, 래디시, 미니 펜넬은 얇게 썰어 얼음물에 담근다. 줄기 달린 당근은 두 번 돌려깎고, 미니 주키니 호박은 작게 통썰기 한다. 양송이버섯은 깨끗이 씻어 준비한다.

아로마틱 워터 만들기: 미지근한 물에 대팻밥처럼 저민 파르메산 치즈와 플로렌스 펜넬, 플뢰르 드 셀, 생강, 백후춧가루를 넣고 1시간 30분 이상 향을 우린다. 거름망에 거른 뒤 식품용 랩을 씌워 냉장보관한다.

뒤 바리 구슬 만들기: 슬라이스한 양파와 리크의 흰 부분을 버터에 볶다가 밀가루를 약간 섞어 걸쭉하게 만든다. 여기에 작은 송이로 자른 콜리플라워를 넣고, 닭육수를 재료가 잠길 만큼 부어 약한 불에서 30분 정도 뭉근히 끓인 뒤 생크림을 붓고 다시 졸이다가 알긴산나트륨을 넣는다. 그다음 전체를 믹서에 간 뒤 거름망에 거른다. 이 혼합액을 반구형 실리콘 틀에 부어 냉동고에서 단단하게 굳힌다. 얼어서 굳은 반구형 수프를 틀에서 빼내 염화칼슘을 푼 물에 5분 정도 담갔다가 맑은 물에 두 번 헹군다.

오븐을 90℃로 예열한 후 바게트 칩을 만든다.

플레이팅하기: 우묵한 접시에 준비된 모든 채소와 허브, 식용 꽃을 보기 좋게 담고, 그 위에 뒤 바리 구슬과 바게트 칩을 올린다. 여기에 뿌릴 아로마틱 워터는 자기 티포트에 담아 서빙한다. 아로마틱 워터를 드라이아이스 위에 부으면 연기가 우아하게 피어오른다.

* 키오자 비트chiogga beet: 수평으로 자른 단면에 자홍색과 흰색의 동심원 무늬가 있는 비트의 한 품종. 익히면 특유의 아름다운 무늬가 사라지기 때문에 보통 날로 먹는다.

* 뒤 바리Du barry: 루이 15세가 좋아한 콜리플라워를 사용한 요리를 뜻하는데, 그의 연인 뒤 바리 백작부인에게 바친 것을 기념하여 이 이름이 붙여졌다고 한다. 대표적인 뒤 바리에는 생크림이 들어간 수프인 크렘 뒤 바리와 감자와 함께 끓인 걸쭉한 수프인 포타주 뒤 바리가 있다.

* 오이스터 리프oyster leaf: 지치과의 한해살이 허브. 잎에서 굴 맛이 난다고 해서 '굴 잎'이라는 이름이 붙었다고 한다.

Foie gras de canard laqué à la gelée de sangria et épices

상그리아 젤리와 향신료로 감싼
오리 푸아그라

난이도: 3단계 (차가운 앙트레)
분량: 6~10인분

신선한 오리 푸아그라 1덩이(600~650g),
우유 500ml, 물 500ml

푸아그라 양념(푸아그라 1kg당):
고운소금 14g, 백후춧가루 2g, 설탕 1g,
4가지 향신료 믹스 1g(선택 사항)

상그리아 젤리:
드라이한 레드와인 1L, 레드 포트와인 300ml,
오렌지와 레몬 각 1개, 바닐라빈 2깍지,
계피 막대 1개, 팔각 1개, 필발 3~4알,
주니퍼베리 2~3개, 갈색 설탕 150~200g,
오렌지즙 150g, 판젤라틴 4장,
향신료 믹스1ts(핑크 페퍼콘, 아니스, 초피 열매,
굵게 빻은 흑후춧가루)

구운 감자:
감자 1kg, 푸아그라 기름 200g, 으깬 마늘 5쪽,
타임, 월계수, 로즈메리, 플뢰르 드 셀,
카다멈 가루, 굵게 빻은 흑후춧가루

샐러드와 비네그레트:
메스클링 100g, 롤로 로사 1/4포기,
올리브유 80ml, 셰리 식초 1TS, 레몬즙 1TS,
소금, 후춧가루

토스트:
캉파뉴 빵 6~10쪽, 오리 기름

준비: 1시간 45분 · 푸아그라 숙성 기간: 5~7일
조리: 15분+푸아그라 조리 시간

푸아그라 준비하기: 하루 전, 우유와 물을 섞어 40℃로 데운 혼합액에 푸아그라를 담가 핏물을 뺀다. 푸아그라 내부 혈관을 제거하고, 소금, 백후춧가루, 설탕, 향신료 믹스로 양념한 뒤 진공 포장해 하룻밤 동안 냉장보관한다. 다음 날, 푸아그라를 포장된 상태 그대로 85℃의 스팀 오븐에 넣어 18분간 익힌 뒤 5~7일간 냉장고에서 숙성시킨다.

상그리아 젤리 만들기: 레드와인과 포트와인을 섞어 1/4이 줄어들고 윤기가 돌 때까지 졸인다. 여기에 둥글게 썬 오렌지와 레몬, 바닐라빈 씨앗, 향신료, 갈색 설탕을 넣은 뒤 다시 뭉근히 졸여 양을 절반으로 줄인다. 마지막으로 찬물에 불려 물기를 꼭 짠 젤라틴과 오렌지즙을 넣고 고루 섞어 시누아에 거른다.

푸아그라에 상그리아 젤리를 2~3mm 두께로 여러 번 반복해 입힌다. 그 위에 굵게 다진 향신료 믹스를 고루 묻힌 뒤 냉장보관한다.

감자 굽기: 감자에 소금 간을 하고 푸아그라 지방과 마늘, 허브에 버무려 진공 포장한다. 100℃의 스팀 오븐에 포장된 상태 그대로 넣어 몇 분간 익힌 뒤 얼음물에 담가 식힌다. 내가기 직전, 감자를 1cm 두께로 어슷하게 썰어 포장 봉투에 남은 푸아그라 기름을 두르고 양면을 노릇노릇하게 굽는다. 플뢰르 드 셀과 굵게 빻은 흑후춧가루, 카다멈 가루로 양념한다.

비네그레트 만들기: 모든 재료를 섞은 뒤 내갈 때 바로 샐러드에 끼얹는다.

토스트 만들기: 빵의 양면에 오리 기름을 발라 토스터에 몇 분간 굽는다.

접시에 젤리를 입힌 푸아그라와 토스트를 1쪽씩 담고, 샐러드와 구운 감자를 보기 좋게 올린다.

체리 처트니와 헤이즐넛 사블레를 곁들인 푸아그라 스피어

난이도: 3단계 (차가운 앙트레)
분량: 10인분

푸아그라 스피어:
신선한 푸아그라 600g, 판젤라틴 2장,
맑은 닭육수(66쪽 참조) 50ml,
화이트 포트와인 20ml, 생크림 100ml,
소금, 후춧가루

체리 처트니:
셰리 식초 50ml, 레드와인 150ml, 꿀 100g,
냉동 체리 400g, 통흑후춧가루 2g,
다진 생강 20g, 헤이즐넛 가루 30g,
판젤라틴 3장, 소금

글라사주(당의):
카라기난 분말 9g, 물 250ml, 체리 퓌레 1L,
설탕 100g

헤이즐넛 사블레:
포마드 버터 150g, 고운소금 9g,
슈거 파우더 20g, 헤이즐넛 가루 40g,
달걀 1개, 밀가루 250g

플레이팅:
금박 1장, 비트 잎 몇 장,
익힌 푸아그라(바토네로 10조각 썰어 준비) 150g,
플뢰르 드 셀, 굵게 빻은 흑후춧가루

준비: 1시간 30분 · 푸아그라 준비: 24시간 · 조리: 1시간

신선한 푸아그라로 테린을 만든다(252쪽 참조).

체리 처트니 만들기: 냄비에 식초와 레드와인, 꿀을 넣고 끓인다. 체리, 소금, 후춧가루, 생강을 넣고, 다시 끓어오르면 불을 아주 약하게 줄이고 가끔 저어주면서 35~40분간 졸인다. 졸인 혼합물에서 150g을 덜어 믹서에 간 뒤 피펫에 담아 냉장고에 넣는다. 남은 혼합물에 미리 찬물에 10분 정도 불려둔 판젤라틴과 아몬드 가루를 넣고 잘 저은 뒤 5~10분 정도 더 조려 콩포트처럼 걸쭉하게 만든다. 완성된 처트니를 반구형 실리콘 틀에 부어 냉동한다.

푸아그라 스피어 만들기: 판젤라틴을 찬물에 10분간 담가둔다. 냄비에 닭육수와 포트와인을 붓고 약한 불에서 데우다가 물기를 제거한 판젤라틴을 섞는다. 푸아그라 테린을 주사위 모양으로 썰어 미지근한 육수와 함께 믹서에 간다. 소금, 후춧가루로 간하고 덩어리 진 것이 없게 거품기로 고루 저은 뒤, 휘핑한 생크림을 조심스럽게 섞는다(생크림을 휘핑할 때 차갑게 냉각된 도구를 사용하면 더 단단한 거품을 낼 수 있다). 이 혼합물을 실리콘 틀에 붓는다(사진 **1**). 각 반구 위에 얼린 처트니를 1조각씩 올리고(사진 **2**) 스패튤러로 반구의 표면을 평평하게 다듬어(사진 **3**) 냉동고에 넣는다. 얼린 반구를 틀에서 빼 2개씩 맞붙여 완벽한 스피어를 만든 다음 나무 꼬치에 하나씩 꽂는다.

푸아그라 스피어에 글라사주 입히기: 카라기난 분말을 소량의 물에 풀고, 체리 퓌레와 소금, 남은 물을 섞는다. 푸아그라 스피어를 이 액체에 조심스럽게 담가 옷을 입힌다(사진 **4**). 냉동 상태의 스피어를 냉장고에 넣어 해동한다.

헤이즐넛 사블레 만들기: 스피어를 해동하는 동안 오븐을 140℃로 예열한다. 모든 재료를 반죽기 통에 붓고 기계를 5분간 가볍게 작동시킨다. 뭉쳐진 반죽을 2장의 유산지 사이에 넣고 3mm 두께로 밀어 냉동고에 얼린다. 냉동된 반죽을 마름모 모양으로 10조각 잘라 실리콘 판에 올린 뒤 오븐에 넣어 15분간 굽는다.

플레이팅하기: 접시에 마름모 모양 사블레를 놓고, 그 위에 글라사주를 입힌 푸아그라 스피어와 금박 조각을 올린다. 체리 처트니, 비트 잎과 바토네로 썬 푸아그라를 접시에 보기 좋게 배치해 마무리한다.

세잎 이피레

Truite saumonée et betteraves bigarrées

연분홍빛 송어와
다양하게 조리한 비트

난이도: 3단계 (차가운 앙트레)
분량: 10인분

800g 중량의 연분홍빛 송어 3마리,
소금, 후춧가루, 벚나무 훈연 칩

수비드 비트:

노란 미니 비트 3개, 붉은 미니 비트 3개,
분홍 미니 비트 3개, 레몬즙(레몬 3개 분량),
올리브유 100㎖, 소금, 후춧가루

비트 캐러멜:

생 비트 1개, 꿀 1TS, 셰리 식초 1ts,
소금, 후춧가루

비트 튜브:

삶은 비트 3개, 미네랄워터 1L,
한천 분말 25g, 셰리 식초 1ts, 소금, 후춧가루

비트 퓌레:

양파 2개, 버터 1조각, 소금

플레이팅:

올리브유, 풋콩 85g,
비트 새싹, 머스터드, 플뢰르 드 셀

준비: 1시간 · 훈연: 6분 · 조리: 2시간

수비드 비트 만들기: 미니 비트는 모두 씻어 껍질을 벗기고 소금, 후춧가루, 올리브유, 레몬즙으로 양념한다. 이것을 진공 포장해 83℃의 스팀 오븐에 넣고 1시간 30분간 저온 조리한다. 비트가 완전히 식으면 크기에 따라 2등분 또는 4등분한다.

송어 필레 준비하기: 송어는 손질해 필레를 뜬 뒤 가시를 꼼꼼히 제거한다(336~343쪽 참조). 소금, 후추로 양념한 송어를 벚나무 훈연 칩 이용해 6분간 훈연한다. 이후 유산지에 싸 70℃의 스팀 오븐에 6분간 더 익힌 뒤 냉장보관한다.

비트 캐러멜 만들기: 비트를 씻어 착즙기로 즙을 짠다. 비트 즙과 꿀을 냄비에 넣고 끓인다. 시럽 같은 농도로 졸아들면 불을 끄고, 셰리 식초를 섞어 데글라세하고 소금과 후춧가루로 양념한다.

비트 튜브 만들기: 삶은 비트에 미네랄워터를 붓고 믹서로 간 뒤 시누아에 걸러 즙만 받는다. 남은 건더기는 눌러 수분을 최대한 빼 비트 퓌레를 만들 때 쓴다. 비트 즙에 한천 분말을 넣고 2분 정도 가볍게 끓이다가 셰리 식초와 소금, 후춧가루로 양념한다. 유산지 위에 직사각형 틀을 올려놓고 젤리 혼합액을 1mm 두께로 조금씩 흘려 넣는다(사진 1). 젤리를 냉장고에서 굳히는 동안 비트 퓌레를 만든다.

비트 퓌레 만들기: 껍질을 벗겨 곱게 다진 양파를 버터에 볶다가 비트 즙을 짜고 남은 건더기를 넣고 약한 불에서 몇 분간 계속 저어가며 익힌다. 이것을 믹서에 넣고 2분간 최대 세기로 돌려 덩어리가 전혀 없는 걸쭉한 퓌레로 만든다. 소금으로 간을 맞춘 퓌레를 짤주머니에 담아 냉장보관한다.

플레이팅하기: 비트 젤리를 6×4cm 크기의 띠 모양으로 잘라 20조각을 준비한다. 젤리 위에 비트 퓌레를 1줄 짜놓고(사진 2) 단단하게 말아 작은 튜브 형태로 만든다(사진 3). 완성된 비트 튜브는 냉장고에 넣어둔다. 송어 필레는 껍질을 벗기고 어슷하게 썬 뒤 올리브유를 발라 윤기를 더하고, 플뢰르 드 셀을 살짝 뿌린다. 각 접시에 송어 필레와 비트 튜브 2개, 소금물에 데친 풋콩, 수비드 비트, 비트 새싹을 보기 좋게 담는다. 빈 공간에 비트 캐러멜과 머스터드를 점점이 올린다.

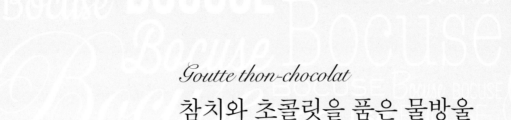

Goutte thon-chocolat

참치와 초콜릿을 품은 물방울

난이도: 3단계 (차가운 앙트레)
분량: 8인분

참치 필레 300g, 참기름 50㎖,
플뢰르 드 셀, 에스플레트 고춧가루 약간,
와사비 1튜브

화이트 초콜릿 꽃잎:

화이트 초콜릿 50g

장식용 얼음 물방울:

풍선 8개, 물 8L

미니 스프링롤:

민트 1/2단, 차이브 2단,
라이스페이퍼 8장, 쉬크린 상추* 1포기,
헤이즐넛 오일 25㎖, 플뢰르 드 셀

생강 부용:

신선한 생강 30g, 닭 부용 1L(74쪽 참조)

플레이팅:

조각 얼음,
작게 썬 채소 모둠 600g(당근 1개, 작은 순무 2개,
미니 리크 1줄기, 작은 비트 2개, 셀러리 1줄기),
식용 꽃 24송이(한련화, 마거리트 등),
신선한 허브 1단(딜, 비트 잎 등),
드라이아이스 250g

준비: 1시간 15분 · 절임 : 1시간 · 우려내기: 15분 · 냉각: 5시간

참치 준비하기: 참치 필레는 손질해 2cm 길이의 주사위 모양으로 24조각을 썬다. 이 것을 참기름, 플뢰르 드 셀, 에스플레트 고춧가루로 양념해 1시간 동안 절인다.

화이트 초콜릿 꽃잎 만들기: 화이트 초콜릿을 중탕해 녹인다. 작은 숟가락으로 초콜릿을 조금씩 떠 실리콘 판 위에 원형으로 펼친다. 냉장고에 넣어 단단히 굳힌다.

장식용 물방울 만들기: 풍선에 물을 1L씩 채우고 입구를 실로 묶은 뒤 냉동고에 5시간 동안 매달아둔다.

미니 스프링롤 만들기: 민트와 차이브는 깨끗이 다듬어 씻은 뒤 줄기는 뗀다. 라이스페이퍼는 미지근한 물에 담가 불린 뒤 물기를 짜서 펼쳐놓고 사각형으로 자른다. 그 위에 작은 쉬크린 상추 1장을 깔고 민트와 차이브를 몇 잎씩 올려 돌돌 만다. 완성된 스프링롤은 냉장고에 넣어두고, 내가기 직전에 양쪽 끝부분을 잘라낸 뒤 헤이즐넛 오일을 끼얹고 플뢰르 드 셀을 약간 뿌린다.

냉동고에서 풍선을 꺼내 그 안에 든 얼음 물방울을 빼낸다. 뜨겁게 달군 바늘로 물방울의 한쪽에 구멍을 뚫어 아직 액체 상태의 물을 쏟아 버린 다음 토치를 사용해 구멍을 더 넓혀준다. 이 과정을 마친 물방울은 플레이팅하기까지 다시 냉동고에 넣어 얼린다.

참치 꾸미기: 주사위 모양의 참치 위에 화이트초콜릿 꽃잎을 하나씩 놓고, 그 위에 와사비를 조금 올린다.

생강 부용 만들기: 끓는 닭 부용에 생강을 넣고 15분간 향을 우려낸 뒤 따뜻하게 보관한다.

플레이팅하기: 얼음 물방울을 쓰러지지 않게 잘게 부순 조각 얼음 위에 놓는다. 양념한 채소 모둠으로 물방울 안쪽에 둥지를 만들고, 그 위에 미니 스프링롤 3개와 참치 3 조각을 올린 뒤 식용 꽃과 허브로 보기 좋게 장식한다. 조각 얼음 위에 드라이아이스를 몇 개 놓고, 따뜻한 생강 부용을 조금 끼얹어 연기가 피어오르게 연출한다.

* 쉬크린sucrine 상추: 프랑스 중남부 일대에서 재배되는 갸름한 모양의 상추. 로메인과 비슷하며 도톰하고 구불대는 잎에서 살짝 단맛이 난다.

Tourteau en transparence

속이 비치는 투르토*

난이도: 3단계 (차가운 앙트레)
분량: 10인분

투르토 소:
삶은 투르토 집게발 10개,
마요네즈(31쪽 참조) 250g,
타지아스카 블랙 올리브* 5g, 케이퍼 5g,
셰리 식초 1TS

아보카도 페이스트:
페루 산 아보카도 2개, 레몬즙(레몬 1/2개 분량),
아스코르브산 약간, 에스플레트 고춧가루 약간,
소금, 올리브유 4TS

토마토 젤리:
판젤라틴 3장, 송이토마토 1kg,
사프란 약간

구멍 난 원반:
퀴유 드 브릭* 10장, 정제 버터(56쪽 참조),
슈거 파우더

타프나드*:
블랙 올리브 100g, 올리브유 1TS,
안초비 4조각

플레이팅:
프로마주 블랑* 50g, 미니 바질 1포기

준비: 1시간 15분 · 냉장: 2시간 20분 · 훈연: 1시간 · 조리: 6분

투르토 소 만들기: 게의 집게발의 껍데기를 벗겨 투명한 연골은 제거하고 게살만 바른다. 마요네즈를 만든다. 블랙올리브는 브뤼누아즈로 썰고, 케이퍼는 키친타월에 밭쳐 물기를 뺀다. 투르토 살과 올리브, 케이퍼에 마요네즈를 조금씩 넣어가며 고루 섞는다. 소금과 셰리 식초로 마무리한다.

아보카도 페이스트 만들기: 아보카도는 껍질을 벗기고 과육만 발라낸다. 아보카도 과육에 레몬즙, 아스코르브산, 에스플레트 고춧가루, 소금을 넣고 잘 섞은 뒤 올리브유로 윤기를 더한다. 우묵한 접시 10장을 준비해 아보카도 페이스트를 약 30g씩 접시 바닥에 깐다. 이어 20분간 냉장한 뒤 투르토 소를 50g씩 얹어 다시 냉장고에 넣는다.

토마토 젤리 만들기: 판젤라틴을 찬물에 담가 불린다. 그동안 착즙기로 토마토 주스를 추출해 시누아에 거른 뒤 사프란 가루를 섞는다. 여기서 절반은 냄비에 덜어 가열하다가 물기를 제거한 젤라틴을 넣고 잘 섞은 다음, 남은 토마토 즙을 마저 섞는다. 완성된 젤리를 냉장고에 몇 분간 넣었다가 꺼내 아보카도와 담겨진 게살 위에 5mm 두께로 깔고, 다시 2시간 동안 냉장고에 넣어 굳힌다.

구멍 난 원반 만들기: 오븐을 170℃로 예열한다. 퀴유 드 브릭을 절반 크기로 잘라 정제 버터를 바르고 슈거 파우더를 고루 뿌린다(사진 **1, 2**). 그 위에 또 다른 퀴유 드 브릭을 겹쳐놓고, 같은 과정을 한 번 더 반복한다. 서빙 접시와 지름이 같은 틀로 퀴유 드 브릭을 동그랗게 찍어낸다(사진 **3**). 링커터로 다양한 크기의 구멍을 더 내주고 오븐팬에 옮겨 담은 뒤 유산지와 또 다른 오븐팬을 덮어 6분간 굽는다.

타프나드 만들기: 올리브와 올리브유, 안초비를 매끈한 질감이 될 때까지 믹서에 갈아 짤주머니에 넣는다.

프로마주 블랑을 훈연기에 넣어 1시간 동안 훈연한 뒤 소금 간을 해 짤주머니에 넣는다. 내기 직전에 프로마주 블랑과 타프나드를 투르토 소 위에 점점이 짜서 올리고, 바질을 군데군데 놓는다. 이어 원반형 퀴유 드 브릭을 뚜껑처럼 덮은 뒤 프로마주 블랑과 타프나드로 다시 점점이 장식한다.

* 퀴유 드 브릭feuille de brick: 밀가루와 고운 세몰리나 가루를 반반씩 섞어 만든 묽은 반죽을 얇게 부쳐낸 것. 아프리카 북서부 지역의 앙트레 요리에서 많이 사용되며, 직접 만들 수도 있으나 보통 완제품을 구입해 쓴다.

* 타프나드tapenade: 블랙 올리브, 안초비 또는 참치, 케이퍼를 올리브유와 함께 갈거나 절구에 찧어서 페이스트 형태로 만든 프로방스 지방의 대표 소스

* 프로마주 블랑fromage blanc: 숙성 과정을 거치지 않은 생치즈의 일종. 수분 함량이 많으며 맛은 사워크림과 비슷하다.

1

2

3

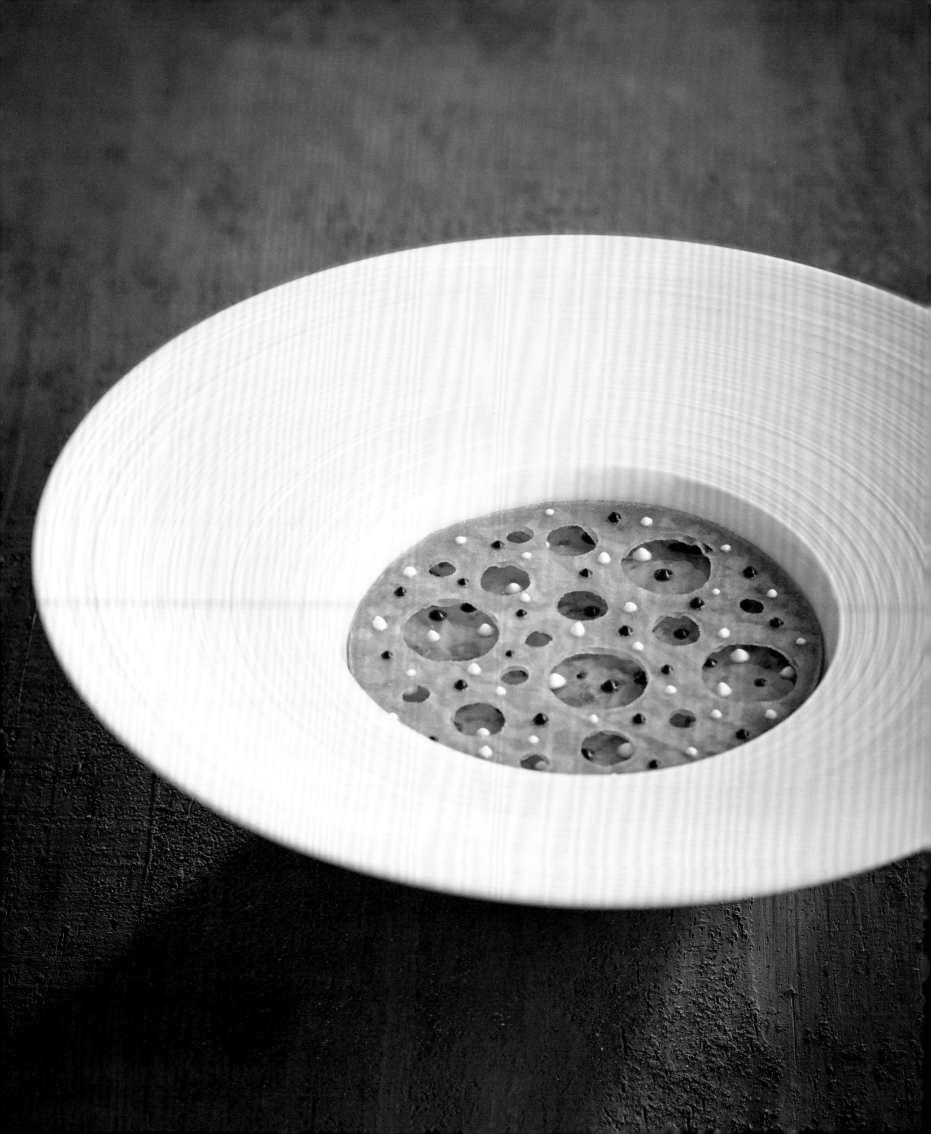

Comme une seiche à la sétoise

세투아즈 소스를 곁들인
갑오징어 룰라드

난이도: 3단계 (차가운 앙트레)
분량: 10인분

갑오징어 반죽:
갑오징어 몸통 500g, 생크림 250ml, 땅콩기름

세투아즈 소스:
갑오징어 몸통 500g, 샬롯 200g,
셀러리 줄기 200g, 코냑 50ml,
화이트 와인 200ml,
토마토 퐁뒤(460쪽 참조) 1L, 카옌 고춧가루,
셰리 식초 50ml, 판젤라틴 6장

플레이팅:
루유 소스* 100g, 먹물 식빵 100g, 버터 20g,
꽃잎 모양으로 자른 방울토마토(460쪽 참조) 100g,
오렌지 1개, 타라곤, 풋콩 100g,
케이퍼 약간

준비: 1시간 15분 · 조리: 20분

갑오징어 반죽 준비하기: 갑오징어 몸통은 껍질을 벗기고 물에 씻어 생크림과 함께 믹서에 곱게 간 뒤 고운체에 내린다. 기름을 살짝 바른 제과용 투명 비닐 위에 갑오징어 간 것을 펼쳐놓고 또 한 장의 비닐로 덮은 다음 2mm 두께로 민다(사진 1). 90℃의 스팀 오븐에서 4분간 구워 냉장고에 넣는다.

플레이팅 재료 준비하기: 루유 소스는 피펫에 채운다. 먹물 식빵을 얇은 원반형으로 찍어낸 뒤 180℃로 예열한 오븐에서 6분간 바싹 말려 칩을 만든다.

방울토마토는 껍질을 벗겨 4등분한 뒤 심과 씨를 제거한다. 토마토 과육을 냉장고에 넣어둔다.

오렌지의 껍질을 긁어 제스트를 만들고, 과육은 1쪽씩 발라 3등분한다. 타라곤은 잎만 떼어내고, 풋콩은 소금물에 데친 뒤 껍질을 벗겨 준비한다.

세투아즈 소스 만들기: 갑오징어 몸통을 가느다란 끈 모양으로 썬다. 샬롯과 셀러리는 껍질을 벗기고 작은 주사위 모양으로 썰어 센 불에 볶다가 오징어를 넣어 같이 볶는다. 이어 코냑으로 플랑베하고, 화이트와인으로 데글라세한 뒤 토마토 퐁뒤와 카옌 고춧가루를 넣고 5분 정도 더 끓이다가 불에서 내린다. 소스를 100ml만 덜어 믹서에 간 뒤 식초를 섞어 피펫에 채운다. 판젤라틴을 찬물에 10분간 담갔다가 물기를 제거해 남은 세투아즈 소스에 섞어주고, 부족한 간을 맞춘다. 소스를 식품용 랩으로 감싸 원통형으로 만든다(사진2). 이 같은 룰라드를 10개 만들어 냉동고에서 단단하게 얼린다.

구운 오징어 반죽을 사각형으로 자른 뒤 그 위에 얼린 세투아즈 룰라드를 하나씩 올려 돌돌 만다(사진3).

루유 소스를 짤주머니에 담아 오징어 룰라드 위에 끈처럼 짜 올린다. 접시에 오징어 룰라드 1개를 놓고, 먹물 식빵 칩과 꽃잎 모양의 방울토마토, 오렌지 과육, 풋콩, 케이퍼를 보기 좋게 배치한다. 피펫에 채워둔 세투아즈 소스와 루유 소스를 접시의 빈 공간에 점점이 올려 마무리한다.

* 루유rouille 소스: 빵가루에 올리브유, 마늘, 사프란, 카옌 고춧가루를 섞어 만든 소스. 프로방스 지방에서 부야베스 같은 생선 요리에 많이 곁들인다.

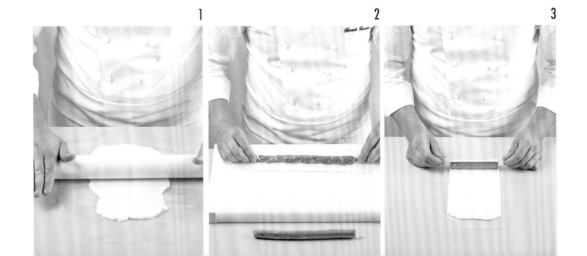

Œufs brouillés aux truffes, feuilletés au piment d'espelette et comté

트러플을 곁들인 외프 부르예와 콩테 치즈, 에스플레트 고춧가루를 뿌린 푀이테

난이도: 1단계 (따뜻한 앙트레)
분량: 8인분

준비: 35분 · 조리: 45분

양파 크림:
양파 1개, 버터 100g, 생크림 200ml

푀이테:
파트 푀이테 1장(102쪽 참조),
에스플레트 고춧가루 약간, 콩테 치즈* 60g

외프 브루예:
달걀 24개, 풀어놓은 달걀 1개(페이스트리용),
신선한 트러플 250g, 땅콩기름 20ml,
게랑드산 플뢰르 드 셀, 후춧가루

플레이팅:
처빌 잎

양파 크림 만들기: 오븐을 160℃로 예열한다. 스튜용 냄비에 버터 30g을 넣고 슬라이스한 양파를 색깔이 나지 않게 볶다가 생크림의 절반 분량인 100ml를 붓는다. 소금과 후춧가루 간을 하고 뚜껑을 덮어 예열된 오븐에서 30분간 조리한다.

푀이테 만들기: 오븐의 온도를 180℃로 올린다. 파트에 달걀물을 바른 뒤 에스플레트 고춧가루를 뿌리고, 강판에 간 콩테 치즈를 골고루 올린다. 파트를 띠 모양으로 잘라 살짝 비틀어 모양을 낸다. 오븐에 넣어 8분간 굽는다.

준비한 트러플의 절반은 브뤼누아즈로, 나머지는 바토네로 썬다.

외프 브루예 만들기: 달걀을 깨 포크로 충분히 휘저은 뒤 소금, 후춧가루로 간한다. 스튜용 냄비에 땅콩기름을 두르고 약한 불로 가열한다. 냄비가 충분히 달구어지면 달걀물을 붓고, 3~4분간 계속 포크로 휘젓는다. 달걀물이 크림처럼 부드러운 농도로 익으면 바로 넓은 그릇으로 옮기고 남은 버터 70g을 잘게 잘라 넣는다. 남은 생크림 100ml와 다진 트러플도 함께 섞고, 소금과 후춧가루로 간을 맞춘다.

플레이팅하기: 접시 바닥에 양파 크림 1TS를 얇게 깐 뒤 스크램블 에그를 소복이 담고, 막대 모양으로 썬 트러플과 처빌 잎으로 장식한다. 마지막으로 구운 푀이테를 접시의 가장자리에 올린다.

* 콩테comté 치즈: 프랑스 동부 콩테 지방에서 생산되는 대형 하드 치즈. 6개월 이상의 숙성 기간을 거치며, 짠맛과 고소한 맛, 단맛의 조화가 특징으로 프랑스에서 가장 대중적인 치즈로 꼽힌다.

Petits pâtés chauds de ris de veau, sauce au porto

따뜻한 송아지 흉선 파테와 포트와인 소스

난이도: 1단계 (따뜻한 앙트레)
분량: 8인분

파테 소:

송아지 흉선 300g, 소금, 샬롯 2개,
부케 가르니 1개, 가금류 살코기 250g,
돼지 등심 250g, 돼지비계 250g, 달걀 2개,
화이트와인 100ml, 코냑 30ml,
버터 50g, 푸아브라드 소스(64쪽 참조) 50ml

파테 껍질:

파트 푀이테(102쪽 참조) 1kg, 푼 달걀 1개

포트와인 소스:

포트와인 500ml, 샬롯 1개(다져 준비),
푸아브라드 소스 100ml, 버터 30g

플레이팅:

작은 모렐버섯 150g, 차이브 1단

준비: 50분 · 핏물 제거: 12시간 · 조리: 1시간 15분

하루 전, 송아지 흉선을 충분한 양의 얼음물에 12시간 동안 담가 핏물을 빼고, 끓는 물에 데쳐 불순물을 제거한다. 냄비에 찬물을 붓고 데친 흉선을 넣어 불에 올린다. 끓기 시작하면 표면의 거품을 걷어내고, 흉선만 건져 찬물에 헹군다. 다시 냄비에 넣고 소금물을 흉선이 잠길 정도로 붓는다. 여기에 4등분한 샬롯(1개 분량)과 부케 가르니를 넣고 8분간 약하게 끓인다.

파테 소 준비하기: 고기(가금류 살코기, 돼지 등심, 돼지비계)는 모두 다진다. 흉선은 사방 1cm 크기로 썰어 그중 절반만 버터와 함께 센 불에 살짝 볶는다. 다진 고기에 달걀, 화이트와인, 코냑, 슬라이스한 샬롯, 볶은 흉선을 넣고 잘 섞는다. 마지막으로 푸아브라드 소스 50ml를 붓고 약 120g씩 나누어 돔 형태로 빚는다.

파트 푀이테를 펼쳐놓고 파테의 바닥이 될 지름 12cm짜리 원반 8개와 지붕이 될 15cm짜리 원형 반죽 8개를 링커터로 찍어낸다. 작은 원형 반죽의 가장자리에 달걀물을 바른 뒤 돔 형태로 빚은 소를 한가운데에 놓고 큰 원형 반죽으로 덮어 이음매를 꼼꼼히 눌러 붙인다. 다시 표면에 달걀물을 고루 바르고, 지붕 한가운데 굴뚝 역할을 할 구멍을 내준다. 원한다면 뾰족한 도구로 파테에 무늬를 새겨넣어도 된다. 모양 만들기를 마친 파테는 15~20분 정도 냉장고에 넣어두고, 그동안 오븐을 180℃로 예열한다.

포트와인 소스 만들기: 포트와인에 다진 샬롯을 넣고 졸인다. 시럽처럼 걸쭉해지면 푸아브라드 소스를 붓고 버터로 윤기를 더해 시누아에 거른다. 완성된 소스는 따뜻하게 보관한다.

냉장고에서 파테를 꺼내 달걀물을 한 번 더 바르고 오븐에 25분간 굽는다.

파테를 굽는 동안 남은 흉선 조각을 프라이팬에 노릇노릇하게 지지고, 모렐버섯도 버터에 살짝 볶는다.

오븐에서 꺼낸 파테를 뜨거울 때 접시 가운데 담고, 그 둘레에 포트와인 소스와 모렐버섯, 흉선을 차례로 돌아가며 올린다. 차이브로 장식해 마무리한다.

미니 라타투유와 초리조로 속을 채운 작은 오징어, 올리브유를 넣은 라타투유 소스

난이도: 1단계 (따뜻한 앙트레)
분량: 8인분

12cm 길이의 작은 오징어(또는 한치) 16마리

라타투유:
가지 200g, 주키니 호박 200g,
빨간색 파프리카 및 녹색 파프리카 200g,
양파 100g, 올리브유 50ml, 소금, 후춧가루,
토마토 콩카세 150g, 부케 가르니 1개,
다진 마늘 20g, 초리조 100g,
에스플레트 고춧가루 약간

장봉칩:
생장봉 2장

플레이팅:
발사믹 글레이즈, 식용 꽃,
바질 1/2단

준비: 1시간 15분 · 조리: 30~35분

오징어 손질하기: 오징어는 다리를 따로 떼어놓고, 삼각형의 지느러미는 작은 브뤼누아즈로 썬다.

라타투유 만들기: 채소는 사방 3mm의 브뤼누아즈로 썰어 올리브유에 볶는다. 소금과 후춧가루를 뿌리고 채소 건더기만 건져 토마토 콩카세, 부케 가르니, 다진 마늘과 함께 20분간 더 끓인다. 완성된 라타투유를 거름망에 거르고 조리 중에 생긴 국물은 따로 모아둔다.

초리조는 브뤼누아즈로 썰어 프라이팬에 살짝 굽다가 라타투이를 섞는다. 다진 오징어 지느러미도 올리브유에 가볍게 볶아 함께 넣는다.

장봉 칩 만들기: 오븐을 90℃로 예열한다. 생장봉을 오븐팬에 펼쳐놓고 유산지와 또 다른 팬을 덮어 예열된 오븐에서 10분간 바싹 말린다. 장봉을 오븐에서 꺼내 작은 세모 모양으로 썰고, 자투리는 빵가루처럼 잘게 빻는다.

오징어 조리하기: 오븐의 온도를 140℃로 높인다. 오징어 몸통 안에 미니 라타투유의 절반을 소로 채운다. 올리브유를 두른 팬에 오징어를 잠시 부드럽게 지진 뒤 오븐에 넣어 8분간 익힌다. 오징어 다리는 올리브유에 몇 초간 살짝 볶는다.

라타투유 국물에 미량의 에스플레트 고춧가루를 넣고, 윤기를 더해줄 올리브유를 약간 부어 고루 섞는다.

플레이팅하기: 접시에 소를 넣은 오징어 몸통과 미니 라타투유, 볶은 오징어 다리를 보기 좋게 담는다. 세모 모양의 장봉 칩을 오징어 몸통 위에 올리고, 잘게 빻은 장봉 가루를 조금씩 흩뿌린다.

올리브유를 섞은 라타투유 소스를 빈 공간에 점점이 올리고, 발사믹 글레이즈도 점점이 올린다. 식용 꽃과 바질로 장식해 마무리한다.

외프 포셰와 무예트*,
연어를 곁들인 크레송 블루테

난이도: 1단계 (따뜻한 앙트레)
분량: 8인분

준비: 45분 · 조리: 30분

블루테:
크레송 1단, 줄기 달린 작은 양파 1개, 버터 50g,
밀가루 40g, 맑은 닭육수(66쪽 참조) 1L,
생크림 500ml, 소금, 후춧가루

외프 포셰:
달걀 8개, 맑은 알코올 식초 1TS,

무예트:
식빵 6장, 버터 50g

플레이트:
훈제 연어 200g, 크레송 1단,
파르메산 치즈 약간, 후춧가루,
게랑드산 플뢰르 드 셀

블루테 만들기: 크레송은 물에 씻어 뿌리 부분은 잘라버린다. 양파는 곱게 다져 버터 50g와 함께 3~4분 정도 볶다가 크레송을 넣고 5분간 더 볶는다. 밀가루를 뿌려 농도를 맞춘 뒤 닭육수를 붓고 끓인다. 끓기 시작하면 생크림을 넣고 불을 줄여 10분간 뭉근히 졸인다. 이것을 믹서에 갈아 촘촘한 시누아에 거르고 소금과 후춧가루로 간하면 블루테가 완성된다.

외프 포셰 만들기: 센 불에 올린 소금물이 끓기 시작하면 불을 줄이고 식초를 넣는다. 국자로 물을 휘저어 소용돌이를 일으킨 뒤 달걀을 하나씩 깨뜨려 넣고 그대로 3분간 익힌다. 국자로 달걀을 조심스럽게 건져 바로 얼음물에 담가 식힌다.

무예트 만들기: 식빵 가장자리를 다듬은 뒤 가느다란 막대 모양으로 잘라 버터를 두른 팬에 앞뒤로 색이 나게 굽는다.

플레이팅하기: 우묵한 접시에 따뜻한 블루테를 붓고 미리 데워둔 외프 포셰를 얹고 플뢰르 드 셀을 뿌려준다. 주사위 모양으로 자른 훈제 연어와 얇게 썬 파르메산 치즈, 크레송 잎으로 장식한다. 마지막으로 무예트를 접시 가장자리에 올린다.

* 무예트mouillette: 길고 가늘게 자른 구운 빵 조각. 주로 반숙한 달걀노른자에 찍어 먹는다.

흐르는 키슈 로렌

난이도: 2단계 (따뜻한 앙트레)
분량: 8인분

파르메산 사블레:
포마드 버터 240g,
강판에 간 파르메산 치즈 150g,
밀가루 300g

사바용 소스:
훈제 라르동 100g, 달걀노른자 10개, 물 20ml,
미지근한 생크림 300ml,
강판에 간 에멘탈 치즈 100g

플레이팅:
염장한 돼지 삼겹살 4덩이, 에멘탈 치즈,
꽃 핀 타임 1단

준비: 1시간 · 우려내기: 30분 · 조리: 20분

파르메산 사블레 만들기: 오븐을 140℃로 예열한다. 먼저 강판에 간 파르메산 치즈와 버터를 고루 섞은 뒤 밀가루를 넣고 충분히 치대 반죽한다. 반죽을 2장의 유산지 사이에 넣고 2mm 두께로 밀어 10분간 냉동한다. 단단히 굳은 반죽을 조리대 위에 놓고, 서비스할 접시의 우묵한 부분과 동일한 지름의 원반을 8개 찍어낸다. 링커터로 각 원반 중심에 동그란 구멍을 낸 뒤 실리콘 판 위로 옮겨 해동한다. 이것을 오븐에 16분간 구우면 사블레가 완성된다.

사바용 소스 만들기: 코팅된 프라이팬에 라르동을 바싹 구운 뒤 키친타월에 밭쳐 기름을 뺀다. 사바용 소스를 만들고(42쪽 '올랑데즈 소스' 1~3단계 참조), 여기에 미지근한 생크림과 라르동, 강판에 간 에멘탈 치즈를 섞는다. 식품용 랩을 씌워 65℃ 온도의 물에 30분간 중탕해 향을 우린다. 내갈 때까지 중탕해 식지 않게 한다.

염장 삼겹살 칩 만들기: 염장 삼겹살을 슬라이스 머신으로 얇게 썰어 8장으로 만든다. 삼겹살 위에 유산지와 오븐팬을 차례로 덮어 90℃의 오븐에서 10분간 굽는다.

플레이팅하기: 접시의 우묵한 부분에 사블레를 걸치듯 올린다. 염장한 삼겹살 칩 5조각과 세모 모양으로 자른 에멘탈 치즈 5조각, 타임을 접시 가장자리에 차례로 올린다. 식탁에 내갈 때 사블레 중심의 구멍 안으로 사바용 소스를 조심스럽게 붓는다. 먹을 때는 사블레를 잘게 부수고 가니시를 함께 넣어 섞는다.

두 가지 방식으로 조리한 돼지감자와 구운 푸아그라

난이도: 2단계 (따뜻한 앙트레)
분량: 8인분

준비: 45분 · 조리: 3시간 30분

돼지감자 퓌레와 칩:

돼지감자 1kg, 정제 버터(56쪽 참조) 50g, 맑은 닭육수(66쪽 참조) 100ml, 소금 7g, 생크림 100ml, 버터 50g, 소금, 후춧가루

구운 감자 퓌레:

감자 1kg, 정제 버터 150g, 소금 7g, 미지근한 우유 200ml

헤이즐넛 크럼블:

구운 헤이즐넛 70g, 버터 300g, 밀가루 200g, 소금

푸아그라 너겟:

생푸아그라 400g, 슈거 파우더 50g

구운 밀가루:

밀가루 50g

플레이팅:

볶은 지롤버섯 100g, 적근대, 루콜라, 어린 시금치

돼지감자 퓌레 만들기: 스팀 오븐을 90℃로 예열한다. 껍질째 깨끗이 씻은 돼지감자를 정제 버터, 닭육수, 소금과 함께 진공포장한 뒤 스팀 오븐에서 2시간 30분간 익힌다. 돼지감자를 반으로 갈라 속을 긁어내고 껍질은 따로 모아둔다. 감자에 따뜻한 크림을 부어 믹서에 갈고, 버터를 섞어 마무리한다.

돼지감자 칩 만들기: 오븐을 90℃로 예열한다. 유산지를 씌운 팬 2개 사이에 돼지감자의 껍질을 평평하게 펴두고 약 1시간 동안 오븐에 구운 뒤 소금 간을 한다.

구운 감자 퓌레: 감자는 껍질을 벗기고 1cm 두께로 잘라 그릴에서 양면에 바둑판무늬가 생기게 굽는다. 구운 감자에 정제 버터와 소금을 넣고 진공 포장해 90℃의 스팀 오븐에 2시간 30분간 익힌다. 감자를 오븐에서 꺼내 10분간 그대로 두었다가 비닐 포장을 열고 내용물을 고루 섞는다. 우유를 붓고 뭉친 덩어리가 없게 잘 저어 섞는다.

헤이즐넛 크럼블 만들기: 오븐의 온도를 180℃로 높인다. 구운 헤이즐넛을 잘게 부수어 버터, 밀가루, 소금과 섞어 가볍게 반죽한다. 이것을 밀어 1cm 두께로 만들고, 오븐에 12분간 굽는다.

푸아그라 굽기: 푸아그라를 작은 조각으로 잘라 표면에 슈거 파우더 옷을 입힌다. 뜨겁게 달군 프라이팬에 푸아그라를 넣고 갈색이 나게 지진다. 중간에 여러 번 뒤집어가며 자체에서 배어나오는 기름을 끼얹고, 마지막으로 소금 간을 한다.

밀가루 굽기: 유산지를 깐 오븐팬에 밀가루를 넓게 펼친다. 이것을 180℃의 오븐에 넣어 황금빛이 돌 때까지 20분 정도 굽는다.

플레이팅하기: 준비해둔 것들을 접시 가장자리에서 몇 센티미터 떨어진 지점에 빙 둘러 담는다. 두 종류의 퓌레도 조금씩 올린다. 마지막으로 구운 밀가루를 곳곳에 흩뿌린다.

Œuf et illusion

외프 에 일뤼지옹

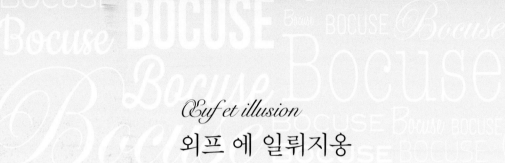

난이도: 3단계 (따뜻한 앙트레)
분량: 8인분

코크 파네*:
달팽이 버터 600g, 밀가루 50g, 달걀 2개, 빵가루 100g, 식물성 기름

녹색 파르메산 치즈 가루:
시금치 100g, 파르메산 치즈 200g

달걀흰자 카넬로니:
달걀흰자 8개, 정제 버터(56쪽 참조) 20g, 마늘 1쪽, 파슬리 1단, 소금, 후춧가루

노른자 외프 포셰:
달걀노른자 8개, 식초 15ml, 트러플 오일 1ts

폼 사보네트:
감자 8개, 정제 버터 20g, 맑은 닭육수(66쪽 참조) 150ml

지롤버섯 프리카세:
지롤버섯 300g, 달팽이 버터 100g

후춧가루향 우유 거품:
우유 250ml, 소금, 말라바산 백후춧가루 2g

플레이팅:
식용 꽃(마거리트 등) 8송이

준비: 1시간 · 인퓨전: 15분 · 조리: 20분

코크 파네 만들기: 차가운 달팽이 버터로 70g짜리 가짜 달걀 8개를 빚는다. 밀가루-달걀-빵가루의 순으로 2회 반복해 옷을 입힌 뒤 175℃의 기름에 튀겨 키친타월에 받쳐둔다. 날카로운 칼로 튀긴 달걀 한쪽에 동그란 구멍을 뚫어 내용물을 비우고 5mm 두께의 달걀 형태만 남긴다.

녹색 파르메산 치즈 가루 만들기: 시금치를 끓는 소금물에 데쳐 찬물에 식힌 뒤 물기를 꽉 짜고 고운 거름망에 내려 녹색의 천연 색소를 받는다. 이 색소를 그레이터로 곱게 간 파르메산 치즈와 고루 섞어 녹색의 치즈 가루를 만든다. 식품용 랩 위에 치즈 가루를 올리고 돌돌 말아 작은 원통 모양으로 포장한 뒤 냉동고에 넣어 단시간에 굳힌다. 내갈 때 굳은 치즈를 강판에 다시 갈아 고운 가루의 형태로 낸다.

카넬로니 만들기: 준비된 달걀의 흰자와 노른자를 분리한다(노른자는 수란을 만들 때 사용한다). 달걀흰자를 믹서에 갈아 소금과 후춧가루로 간한 뒤 정제 버터를 두른 프라이팬에 붓고 다진 마늘과 다진 파슬리를 뿌려 아주 얇게 지단을 부친다. 지단이 익으면 흰색 면이 겉으로 보이게 돌돌 만다. 양쪽 끝부분을 잘라내 깔끔한 모양의 카넬로니를 완성한다.

노른자 외프 포셰 만들기: 식초와 트러플 오일을 넣은 끓는 물에 달걀노른자 8개를 하나씩 조심스럽게 익혀 만든다.

폼 사보네트 만들기: 감자는 껍질을 벗겨 약간 갸름한 원반 모양으로 도톰하게 돌려 깎는다. 정제 버터를 두른 팬에 감자를 구운 뒤 닭육수를 자작하게 부어 익힌다.

지롤버섯 프리카세 만들기: 지롤버섯을 깨끗이 다듬은 뒤 달팽이 버터에 너무 무르지 않으면서 윤기가 나게 6~8분 정도 볶는다.

후춧가루향 우유 거품 만들기: 미지근하게 데운 우유에 소금과 후춧가루를 넣고 15분간 향을 우린다. 내 가기 직전에 믹서에 넣고 돌려 풍부한 거품이 나게 한다.

플레이팅하기: 접시에 지롤버섯 프리카세로 속을 채운 코크 파네를 세워놓는다. 이때 폼 사보네트로 아래쪽을 받치면 달걀이 쓰러지지 않는다. 이어 달걀흰자 카넬로니와 노른자 외프 포셰를 1개씩 담고, 녹색 치즈 가루를 기호에 맞게 적정량 올린다. 여분의 지롤버섯과 후춧가루향 우유 거품, 식용 꽃으로 플레이팅을 마무리한다.

* 코크 파네coques panées: 달걀 껍데기 모양으로 만든 빵가루 튀김옷

Boules de grenouille en verdure, ail et persil

마늘과 파슬리로 맛을 낸 초록빛 개구리 볼

난이도: 3단계 (따뜻한 앙트레)
분량: 10인분

개구리 볼:
앞다리를 제거한 통통한 개구리 30마리,
포마드 버터 300g, 버터 1조각, 마늘 2쪽,
줄기를 제거한 파슬리 45g,
레몬즙(레몬 1개 분량),
팔각 1/2개, 식빵 200g, 이탈리안 파슬리 1단,
밀가루, 땅콩기름 3L, 달걀 3개(튀김옷에 쓸 것),
소금, 후춧가루

가니시:
시금치 300g, 올리브유 60ml, 소금 3g,
버터 50g, 마늘 1쪽

채소 브뤼누아즈:
당근 200g, 셀러리악 200g, 주키니 호박 200g,
팔각 1개, 버터 50g, 소금, 후춧가루

시금치 쿨리:
시금치 100g, 이탈리안 파슬리 25g,
맑은 닭육수(66쪽 참조) 100ml,
헤이즐넛 버터(57쪽 참조) 50g

마늘 크림:
마늘 2통, 우유 200ml, 생크림 100ml,
소금, 후춧가루

준비: 1시간 30분 · 냉동: 2시간 · 조리: 2시간 15분

개구리 볼 준비하기: 개구리 뒷다리를 등뼈에서 분리한다(사진 **1**). 다리의 끝부분을 잘라 버리고(사진 **2**) 정강잇살도 발라내 넓적다릿살만 남긴다. (사진 **3~4**) 잘 달군 프라이팬에 버터 1조각과 1쪽 마늘 으깬 것을 넣고 개구리 다리를 색깔이 나기 직전까지 살짝 지져 냉장보관한다.

파슬리는 씻어 물기를 제거하고, 남은 마늘 1쪽과 함께 곱게 다진다. 푸드 프로세서에 다진 파슬리와 마늘, 레몬즙을 넣고 먼저 간 뒤 포마드 버터를 조금씩 추가하며 고루 섞는다(사진 **5**). 소금, 후춧가루, 강판에 간 팔각으로 양념해 파슬리 버터를 완성한다.

파슬리 버터를 지름 3cm의 반구형 실리콘 틀 20개에 담고 개구리 정강잇살을 조금씩 올린 뒤 그 위에 남은 파슬리 버터를 덮어 매끈하게 마무리한다(사진 **6~7**). 이것을 2시간 정도 냉동고에 넣어 굳힌다.

시금치는 잎만 떼어 씻은 뒤 올리브유와 소금으로 양념해 수비드 방식으로 익힌다. 이 시금치는 나중에 가니시로 사용한다.

채소 브뤼누아즈 준비하기: 당근과 셀러리악은 껍질을 벗기고, 주키니 호박은 물로 씻어 준비한다. 3가지 채소를 모두 브뤼누아즈로 썰어 끓는 물에 각각 데친다.

시금치 쿨리 만들기: 시금치와 파슬리는 줄기를 떼고 씻은 뒤 끓는 소금물에 데친다. 이어 닭육수와 함께 믹서에 간 뒤 헤이즐넛 버터로 윤기를 더하고 소금 간을 한다.

마늘 크림: 마늘은 껍질을 벗겨 끓는 물에 3회 데친다. 냄비에 데친 마늘과 우유를 넣고 약한 불에서 20분 정도 뭉근히 익힌다. 이어 마늘만 건져 생크림과 함께 믹서에 곱게 갈고, 소금과 후춧가루로 양념한다.

개구리 볼 만들기: 냉동고에서 얼려둔 반구형 버터를 꺼내 틀에서 뺀다. 반구를 2개씩 맞붙여(버터가 살짝 녹으면서 접착제 역할을 한다) 동그란 초록빛 개구리 볼을 10개 만든 뒤(사진 **8**) 다시 냉동한다.

오븐을 80℃로 예열한다. 식빵의 가장자리 껍질을 제거하고 주사위 모양으로 썬 뒤 오븐에서 2시간 동안 바싹 말려 믹서에 간다. 잎만 떼어 씻은 파슬리도 같이 갈아 체에 거른다.

얼린 개구리 볼에 밀가루-달걀물-빵가루 순으로 옷을 입히고, 이 과정을 3회 반복한다. 개구리 다리에 밀가루를 묻혀 땅콩기름을 조금 두른 프라이팬에 노릇한 색이 나게 굽는다. 마지막에 버터를 넣어 윤기를 내고, 소금과 후춧가루를 뿌린다.

가니시 준비하기: 냄비에 브뤼누아즈로 썬 채소와 버터를 넣고 약한 불에서 가열하다가 소금, 후춧가루, 강판에 간 팔각으로 양념한다. 수비드 방식으로 익혀둔 시금치를 소량의 버터 및 으깬 마늘과 함께 프라이팬에 볶는다.

개구리 볼 익히기: 개구리 볼을 170℃의 땅콩기름에 4분간 튀긴다.

플레이팅하기: 접시에 채소 브뤼누아즈를 줄지어 담고, 한쪽에 볶음 시금치를 올린 뒤 그 위에 긴 개구리볼 1개를 얹고, 개구리 다리 5~6개를 일정한 간격으로 배열한다. 빈 공간에 시금치 쿨리와 마늘 크림으로 그림을 그려 마무리한다.

1　2　3　4

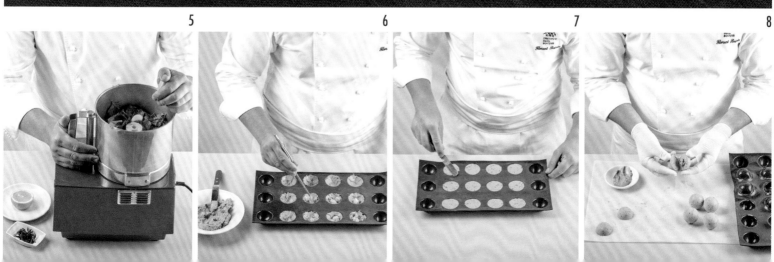

Ravioles de queue de bœuf et de homard
소 꼬리와 로브스터 라비올리

난이도: 3단계 (따뜻한 앙트레)
분량: 10인분

파스타 반죽(386쪽 참조) 500g

로브스터 라비올리:

로브스터 1kg, 올리브유,
진하게 졸인 갑각류 비스크 200ml,
생크림 200ml, 판젤라틴 2장

소 꼬리 라비올리:

양파 200g, 셀러리 줄기 200g, 당근 200g,
리크 300g, 정향 약간, 고수 씨 약간,
팔각 2개, 통흑후춧가루,
소 꼬리 1kg, 샬롯 150g, 레드와인 1L,
글라스(70쪽 참조) 150ml,
버터 300g, 부케 가르니 1개,
굵은 천일염, 올리브유

맑은 육수를 내기 위한 채소:

당근 100g, 셀러리 줄기 100g, 토마토 200g

가니시:

줄기 달린 미니 당근 30개,
녹색 아스파라거스 머리 부분 30개,
파르메산 치즈 100g, 올리브유

플레이팅:

토마토 콩피* 30개

준비: 1시간 · 조리: 3시간 15분

로브스터 라비올리 소 만들기: 로브스터는 꼬리를 실로 묶어 반듯하게 모양을 잡은 뒤 끓는 물에 1분간 데친다. 머리와 집게발을 차례로 분리해 집게발만 끓는 물에 4분 정도 더 익힌 뒤 껍데기를 벗긴다(머리는 비스크를 만들 때 쓴다). 로브스터 꼬리의 껍데기를 벗기고 올리브유를 약간 뿌려 진공 포장한다. 수비드 머신의 온도를 65℃에 맞추고 로브스터 꼬리 내부 중심 온도가 50℃가 될 때까지 약 15분간 익힌다. 그 다음 차가운 물에 담구어 식힌다.

미리 찬물에 10분간 불려둔 젤라틴과 생크림, 진한 비스크를 고루 섞어 짤주머니에 담아 냉장보관한다.

소 꼬리 리비올리 소 만들기: 양파는 껍질째 가로로 2등분해 그릴에 굽는다. 셀러리, 당근, 리크는 껍질을 벗겨 씻는다. 정향, 고수 씨, 팔각, 통흑후추를 소창에 싸 향신료 주머니를 만든다.

소 꼬리를 소금, 후춧가루로 양념해 프라이팬에 흑색이 나게 굽는다. 커다란 양수 냄비에 소 꼬리를 옮겨 담고, 재료가 잠길 만큼 찬물을 부어 센 불에 끓인다. 끓기 시작하면 표면의 거품을 걷어낸 뒤 양파, 셀러리, 당근, 리크, 향신료 주머니, 부케 가르니를 넣고 굵은 천일염으로 간을 한다. 불을 줄이고 3시간 정도 계속 약하게 끓인다. 육수가 맑은 갈색을 띠고, 칼끝으로 고기를 찔렀을 때 부드럽게 들어가면 불을 끈다.

샬롯은 껍질을 벗기고 슬라이스한다. 팬에 올리브유를

조금 두르고 색이 나지 않게 볶다가 레드와인을 부어 윤기 나게 졸인 뒤 거름망에 거른다. 글라스를 섞어 다시 졸이다가 버터로 윤기와 풍미를 더한다.

육수에서 향신료 채소와 소 꼬리를 건진다. 채소와 고기 건더기는 잘게 찢고 샬롯 소스를 섞어 소를 만든 뒤 실리콘 틀에 부어 냉장한다.

라비올리 만들기: 냉장고에 넣어둔 소 꼬리 소를 꺼내 얇게 밀어둔 생파스타 반죽에 올려 라비올리를 만든다(사진 1~3). 로브스터의 집게발 아래쪽 살 1조각과 비스크 소스로 속을 채운 라비올리도 만든다(사진 4~9).

맑은 육수 만들기: 채소(당근, 셀러리, 토마토)는 껍질을 벗겨 씻은 뒤 한꺼번에 미트 그라인더에 넣어 다진다. 소 꼬리육수에 다진 채소를 넣고 끓여 맑은 국물만 거른다. 이 국물을 졸여 풍미가 좋은 콩소메를 만든다.

가니시 준비하기: 가니시용 당근은 줄기를 약간 남긴 채 껍질을 벗긴다. 아스파라거스는 비늘 모양의 잎을 다듬어 제거하고 몸통의 껍질을 칼로 깎거나 필러로 벗긴 뒤 1다발로 묶는다. 아스파라거스와 당근을 끓는 소금물에 데쳐 찬물에 식힌다.
파르메산 치즈는 작고 얇은 조각으로 준비한다.

플레이팅하기: 소퇴즈에 올리브유를 두르고 로브스터 꼬리와 당근, 아스파라거스를 따뜻하게 데운다. 라비올리를 끓는 물에 익혀 건진 뒤 접시에 모든 재료들과 보기 좋게 담는다. 콩소메는 따로 담아 서빙한다.

---

* 토마토 콩피tomate confite: 껍질과 씨를 제거한 토마토 과육을 올리브유, 마늘, 허브, 소금, 후추 등으로 양념해서 오븐에 2~3시간 동안 말린 뒤 올리브유를 넉넉히 부어 절인 것

1
2
3
4

Tournedos à la moelle sauce bourguignonne,
écrasée aux fines herbes

소 골수를 곁들인 투르느도 스테이크와
부르기뇽 소스, 다진 허브를 넣은 으깬 감자

난이도: 1단계 (육류 - 소고기)
분량: 8인분

소 골수 500g, 소 안심 1.6kg,
땅콩기름 2TS, 소금, 후춧가루

부르기뇽 소스:

당근 1개, 셀러리 1줄기, 양파 1개, 샬롯 1개,
라르동 100g, 마늘 1쪽, 풀바디 레드와인 1L,
갈색 송아지육수(68쪽 참조) 500㎖,
부케 가르니 1개

으깬 감자:

감자 1.4kg, 버터 300g,
이탈리안 파슬리 1/2단, 차이브 1단

플레이팅:

플뢰르 드 셀, 후춧가루, 파슬리 잎

준비: 1시간 · 불순물 제거: 12시간 · 조리: 1시간 40분

하루 전, 소 골수를 얼음물에 담가 핏물과 불순물을 뺀다(중간에 2~3회 물을 갈아준다).

부르기뇽 소스 만들기: 당근, 셀러리, 양파, 샬롯을 미르푸아로 썬다. 스튜용 냄비에 라르동과 채소 미르푸아, 마늘 1쪽을 넣고 볶다가 레드와인을 부어 데글라세한다. 수분의 양이 3/4으로 줄 때까지 졸인 뒤 송아지육수와 부케 가르니를 넣고 30~45분간 약하게 끓인다.

으깬 감자 만들기: 감자는 껍질을 벗기고 씻어 적당한 크기로 썬다. 차가운 소금물에 감자를 넣고 소금 간을 해 불에 올린다. 끓기 시작하면 표면의 불순물을 걷어내고, 25분 정도 더 익힌다. 익은 감자를 건져 물기를 제거하고 포크로 으깬 뒤, 실온에서 부드럽게 녹인 버터와 다진 파슬리, 다진 차이브를 한꺼번에 넣고 고루 섞는다. 뚜껑을 덮어 따뜻하게 보관한다.

불순물을 완전히 제거한 소 골수를 약하게 끓는 소금물에 12분간 삶는다. 키친타월에 밭쳐 물기를 뺀 뒤 1cm 두께로 통썰기 한다.

스테이크 준비하기: 안심을 손질해 150g짜리 투르느도 8덩이를 추출한다. 둘레를 실로 묶어 동그랗게 모양을 잡는다.

뜨겁게 달군 프라이팬에 땅콩기름을 약간 두르고 투르느도를 앞뒤로 갈색이 나게 굽는다.

플레이팅하기: 으깬 감자를 접시에 길쭉한 형태로 담고 투르느도와 소 골수를 올린 뒤 부르기뇽 소스를 곁들인다. 이어 플뢰르 드 셀과 후춧가루를 살짝 뿌리고, 파슬리 잎을 얹어 마무리한다.

모렐버섯 크림 소스를 곁들인 송아지 메다용

난이도: 1단계 (육류 - 송아지고기)
분량: 8인분

송아지 안심 1.6kg, 식물성 기름 20ml,
버터 100g

크림 소스:

모렐버섯 800g 또는 말린 모렐버섯 100g,
샬롯 80g, 버터 30g, 화이트와인 100ml,
송아지육수(68쪽 참조) 150ml,
생크림 300ml, 소금, 후춧가루

플레이팅:

처빌 1/2단, 방울토마토 24개,
게랑드산 플뢰르 드 셀, 후춧가루

준비: 30분 · 버섯 불리기: 24시간 · 조리: 20분

송아지 안심을 손질해 120g짜리 메다용 8덩이를 잘라 냉장고에 넣는다.

모렐버섯은 기둥을 자르고, 충분한 양의 물에 2~3회 씻어 건진다.

말린 모렐버섯을 사용하는 경우, 물에 담가 실온에서 하룻밤 동안 불린 뒤 끓는 물에 3회 반복해 데쳐 불순물을 제거한다. 데친 버섯의 물기를 빼면 요리에 사용할 준비가 끝난다.

크림 소스 만들기: 샬롯을 곱게 다져 버터에 색이 나지 않게 볶다가 모렐버섯을 넣고 4~5분 정도 더 볶는다. 화이트와인을 부어 데글라세한 뒤 신맛이 과하지 않게 액체의 절반은 덜어내고, 송아지육수를 붓는다. 끓기 시작하면 생크림을 섞고 소금, 후춧가루를 뿌린 뒤 약한 불에 계속 끓인다. 소스가 숟가락에 코팅될 정도의 농도가 되면 불을 끈다.

메다용 굽기: 프라이팬에 식물성 기름과 버터 1조각을 넣고 송아지 메다용을 앞뒤로 각각 4분간 굽는다. 부드러운 육질을 위해 굽는 동안 고기에서 배어나온 육즙과 기름을 계속 끼얹는다.

플레이팅하기: 접시에 송아지 메다용과 모렐버섯을 담는다. 특별히 모양이 예쁜 모렐버섯 1개를 메다용 위에 올리고, 처빌로 장식한다. 이어 따뜻한 크림 소스를 메다용 주변에 붓는다. 오븐에 갓 구운 방울토마토를 가니시로 놓고, 게랑드산 플뢰르 드 셀과 후춧가루를 살짝 뿌려 마무리한다.

Souris d'agneau braisée façon navarin

나바랭* 식으로 조리한 양 정강이

난이도: 1단계 (육류 - 양고기)
분량: 8인분

양 정강이살 8개, 게랑드산 플뢰르 드 셀,
후춧가루, 밀가루 80g, 땅콩기름 2TS, 샬롯 2개,
양파 1개, 당근 1개, 부케 가르니 1개,
화이트와인 150ml,
송아지 또는 양고기 육수(68쪽 참조) 1.5L

글라세한 채소:
줄기 달린 당근 1단, 줄기 달린 양파 1단,
줄기 달린 순무 1단, 버터 80g,
설탕 50g, 소금

플레이팅:
삶아서 껍질을 벗긴 잠두콩 160g, 처빌 1/2단

준비: 35분 · 조리: 2시간 30분

오븐을 160℃로 예열한다. 양 정강이에 소금, 후춧가루를 뿌리고 밀가루를 살짝 묻혀 땅콩기름을 두른 프라이팬에 고루 색이 나게 굽는다.

샬롯, 양파, 당근을 미르푸아로 썰어 팬에 볶는다. 양 정강이와 볶은 채소를 부케 가르니와 함께 스튜용 냄비에 넣고, 화이트와인으로 데글라세한다. 수분 양이 절반으로 줄어들면 송아지육수(또는 양고기육수)를 붓고 계속 가열한다. 끓기 시작할 때 오븐으로 옮겨서 2시간~2시간 30분간 익힌다.

고기가 익었는지 확인해 건지고 소스를 시누아에 거른다. 고기의 표면이 마르지 않게 소스에 다시 담가둔다.

채소 글라세하기: 줄기 달린 채소는 모두 씻어 물기를 제거한다. 버터와 설탕 1자밤, 소금 약간을 넣은 소량의 물에 채소를 각각 따로 익힌다. 수분이 거의 증발하고 채소가 다 익으면 윤기와 색이 나게 조린다. 양송이버섯도 불순물을 제거한 뒤 줄기 달린 채소와 똑같이 조리한다.

플레이팅하기: 필요할 경우, 양고기 소스를 숟가락에 코팅될 정도의 농도로 졸인다. 접시에 양 정강이와 글라세한 3종 채소, 콩을 담는다. 고기에 소스를 끼얹고, 처빌로 장식한다.

* 나바랭navarin: 양고기에 당근, 순무, 토마토 등을 넣고 푹 무르게 끓인 스튜

Canon d'agneau et kefta
카농 다뇨*와 케프타*

난이도: 3단계 (육류 - 양고기)
분량: 8인분

병아리콩:
익힌 병아리콩 100g, 꿀 50g, 셰리 식초 25ml,
맑은 닭육수(66쪽 참조) 25ml

카농 다뇨:
1.2kg짜리 양 볼깃살 2덩이, 고수 1/4단,
레몬즙 20ml, 올리브유 20ml, 크레핀 200g,
버터 100g, 마늘 3쪽, 소금, 후춧가루

케프타*:
양파 100g, 고수 1/2단, 양 볼깃살 필레미뇽,
라스엘하누트* 약간, 밀가루 50g, 달걀 2개,
빵가루 100g, 튀김용 기름

피페라드*:
노란 파프리카 3개, 빨간 파프리카 3개, 양파 1개,
올리브유, 마늘 2쪽, 타임 1단, 생장봉 50g,
토마토 콩카세(460쪽 참조) 200g,
훈제 파프리카 가루

플레이팅:
양고기 육즙 소스 500ml,
훈제 피킬로* 소스 200ml

준비: 1시간 15분 · 절임: 12시간 · 조리: 40분

미리 병아리콩 준비하기: 요리하기 하루 전, 병아리콩을 물에 불려 껍질을 벗긴다. 병아리콩에 꿀을 넣고 노릇해질 때까지 조리다가 셰리 식초와 닭육수를 넣어 데글라세한 뒤 최소 하룻밤 동안 그대로 둔다.

카농 다뇨 준비하기: 양의 볼기에서 뼈를 바르고 필레를 뜬다(사진 1). 고수와 레몬즙, 올리브유를 믹서에 갈아 만든 페스토를 바르고, 고수로 감싸 묶는다(사진 2). 손질이 끝난 양고기 필레를 냉장고에 넣는다.

케프타 만들기: 양파는 껍질을 벗기고 다져 기름을 약간 두른 팬에 볶은 뒤 식혀둔다. 고수는 다져놓는다. 양고기 필레미뇽은 미트 그라인더에 곱게 갈아 양파와 고수, 라스엘하누트를 넣고 고루 섞어 반죽한 뒤 소금, 후춧가루로 양념한다. 고기 반죽을 동그랗게 빚어 잠시 냉장고에 넣었다가 밀가루-달걀물-빵가루 순으로 2회 반복해 튀김옷을 입힌다(172쪽 참조).

피페라드 만들기: 노란색, 빨간색 파프리카와 양파는 모두 껍질을 벗긴다. 파프리카에 올리브유와 소금을 약간 넣고 진공 포장해 85℃에서 20분간 저온 조리한다. 2가지 색 파프리카를 사방 1cm 크기의 주사위 모양으로 썰어 틀 안에 색이 교차되게 배열한다(사진 3~4). 올리브유에 다진 양파, 으깬 마늘, 타임, 다진 생장봉, 파프리카

자투리, 토마토 콩카세, 훈제 파프리카 가루를 넣고 고루 섞어 약한 불에 뭉근하게 졸인다. 이것을 파프리카가 깔린 틀에 채워넣고 80℃의 스팀 오븐에서 10분간 익힌다.

양고기 육즙 소스는 따뜻하게 데워 소스 그릇에 담아 서빙한다.

뜨겁게 달군 소퇴즈에 다진 마늘과 포마드 버터를 넣고 양고기 필레를 굽는다. 녹은 버터를 고기에 계속 끼얹어가며 앞뒤로 3분씩 익힌다(고기를 잘랐을 때 단면이 분홍빛을 띠면 잘 익은 것이다). 케프타도 기름에 튀긴다.

플레이팅하기: 양고기 필레를 적당한 크기로 썬다. 병아리콩, 피페라드 등 준비한 모든 음식을 접시에 기하학적인 형태로 플레이팅한다. 마지막으로 피킬로 소스를 피펫에 넣어 접시 위에 선처럼 길게 올린다.

---

* 카농 다뇨canon d'agneau: 어린양의 볼기 부분의 살코기 부위. 껍질과 힘줄을 제거한 모양이 원통형의 대포canon를 닮았다고 해 붙은 이름이다. 셀 다뇨라고 부르기도 한다.

* 케프타kefta: 다진 고기에 양파, 향신료 등을 섞어 빚은 미트볼. 남아시아, 중동, 발칸 지역에서 즐겨 먹으며, 유럽에서는 흔히 케밥처럼 얇은 빵에 끼워 먹는 패스트푸드로 알려져 있다.

* 라스엘하누트ras el hanout: 북아프리카산 향신료 믹스. 향신료 가게에서 가장 많이 팔리는 제품들을 모아 만드는 만큼 레시피는 매우 다양하지만, 대표적으로 카다멈, 큐민, 정향, 계피 등이 들어간다.

* 피페라드piperade: 양파, 파프리카, 토마토, 에스플레트 고춧가루 등으로 끓인 채소 스튜. 프랑스 바스크 지방의 전통 요리로 라타투이와 비슷하다.

* 피킬로piquillo: 피레네 산간 지역과 에스파냐에서 재배되는 작은 부리 모양의 고추. 매운맛보다는 단맛이 강한 편이며, 에스파냐에서는 안에 고기 소를 채워 타파스로 많이 먹는다.

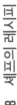

Carré d'agneau au curry et aubergine

커리와 가지를 곁들인 양 갈비

난이도: 3단계 (육류 - 양고기)
분량: 10인분

뼈 8대짜리 양 갈비 3덩이,
실온 상태의 버터 40g, 소금, 후춧가루

비에누아즈:

버터 175g, 식빵 125g,
졸인 오렌지즙(오렌지 2개 분량),
노란색 커리 페이스트 60g

미니 가지 절임:

미니 가지 10개, 꿀 300g, 으깬 마늘 4쪽,
간 생강 40g, 큐민 씨앗 40알,
파프리카 가루 약간, 물 150ml, 셰리 식초 150ml

가지 룰라드 소:

가지 2개, 올리브유 50ml, 마늘 2쪽,
타임 약간, 토마토 콩피 10조각, 소금, 후춧가루

가지 룰라드:

그래피티 가지* 2개, 올리브유 100ml,
레몬즙(레몬 1개 분량)

플레이팅:

껍질째 조리한 마늘 콩피 10쪽, 파슬리 오일,
양고기 육즙 소스(72쪽 참조) 250ml

준비: 1시간 · 조리: 1시간 20분

양 갈비는 힘줄과 지방 등을 제거하고 갈비뼈가 드러나게 망쇼네르하고 나서 겉을 갈색으로 구운 뒤 식힌다. 뼈를 알루미늄포일로 감싸고, 고기에 소금과 후춧가루를 뿌린다. 진공 포장한 다음, 수비드 머신의 온도를 59℃에 맞추어 고기 내부 중심 온도가 57℃가 될 때까지 익힌다. 이어 실온에서 잠시 휴지한 뒤 얼음물에 담가 식힌다.

비에누아즈 만들기: 가장자리는 잘라 버린 식빵을 곱게 간다. 여기에 버터, 졸인 오렌지즙, 노란 커리 페이스트를 모두 섞어 비에누아즈를 만든다. 넓은 용기에 유산지 1장을 깔고 비에누아즈를 얇게 펼친 뒤 또 다른 유산지로 덮어 플레이팅하기까지 냉동고에 넣어둔다.

미니 가지 절임 만들기: 미니 가지를 길이로 2등분해 뜨거운 그릴에 잠시 올렸다가 위치를 90°로 돌려 석쇠무늬를 낸다. 구운 가지를 진공 포장해 90℃의 스팀 오븐에서 1시간 동안 익힌다. 그동안 냄비에 꿀과 마늘, 생강, 큐민 씨앗, 파프리카 가루를 넣고 노릇해질 때까지 졸인 후 물과 식초를 부어 데글라세해 마리네이드를 만든다. 오븐에서 꺼낸 가지를 이 마리네이드에 담가 몇 분간 절인다.

미니 가지 절이는 동안, 가지 룰라드 만들기: 오븐의 온도를 160℃로 올린다. 가지를 2등분해 과육 쪽에 칼집을

몇 번 넣은 뒤 올리브유를 뿌리고 소금과 후춧가루로 간한다. 이어 깐마늘과 타임을 올리고 알루미늄포일로 감싸 오븐에 20분간 굽는다. 숟가락으로 가지의 과육을 파내 구운 마늘, 토마토 콩피와 함께 믹서에 갈고 올리브유로 농도와 윤기를 더한다. 이를 고운체에 내리고 간을 맞춘 뒤 짤주머니에 담아 준비한다.

만돌린 슬라이서를 사용해 그래피티 가지를 2mm 두께로 길쭉하게 저민다(사진 **1**). 저민 가지에 레몬즙과 올리브유를 바르고 진공 포장해 90℃의 스팀 오븐에 20분간 익힌다. 얇게 저민 가지 위에 짤주머니에 넣어둔 소를 올린 뒤 가지를 조심스럽게 접어 룰라드를 만든다(사진 **2~4**).

진공 포장 상태의 양 갈비를 다시 57℃ 온도에 맞춘 수비드 머신에 넣어 데운다. 프라이팬에 버터를 녹여 양 갈비의 겉을 지진다. 냉동고에서 비에누아즈를 꺼내 유산지를 벗기고 샐러맨더에 2분간 굽는다. 양 갈비는 뼈가 붙어 있도록 1대씩 자른다.

플레이팅하기: 함께 내갈 양고기 육즙 소스를 따뜻하게 데워 소스 그릇에 담는다.

접시에 양 갈비 2쪽과 절인 미니 가지 2조각, 가지 룰라드 1개, 띠 모양으로 자른 비에누아즈 1개, 마늘 콩피 1쪽을 보기 좋게 담는다. 마지막으로 파슬리 오일을 빈 공간에 1방울 떨어뜨린다.

* 그래피티 가지aubergine graffiti: 흰색과 밝은 보라색의 자잘한 줄무늬가 박힌 가지

1
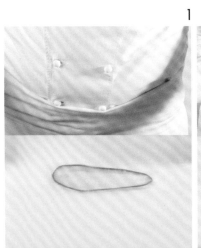

2

3
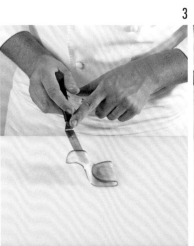

4

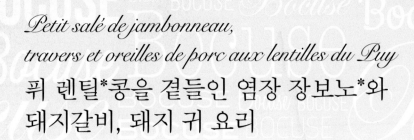

Petit salé de jambonneau,
travers et oreilles de porc aux lentilles du Puy

퓌 렌틸*콩을 곁들인 염장 장보노*와
돼지갈비, 돼지 귀 요리

난이도: 2단계 (육류 - 돼지고기)
분량: 8인분

소금에 살짝 절인 장보노 2덩어리(뼈째 익힌 것),
익힌 돼지 귀 2개,
소금에 살짝 절여 익힌 돼지갈비 1.2kg,

렌틸콩 찜:

라르동 100g, 돼지기름 30g,
슬라이스한 양파 150g, 당근 3개, 셀러리 1줄기,
퓌 렌틸콩 480g, 부케 가르니 1개,
굵게 으깬 정향과 통흑후춧가루,
맑은 닭육수(66쪽 참조) 1L,
신선한 버터 30g, 올리브유 1TS,
이탈리안 파슬리 4TS

가니시:

줄기 달린 미니 당근 12개, 알양파 8개,
미니 셀러리 8줄기, 맑은 닭육수 200ml,
버터 60g, 설탕 1자밤, 소금, 백후춧가루

플레이팅:

소금에 절였다 바삭하게 구운 삼겹살 칩 8장,
당근 줄기잎 약간, 이탈리안 파슬리 약간

준비: 45분 · 조리: 4시간

장보노는 껍질을 벗기고 필요할 경우 망쇼네한다. 장보노 껍질은 작은 주사위 모양으로 썰고, 돼지 귀는 4~5mm 두께로 길쭉하게 썬다.

렌틸콩 찜 준비하기: 오븐을 130℃로 예열한다. 팬에 돼지기름을 두르고 라르동을 갈색이 나게 지져 키친타월에 받쳐둔다. 팬에 남은 기름에 주사위 모양으로 썬 장보노 껍질과 슬라이스한 양파를 노릇해지게 볶는다. 여기에 바토네로 썬 당근과 셀러리를 더해 볶는다. 굵게 으깬 정향과 흑후춧가루, 부케 가르니를 모두 거즈에 싼다. 스튜용 냄비에 렌틸콩과 볶은 채소, 거즈에 싼 향신료를 넣고, 가금류 육수를 재료가 잠길 만큼 붓는다. 이어 장보노와 돼지갈비를 넣고, 뚜껑을 덮어 오븐에서 3시간 동안 익힌다.

가니시용 채소 준비하기: 당근, 양파, 셀러리 등 준비된 미니 채소를 모두 끓는 소금물에 데친 뒤 얼음물에 담갔다가 물기를 제거한다.

내가기 직전에 당근과 셀러리를 닭육수와 버터, 설탕으로 윤기 나게 글라세하고, 소금, 백후춧가루로 양념한다. 알양파는 세로로 2등분해 양면을 헤이즐넛 버터에 노릇하게 구운 뒤 간을 한다.

렌틸콩 찜 만들기: 렌틸콩이 약간 설컹거릴 정도로 익으면, 양파와 당근, 셀러리, 부케 가르니, 거즈에 싼 정향과 흑후춧가루를 냄비에서 건져 버린다. 돼지갈비를 건져 1.5cm 두께로 썰고, 필요할 경우 망쇼네한다. 렌틸콩 냄비에 채소와 갈비에서 나온 즙과 돼지 귀를 넣고, 버터를 넣어 윤기와 풍미를 더한다. 부족한 간을 맞추고, 약간의 올리브유와 다진 이탈리안 파슬리를 고루 섞는다.

렌틸콩 위에 장보노와 썰어둔 돼지갈비를 올리고 뚜껑을 덮어 다시 약한 불에 데운다.

플레이팅하기: 고기가 충분히 데워지면, 앞서 준비한 가니시용 채소를 보기 좋게 얹는다. 바삭하게 구운 삼겹살 칩과 당근 줄기잎, 이탈리안 파슬리로 장식해 마무리한다.

* 퓌 렌틸Puy Lentils: 프랑스에서는 처음으로 AOC 인증을 받은 콩으로, 프랑스 중남부의 마시프상트랄 산중에 위치한 특정 지역에서 재배된다.
* 장보노jamboneau: 돼지 정강이로 만든 장봉(햄). 생으로 먹거나 염장 또는 훈연해 먹는다.

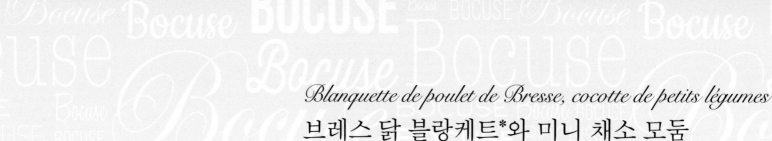

Blanquette de poulet de Bresse, cocotte de petits légumes

브레스 닭 블랑케트*와 미니 채소 모둠

난이도: 1단계 (육류 - 가금류)
분량: 8인분

브레스 닭 2마리, 당근 1개, 리크 1줄기,
양파 1개, 정향 2개, 부케 가르니 1개,
샬롯 1개(슬라이스해 준비), 굵은소금,
굵게 빻은 후추

블랑케트:
버터 35g, 밀가루 35g,
달걀노른자 2개, 생크림 200ml

채소 모둠:
미니 양파 250g, 양송이버섯 250g,
줄기 달린 미니 당근 2단, 미니 리크 2팩,
밀가루 50g, 버터 100g

플레이팅:
처빌 1단

준비: 30분 · 조리: 1시간 20분~1시간 40분

닭의 겉면은 토치로 그을리고 뱃속 내장은 제거해 깨끗이 손질한 뒤 8토막으로 자르고(220쪽 참조) 장각과 가슴살을 분리한다. 장각은 관절을 잘라 2토막 내고, 가슴살도 2등분한다. 당근과 리크는 미르푸아로 썰고, 양파는 반으로 잘라 정향을 꽂는다. 스튜용 냄비에 토막 낸 닭을 담고, 찬물을 고기가 잠길 만큼 붓는다. 추가로 채소 미르푸아와 양파, 부케 가르니, 샬롯, 굵은 소금, 굵게 빻은 후춧가루를 넣고 1시간~1시간 20분간 뭉근하게 끓인다.

닭고기를 건져 그릇에 옮겨 담고, 부용을 시누아에 거른다. 고기의 표면이 마르지 않게 부용의 절반을 넣고 나머지는 보관한다.

블랑케트 소스 만들기: 블론드 루(38쪽 참조)를 만들고, 남겨뒀던 부용을 섞은 뒤 냄비에 끓여 블루테를 만든다. 달걀노른자와 생크림을 거품기로 충분히 휘저어 블루테에 부어 잘 섞은 다음 간을 맞춘 뒤 따뜻하게 보관한다.

채소 모둠 준비하기: 미니 양파는 껍질을 벗기고, 양송이버섯은 깨끗이 손질한다. 양파와 버섯에 버터와 설탕을 넣고 색이 나지 않게 글라세한다. 당근과 미니 리크도 껍질을 벗기고 각각 따로 글라세한다.

닭고기는 건져 블랑케트 소스에 몇 분간 담가둔다.

플레이팅하기: 접시에 장각과 가슴살을 1조각씩 놓고, 글라세한 채소를 고루 담는다. 빈 공간에 블랑케트를 점점이 올리고, 처빌 잎으로 장식한다.

* 블랑케트blanquette: 송아지나 어린 양고기, 닭고기 등을 진한 크림 소스에 조린 스튜

Filet de canette aux épices et pêches rôties

향신료로 풍미를 낸
어린 오리 가슴살과 구운 복숭아

난이도: 1단계 (육류 - 가금류)
분량: 8인분

새끼오리 가슴살 필레 8조각, 소금, 후춧가루

향신액:
핑크 페퍼콘 10g, 회향 씨앗 10g,
에스플레트 고춧가루 약간, 고수 씨 10알,
초피(열매 껍질) 5g, 와인식초 100ml,
꿀 100g, 화이트와인 100g

구운 복숭아:
복숭아(백도) 8개, 버터 20g, 설탕 30g

소스:
다진 샬롯 1개, 화이트와인 50ml,
갈색 오리육수(68쪽 참조) 250ml, 버터 10g

플레이팅:
구운 방울토마토 24개, 미니 순무 16개,
미니 양파 24개

준비: 40분 · 조리: 15분

향신액 만들기: 모든 향신료는 향이 잘 우러나게 굵게 빻는다. 냄비에 와인식초와 꿀, 화이트와인, 향신료를 모두 넣고 끓인다. 끓기 시작하면 불을 줄이고 걸쭉해질 때까지 뭉근히 졸인다. 향신액을 시누아에 걸러 따뜻하게 보관한다.

구운 복숭아 준비하기: 복숭아를 끓는 물에 담갔다가 곧바로 얼음물에 식혀 껍질을 벗긴다. 복숭아를 반으로 갈라 씨를 빼고, 과육을 큼직하게 자른다. 코팅된 프라이팬에 버터와 설탕을 녹인 뒤 잘라놓은 복숭아가 고르게 색이 나도록 굽는다. 접시로 옮겨 담을 때는 과육의 모양이 뭉그러지지 않게 주의한다

소스 만들기: 다진 샬롯을 볶다가 화이트와인으로 데글라세한다. 여기에 갈색 오리육수와 향신액 1TS를 넣고 다시 끓인다. 육수가 끓어오르면 불을 끄고 촘촘한 시누아에 거른 뒤 버터를 넣고 빠르게 저어 섞는다.

어린 오리 스테이크 준비하기: 어린 오리 필레의 모양을 다듬고, 과도한 지방질을 모두 뗀다. 구울 때 지방이 잘 녹을 수 있게 껍질 쪽에 사선으로 칼집을 넣는다. 살코기의 측면에 있는 얇은 막과 힘줄도 제거한다. 소금과 후춧가루로 간을 한 필레를 중간 불에서 껍질 쪽부터 4분간 굽는다. 프라이팬에 고이는 오리 기름은 따라낸다. 껍질 쪽의 지방이 완전히 녹아나오면 고기를 뒤집어 2분간 더 굽는다.

플레이팅하기: 구운 오리 가슴살의 껍질 쪽에 향신액을 바르고 적당한 두께로 썬다. 접시 한쪽에 소스를 깔고 그 위에 잘라놓은 어린 오리 가슴살을 올린다. 구운 복숭아와 토마토, 미니 순무, 글라세한 미니 양파를 보기 좋게 담는다.

Magret rosé laqué au miel, sauce sangria

꿀로 윤기를 낸 장밋빛 마그레와
상그리아 소스

난이도: 1단계 (육류 - 가금류)
분량: 8인분

마그레 4조각,
게랑드 소금 1.5kg, 버터 40g, 꿀,
빻은 향신료(고수 씨 약간, 후추, 카다멈)

상그리아 소스:
드리이힌 레드와인 1L, 믹대형 게피 1/2개,
오리 몸통 뼈 2kg, 토마토 페이스트 35g,
송아지육수(68쪽 참조) 500ml, 버터 30g,
핑크레이디 사과 100g, 딸기 30g, 산딸기 30g,
블랙커런트 30g, 블랙베리 30g, 블루베리 30g,
정향 1개, 설탕 40g, 전분(선택 사항)

사과-생강 퓌레:
핑크레이디 사과 500g, 버터 50g,
분홍 생강 콩피 40g, 바닐라빈 1개

가니시:
오렌지즙 400ml, 미니 엔다이브 4개,
버터 75g, 맑은 닭육수(66쪽 참조) 200ml,
토성 복숭아(납작 복숭아) 4개, 묽은 시럽 1L

플레이팅:
생오렌지 제스트(오렌지 1개 분량)

준비: 1시간 15분 · 절임: 10시간 · 조리: 2시간 30분

하루 전, 마그레 준비: 마그레는 양질의 지방층을 제외한 기름을 제거하고, 껍질 쪽에 사선으로 칼집을 넣어 굵은소금에 최소 10시간 이상 절인다. 이렇게 하면 살코기에 간이 배고, 지방층이 더 촉촉해진다.

하루 전, 상그리아 소스 준비: 레드와인에 계피를 넣고 끓이다가 불을 붙여 플랑베한 뒤 양이 1/3로 줄어들 때까지 졸인다. 스튜용 냄비에 버터를 녹이고 (마그레와 장각을 분리하고 남은) 오리의 몸통을 갈색이 나게 굽는다. 팬에 고인 기름은 따라 버린 뒤, 여기에 토마토 페이스트와 졸인 레드와인, 송아지육수를 더해 1시간 동안 뭉근히 끓인다.

버터에 갈색이 나도록 구운 사과와 나머지 과실류, 정향, 설탕을 소스 냄비에 넣는다. 표면에 떠오르는 불순물을 자주 걷어내며 1시간 30분간 더 끓인 뒤 시누아에 걸러 식힌다. 소스 표면에 굳은 기름을 제거하고 다시 불에 올려 졸인다. 필요할 경우, 전분으로 소스의 농도를 맞춘다.

사과-생강 퓌레 만들기: 핑크레이디 사과는 껍질을 벗겨 버터를 조금 넣고 약한 불에서 색이 나지 않게 볶는다. 여기에 생강 콩피와 바닐라빈을 넣고 뚜껑을 덮은 채 20분간 콩포트가 될 때까지 졸여 익힌다. 여기서 바닐라 빈은 건지고, 버터와 함께 믹서에 갈아 매끈한 질감의 퓌레로 만든다.

가니시 준비하기: 소투아르sautoir팬에 오렌지즙을 졸이다가 세로로 2등분한 엔다이브와 버터, 닭육수를 넣는다. 팬의 지름에 맞추어 원형으로 자른 유산지를 덮어 20분간 끓인다.

토성 복숭아는 끓는 물에 데쳐낸 뒤 묽은 시럽을 붓고 15분 정도 익힌다. 한 번 익힌 복숭아의 껍질과 씨를 제거하고, 과육만 버터를 두른 팬에 색이 나지 않게 살짝 굽는다.

익힌 엔다이브를 건져 수분을 제거한다. 프라이팬에 아주 소량의 기름을 두르고 엔다이브의 평평한 쪽만 연갈색이 되도록 지진다.

마그레 굽기: 마그레는 소금을 씻어낸 뒤 팬에 버터를 두르고 약한 불에서 갈색이 나도록 굽는다(240쪽 참조). 구운 마그레 겉면에 꿀을 바르고 섞어놓은 향신료를 뿌린 뒤 샐러맨더에 2분간 더 굽는다.

플레이팅하기: 접시에 상그리아 소스와 퓌레를 올리고, 세로로 길게 자른 마그레 1/2조각과 엔다이브, 복숭아를 보기 좋게 담는다.
잘라 담은 마그레 위에 게랑드 소금을 뿌리고, 복숭아 위에 섞어둔 향신료와 오렌지 제스트를 살짝 뿌려 완성.

* 핑크레이디pink lady 사과: 오스트레일리아 원산의 사과 품종. 비교적 작고 단단하며, 껍질은 녹색과 진분홍색이 섞여 있고 신맛이 강해 한국에서는 대중적이지 않다.

민물가재로 맛을 낸 브레스 닭과 마카로니 그라탱

난이도: 3단계 (육류 - 가금류)
분량: 8인분

1.8kg짜리 브레스 닭 2마리, 유럽 민물가재 48마리, 생선용 쿠르부용 1L(86쪽 참조), 민물가재 버터 40g, 밀가루 40g, 버터 40g, 마늘 5쪽, 에스플레트 고춧가루 약간, 소금, 후춧가루

민물가재 소스:

채소 미르푸아(당근, 양파, 샬롯, 셀러리) 300g, 마늘 2쪽, 타임, 월계수잎, 로즈메리, 파슬리 약간씩, 코냑 100ml, 드라이한 화이트와인 160ml, 민물가재육수(90쪽 참조) 1L, 크렘 프레슈 400ml, 블론드 루(38쪽 참조), 민물가재 버터(96쪽 참조) 30g, 타라곤 1단, 레몬즙(레몬 1개 분량), 소금, 백후추

가니시(민물가재와 쉬크린 상추):

쉬크린 상추 16장, 헤이즐넛 버터(57쪽 참조) 20g, 마늘 1쪽, 플뢰르 드 셀, 후춧가루

마카로니 그라탱:

마카로니 500g, 물 250ml, 우유 750ml, 마늘 2쪽, 생크림 750ml, 강판에 간 파르메산 치즈 250g, 뵈르 퐁뒤* 30g, 타임

플레이팅:

꽃잎 모양으로 자른 토마토(460쪽 참조) 24조각, 딜, 타라곤, 차이브

준비: 1시간 50분 · 조리: 1시간 20분

민물가재 준비하기: 플레이팅할 때 사용할 8마리는 창자를 제거하고, 집게발을 꼬리 쪽으로 붙여 동여맨 뒤 쿠르부용에 1분간 익힌다. 나머지 민물가재는 창자를 제거하고, 머리와 꼬리를 분리한다(떼어낸 머리는 소스를 만들 때 사용한다). 쿠르부용이 끓으면 꼬리를 넣고 1분간 익힌 후 건져 식힌다. 꼬리는 원형을 유지한 채 껍질을 벗기고 소금 간을 한다. 머리는 소스에 넣을 수 있게 으깨놓는다.

닭 준비하기: 닭은 깨끗이 손질해 4토막으로 자른다. 먼저 닭봉을 잘라 망쇼네하고, 날개 끝부분과 장각도 뼈가 드러나게 다듬어 망쇼네한다. 닭의 간과 염통(심장)은 버리지 말고 따로 모아둔다. 손질한 닭고기와 몸통 뼈, 간, 염통에 밀가루를 묻혀 깐 마늘과 함께 버터에 밝은 갈색이 나게 지진다. 소금, 후춧가루, 에스플레트 고춧가루로 양념한 뒤, 바닥의 기름은 남기고 구운 고기와 내장을 건진다.

소스 만들기: 닭을 굽고 팬에 남은 기름에 채소 미르푸아와 마늘을 넣어 노릇해질 때까지 볶다가 으깬 민물가재 머리를 넣고 5분간 익힌다. 여기에 허브와 구워둔 닭고기, 내장, 몸통뼈를 넣고, 코냑으로 불을 붙여 플랑베한 뒤 수분이 모두 날아갈 때까지 바짝 졸인다. 이어 민물가재육수를 재료가 잠길 만큼 붓는다. 약한 불에서 뚜껑을 덮은 채 20분간 끓인 뒤 가슴살은 건져내고, 장각은 15분간 더 익히다 꺼낸다. 소스의 양이 3/4으로 줄어들면 생크림을 붓고 다시 끓인다. 소스를 시누아에 거르고 블론드 루로 농도를 맞춘 뒤 민물가재 버터를 섞는다. 타라곤을 소스에 2분간 담가 향을 우려내고 다시 시누아에 거른다. 레몬즙 몇 방울과 약간의 코냑으로 풍미를 더하고, 소금과 백후춧가루, 에스플레트 고춧가루로 양념한다. 서빙용 스튜 냄비에 닭고기를 담고 그 위에 소스를 붓는다.

가니시용 쉬크린 상추 준비하기: 프라이팬에 헤이즐넛 버터를 만들어 쉬크린 상추와 마늘을 함께 구운 뒤 플뢰르 드 셀과 후춧가루로 양념한다.

마카로니 그라탱 준비하기: 우유와 물을 섞은 혼합액이 끓으면 마카로니, 통마늘, 소금을 넣고 5분간 삶는다. 반쯤 익은 마카로니를 건져 물기를 빼고 생크림과 섞은 뒤 다시 불에 올려 마카로니가 부드러워질 때까지 완전히 익힌다. 준비해둔 파르메산 치즈의 2/3를 마카로니와 섞어 미리 버터를 발라둔 그라탱 용기에 붓는다. 남은 파르메산 치즈를 위에 뿌리고, 뵈르 퐁뒤를 약간 끼얹은 뒤 타임을 조금 뿌려 오븐(또는 샐러맨더)에 굽는다. 노릇하게 구워진 그라탱을 구운 닭과 함께 서빙한다.

내가기 직전, 민물가재 꼬리살을 민물가재 버터에 살짝 굽는다. 플레이팅하기 위해 남겨둔 민물가재 8마리도 100℃의 스팀 오븐에 2분간 데우거나 뜨거운 물에 포칭한 뒤 윤기가 나게 올리브유를 바른다.

소스에 잠긴 닭고기를 뚜껑을 덮어 다시 약한 불에 데운다. 민물가재 꼬릿살과 쉬크린 상추, 토마토를 보기 좋게 올리고, 허브로 마무리한다.

* 뵈르 퐁뒤beurre fondue: 약하게 끓는 물에 버터를 조금씩 넣고 분리되지 않게 섞어 만든 혼합액. 주로 버섯이나 채소, 해산물을 샤브샤브 식으로 익힐 때 사용한다.

Petits boudins blancs, poêlée de champignons,
sauce mousseuse truffée

트러플 무스 소스를 곁들인
부댕* 블랑과 버섯 구이

난이도: 3단계 (육류 - 가금류)
분량: 8인분

향을 우려낸 우유:
우유 475ml, 당근 100g, 양파 100g,
오렌지 제스트(오렌지 1개 분량), 월계수 잎 약간,
타임 잎 약간

부댕 블랑 소:
다진 양파 150g, 버터 30g,
닭 가슴살 375g, 돼지 비계(등심 쪽) 75g,
라드 30g, 생크림 100ml, 감자 전분 45g,
달걀흰자 4개, 말린 트러플 찹과 트러플 주스
소세지용 양 소장 70g, 우유 1L,
오렌지 제스트(오렌지 1개 분량), 타임 약간,
월계수 잎 약간, 소금, 후춧가루

나무에서 나는 버섯 볶음:
말린 모렐버섯 70g,
나무에서 나는 버섯 모둠(세프버섯, 지롤버섯,
검은나팔버섯, 느타리버섯, 턱수염버섯 등) 60g,
다진 샬롯 50g, 다진 마늘(마늘 4쪽 분량),
파슬리와 타라곤 3TS, 버터 50g

트러플 무스 소스:
진한 닭 부용(74쪽 참조) 300ml, 생크림 30g,
버터 20g, 말린 트러플 찹과 트러플 주스 약간,
레몬즙(레몬 1개 분량)

플레이팅:
얇게 썬 트러플 10조각 또는 30조각(선택 사항),
레몬즙(레몬 1개 분량), 처빌 약간,
오렌지 제스트(오렌지 1개 분량),
세프버섯 가루 4ts

준비: 1시간 30분 · 버섯 불리기: 12시간 · 조리: 40분

하루 전, 모렐버섯을 물에 담가둔다.

우유에 향미 재료(당근, 양파, 오렌지 제스트, 월계수 잎, 타임)를 모두 넣고 끓인 뒤 약 30분간 우린다.

부댕 블랑 만들기: 다진 양파를 버터에 볶아 나머지 부댕 블랑 소 재료와 함께 믹서에 간다. 이 혼합물에 만들어둔 향미 우유를 붓고 말려서 잘게 부순 트러플과 트러플 주스를 섞은 뒤 소금과 후춧가루로 간한다. 준비한 소를 양의 소장에 채운 뒤 돌려 4cm 길이의 작은 부댕 24개를 만든다. 냄비에 우유와 물을 1L씩 붓고 끓기 시작하면 부댕을 넣어 약한 불에 20분간 삶는다. 얼음물에 담가 식힌다.

볶은 버섯 준비: 불린 모렐버섯을 건져 물기를 꼭 짜고, 그때 나오는 즙은 따로 보관한다(버섯 불린 물도 함께 보관한다). 각각의 버섯은 버터를 두른 팬에서 따로 볶고, 이때 팬에 남은 즙 역시 한곳에 모아둔다. 프라이팬에 샬롯과 마늘을 버터와 함께 볶다가 앞에서 볶아둔 버섯과 허브를 넣어 같이 볶는다.

트러플 무스 소스 만들기: 냄비에 졸인 부용과 앞에서 모아둔 버섯즙을 넣고 끓인다. 생크림, 버터, 말린 트러플 찹과 트러플 주스, 레몬즙 약간, 소금을 넣고 소스가 분리되지 않게 고루 섞는다.

앞서 만들어둔 부댕 블랑의 겉면이 고루 연한 갈색이 될 때까지 기름을 두른 프라이팬에서 데운다.

플레이팅하기: 오목한 접시에 부댕 블랑을 담고 가운데에 볶은 버섯을 올린다. 위에 트러플 무스 소스를 끼얹고, 트러플 오일을 살짝 뿌린다. 다진 차이브와 처빌 잎, 얇게 저민 트러플을 보기 좋게 올리고, 강판에 간 오렌지 제스트와 세프 버섯 가루, 허브를 올려 마무리한다.

---

* 부댕boudin: 돼지고기에 각종 채소, 허브, 빵가루, 돼지 피 등을 섞어 만든 소를 돼지 창자 안에 채워서
익힌 일종의 순대. 부댕 블랑은 피를 넣지 않아 흰색을 띤다.

Pigeon tiede en salade, béatilles, gros lardons de foie gras

샐러드를 곁들인 따뜻한 비둘기고기와 큼직한 푸아그라 라르동

난이도: 3단계 (육류 - 가금류)
분량: 8인분

생푸아그라 250g, 양질의 비둘기 2마리, 굵은소금 1kg, 타임 약간, 후춧가루, 마늘 3쪽, 오리기름

고기 소:

주사위 모양으로 썬 생푸아그라 50g, 다진 샬롯 60g, 코냑 500ml, 절반 정도 익힌 푸아그라 50g(선택 사항), 바게트 2개, 마늘 1쪽

가니시와 플레이팅:

프리제(꽃상추) 3포기, 화이트 식초 100ml, 메추리알 8개, 알양파 2단, 버터 25g, 설탕 1ts, 물 200ml, 겨자싹 20g, 비트싹 20g, 미즈나* 20g, 올리브유, 레몬즙(레몬 1개 분량)

플레이팅:

오래 숙성된 발사믹 식초 8ts, 그린올리브로 짠 올리브유* 50ml, 이탈리안 파슬리 1/4단, 작고 얇게 썬 파르메산 치즈, 마늘 콩피 8쪽, 케이퍼베리 8개

준비: 45분 · 절임: 3시간 · 조리: 1시간

비둘기고기 준비하기: 오븐을 180℃로 예열한다. 비둘기의 내장과 몸통뼈를 빼내고 염통과 간은 따로 챙겨둔다. 몸통에서 다리를 분리해 타임, 후춧가루, 마늘 2쪽과 함께 굵은소금에 3시간 동안 묻어둔다. 소금에 있던 고기는 오리기름에 1시간 동안 콩피한 뒤 스튜용 냄비에 오리기름과 껍질을 벗기지 않은 마늘 2쪽, 타임을 넣고 비둘기의 껍질 쪽을 갈색이 나게 굽는다. 구운 비둘기는 오븐에서 10분 정도 더 익힌다. 비둘기를 건져 잠시 휴지하고, 날개와 몸통 뼈는 최종 맛내기용으로 사용할 즙을 만든다.

고기 소 준비하기: 주사위 모양으로 자른 생푸아그라를 프라이팬에 갈색이 나게 구워 다른 그릇으로 옮긴다. 팬에 남은 기름은 다진 샬롯을 콩피할 때 쓴다. 비둘기 염통과 간을 센 불에 겉만 살짝 굽는다. 여기에 구워둔 푸아그라를 넣고 코냑으로 플랑베한 뒤 다른 그릇에 옮겨놓는다. 푸아그라가 식으면 부족한 간을 맞추고 칼로 다진 다음 절반 정도 익혀둔 푸아그라와 섞는다. 바게트를 사선으로 길쭉하게 썰어 토스터에 구운 뒤 통마늘을 가볍게 문질러 바른다. 이어 스패튤러로 바게트에 소를 고르게 펴 바른다.

가니시 준비하기: 프리제는 노란색과 연두색 부분만 골라 식초를 탄 얼음물에 담가둔다.

메추리알은 끓는 소금물에 2분 20초간 '반숙'으로 삶은 뒤 껍질을 까 찬물에 담가둔다.

알양파는 통째로 스튜용 냄비에 물, 버터, 설탕을 넣고 색이 나지 않게 몇 분간 익힌 뒤 세로로 2등분해 자른 면만 색이 나게 프라이팬에서 굽는다.

음식을 내가기 직전에 얼음물에 담가두었던 프리제를 건져 물기를 제거하고 겨자싹, 비트싹, 교나와 섞는다. 올리브유와 레몬즙을 섞어 만든 소스로 버무린다.

생푸아그라는 라르동처럼 길고 도톰하게 24조각으로 썰어 색이 나게 굽는다(256쪽 3~4단계 참조).

플레이팅하기: 접시 한가운데에 프리제 샐러드를 새 둥지처럼 담고, 반으로 가른 메추리알과 구운 알양파, 푸아그라 라르동을 올린다.

비둘기 몸통을 다시 데워 가슴살을 분리한 뒤 껍질을 제거하고 적당한 두께로 슬라이스한다. 슬라이스한 비둘기고기는 토스트한 바게트 위에 보기 좋게 올리고, 플뢰르 드 셀과 후춧가루를 뿌린다.

비둘기고기를 조리할 때 만든 즙에 발사믹 식초 1ts, 올리브유 약간, 다진 이탈리아 파슬리를 섞는다. 얇게 썬 파르메산 치즈와 마늘 콩피, 케이퍼베리를 곁들여 플레이팅을 마무리한다.

셰프 보퀴즈

* 미즈나水菜: 겨잣과에 속하는 일본 특산 새싹 채소. 아삭한 질감에 독특한 향이 있어 고기에 곁들이는 쌈 채소로 많이 먹으며, 전골이나 조림에도 이용된다. 경수채 또는 교나라고도 불린다.
* 녹색의 풋올리브로 짠 올리브유는 완숙한 검은색 올리브로 짠 것에 비해 풀과 과일의 싱그러운 향이 진하게 풍긴다.

Pigeon laqué, panisses et olives

소스를 입힌 비둘기고기와 올리브 파니스

난이도: 3단계 (육류 - 가금류)
분량: 10인분

500~600g짜리 비둘기 3마리,
굵게 빻은 헤이즐넛 30g,
오렌지 제스트(오렌지 1개 분량),
마늘 1쪽, 올리브유, 버터, 크렘 프레슈 100ml,
고운소금, 후춧가루

파니스*:
물 2L, 고운소금 10g, 올리브유,
병아리콩 가루 500g, 파르메산 치즈 100g,
채 썬 블랙 올리브 100g, 땅콩기름 1L,
나무꼬치 10개

소스:
비둘기 육즙 소스(72쪽 참조) 300ml, 양파 2개,
설탕 50g, 돼지 피 50ml, 셰리 식초 50ml,
타바스카 올리브 20개, 소금, 후춧가루

가니시:
셀러리 2줄기, 맑은 닭육수(66쪽 참조) 100ml,
올리브유, 작은 버터 1조각(4~5g)

플레이팅:
루콜라 20g

준비: 1시간 · 냉장: 45분 · 조리: 3시간

비둘기 준비하기: 비둘기를 토치로 그을려 잔 깃털을 말끔히 제거한다. 간과 염통은 다져 냉장보관한다. 다리는 몸통에서 분리해 뼈를 발라낸 뒤 헤이즐넛과 오렌지 제스트로 속을 채워 식품용 랩으로 말고(사진 1~4), 75℃ 온도의 수비드 머신에서 3시간 동안 익힌다.

비둘기 몸통에서 날개와 쇄골을 떼고, 가슴 부위만 깨끗이 씻어 준비한다.

파니스 준비하기: 물 1L에 소금과 올리브유를 섞어 끓인다. 남은 찬물 1L에 병아리콩 가루를 잘 푼다. 이 혼합물에 끓인 물을 부어 약한 불에 올린다. 눌어붙지 않게 계속 저으며 20분간 끓인다. 강판에 간 파르메산 치즈와 채 썬 올리브를 조리가 끝나갈 즈음 섞는다. 사각형 틀(가로세로 30x40cm, 높이 1cm) 안에 식품용 랩을 깔고 되직하게 익은 병아리콩 죽을 붓는다. 다시 랩을 씌우고 그 위에 무거운 것을 올려 누른 채 냉장고에 넣는다.

소스 만들기: 양파는 껍질을 벗기고 곱게 다져 설탕을 넣고 고른 갈색이 돌 때까지 콩포트처럼 뭉근하게 조린다. 비둘기 육즙 소스 150ml에 양파 콩포트, 앞서 다져둔 비둘기 간과 염통, 돼지 피를 섞는다. 이 혼합물을 약한 불에 10분 정도 끓인 뒤 믹서에 갈아 시누아에 거르고 소금과 후춧가루로 간한다.

가니시 준비하기: 플레이팅용 셀러리는 껍질을 벗겨 2등분하고, 잎은 장식용으로 보관한다. 노란색 잎은 따로

떼어두고, 셀러리는 맑은 닭육수, 올리브유, 버터, 소금과 함께 진공 포장해 90℃에 맞춘 스팀 오븐에서 1시간 동안 저온 조리한다. 셀러리가 부드럽게 익으면 얼음물에 담궈 식힌다.

셀러리 줄기는 익히는 동안 생긴 즙과 약간의 버터, 올리브유를 넣고 윤기 나게 조린다.

비둘기 조리하기: 오븐을 180℃로 예열한다. 소퇴즈에 포마드 버터와 으깬 마늘을 넣고 비둘기 가슴을 겉면만 색이 나게 구운 뒤 오븐에서 6분간 더 익힌다. 고기를 오븐에서 꺼내 10분간 휴지한다.

남은 비둘기 육즙 소스 150ml를 냄비에 졸이다가 채 썬 올리브와 버터를 넣어 윤기와 풍미를 더한다. 서빙용 소스 그릇에 옮겨 담는다.

파니스 만들기: 땅콩기름을 170℃로 예열한다. 황금빛이 돌고 바삭해질 때까지 튀긴다. 기름에 냉장해둔 파니스 반죽을 꺼내 지름 4cm 링커터로 30개를 찍어낸다. 비둘기 다리는 껍질 쪽을 기름에 갈색이 나게 지진다. 비둘기 가슴에서 가슴살을 분리해 껍질을 제거한 뒤 돼지 피로 만든 소스를 전체적으로 바르고, 크렘 프레슈로 줄을 긋듯 장식한다.

플레이팅하기: 접시 한가운데에 셀러리를 놓고 그 위에 비둘기 가슴살을 올린다. 양옆에는 비둘기 다리와 파니스 3개를 꿴 나무 꼬치를 놓는다. 마지막으로 노란 셀러리 잎과 루콜라 잎을 자연스럽게 올린다.

* 파니스panisse: 병아리콩 가루를 반죽해 튀겨낸 프랑스 남부의 전통 음식

1

2

3

4
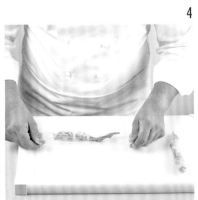

Pomme de ris de légumes glacés, jus pimenté à la vanille

글라세한 채소와 바닐라향의 매운 소스를 곁들인 송아지 흉선 구이

난이도: 2단계 (육류 - 특수 부위)
분량: 8인분

송아지 흉선 1.2kg, 밀가루 50g,
올리브유 150ml, 버터 40g, 마늘 4쪽,
에스플레트 고춧가루 약간, 소금, 후춧가루

바닐라향 매운 소스:

양파 50g, 샬롯 20g, 당근 50g,
셀러리 줄기 20g, 마늘 3쪽,
올리브유 40ml, 다진 토마토(토마토 2개 분량),
토마토 페이스트 2TS, 타이 고추 2개,
바닐라빈 1깍지, 드라이한 화이트와인 100ml,
맑은 닭육수(66쪽 참조) 200ml,
글라스(70쪽 참조) 150ml, 타임,
월계수잎, 바질, 타라곤 약간

가니시:

줄기 달린 미니 당근 24개,
줄기 달린 미니 순무 8개,
미니 리크 16줄기, 스노피 120g,
브로콜리 1/4통, 잠두콩 180g,
꼭지 달린 방울토마토 8개,
진하게 졸인 맑은 닭육수(66쪽 참조) 50ml,
버터 30g, 오렌지즙(오렌지 1개 분량)

플레이팅:

꽃잎 모양의 토마토(460쪽 참조) 콩피 16조각,
신선한 바질과 차이브 약간, 튀긴 바질 잎 몇 장,
딜 약간(튀긴 것과 신선한 것), 처빌 약간,
당근 줄기 약간

준비: 45분 · 냉장: 12시간 · 조리: 15분

송아지 흉선 준비하기: 흉선은 끓는 물에 데쳐 껍질을 벗기고, 무거운 것으로 눌러 하룻밤 동안 냉장보관한다.

바닐라 향 매운 소스 만들기: 양파, 샬롯, 당근, 셀러리, 마늘은 모두 껍질을 벗기고 물에 씻어 작은 주사위 모양으로 썬다. 손질한 채소를 올리브유에 볶다가 토마토, 토마토 페이스트, 타이 고추, 바닐라 깍지와 속 알갱이를 긁어 넣는다. 화이트와인으로 데 글라세한 뒤 국물이 자작해질 때까지 끓이다가 닭육수를 붓고 뚜껑을 덮은 채 뭉근히 조린다. 글라스를 섞고 소금, 후추 간을 한 뒤 시누아에 거른다.

가니시: 준비한 채소 껍질을 벗겨 끓는 소금물에 데친 후 찬물에 넣고 식힌다. 스노피는 2분간 데친 뒤 찬물에 식히고 콩깍지를 벗긴다. 내가기 직전에 진한 닭육수와 버터, 오렌지즙을 넣고 윤기 나게 조려가며 글라세한다.

송아지 흉선 조리하기: 흉선에 밀가루를 묻힌다. 프라이팬에 버터와 올리브유, 통마늘을 넣고 흉선을 앞뒤로 5분씩 구운 뒤 소금과 후춧가루, 에스플레트 고춧가루로 양념한다.

플레이팅하기: 접시에 갓 구운 흉선과 채소 가니시, 토마토 콩피를 담는다. 이어 매운 소스를 빈 공간에 올리고, 식물성 기름에 살짝 튀긴 허브와 신선한 허브로 장식한다.

Petite sole grillée et sa béarnaise

작은 서대 구이와 베아르네즈 소스

난이도: 1단계 (생선)
분량: 8인분

350g짜리 서대(또는 혀가자미) 8마리,
땅콩기름 20ml, 소금, 후춧가루

베아르네즈 소스:

다진 샬롯 60g, 화이트 식초 150ml,
화이트와인 150ml, 굵게 빻은 후춧가루 5g,
타라곤 1/2단, 달걀노른자 6개,
정제 버터(56쪽 참조) 400g, 처빌 1/2단,
이탈리안 파슬리 1/2단, 소금, 후춧가루

플레이팅:

엔다이브 1포기, 레몬 4개(선택 사항)

준비: 1시간 · 냉동: 20분 · 조리: 40분

서대 준비하기: 진회색 껍질을 벗기고, 가장자리의 지느러미와 내장을 제거한다. 흰색 껍질 쪽의 비늘도 꼼꼼히 긁어 버린다. 손질을 마친 서대는 흐르는 찬물에 씻어 물기를 제거하고 냉장고에 20분간 넣어둔다.

베아르네즈 소스 만들기: 냄비에 다진 샬롯과 화이트 식초, 화이트와인, 굵게 빻은 후춧가루, 타라곤 약간을 넣고 끓인다. 수분이 어느 정도 졸아들면 시누아에 거른다.
냄비에 달걀노른자 6개와 물 2TS를 넣고 약한 불에서 거품기로 계속 세게 저어 사바용 소스를 만든다. 사바용의 온도가 60~62℃ 이상으로 올라가서 냄비의 바닥이 보이기 시작하면 불에서 내리고, 정제 버터를 조금씩 부으면서 계속 휘저어 부드러운 크림 타입의 소스를 완성한다.
만들어둔 샬롯 졸인 액을 넣고 소금, 후춧가루로 간한 뒤 다진 타라곤과 처빌, 이탈리안 파슬리를 약간 섞는다. 필요할 경우, 간을 보충한다.

서대 조리하기: 오븐을 170℃로 예열한다. 서대에 땅콩기름을 바르고 소금, 후춧가루로 간한 뒤 흰 껍질 쪽부터 그릴에 올린다. 잠시 후 생선의 방향을 90°로 돌려 격자무늬를 만든다. 반대쪽 면도 똑같은 방식으로 무늬를 내 구운 뒤 오븐으로 옮겨서 4~6분 정도 더 익힌다.

플레이팅하기: 접시에 구운 서대를 담고, 엔다이브와 타라곤으로 장식한 베아르네즈 소스, 레몬 1/2개를 곁들여 식탁에 서빙한다.

Dos et ventre de darade, pilaf de quinoa, jus d'aréte

퀴노아 필라프를 곁들인 도미 구이와 생선뼈 소스

난이도: 1단계 (생선)
분량: 8인분

500g짜리 도미 4마리,
올리브유 2TS

생선뼈 소스:
샬롯 80g, 슬라이스한 양송이버섯 100g,
마늘 3쪽, 타임 1가지,
월계수잎 1장, 누아이 프랏* 7TS,
닭 육즙 소스(72쪽 참조) 400ml

퀴노아 필라프:
빨간색 파프리카 1개, 녹색 파프리카 1개,
양파 50g, 버터 30g, 흰색 및 적색 퀴노아 200g,
작은 부케 가르니 1개,
맑은 닭육수(66쪽 참조) 30ml,
레몬 콩피 1/4개 다진 것

가니시:
방울토마토 16개, 함초 80g, 올리브유 4TS,
얇게 슬라이스한 주키니 호박 225g,
튀긴 함초 줄기 16개, 미니 양파 8개,
소금, 후춧가루

준비: 1시간 20분 · 조리: 45분

도미 준비하기: 도미는 필레를 뜨고, 뼈(가시)를 발라낸다(뼈는 소스를 만들 때 사용한다). 필레를 세로로 2등분한다.

생선뼈 소스 만들기: 도미에서 발라낸 뼈는 깨끗이 씻고, 샬롯과 양송이버섯은 껍질을 벗겨 슬라이스한다. 프라이팬에 올리브유를 두르고 생선뼈를 색이 나게 굽는다. 여기에 껍질을 벗기지 않은 통마늘과 타임, 월계수잎, 샬롯, 양송이버섯을 넣고 5분 정도 볶다가 노일리 프랏을 붓고 바짝 졸인다. 다시 닭 육즙 소스를 붓고 약한 불에서 20분간 뭉근히 끓인 뒤 시누아에 거른다. 소스가 너무 묽으면 다시 불에 올려 졸이고, 너무 걸쭉하면 물을 약간 넣어 고루 섞는다.

퀴노아 필라프 만들기: 파프리카는 껍질을 벗겨 브뤼누아즈로 썰고, 양파는 곱게 다진다. 손질한 채소를 버터에 볶다가 퀴노아와 부케 가르니를 넣고 닭육수를 자작하게 붓는다. 뚜껑을 덮고 약한 불에서 20분간 익힌 뒤 레몬 콩피를 다져 넣고 고루 섞는다.

가니시 준비하기: 방울토마토는 살짝 데쳐 껍질을 벗기고 올리브유 4TS에 콩피한다. 함초는 찬물에 두 번 헹궈 염분을 제거한 뒤 물기를 완전히 빼서 올리브유 2TS에 볶는다. 주키니 호박은 올리브유 2TS에 소테한 뒤 소금, 후추 간을 한다.

도미 조리하기: 프라이팬에 올리브유를 두르고 도미의 껍질 쪽부터 3분간 굽는다. 이후 도미를 뒤집어 몇 초만 더 구운 뒤 곧장 다른 그릇으로 옮긴다.

플레이팅하기: 생선뼈 소스를 스푼으로 떠 접시에 원을 그리며 두른다. 그 위에 도미 필레 2조각을 올린다. 필라프를 직사각형 모양으로 누르고, 그 위에 콩피한 방울토마토, 미니 양파, 소테한 주키니 호박, 튀긴 함초를 올리고, 생선 뼈 소스를 도미 둘레에 조금씩 끼얹는다.

* 누아이 프랏Noilly Prat: 세계적으로 유명한 프랑스산 베르무트의 브랜드 이름. 참고로 베르무트는 화이트 와인에 브랜디와 각종 향료, 약초를 섞어 만든 리큐어다.

Filet de féra, coquillages et légumes glacés

페라 필레 구이와 조개 마리니에르*, 글라세한 채소

난이도: 1단계 (생선)
분량: 8인분

글라세한 채소:
줄기 달린 당근 400g,
줄기 달린 작은 순무 350g,
미니 펜넬 350g, 미니 리크 350g,
버터 40g, 설탕 1자밤,
게랑드산 플뢰르 드 셀,
후춧가루

조개 마리니에르:
꼬막 300g, 홍합 300g, 샬롯 2개, 버터 50g,
화이트와인 200㎖, 부케 가르니 1개,
버터 130g

페라 구이:
페라 필레 4조각(조각 당 200~250g),
게랑드산 플뢰르 드 셀, 후춧가루

플레이팅:
차이브 1단, 이탈리안 파슬리 1단

준비: 30분 · 조리: 15분

채소 글라세하기: 미니 당근과 순무는 껍질을 가볍게 긁어내고 물에 씻는다. 미니 펜넬은 머리와 끝부분을 자른다. 미니 리크는 가장 바깥쪽 껍질을 벗기고 물에 씻는다.

손질한 채소를 약간의 물에 버터, 설탕, 소금, 후춧가루를 넣고 약한 불에서 각각 따로 익힌다. 수분이 모두 날아가면 남은 버터를 마저 넣고 윤기 나게 조린다.

조개 마리니에르 만들기: 꼬막과 홍합은 씻어 건진 뒤 물기를 완전히 뺀다.

소퇴즈에 버터 50g을 넣고 다진 샬롯을 색이 나지 않게 볶는다. 여기에 화이트와인, 부케 가르니, 홍합, 꼬막을 넣고 뚜껑을 덮은 뒤 센 불에 2~3분 정도 익힌다.

익힌 조개류는 건지고 소퇴즈에 남은 육즙을 시누아에 거른다. 거른 육즙에 남은 버터를 넣고 그 양이 절반이 될 때까지 졸인다.

페라 필레 굽기: 페라 필레의 모양을 다듬고 가시를 제거한다. 이어 반으로 잘라 껍질 쪽에 칼집을 넣고, 소금과 후춧가루를 뿌린 뒤 약한 불에서 껍질 쪽부터 3분간 서서히 굽는다.

플레이팅하기: 접시에 글라세한 채소와 조개 마리니에르, 구운 페라를 담고, 버터로 풍미를 더한 조개 육즙과 다진 허브로 장식한다.

* 마리니에르marinières: 프랑스어로 '바닷가 스타일'이라는 뜻으로, 화이트와인 소스를 넣고 조리하는 프랑스 브르타뉴 지방의 요리를 뜻한다.

초리조 끼워넣은 대구 구이와
흰강낭콩 무슬린

난이도: 1단계 (생선)
분량: 8인분

준비: 30분 · 조리: 50분

대구 필레 1kg,
작은 막대 모양으로 자른 초리조 300g,
올리브유 200ml, 방울토마토 150g, 마늘 2쪽,
타임 1/2단, 샬롯 2개, 에스플레트 고춧가루 약간,
버터 30g, 게랑드산 플뢰르 드 셀, 후춧가루

흰강낭콩 무슬린:
흰강낭콩 2kg, 가금류 부용(74쪽 참조) 1L,
부케 가르니 1개, 포마드 버터 150g,
생크림 200ml

플레이팅:
차이브 약간

흰강낭콩 무슬린 만들기: 흰강낭콩은 껍질을 벗겨 부케 가르니와 닭 부용에 넣고 삶는다. 끓기 시작하면 표면의 불순물을 걷어내고 30~40분간 푹 익힌다. 콩을 익힌 물은 버리지 않고, 콩만 건져 물기를 뺀 뒤 플레이팅할 때 사용할 몇 알을 남기고 나머지는 푸드 밀에 내려 으깬다. 으깬 콩에 버터와 크림, 소량의 콩 익힌 물을 넣고 잘 섞어 거름망에 거른 뒤 따뜻하게 보관한다.

초리초 대구 구이: 대구 필레를 8인분으로 잘라 측면에 칼집을 낸다. 막대 모양으로 썬 초리조를 칼집 사이에 끼워넣는다. 초리조를 자를 때 나온 부스러기는 버리지 말고 따로 모아둔다.

올리브유 200ml에 초리조 부스러기를 넣고 약한 불에 몇 분간 끓인다. 초리조의 향이 기름에 충분히 우러나면 거름망에 거른다.

오븐을 170℃로 예열한다. 방울토마토에 소금과 후춧가루, 올리브유 약간, 으깬 마늘, 타임, 샬롯, 에스플레트 고춧가루를 뿌린 뒤 오븐에 4분간 굽는다.

대구 필레에 소금과 후춧가루를 뿌린 다음 버터와 올리브유를 두른 프라이팬에 껍질 쪽부터 굽기 시작한다. 기름을 필레 위에 계속 끼얹으면서 3~4분 정도 굽고, 반대쪽으로 뒤집어 3분간 더 익힌 뒤 불에서 내린다.

플레이팅하기: 접시에 무슬린 크넬 2개와 대구 필레 1조각, 삶은 강낭콩 몇 알을 담는다. 빈 공간에 초리조 향을 우려낸 올리브유를 점점이 올리고, 막대 모양으로 썬 초리조와 차이브로 장식한다.

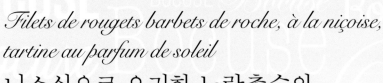

*Filets de rougets barbets de roche, à la niçoise,
tartine au parfum de soleil*

니스식으로 요리한 노랑촉수와
태양의 향기 타르틴

난이도: 2단계 (생선)
분량: 8인분

80~100g짜리 노랑촉수 필레 8조각,
올리브유 2TS, 마늘 5쪽, 바질, 타임, 로즈메리,
마조람* 약간, 플뢰르 드 셀, 후춧가루,
에스플레트 고춧가루 약간

가지 캐비아:

가지 600g, 올리브유 2TS, 로즈메리, 타임,
월계수잎, 바질 약간, 마늘 1통, 황설탕 약간,
다진 양파 150g, 레몬즙(레몬 1~2개 분량),
올리브유, 다진 고수 2TS

토마토 퐁뒤:

토마토 콩카세(460쪽 참조) 8TS, 올리브유 2ts,
다진 바질 2TS, 볶은 잣 1TS

올리브 타프나드*:

씨를 제거한 타지아스카 올리브 200g,
안초비 필레 8~10조각, 마늘 1쪽, 올리브유 3TS

캉파뉴 빵 토스트:

캉파뉴 빵 1개, 올리브유, 마늘 1쪽

플레이팅:

말린 토마토 24조각,
튀긴 파슬리와 딜 줄기, 신선한 허브,
케이퍼베리 24개, 말린 주키니 호박꽃 4개,
소금에 절인 레몬 제스트 1ts,
오래된 발사믹 식초 1TS, 피스투* 1TS,
올리브유, 식용 꽃 32송이

준비: 1시간 · 절임: 2시간 · 조리: 1시간

노랑촉수 준비하기: 노랑촉수는 필레를 떠 가시를 제거한 뒤 올리브유, 마늘, 다진 허브에 2시간 동안 마리네이드한다.

가지 캐비아 만들기: 오븐을 170℃로 예열한다. 가지는 길이로 2등분해 살 쪽에 격자무늬로 칼집을 넣은 뒤 올리브유와 다진 허브를 뿌린다. 오븐팬에 가지를 올리고, 통마늘도 가로로 2등분해 평평한 쪽이 팬 바닥에 닿게 놓는다. 여기에 알루미늄포일을 씌워 오븐에 넣고 가지가 흐물흐물해질 때까지 30분 정도 굽는다.

오븐에서 꺼낸 가지에 다시 올리브유를 바르고 황설탕을 조금 뿌린다. 오븐의 온도를 220℃로 높여 가지 위의 황설탕이 녹을 때까지 몇 분간 더 굽는다(설탕을 태우지 않게 조심한다). 숟가락으로 가지의 살만 긁어낸 뒤 베보자기에 싸 불필요한 기름을 꽉 짠다. 구운 통마늘은 껍질을 벗겨둔다.

프라이팬에 올리브유를 두르고 양파를 색이 나지 않게 볶는다. 여기에 앞서 준비한 가지 살과 마늘, 허브를 섞고 뚜껑을 덮어 20분간 조린다. 완전히 식으면 약간의 올리브유와 레몬즙, 다진 고수를 넣어 고루 섞고, 필요에 따라 부족한 간을 맞춘다.

토마토 퐁뒤 만들기: 토마토 콩카세에 올리브유를 넣어 윤기를 더한 뒤 다진 바질과 잣을 섞고, 간을 맞춘다.

올리브 타프나드 만들기: 올리브, 안초비, 마늘, 올리브유를 믹서에 갈아 균일한 페이스트 질감의 타프나드를 만든다. 소금과 후춧가루로 간을 맞춘다.

노랑촉수 굽기: 절인 필레는 올리브유에 껍질 쪽부터 굽고, 살 쪽은 몇 초간 색깔만 낸다. 구운 생선에 플뢰르 드 셀과 후춧가루, 에스플레트 고춧가루로 양념한다. 5조각으로 나눠 자른다.

캉파뉴 빵 토스트하기: 1.5cm 두께로 썬 캉파뉴 빵을 1인분에 3조각씩 준비한다. 캉파뉴 빵 조각에 붓으로 올리브유를 발라 토스터에서 양면을 노릇하게 구운 뒤 통마늘을 살짝 문지른다.

플레이팅하기: 접시에 올리브 타프나드, 가지 캐비아, 토마토 퐁뒤를 각각 올린 토스트 3조각을 담는다. 이어 구운 노랑촉수 필레를 토스트에 비스듬히 걸쳐놓는다. 토스트 주변을 말린 토마토 조각과 신선한 바질과 튀긴 바질 잎, 차이브로 장식한다. 케이퍼, 호박꽃, 소금에 절인 레몬, 식용 꽃도 조화롭게 놓는다. 마지막으로 발사믹 식초와 피스투를 빈 공간에 조금씩 올리고, 생선 필레에 올리브유를 끼얹는다.

---

* 마조람marjoram: 지중해 연안에서 자라는 통화식물목 꿀풀과의 여러해살이풀. 꽃과 잎 부분이 고기 요리나 샐러드, 수프, 스튜 등의 향신료로 활용된다.
* 타프나드tapenade: 블랙 올리브, 케이퍼, 안초비 혹은 참치에 올리브유를 넣고 갈아 만든 페이스트로, 프랑스 프로방스 지역의 대표 요리
* 피스투pistou: 다진 마늘과 바질, 올리브유를 섞어 만든 프로방스풍의 페스토

Lotte comme un rôti, nage de légumes nouveaux liés au pistou

아귀 로스트와 어린 채소 피스투 나주

난이도: 2단계 (생선)
분량: 8인분

준비: 1시간 · 조리: 15분

아귀 로스트:

1.6kg짜리 아귀 꼬리살, 타프나드 100g,
꽃잎 모양으로 자른 토마토(460쪽 참조) 20조각,
데친 바질 잎 20장, 염장한 돼지 삼겹살 20조각,
크레핀 200g, 엑스트라 버진 올리브유 1TS,
버터 30g, 마늘 5쪽, 플뢰르 드 셀,
에스플레트 고춧가루 약간,
레몬 제스트(레몬 1개 분량)

어린 채소 피스투 나주:

올리브유 1ts, 염장한 돼지 삼겹살 80g,
마늘 3쪽, 작은 햇양파 12개, 미니 펜넬 1개,
노란색 어린 셀러리 속 2줄기,
흰색 아스파라거스 24개,
줄기 달린 미니 당근 16개,
줄기 달린 미니 순무 12개,
생선육수(88쪽 참조) 400ml,
부케 가르니(로즈메리, 딜, 타임, 월계수잎,
바질 등) 1개, 가염 노르망디 버터 30g,
방울토마토 12개,
꽃잎 모양으로 잘라 말린 토마토 16조각,
잠두콩 2TS, 껍질을 벗긴 완두콩 2TS,
스노피 40g, 가느다란 껍질콩 40g,
미니 주키니 호박 8개, 피스투 1TS,
레몬즙 또는 레몬 식초, 올리브유,
다진 바질 2TS, 소금, 후춧가루

플레이팅:

하부고 하몽 4조각, 파르메산 치즈 160g,
말린 주키니 호박꽃 8송이, 식용 꽃 8송이,
바질 8송이, 루콜라 잎 약간, 볶은 잣 약간,
올리브유 약간, 후춧가루

플레이팅 준비하기: 오븐을 80℃로 예열한다. 햄 슬라이서로 얇게 썬 하몽 4조각을 5~6cm 길이의 튜브 형태로 돌돌 만다. 파르메산 치즈는 강판에 갈아 코팅 프라이팬에 작은 동그라미 모양으로 얇게 펼쳐 튀일처럼 굽는다. 주키니 호박꽃은 끓는 물에 데친 뒤 실리콘 판에 올려 오븐에서 몇 분간 말린다.

아귀 로스트 준비하기: 오븐을 180℃로 예열한다. 아귀는 깨끗이 손질해 등뼈와 가시를 제거한다. 아귀 살 한가운데에 칼집을 넣고, 짤주머니를 이용해 칼집 사이에 타프나드를 채워넣는다. 이어 꽃잎 모양의 토마토를 아귀 살 위에 일렬로 올린다. 아귀를 데친 바질 잎과 얇게 썬 염장 삼겹살로 감싼 뒤 크레핀에 말아 실로 묶는다. 이어 올리브유와 버터를 두른 프라이팬에서 껍질을 벗기지 않은 마늘과 함께 갈색이 나게 구운 다음, 오븐에서 12분간 더 익힌다. 이때 생선의 겉면이 마르지 않게 기름을 규칙적으로 끼얹는다. 아귀 살의 중심부 온도가 56~58℃에 이르면 오븐에서 꺼내 그릴 위에서 5분간 휴지한다. 구운 아귀를 1인당 1~2조각씩 배분할 수 있게 썰고, 플뢰르 드 셀과 에스플레트 고춧가루, 말린 뒤 다진 레몬 제스트를 뿌린다.

어린 채소 피스투 나주 만들기: 염장 삼겹살을 두툼한 라르동의 형태로 썰어 프라이팬에 올리브유를 두르고 갈색이 나게 굽는다.

삼겹살을 굽고 남은 기름에 마늘, 양파와 펜넬, 셀러리, 아스파라거스를 색이 나지 않게 볶는다. 여기에 줄기 달린 당근과 순무, 부케 가르니를 더하고, 재료가 잠길 만큼 생선육수를 부어 뚜껑을 덮은 채 약한 불에서 채소를 익힌다. 그동안 콩과 주키니 호박을 소금물에 데친 뒤 식혀둔다.

채소를 익히던 생선육수를 떠서 버터와 고루 섞어 농도를 맞춘다. 프라이팬에 라르동과 방울토마토, 꽃잎 모양의 말린 토마토, 소금물에 데쳐둔 채소를 모두 넣고, 쌉쌀한 허브로 만든 피스투와 섞는다. 레몬즙 또는 레몬 식초로 신맛을 더하고, 올리브유로 윤기를 낸다. 마지막으로 바질을 섞고 소금과 후춧가루로 간을 맞춘다.

플레이팅하기: 우묵한 접시에 익힌 채소를 담고 버터로 농도를 맞춘 피스투 나주를 부은 뒤 구운 아귀를 가운데에 놓는다. 이어 아스파라거스의 머리 부분과 바질, 루콜라 잎, 주키니 호박꽃, 식용 꽃, 파르메산 튀일, 하몽을 보기 좋게 올린다. 끝으로 볶은 잣과 올리브유와 후춧가루를 살짝 뿌려 마무리한다.

Turbot rôti, pommes de terre, girolles,
blanc de seiche et vierge de légumes au basilic

구운 넙치와 감자, 지롤버섯, 갑오징어, 올리브유와 바질로 양념한 채소 딥

난이도: 2단계 (생선)
분량: 8인분

1.2~1.3kg짜리 자연산 넙치 8마리,
말린 페넬 잎 약간, 마늘 8쪽, 타임 약간,
갑오징어 몸통 살 300g, 올리브유, 굵은소금,
가염 버터 200g

가니시:

지롤버섯 600g, 올리브유 100㎖,
말린 페넬 잎 약간, 타임 약간,
슬라이스한 마늘(마늘 2쪽 분량),
슬라이스한 자색 양파 (양파 1/2개 분량),
소금, 피키요 고추 4개,
알감자 500g, 화이트와인 100㎖

채소 딥:

노란 주키니 호박 30g,
씨를 제거한 오이 20g, 셀러리 20g,
토마토 50g, 볶은 잣 40g, 블랙 올리브 40g,
풋올리브로 짠 올리브유 350㎖,
발사믹 식초 3TS, 바롤로 와인 식초 25㎖,
미니 바질 1/4단, 고운소금,
에스플레트 고춧가루 약간

플레이팅:

마늘 콩피 8쪽, 케이퍼베리 8개,
미니 바질(녹색과 자색),
씨를 빼고 꽃잎 모양으로 썬 블랙 올리브

넙치와 오징어 준비하기: 넙치는 배 옆쪽의 알집과 아가미를 제거하고, 배 안에 말린 페넬 잎과 껍질을 벗기지 않은 마늘, 타임을 채워넣는다. 나머지 재료 손질이 끝날 때까지 냉장보관하다가 조리하기 20분 전에 꺼낸다. 갑오징어 몸통도 깨끗이 씻은 다음 양면에 잘게 칼집을 넣어 냉장보관한다.

가니시 준비하기: 오븐을 170℃로 예열한다. 지롤버섯은 찬물에 여러 번 씻어 물기를 제거한 뒤 말린 페넬 잎, 타임, 슬라이스한 마늘, 소금으로 양념해 올리브유에 2분간 센 불에서 볶는다. 체에 밭쳐 다시 익힐 때까지 보관한다. 알감자는 씻어 무쇠 냄비에 껍질을 벗기지 않은 마늘과 타임을 함께 넣어 올리브유에 굽는다. 여기에 화이트와인으로 데글라세하고 뚜껑을 덮어 오븐에서 익힌다.

채소 딥 만들기: 주키니 호박과 오이, 셀러리, 토마토는 브뤼누아즈로 썬다. 적양파는 곱게 다져 볶은 잣, 씨를 빼고 썬 블랙 올리브와 섞는다. 올리브유, 발사믹 식초, 바롤로 와인 식초, 미니 바질 잎, 소금, 에스플레트 고춧가루를 고루 섞어 딥을 만든다.

넙치 굽기: 오븐을 180℃로 예열한다. 넙치를 올리브유와 굵은소금으로 양념한 뒤 보여줄 면이 위로 가도록 해서 철망을 올린 팬 위에 놓고 가염 버터를 듬성듬성 올린다. 넙치를 오븐에 넣고 10~12분간 굽는다(중간에 녹은 버터를 생선 위에 몇 번 끼얹는다). 조리가 끝나면 오븐에서 꺼내 알루미늄포일을 덮어 잠시 휴지한다.

가니시 만들기: 휴지하는 동안, 생선을 구울 때 생긴 녹은 버터로 체에 밭쳐놓았던 지롤 버섯을 소테한다. 여기에 슬라이스한 자색 양파와 긴 막대 모양으로 자른 피키요 고추를 넣고 같이 볶다가 굵게 다진 파슬리를 뿌린다.

오징어는 길쭉하게 썰어 센 불에 재빨리 볶는다.

플레이팅하기: 넙치를 다시 오븐에 넣어 3분간 데운 뒤 검은색 껍질을 벗긴다. 준비해둔 오징어와 가니시를 넙치 등뼈 위에 일렬로 올리고, 플레이팅 재료를 올려 마무리한다. 딥은 그릇에 따로 담아 서빙한다.

민물가재와 올랑데즈 소스를 곁들인
크넬 드 브로세

난이도: 2단계 (생선)
분량: 8인분

준비: 50분 · 조리: 45분

로브스터 크림 소스:

채소 미르푸아 300g(당근, 양파, 샬롯, 셀러리),
마늘 2통, 토마토 콩카세(토마토 5개 분량),
토마토 페이스트 4TS, 코냑 80ml,
드라이한 화이트와인 200ml,
생선육수(88쪽 참조) 1.5~2L,
로브스터 비스크 1L, 부케 가르니 1개,
버터 300g, 밀가루 50g,
크렘 프레슈 300ml, 생크림 200ml,
생로브스터 버터 50g, 익힌 로브스터 버터 50g,
타라곤 1다발, 레몬즙(레몬 1개 분량)

강꼬치고기 무슬린:

강꼬치고기 또는 민물농어 살 350g, 달걀 1개,
생크림 450ml, 말랑한 로브스터 버터 80g,
에스플레트 고춧가루 약간, 소금, 후춧가루

크넬 광택용:

정제 버터(56쪽 참조) 또는 로브스터 버터 30g

플레이팅:

(익힌 뒤 껍데기를 벗긴) 민물가재 꼬리살 56개,
로브스터 버터 50g, 민물가재 8마리,
익힌 로브스터 알 8ts, 처빌, 파슬리,
타라곤, 차이브 약간

로브스터 크림 소스 만들기: 미르푸아로 썬 채소를 마늘, 토마토 콩카세, 토마토 페이스트와 함께 볶다가 코냑으로 데글라세한 뒤 화이트와인을 붓고 조린다. 와인이 절반으로 졸아들면 생선육수를 붓고 비스크와 부케 가르니를 더해 약한 불에서 20~30분 정도 뭉근히 끓인 뒤 시누아에 거른다. 여기에 버터와 블론드 루(38쪽 참조)를 넣고 잘 섞은 뒤 크림을 부어 다시 졸인다. 생로브스터 버터와 익힌 로브스터 버터를 차례로 넣어 윤기와 풍미를 더하고, 신선한 타라곤을 5~10분간 소스에 담가 향을 우린다. 마지막으로 시누아에 한 번 더 거른 다음 부족한 간을 맞추고 약간의 레몬즙으로 산미를 더한다. 완성된 소스는 넓적한 그라탱 용기나 작은 개인용 그릇에 담아 따뜻하게 보관한다.

강꼬치고기 무슬린 만들기: 차갑게 냉장해둔 강꼬치고기 살에 소금을 약간 넣고 믹서에 곱게 간 다음 달걀과 크림 200ml을 섞어 거름망에 거른다. 무슬린 그릇을 얼음 위에 놓고 남은 크림을 넣어 스패튤러로 가볍게 섞은 뒤 로브스터 버터를 넣고 거품기로 고루 휘젓는다. 소금, 후춧가루, 에스플레트 고춧가루로 양념한다. 이어 얼음물 그릇을 밑에 받친 채 숟가락으로 무슬린을 떠 8개의 크넬을 만들어 식품용 랩에 싼다. 아주 약하게 끓는 물에서 20분간 크넬을 익힌다(이때 절대 물이 끓어오르지 않게 불의 세기를 잘 조절해야 한다).

오븐을 180℃로 예열한다. 익힌 크넬은 랩을 벗겨 따뜻한 소스에 담근 뒤 표면에 정제 버터 또는 로브스터 버터를 발라준 다음, 크넬의 크기가 3배 정도 부풀 때까지 오븐에서 8~12분 정도 굽는다.

플레이팅하기: 로브스터 버터에 민물가재 꼬리살을 7개 구워 크넬이 담긴 그릇에 올린다. 모양을 고정한 민물가재 1마리와 로브스터 알 1ts, 허브로 장식한다.

Sole dans l'esprit d'une grenobloise

그르노블식 서대 요리

난이도: 3단계 (생선)
분량: 10인분

600~800g짜리 서대(또는 가자미) 5마리,
헤이즐넛 버터 40g,
레몬 제스트(레몬 1개 분량), 소금, 후춧가루

비에누아즈:

식빵 500g, 파슬리 3단, 버터 200g

감자 퓌레:

감자 1.5kg, 올리브유 100ml, 버터 100g,
굵은 바닷소금, 고운소금,

발사믹 소스:

발사믹 식초 40ml, 신선한 버터 100g,
레몬즙(레몬 1/2개 분량), 소금, 백후춧가루

가니시:

씨를 제거한 블랙 올리브 30알, 레몬 1개

플레이팅:

토마토 콩피 30조각, 바질 1/2단,
케이퍼베리 30개, 바질 페스토 250g

준비: 1시간 30분 · 조리: 30분

서대 준비하기: 진회색 껍질을 벗기고 흰색 껍질을 긁어낸 뒤 필레를 뜬다. 필레의 살 쪽에 소금과 후춧가루를 뿌리고, 막대 모양의 헤이즐넛 비더와 강판에 간 레몬 제스트를 1줄씩 올린 다음 또 하나의 필레를 (머리와 꼬리 부분의 방향이 서로) 엇갈리게 올려 놓고 식품용 랩 위에서 돌돌 만다(사진 **1~2**). 이어 저온조리기용 진공 비닐에 넣어 진공해둔다.

비에누아즈 만들기: 먼저 흰색과 녹색의 빵가루를 만든다. 식빵의 가장자리를 잘라내고, 흰 부분만 주사위 모양으로 썬다. 이 중 절반은 100℃의 오븐에 넣어 말린 뒤 믹서에 갈아 흰색 빵가루로 만든다. 나머지 절반을 160℃에서 바싹 말려 줄기를 뗀 파슬리와 함께 믹서에 갈면 녹색 빵가루가 된다. 이어 버터를 부드러운 크림 형태로 녹여 소금 간을 하고 흰색 빵가루와 1대 1 비율로 섞는다. 똑같은 방식으로 녹색 빵가루에도 버터를 섞는다. 이 2가지 반죽을 각각 제빵용 테플론 시트 위에 얇게 깔아 냉동고에 넣어 굳힌다. 단단해진 2장의 비에누아즈를 좁고 기다란 끈 모양으로 자른 다음, 흰색과 녹색 끈을 번갈아 배열해 다시 냉동한다(사진 **3~6**).

감자를 껍질째 삶는다. 감자를 삶는 동안 가니시를 준비한다.

가니시 준비하기: 씨 없는 블랙 올리브는 수분을 제거해 쥘리엔으로 썬다. 레몬은 껍질에서 노란 부분을 벗겨 끓는 물에 3회 데친 뒤 물기를 빼고 가늘게 채 썬다. 남은 레몬은 결대로 과육을 발라내 3등분한다. 그 밖에 다른 장식용 재료도 모두 손질해둔다.

감자 퓌레 만들기: 삶은 감자는 껍질을 벗기고 중탕용 그릇에 담아 포크로 으깬다. 여기에 올리브유와 버터를 고루 섞어주고 고운소금으로 간을 맞춘 다음 식품용 랩을 씌우고 따뜻하게 중탕 보관한다.

발사믹 소스 만들기: 발사믹 식초를 졸이다가 버터를 넣고, 레몬즙 몇 방울과 소금, 백후춧가루로 양념한다.

서대 조리하기: 진공 비닐에 담긴 서대를 70℃ 온도로 맞춘 수비드 머신에 그대로 넣어 8분간 익힌 뒤 따뜻하게 보관한다. 이어 내가기 직전, 지퍼백을 70℃의 스팀 오븐에 2분간 넣었다가 꺼내 필레를 감싼 랩을 벗기고 끝 부분을 자른다. 필레 위에 띠 모양으로 자른 비에누아즈를 올려 샐러맨더에 2분간 굽는다.

플레이팅하기: 접시에 토마토 콩피와 레몬 과육, 바질 잎, 케이퍼베리, 블랙 올리브를 일렬로 배열하고, 한쪽에 서대 필레를 놓는다. 마지막으로 발사믹 소스와 바질 페스토를 빈 공간에 보기 좋게 플레이팅한다. 바질 페스토와 감자 퓌레를 별도의 그릇에 담아 함께 서빙한다.

1   2

Merlan, basilic et gnocchis

바질 버터 소스를 곁들인 명태와 뇨키

난이도: 3단계 (생선)
분량: 10인분

명태:
400g짜리 명태 5마리, 올리브유, 소금, 후춧가루

바질 버터 소스:
베샤멜 소스(38쪽 참조) 150g, 버터 15g, 마늘 1쪽, 머스터드 약간, 시금치 퓌레 5g+α, 레몬즙, 바질 2단

가니시:
어린 시금치 100g, 푸아브라드 아티초크 10개, 레몬즙(레몬 1개 분량), 올리브유 약간, 씨를 뺀 블랙 올리브 30개

뇨키:
뇨키(398쪽 참조) 50개, 휘핑한 크림 200ml, 달걀노른자 1개, 바질 페스토 100g, 파르메산 치즈 가루 80g

플레이팅:
작게 자른 오렌지 과육 30조각, 프로마주 블랑, 방울토마토 콩피 20개, 3회 데친 오렌지 제스트, 케이퍼베리 30개

준비: 1시간 · 절임: 5분 · 조리: 50분

명태 준비하기: 명태는 비늘을 긁어내고 내장을 제거한 뒤 필레를 뜬다. 필레에 남은 가시를 제거하고 염도 5%의 소금물(찬물 1L에 소금 50g)에 5분간 절인다. 절인 필레는 물기를 제거해 세로로 잘라 10인분을 만들고, 필요에 따라 소금과 후춧가루 간을 한다. 1인분씩 식품용 랩에 싸 냉장고에 넣는다.

가니시 준비하기: 어린 시금치는 씻어 줄기를 떼고 끓는 물에 삼깐 데쳐 찬물에 식힌 다음, 물기를 꼭 짜 기름을 살짝 바른 유산지 위에 펼쳐놓는다. 푸아브라드 아티초크는 껍질을 까고 소금, 레몬즙, 올리브유로 양념해 진공 포장한 뒤 90℃의 스팀 오븐에서 40분간 익힌다. 올리브는 작게 썰어둔다.

뇨키 만들기: 뇨키를 약하게 끓는 물에 익힌 뒤 식힌다. 기다란 배 모양의 자기 그릇 10개에 뇨키를 5개씩 담고, 수분이 마르지 않게 식품용 랩을 씌워둔다. 휘핑한 크림에 달걀노른자, 페스토, 파르메산 치즈 가루를 섞는다. 뇨키를 담아둔 그릇의 랩을 벗기고 이 크림을 보기 좋게 얹은 뒤 샐러맨더에 올려 윤기가 나게 굽는다. 완성된 뇨키는 생선 접시에 함께 올리거나 그릇째 따로 곁들여낸다.

바질 버터 소스 만들기: 베샤멜 소스에 버터, 마늘, 머스터드, 시금치 퓌레, 바질을 넣고 믹서에 간 다음 레몬즙을 몇 방울 떨어뜨려 풍미를 더한다. 완성된 바질 버터 소스는 내갈 때까지 소스 그릇에 보관한다. 소퇴즈에 바질 버터 소스와 찬물 1TS를 넣고 잘 섞는다.

명태 조리하기: 미리 절여둔 명태 살은 식품용 압지(또는 거즈)로 감싸 70℃의 스팀 오븐에 8분간 익힌다.

명태 살을 싼 종이를 벗기고 수분을 가볍게 날린 뒤 철망 위에 올려놓고 바질 버터 소스를 부어 겉에 입힌다(사진1~3). 그다음 프로마주 블랑을 짤주머니에 넣어 위에 줄무늬를 그린다. 앞에서 준비한 아티초크와 시금치를 다시 데우고, 작게 자른 오렌지 과육 3개, 방울토마토 콩피, 올리브, 케이퍼베리와 뇨키(뇨키는 다른 그릇에 따로 내갈 수도 있다)를 함께 접시에 보기 좋게 플레이팅한다. 마지막으로 오렌지 제스트를 올려 마무리한다.

1   2   3

Bar au maïs et morilles

옥수수와 모렐버섯을 곁들인 농어 뫼니에르

난이도: 3단계 (생선)
분량: 10인분

준비: 1시간 · 냉장: 12시간 · 절임: 15분 · 조리: 40분

농어 뫼니에르:
자연산 농어 2.5kg, 소금, 버터 60g,
말린 모렐버섯 30g

옥수수 튀김:
쪽파 1/2개, 캔 옥수수 300g, 달걀 2개,
우유 125ml, 밀가루 150g, 이스트 5g,
소금 5g, 튀김용 기름

옥수수 퓌레와 팝콘:
통옥수수 300g, 우유 1L, 물 1L,
80g짜리 양파 1개, 버터 30g,
맑은 닭육수(66쪽 참조) 150ml,
트러플 오일 2TS, 소금, 후춧가루

베이비콘:
신선한 베이비콘 250g, 꿀 50g,
화이트와인 식초 3TS, 화이트와인 200ml,
소금 5g, 통후춧가루 5알, 팔각 2개,
고수 씨 20알

옥수수 튀일:
옥수숫가루 30g, 물 250ml, 올리브유 60g,

모렐버섯 사바용 소스:
불린 모렐버섯 30g, 달걀 3개, 달걀노른자 1개,
세리 식초 2TS, 고운소금 5g, 버터 250g

플레이팅:
무순 약간, 자색 바질잎 10g

옥수수 튀김 반죽 준비하기: 쪽파는 껍질을 벗겨 다지고, 캔 옥수수는 거름망에 밭쳐 물기를 없앤다. 커다란 볼에 밀가루와 이스트, 소금, 우유에 푼 달걀물을 붓고 고루 반죽한다. 여기에 쪽파를 섞어 하룻밤 동안 냉장보관한다.

농어 절이기: 모렐버섯을 찬물에 20분간 담가서 불린다. 농어는 비늘을 긁어내고 깨끗이 손질해 필레를 뜬다. 필레를 10인분으로 잘라 염도 5%의 소금물(찬물 1L에 소금 50g)에 15분간 절인다.

옥수수 퓌레 만들기: 통옥수수는 껍질을 벗겨 옥수수 알의 절반은 팝콘용으로 남기고, 나머지 절반에 우유와 물을 부어 약한 불에서 30분간 익힌다. 냄비를 불에서 내리고, 옥수수를 건져 2알 폭의 띠 모양으로 자른다. 남은 옥수수는 퓌레를 위해 알알이 떼어 놓는다. 껍질을 벗긴 양파를 다져 약간의 버터와 함께 소퇴즈에 볶다가 옥수수알과 맑은 닭육수를 넣고 약한 불에 30분간 뭉근히 끓인다. 건더기를 건지고 남은 버터와 트러플 오일을 함께 믹서에 갈고 소금으로 간을 맞춘 뒤 따뜻하게 보관한다.

팝콘 만들기: 남겨둔 옥수수 알을 프라이팬에 넣고 터지게 만든 다음, 트러플 오일과 소금을 뿌려 보관한다.

베이비콘 조리하기: 베이비콘을 끓는 소금물에 데쳐 찬물에 식힌다. 그동안 꿀과 식초, 화이트와인, 향신료를 모두 섞어 불에 올린다. 끓기 시작하면 베이비콘을 넣고 약한 불에 10분간 익힌다.

옥수수 튀일 만들기: 옥수숫가루와 물, 올리브유를 거품기로 잘 섞는다. 충분히 달군 코팅 프라이팬에 반죽을 조금 붓고 중간 불에서 바삭하게 구워 튀일 8장을 만든다.

모렐버섯 사바용 소스 만들기: 찬물에 불린 모렐버섯을 건져 물기를 빼고 장식을 위해 보관한다. 버섯을 담갔던 물 50ml를 냄비에 부어 약한 불에 끓인다. 여기에 달걀 3개와 달걀노른자 1개, 식초, 소금, 녹인 버터를 차례로 넣으면서 멈추지 않고 계속 거품기로 휘젓는다. 멍울이 없이 고른 질감의 사바용이 완성되면 사이폰에 넣고 휘핑 가스 2개를 주입한 뒤 65℃로 중탕한다.

농어 굽기: 농어를 뫼니에르로 굽는다(324쪽 참조).

앞서 띠 모양으로 잘라둔 옥수수는 프라이팬에 굽고, 모렐버섯은 버터에 볶아 간을 맞추고 다진 차이브와 섞는다.

옥수수 튀김 만들기: 티스푼을 사용해 옥수수 튀김 반죽을 작은 공 모양으로 만들어 170℃의 기름에서 3분간 튀긴다. 그다음 키친타월에 밭쳐 기름을 빼고 소금을 뿌린다.

플레이팅하기: 접시에 유선형으로 빚은 옥수수 퓌레와 옥수수 튀일, 팝콘, 베이비콘, 무순, 농어 필레, 모렐버섯, 구운 옥수수를 보기 좋게 배치한다. 사바용 소스와 옥수수 튀김은 각각 따로 담아 서빙한다.

Filet de bar en ecailles de tomates confites et courgettes

토마토 콩피와 주키니 호박을 비늘처럼 얹은 농어 필레

난이도: 3단계 (생선)
분량: 8인분

준비: 1시간 · 조리: 1시간 15분

농어 필레:

1kg짜리 농어 2마리, 올리브유, 샬롯 100g,
화이트와인 100ml,
생선육수(88쪽 참조) 200ml, 생크림 400ml,
버터 200g, 소금, 후춧가루

토마토 콩피:

송이토마토 2kg, 소금, 후춧가루, 설탕 1자밤,
마늘 1쪽, 올리브유 100ml, 타임 4줄기,
월계수 잎 4장

주키니 호박:

주키니 호박 400g, 소금

채소 브뤼누아즈:

껍질과 씨를 제거하여 아주 잘게 다진 토마토 175g,
잘게 다진 주키니 호박 125g, 다진 타임,
올리브유 2ts, 소금, 후춧가루

플레이팅:

발사믹 글레이즈, 타임,
3회 데친 레몬 제스트(레몬 1/2개 분량)

농어 준비하기: 농어는 깨끗이 손질해 필레를 뜬 뒤 총 8개의 구이용 토막으로 잘라 냉장보관한다.

토마토 콩피 만들기: 오븐을 110℃로 예열한다. 토마토는 껍질을 벗기고 4등분해 씨를 제거한다. 꽃잎 모양으로 자른 토마토 과육을 유산지를 깐 오븐팬에 배열하고 소금, 후춧가루, 설탕으로 양념한다. 마늘을 아주 얇게 저며 토마토 위에 1조각씩 올리고 올리브유와 다진 타임을 고루 뿌린 뒤 토마토 사이에 월계수 잎을 듬성듬성 놓는다. 오븐에서 1시간 동안 구워 토마토 콩피를 완성한다.

주키니 호박 준비하기: 주키니 호박을 2mm 두께로 동그랗게 썰어 끓는 소금물에 잠깐 넣었다가 건져서 곧장 얼음물에 담가 식힌다(식감이 설컹거릴 정도로 단시간에 데쳐내는 것이 포인트다). 주키니 호박을 건져 물기를 꼼꼼히 제거한다.

오븐 온도를 150℃로 올린다. 뜨겁게 달군 오븐팬에 올리브유를 두르고 준비해둔 농어의 껍질 쪽을 약 1분간 구운 뒤 껍질이 찢어지지 않도록 살살 벗겨낸다. 벗겨낸 껍질을 2겹의 유산지 사이에 넣고 오븐팬 2개 사이에 눌러 바삭해질 때까지 오븐에서 굽는다. 구워진 껍질은 마름모 모양으로 자른다.

토마토 콩피는 링커터로 찍어 비늘 모양으로 자른다. 주키니 호박도 같은 방법으로 만들어 준비한다. 오븐의 온도를 170℃로 올린다. 농어 필레 위에 주키니 호박과 토마토 콩피를 비늘 모양으로 겹겹이 얹어 버터를 칠한 오븐 용기에 다진 샬롯과 함께 담는다. 생선육수와 화이트와인을 필레 주변에 조금 붓고 뚜껑을 덮어 오븐에 15분간 익힌다. 조리가 끝난 필레는 식지 않게 따로 보관하고, 재료에서 배어난 생선 육즙을 프라이팬에 졸이다 육즙이 약 200ml 정도 남았을 때쯤 생크림과 버터를 섞은 뒤 시누아에 걸러 간을 맞춘다.

채소 브뤼누아즈 만들기: 모든 재료를 잘 섞는다.

플레이팅하기: 접시에 농어 필레를 담고, 마름모 모양으로 자른 바삭한 생선 껍질 2조각을 보기 좋게 걸쳐놓는다. 생선 육즙으로 만든 소스와 채소 브뤼누아즈, 타임, 레몬 제스트를 올리고 발사믹 글레이즈로 점점이 장식해 마무리한다.

Langoustines rôties, risotto aux champignons des bois

구운 랑구스틴과 야생 버섯 리소토

난이도: 1단계 (갑각류)
분량: 8인분

준비: 30분 · 조리: 25분

랑구스틴 구이:
랑구스틴(꼬리 길이 7~9cm) 2kg,
버터 40g

랑구스틴 손질하기: 랑구스틴은 꼬리지느러미와 마지막 2마디의 껍데기만 남긴 채 단단한 갑각을 모두 제거하고, 이쑤시개로 내장을 빼낸 뒤 냉장보관한다.

야생 버섯:
미니 세프버섯 150g, 미니 지롤버섯 150g,
버터 30g, 소금, 후춧가루

버섯 준비하기: 세프버섯과 지롤버섯은 씻어 물기를 제거한다. 프라이팬에 버터를 녹인 뒤 버섯을 통째로 색이 나게 볶고 소금, 후춧가루로 간한다.

리소토:
양파 1개, 올리브유 100ml, 리소토용 쌀 250g,
따뜻한 닭 부용(74쪽 참조) 1L, 화이트와인 2TS,
파르메산 치즈 100g, 버터 100g,
차이브 1단, 처빌 1/2단

리소토 만들기: 스튜용 냄비에 올리브유를 두르고 다진 양파를 색깔이 나지 않게 볶는다. 이어 쌀을 넣고 쌀알이 투명해질 때까지 볶다가 화이트와인으로 데글라세한다. 닭 부용을 조금씩 붓고 바닥에 쌀알이 눌어붙지 않게 계속 뒤적거리면서 16~18분간 익힌다. 수분이 적당히 졸아들면 파르메산 치즈, 작게 자른 버터와 버섯 몇 조각, 다진 차이브와 처빌을 고루 섞어 크림처럼 부드러운 리소토를 완성하고, 내갈 때까지 식지 않게 보관한다.

플레이팅:
발사믹 글레이즈

랑구스틴 굽기: 코팅된 프라이팬에 랑구스틴 꼬리를 약 3~4분간 굽는다. 랑구스틴의 수분이 마르지 않게 조리는 최대한 신속하게 끝낸다.

플레이팅하기: 접시에 리소토와 버섯, 랑구스틴 꼬리 2개를 보기 좋게 담는다. 빈 공간에 발사믹 글레이즈를 점점이 올려 마무리한다.

Gratin de fruits de mer et julienne de légumes étuvés

해산물 그라탱과 채소찜

난이도: 1단계 (갑각류)
분량: 8인분

홍합 300g, 꼬막 300g,
바지락 300g, 떡조개 300g,
샬롯 2개, 화이트와인 200ml

채소찜:
셀러리악 300g, 당근 500g,
리크 흰 부분 500g, 버터 50g,
설탕 1자밤, 게랑드산 플뢰르 드 셀,
후춧가루, 커리 가루 1ts

블루테 소스:
버터 30g, 밀가루 30g,
우유 300ml, 생크림 300ml,
에스플레트 고춧가루 약간,
육두구 가루 약간

플레이팅:
큰가리비 관자 500g, 올리브유 2TS,
차이브 1단

준비: 50분 · 조리: 40분

채소찜 준비하기: 셀러리와 당근, 리크의 흰 부분을 곱게 채 썬다. 리크는 찬물에 담갔다가 건진다. 스튜용 냄비에 버터 1조각과 설탕을 넣고 채소 쥘리엔을 볶다가 소금, 후춧가루, 물 2TS, 커리 가루로 양념한다. 그다음 뚜껑을 덮고 약한 불에서 20분간 익힌다.

조개 준비하기: 조개는 모두 찬물에 담가 깨끗이 씻는다(필요할 경우 물을 갈아주며 여러 번 반복, 364쪽 참조). 스튜용 냄비에 각각의 조개를 따로 다진 샬롯과 넣고 화이트와인을 재료가 잠길 만큼 부은 뒤 뚜껑을 덮고 4분간 익혀 따뜻하게 보관한다.

블루테 소스 만들기: 블론드 루(38쪽 1단계 참조)를 만든다. 루에 조개를 익히면서 나온 육수 150ml, 우유, 생크림 150ml를 부어 완전히 푼 다음 에스플레트 고춧가루와 육두구 가루를 조금 뿌린다. 남은 생크림 150ml는 휘핑한 뒤 소스에 살살 섞는다.

플레이팅하기: 오븐을 170℃로 예열한다. 프라이팬에 올리브유를 두르고 가리비 관자를 앞뒤로 2분씩 노릇하게 지진다. 그라탱 용기에 채소 쥘리엔을 깔고, 익힌 조개와 관자, 다진 차이브를 차례로 올린 뒤 블루테 소스를 듬뿍 끼얹어 오븐에 15~18분간 굽는다. 완성된 그라탱 위에 조개 몇 개와 차이브 잎을 얹어 서빙한다.

Épeautre comme un risotto, aspergas vertes cuites et crues

익힌 아스파라거스와 생아스파라거스를 곁들인 슈펠트밀 리소토

난이도: 1단계 (채식 - 건강식)
분량: 8인분

녹색 아스파라거스 28개,
파르메산 치즈(파르미지아노 레지아노) 80g,
슈펠트밀 300g, 올리브유, 양파 140g,
드라이한 화이트와인 3TS,
채소 부용(79쪽 참조) 1L,
오래된 와인으로 만든 식초 2TS,
고운소금, 후춧가루

플레이팅:
올리브유 4TS, 바질 잎 8장

준비: 1시간 · 조리: 30분

아스파라거스 준비하기: 아스파라거스의 비늘잎을 칼끝으로 제거하고, 뻣뻣한 껍질을 필러로 벗긴다. 손질한 아스파라거스 가운데 24개는 뾰족한 머리 쪽을 약 7cm 길이로 똑같이 자른다.

아스파라거스 줄기 12개는 끓는 물에 데쳐 식힌 뒤 믹서에 간다.

나머지 12개는 슬라이스해서 리소토를 만들 때 넣는다. 뾰족한 아스파라거스 24개는 약하게 끓는 소금물에 넣고 단면에 심이 살짝 보일 정도인 알덴테로 데친다. 익힌 아스파라거스는 얼음물에 담갔다가 건져둔다.

28개의 아스파라거스 중 남은 4개는 만돌린 슬라이서로 얇게 저며 접시에 펼쳐놓고 식품용 랩을 씌워둔다.

리소토 만들기: 냄비에 슈펠트밀을 넣고 찬물을 밀보다 3배 많게 부어 끓인다. 물이 끓어오르면 불을 약하게 줄여 밀을 익힌다(시간은 봉지에 적힌 설명에 따른다). 냄비를 불에서 내려 소금으로 약하게 간을 한다. 필요할 경우 밀만 건져 보관한다.

파르메산 치즈를 절반(40g)은 필러로 얇게 긁어내고, 나머지는 강판에 갈아 준비한다.

잘 달군 소퇴즈에 올리브유 1TS를 두르고 다진 양파를 볶는다. 여기에 슬라이스한 아스파라거스를 넣고 1분 정도 볶다가 화이트와인으로 데글라세해 수분이 거의 없어지게 조린다. 뜨거운 채소 부용을 붓고 센 불에 2분간 끓인 뒤 슈펠트밀과 믹서에 간 아스파라거스를 넣고 1분 정도 더 끓인다. 냄비를 불에서 내려 파르메산 치즈 가루와 와인 식초를 섞고, 부족한 간을 맞춘다.

잘 달군 프라이팬에 채소 부용 3TS와 남은 올리브유, 소금을 넣고 앞서 데쳐둔 뾰족한 아스파라거스 24개를 넣고 데운다.

플레이팅하기: 접시에 리소토를 담고 그 위에 뾰족한 아스파라거스 머리를 올린다. 얇게 저며둔 아스파라거스도 소금, 후춧가루, 올리브유로 양념해 같이 올린다. 바질 잎과 파르메산 치즈로 장식을 마무리한다.

Boulgour aux fruits secs carotte-cumin

말린 과일을 곁들인 불구르와
큐민 향을 가미한 당근 젤리

난이도: 1단계 (채식 - 건강식)
분량: 8인분

불구르 400g, 올리브유 3TS,
채소 부용(79쪽 참조) 700ml, 소금, 후춧가루

가니시:

구운 토마토 150g, 말린 살구 60g,
블랙 올리브 60g, 레몬 절임 60g,
노란 건포도 60g, 아몬드 60g,
헤이즐넛 60g

큐민-당근 젤리:

생당근즙 200ml, 채소 부용(79쪽 참조) 300ml,
큐민 2g, 식물성 겔화제 25g, 고운소금

플레이팅:

고수 쿨리 50g, 휘핑한 요거트 50g,
어린 잎채소(민트, 바질, 무싹 등) 50g

준비: 45분 · 휴지: 15분 · 조리: 20분

불구르 익히기: 불구르를 올리브유에 볶다가 끓는 채소 부용을 붓고 소금과 후춧가루로 간을 살짝 한다. 뚜껑을 덮어 약한 불에 20분간 끓인 뒤 15분 정도 뜸을 들인다. 밀알이 뭉치지 않게 포크를 사용해 저으며 전체적으로 흩뜨린다.

가니시 준비하기: 구운 토마토, 말린 살구, 올리브, 레몬 콩피를 일정한 크기로 작게 자른다. 노란 건포도는 미지근한 물에 불린다. 아몬드와 헤이즐넛은 프라이팬에 구워 일정한 크기로 작게 자른다.

젤리 만들기: 채소 부용에 당근즙과 큐민, 소금 1자밤을 섞어 촘촘한 시누아에 거른 뒤 겔화제를 넣고 끓인다. 평평한 판에 유산지를 깔고 그 위에 이 혼합물을 부어 2mm 두께로 얇게 편다.

가니시 재료를 젤리 위에 보기 좋게 올린 다음 완전히 차갑게 식힌다.

플레이팅하기: 접시에 네모난 틀을 이용해 1cm 높이의 직육면체 모양으로 불구르를 담는다. 그 위에 같은 크기로 자른 젤리를 덮는다. 고수 쿨리와 요거트를 점점이 올리고, 미리 손질해둔 어린 잎채소로 장식을 마무리한다.

Lentilles beluga écume fumée

훈연 거품을 곁들인 벨루가 렌틸*콩

난이도: 2단계 (채식 - 건강식)
분량: 8인분

굵은 양파 1개, 당근 1개, 벨루가 렌틸콩 600g,
정향 2개, 부케 가르니 1개, 굵은소금

가니시:

잎양파 400g, 줄기 달린 굵은 당근 400g, 소금

훈연 거품:

우유 400ml, 톱밥 또는 대팻밥 40g,
채소 부용(79쪽 참조) 250ml,
대두 레시틴 분말 5.25g, 아몬드 오일 1TS,
고운소금, 후춧가루

준비: 45분 · 휴지: 15분 · 조리: 20분

렌틸콩 익히기: 양파와 당근은 껍질을 벗겨 씻어둔다. 마르미트에 렌틸콩을 넣고 찬물을 넉넉히 부어 끓인다. 끓기 시작하면 거품을 걷어내고, 반으로 잘라 정향을 꽂아둔 양파와 주사위 모양으로 썬 당근, 부케 가르니를 넣고 20분간 뭉근히 끓인다(중간에 불순물을 수시로 제거해준다). 불을 끄고 굵은소금으로 간을 맞춘 뒤 15분 정도 그대로 두었다가 건더기를 건진다.

가니시 준비하기: 잎양파와 줄기 달린 당근은 껍질을 벗긴다. 당근은 사방 2.5cm의 주사위 모양으로 썰어 끓는 소금물에 10분간 익힌 뒤 얼음물에 담가 식힌다. 잎양파도 똑같은 방식으로 익힌 뒤 반으로 자른다. 기름을 두르지 않은 프라이팬에 잎양파를 넣고 센 불에서 갈색이 나게 구운 뒤 다시 길로 2등분한다.

훈연 거품 만들기: 우유를 훈연기에 넣어 톱밥 또는 대팻밥을 태운 연기로 30분간 훈연한다. 냄비에 훈연한 우유와 나머지 소스 재료를 넣고 58℃로 데운다. 소금과 후춧가루로 간하고, 플레이팅 직전에 핸드믹서로 거품을 내 사용한다.

플레이팅하기: 가니시 채소에 소량의 부용을 붓고 다시 데운다. 접시 한가운데에 익힌 렌틸콩을 담고, 당근과 잎양파를 그 주위에 빙 둘러놓는다. 렌틸콩 위에 훈연 거품을 한 숟가락 듬뿍 올린 뒤 바로 서빙한다.

* 벨루가 렌틸beluga lentils: 검은색 렌틸콩으로 작고 까만 생김새가 캐비어와 비슷해 벨루가(철갑상어)라는 이름이 붙었다.

Jeunes légumes en brochette, royale de tofu, bouillon d'algues

어린 채소 꼬치와
두부 루아얄, 해초 부용

난이도: 2단계 (채식 - 건강식)
분량: 8인분

두부 루아얄:

생두부 300g, 두유 250ml, 달걀 2개,
달걀노른자 1개, 소금, 후춧가루

채소 꼬치:

푸아브라드 아티초크 2개, 레몬즙(레몬 1개 분량),
올리브유 20ml, 고운소금 1자밤,
줄기 달린 굵은 당근 250g, 잎양파 3단,
셀러리 줄기 250g, 노란색 순무 250g,
작은 비트 2개, 둥근 로즈 래디시 200g

쌀 튀일:

고수 1묶음, 안남미 150g, 달걀흰자

해초 부용:

채소 부용(79쪽 참조) 1L, 생강 10g,
대두 소스 1TS, 말린 다시마 40g,
소금, 후춧가루

준비: 1시간 30분 · 우려내기: 15분 · 조리: 30분

두부 루아얄 만들기: 두부는 50g을 사방 1.5cm 크기의 주사위 모양으로 썰어 냉장고에 넣어둔다. 남은 두부는 두유, 달걀과 함께 크림 질감이 될 때까지 믹서에 곱게 갈아 소금, 후춧가루로 간한 뒤 시누아에 거른다. 내갈 접시에 두부 소스를 붓고 식품용 랩을 씌우고 83℃로 예열한 스팀 오븐에서 18분간 익힌다.

채소 꼬치 만들기: 아티초크는 껍질을 깍은 뒤 표면에 레몬즙을 바르고 4등분한다. 무쇠냄비에 아티초크와 올리브유와 물 1/2컵, 소금을 넣고 10분간 익힌다. 모든 채소는 껍질을 벗기고 씻어 끓는 소금물에 각각 데친 뒤 얼음물에 담갔다가 건져놓는다. 셀러리는 어슷하게 썰고, 순무와 비트는 작은 웨지 모양으로 자른다. 준비된 각종 채소를 나무 꼬치에 번갈아 꽂는다.

쌀 튀일 만들기: 오븐을 90℃로 예열한다. 고수를 약간의 물과 함께 곱게 갈아 천에 밭쳐 눌러 짜 착즙기에 넣어 진한 녹즙을 받는다. 쌀로 질게 밥을 지어 녹즙과 달걀흰자와 함께 믹서에 곱게 간다. 티스푼으로 쌀 반죽을 조금씩 떠 실리콘 판 위에 놓고 스테인리스 스패튤러로 매끈하게 편다. 이어 오븐에서 8분 정도 구워 바삭한 튀일을 완성한다.

해초 부용 만들기: 채소 부용에 저민 생강과 간장, 대두 소스, 다시마(플레이팅 때 쓸 다시마 8조각은 남긴다)를 넣고 뚜껑을 덮은 채 15분간 끓여 육수를 우린다. 부족한 간을 맞추고, 시누아에 거른다. 남은 다시마 8조각을 90℃의 오븐에 넣어 바삭하게 말린다.

플레이팅하기: 접시에 담긴 두부 루아얄과 채소 꼬치를 75℃의 스팀 오븐에서 7분간 데운다. 접시에 뜨거운 부용을 붓고 녹색 쌀 튀일, 말린 다시마를 보기 좋게 올린다.

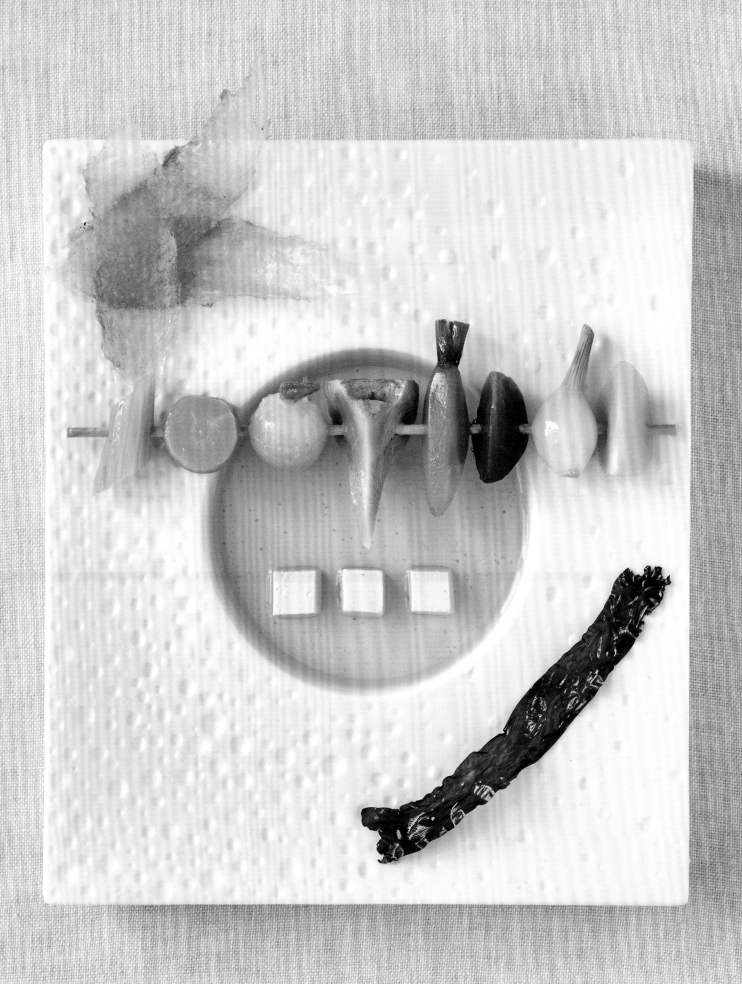

토마토를 조리하는 다양한 방법

난이도: 3단계 (채식 - 건강식)
분량: 8인분

토마토 젤리:

완숙 토마토 2kg, 발사믹 식초 약간,
바질 1/2단, 판젤라틴 10g, 플뢰르 드 셀 10g

토마토 루아얄:

토마토 콩카세 400g, 우유 400ml, 달걀 4개

토마토 칩:

로마 토마토* 3~4개, 소금, 올리브유 2TS,
슈거 파우더 10g

토마토 소르베:

물 140g, 설탕 50g, 포도당 10g,
토마토 주스 500ml, 레몬즙 40ml,
올스파이스 6개, 바질 잎 약간,
플뢰르 드 셀 1자밤

토마토 타르타르:

샬롯 50g, 로마 토마토 3~4개,
코르니숑 피클 2개, 버진 올리브유 1TS,
플뢰르 드 셀, 후춧가루,
에스플레트 고춧가루 약간

가니시:

파르메산 치즈 50g, 케이퍼베리 1TS,
재래종 토마토(파인애플 토마토, 흑토마토 등) 2개,
화이트 발사믹 식초 1TS, 녹색 바질 가지 8개,
자색 바질 가지 16개

준비: 1시간 20분 · 휴지: 14시간 · 담금: 12시간 30분 · 조리: 35분

토마토 젤리 만들기: 하루 전, 토마토에 소금과 발사믹 식초를 뿌리고 믹서에 거칠게 간 뒤 바질 잎과 섞는다. 즙이 빠지게 고운체(또는 소창)에 밭쳐 냉장고에 하룻밤 동안 보관한다.

토마토 루아얄 만들기: 모든 재료를 잘 섞어 고운체(또는 소창)에 거른 뒤 2시간 동안 냉장보관해 찌꺼기를 가라앉힌다. 유리잔 8개에 윗물만 조심스럽게 따르고 일일이 랩을 씌워 85℃의 스팀 오븐에서 18분간 익힌다. 조리가 끝나면 가볍게 식힌 뒤 냉장 보관한다.

다음 날, 냉장고에서 토마토 즙을 꺼내 미리 찬물에 10분간 불려둔 판젤라틴(토마토 즙 1L당 10g)과 함께 소스팬에서 데워 녹이며 잘 섞는다. 토마토 젤리가 살짝 군을 정도로 식으면 루아얄이 담긴 유리잔에 부어 냉장고에 넣는다.

토마토 칩 만들기: 오븐을 85℃로 예열한다. 토마토를 아주 얇고 일정한 두께로 썰어 소금과 올리브유, 슈거 파우더를 살짝 뿌린다. 오븐에 30분간 넣어 바싹 말린다.

토마토 소르베 만들기: 냄비에 물과 설탕, 포도당을 넣고 한소끔 끓여 식힌다. 여기에 토마토 주스, 레몬즙, 올스파이스, 바질 잎, 소금을 더해 냉장고에서 하룻밤 동안 향이 우러나게 한다. 부족한 간을 맞추고 고운체에 거른 뒤 소르베 제조기를 이용해 얼린다.

토마토 타르타르 만들기: 샬롯은 껍질을 벗겨 잘게 자른다. 토마토도 끓는 물에 살짝 데쳐 껍질을 벗기고 심과 씨를 제거한 뒤 과육만 작은 주사위 모양으로 썬다. 코르니숑 피클을 다진다. 준비된 샬롯과 토마토에 나머지 재료를 모두 섞어 유리잔에 담긴 토마토 젤리 위에 평평하게 올린다.

가니시 준비하기: 파르메산 치즈는 얇은 대팻밥처럼 썰고, 케이퍼베리는 2등분한다. 재래종 토마토는 보기 좋게 웨지 모양으로 잘라 발사믹 식초에 15분간 절인다.

플레이팅하기: 토마토 루아얄과 젤리, 타르타르가 층층이 쌓여 있는 유리잔에 절인 토마토와 소르베, 파르메산 치즈, 케이퍼베리, 바질, 토마토 칩을 보기 좋게 담는다.

* 로마 토마토: 방울토마토보다 조금 더 큰 길쭉한 타원형의 토마토. 조직이 단단한 데다 신맛이 적고 단맛이 강해 토마토 페이스트를 만들 때 많이 쓴다.

난이도: 3단계 (채식 - 건강식)
분량: 8인분

아보카도 퓌레:

아보카도 4개, 레몬즙(레몬 2개 분량),
올리브유 5TS, 고운소금 1자밤,
에스플레트 고춧가루 약간

크로켓:

밀가루 30g, 달걀 1개, 빵가루 60g,
식물성 튀김 기름 500ml

아보카도 칩:

아보카도 2개, 올리브유 1ts

아보카도 타르타르:

아보카도 2개, 파프리카 브뤼누아즈 40g,
다진 샬롯 35g, 레몬즙 1TS, 올리브유 1TS,
다진 고수 5g, 라이스페이퍼 2장

유자 에멀션:

채소 부용(79쪽 참조) 200ml, 유자즙 3TS,
코코넛 밀크 150ml, 대두 레시틴 분말 2g

가니시:

아보카도 오일 8ts,
핑크 그레이프프루트 과육 75g,
레몬 제스트 8g, 파프리카 2개, 고춧가루 2g

준비: 1시간 30분 · 조리: 6시간

퓌레 만들기: 아보카도 과육을 레몬즙, 올리브유, 소금, 에스플레트 고춧가루와 함께 믹서에 곱게 갈아 걸쭉한 퓌레를 만든다. 소금 간을 하고, 절반씩 따로 나누어 식품용 랩을 씌워 냉장보관한다.

크로켓 만들기: 퓌레의 절반을 반구형 실리콘 틀에 채워 냉동고에 넣어 얼린다. 퓌레가 단단히 굳으면, 반구를 2개씩 맞붙여 공 모양으로 24개 만든다. 이어 밀가루-달걀물-빵가루의 순으로 튀김옷 입히기를 2회 반복한 뒤(172쪽 참조) 내가기 전까지 냉장고에 넣어둔다.

칩 만들기: 오븐을 90℃로 예열한다. 아보카도를 반으로 갈라 씨는 제거하되 껍질은 그대로 둔 채 얇게 슬라이스하고 각 조각의 표면에 붓으로 올리브유를 살짝 바른다. 유산지를 깐 오븐팬에 아보카도 조각들을 펼쳐 담고, 다시 유산지와 그 위에 오븐팬을 덮어 바삭해질 때까지 오븐에서 6시간 동안 말린다.

타르타르 만들기: 아보카도 과육을 작은 주사위 모양으로 일정하게 잘라 파프리카 브뤼누아즈, 다진 샬롯, 레몬즙, 올리브를 넣고 고루 섞는다.

라이스페퍼를 물에 적신다. 아보카도 타르타르 1TS를 라이스페퍼 가운데 올린 뒤 일정한 두께로 돌돌 만다. 완성된 것을 5cm 길이의 원통 모양으로 잘라 차갑게 보관한다.

유자 에멀션 만들기: 채소 부용과 유자즙, 코코넛 밀크를 잘 섞어 시누아에 거른다. 여기에 대두 레시틴 분말을 넣고 거품기로 고루 휘저은 다음, 사이폰에 넣고 가스 캡슐 1개를 주입한다.

플레이팅하기: 아보카도 크로켓을 170℃의 기름에 튀긴 뒤 키친타월에 밭쳐 기름을 뺀다. 접시에 퓌레 1TS를 담고, 가운데 부분을 움푹 파 '아보카도 오일 우물'을 만든다. 이어 라이스페이퍼에 만 타르타르 2조각과 크로켓 3개를 올리고, 조그맣게 썬 그레이프프루트 과육과 데친 레몬 제스트, 유자 에멀션, 파프리카 브뤼누아즈를 보기 좋게 배치하고 접시 위에 고춧가루를 흩뿌려주며 마무리한다.

비빔밥

난이도: 1단계 (세계의 요리 - 한국)
분량: 8인분

소 등심 300g,
식물성 기름(고기를 볶을 때 사용) 2TS,
흰쌀밥(404쪽 참조) 8인분

마리네이드:

간장 2TS, 참기름 2TS,
설탕 1/2ts, 다진 마늘 1/2ts,

채소 고명:

어린 시금치 400g, 참기름 2ts, 참깨 2ts,
다진 마늘(마늘 2쪽 분량), 소금 1자밤,
당근 250g, 콩나물 500g,
표고버섯 250g, 식물성 기름 2TS,
달걀 8개, 땅콩기름 2ts, 김 1장

비빔밥 소스:

고추장 4TS, 참기름 3TS, 설탕 1TS, 물 3TS,
참깨 2TS, 사과 식초 1TS, 다진 마늘 1TS

준비: 50분 · 절임: 30분 · 조리: 40분

양념 고기 준비하기: 등심을 다듬어 작은 바토네로 썬 다음 모든 마리네이드 재료와 섞어 30분간 절인다. 웍에 식물성 기름 2TS를 두르고 고기를 4분간 재빨리 볶는다.

채소 고명 준비하기: 시금치는 씻어 끓는 소금물에 30초간 데쳐 찬물에 식힌 뒤 물기를 꼭 짠다. 이어 칼로 몇 번 썰어 참기름 1ts, 참깨 1ts, 다진 마늘, 소금을 넣고 무친다. 콩나물도 씻어 30초 동안 데친 뒤 시금치와 똑같이 양념해 무친다. 표고버섯은 씻어 얇게 저민 다음 웍에 식물성 기름 1TS를 두르고 살짝 볶는다. 당근은 굵은 쥘리엔으로 썰어 웍에 남은 기름을 두르고 볶는다.

달걀은 노른자와 흰자를 분리해 각각 포크로 풀어놓는다. 코팅된 프라이팬에 땅콩기름을 두른 뒤 달걀물을 붓고 두꺼운 크레이프를 굽듯 타지 않게 부친다. 2가지 색 지단이 완전히 식으면 일정한 굵기의 바토네로 썬다.

마른 김은 가늘게 썰어둔다.

비빔밥 소스 만들기: 7가지 소스 재료를 고루 섞는다.

플레이팅하기: 갓 지은 밥을 그릇에 담아 적당히 식힌다. 밥 위에 볶은 고기와 나물, 고명을 보기 좋게 얹은 뒤 그릇을 가스 불에 올려 5분간 가열한다. 소스와 함께 서빙한다.

wok de poulet aux noix de cajou et coriandre

캐슈넛과 고수를 넣은 닭고기 볶음

난이도: 1단계 (세계의 요리 - 중국)
분량: 8인분

닭 가슴살(218쪽 참조) 600g,
땅콩기름 5TS

마리네이드:
베이킹 소다 1ts, 감자 전분 1TS, 청주 1TS

가니시:
셀러리 200g, 녹색 파프리카 300g,
양파 100g, 생강 30g

소스:
굴소스 1TS, 간장 4TS, 물 4TS, 설탕 1ts,
청주 2TS, 참기름 1TS

플레이팅:
캐슈넛 150g, 고수 1/4단, 셀러리,
흰쌀밥(404쪽 참조) 8인분

준비: 30분 · 절임: 30분 · 조리: 10분

닭고기 준비하기: 닭 가슴살을 사방 1.5cm 크기의 주사위 모양으로 썰어 베이킹소다에 15분간 절인다. 절인 닭 가슴살을 물에 깨끗이 헹궈 물기를 제거한 뒤 다시 감자 전분과 청주에 15분간 재운다.

가니시 준비하기: 섬유질을 제거한 셀러리와 녹색 파프리카, 양파는 네모 모양으로, 생강은 쥘리엔으로 각각 썰어놓는다.

소스 만들기: 소스 재료를 모두 고루 섞는다.

웍에 볶기: 웍을 불에 달구고 땅콩기름 3TS를 두른다. 기름에서 연기가 나기 시작하면, 재워놓은 닭고기를 넣고 3분간 볶아 굵은 체에 밭쳐둔다. 남은 땅콩기름을 마저 웍에 두르고, 채소를 센 불에서 2분 정도 볶다가 닭고기와 소스를 넣고 고루 잘 섞으며 2분간 더 볶는다.

플레이팅하기: 우묵한 접시나 볼에 닭고기 볶음을 담고, 캐슈넛과 신선한 고수, 잘게 썬 셀러리 줄기와 잎을 얹는다. 흰쌀밥과 함께 따뜻하게 서빙한다.

똠얌꿍(매운 새우 수프)

난이도: 1단계 (세계의 요리- 태국)
분량: 8인분

레몬그라스 2대, 갈랑가* 또는 생강 30g,
가금류 부용(74쪽 참조) 2L, 칠리 파우더 1/2ts,
샬롯 150g, 토마토 250g, 버섯 250g,
26/30사이즈 새우* 450g, 라임 3개,
남플라 소스(발효 생선 소스) 6TS,
소금, 후춧가루

플레이팅하기:
타이 바질* 40g, 신선한 고수 40g,

준비: 30분 · 조리: 12분

레몬그라스와 갈랑가의 뿌리 쪽 부분(또는 생강)을 얇게 저며 칠리 파우더와 함께 닭 부용에 넣고 끓인다.

토마토는 껍질을 벗겨 씨와 심을 제거하고, 버섯은 깨끗이 다듬어 2가지 모두 4등분한다. 부용이 끓기 시작한 지 10분이 지났을 때, 저민 샬롯과 토마토, 버섯, 껍데기를 벗기고 꼬리는 그대로 둔 새우를 넣고 2분간 더 끓인다.

냄비를 불에서 내려 라임즙과 남플라 소스로 양념한다.

플레이팅하기: 간을 맞춰 내갈 그릇에 담는다. 그 위에 타이 바질과 고수를 얹어 서빙한다.

* 갈랑가galanga: 중국 남부와 동남아시아 원산의 생강과 식물. 뿌리를 향신료로 쓰며, 동남아풍 커리나 찜 요리에 필수적으로 들어간다.
* 26/30 사이즈 새우란 1kg 팩 하나에 26~30마리가 들어가는 크기의 새우를 말한다.
* 타이 바질Thai basil: 태국 원산의 바질. 일반 바질에 비해 민트와 감초, 아니스 향이 나며, 동남아 요리에 두루 사용된다.

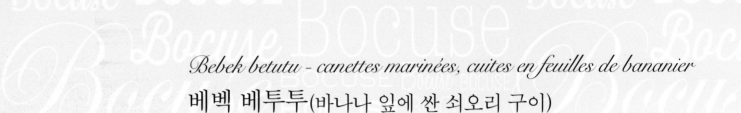

Bebek betutu - canettes marinées, cuites en feuilles de bananier

베벡 베투투(바나나 잎에 싼 쇠오리 구이)

난이도: 2단계 (세계의 요리 - 인도네시아)
분량: 8인분

1.3kg짜리 쇠오리 2마리,
바나나 잎 4장 또는 알루미늄포일

마리네이드:

마늘 7쪽, 샬롯 6개, 레몬그라스 5대, 생강 80g,
터메릭(강황) 60g, 갈랑가 60g,
거칠게 빻은 흑후춧가루 1/2ts, 고수 씨 1/2ts,
태국 고추 8개, 소금 1ts, 라임즙(라임 3개 분량),
카피르 라임 잎 8장

플레이팅:

흰쌀밥(404쪽 참조) 8인분, 튀긴 새우칩

준비: 30분 · 마리네이드: 12시간 · 조리: 2시간 30분

쇠오리를 말끔히 손질해 준비한다(208쪽 참조).

마리네이드하기: 하루 전, 카피르 라임 잎을 제외한 나머지 마리네이드 재료를 모두 절구로 곱게 빻는다. 조리용 장갑을 끼고 쇠오리의 겉과 속에 이 마리네이드를 고루 발라 하룻밤 동안 재운다.

쇠오리 굽기: 전기 그릴이나 번철에 바나나 잎을 1분간 데워 부드럽게 만든다. 쇠오리 위에 카피르 라임 잎을 올리고, 바나나 잎으로 전체를 겹겹이 두껍게 감싼 뒤 이쑤시개로 고정한다.

쇠오리를 100℃의 스팀 오븐이나 쿠스쿠시에*에 넣고 2시간 30분간 찐 다음, 바나나 잎을 벗기고 150℃에서 30분간 더 익힌다.

플레이팅하기: 흰쌀밥, 튀긴 새우칩과 함께 서빙한다.

* 쿠스쿠시에couscoussier: 쿠스쿠스를 익힐 때 쓰는 금속 재질의 2단 찜기

비둘기고기 파스티야

난이도: 2단계 (세계의 요리 - 모로코)
분량: 8인분

비둘기 4마리, 양파 500g, 생강 40g,
마늘 9쪽, 계피 3조각, 고수 1/2단,
이탈리안 파슬리 1/2단, 사프란 5g,
라스엘하누트 4g, 올리브유 4TS, 소금 1자밤,
달걀 3개

캐러멜 아몬드:

설탕 100g, 껍질을 벗긴 통아몬드 300g

모양 만들기:

필로 파트 또는 푀유 드 브릭 16장,
올리브유 또는 정제버터,
계핏가루 30g, 슈거 파우더 30g

준비: 45분 · 조리: 30분

비둘기고기 준비하기: 비둘기의 내장을 제거하고 말끔히 손질한다(208쪽 참조). 양파, 생강, 마늘은 껍질을 벗겨 얇게 슬라이스한다. 마르미트에 비둘기고기와 채소, 계피, 고수, 이탈리안 파슬리를 모두 넣고, 재료가 잠길 만큼 불를 부어 약한 불에 올린다. 사프란, 라스엘하누트, 올리브유를 추가하고 소금 간을 약하게 해 15분간 약한 불에서 끓인다. 비둘기 살이 저절로 떨어질 만큼 익으면, 고기만 건지고 남은 국물은 가니시와 함께 수분이 거의 다 날아갈 때까지 조린다. 계피는 건져 버린다. 냄비를 불에서 내려 달걀 3개를 풀어 넣고 다시 약한 불에 올린다. 달걀이 서서히 익어 농도가 걸쭉해지면 불을 끈 뒤 그대로 식혀 소를 완성한다.

비둘기고기는 껍질을 벗기고 뼈를 바른다. 다릿살은 잘게 찢고, 가슴살은 통으로 준비한다.

캐러멜 아몬드 준비하기: 기름을 두르지 않은 프라이팬에 설탕을 넣고 약한 불로 서서히 가열하다가 아몬드를 넣어 고루 뒤섞는다. 기름을 칠한 넓은 팬에 캐러멜 아몬드를 쏟아 단단하게 굳힌 뒤 칼로 부순다.

오븐을 180℃로 예열한다. 작업대 위에 필로 파트 1장을 놓고 붓으로 올리브유나 정제 버터를 바른 뒤 또 1장의 필로 파트로 덮는다. 그 위에 잘게 부순 캐러멜 아몬드와 소, 비둘기 다릿살, 살짝 납작하게 누른 필레, 다시 소를 켜켜이 쌓고, 파트의 가장자리를 위로 접어 오므린다. 파스티야를 뒤집어 반대쪽 면에 올리브유를 바른 뒤 오븐에 넣어 15분간 굽는다.

계핏가루와 슈거 파우더로 파스티야의 표면을 장식해 서빙한다.

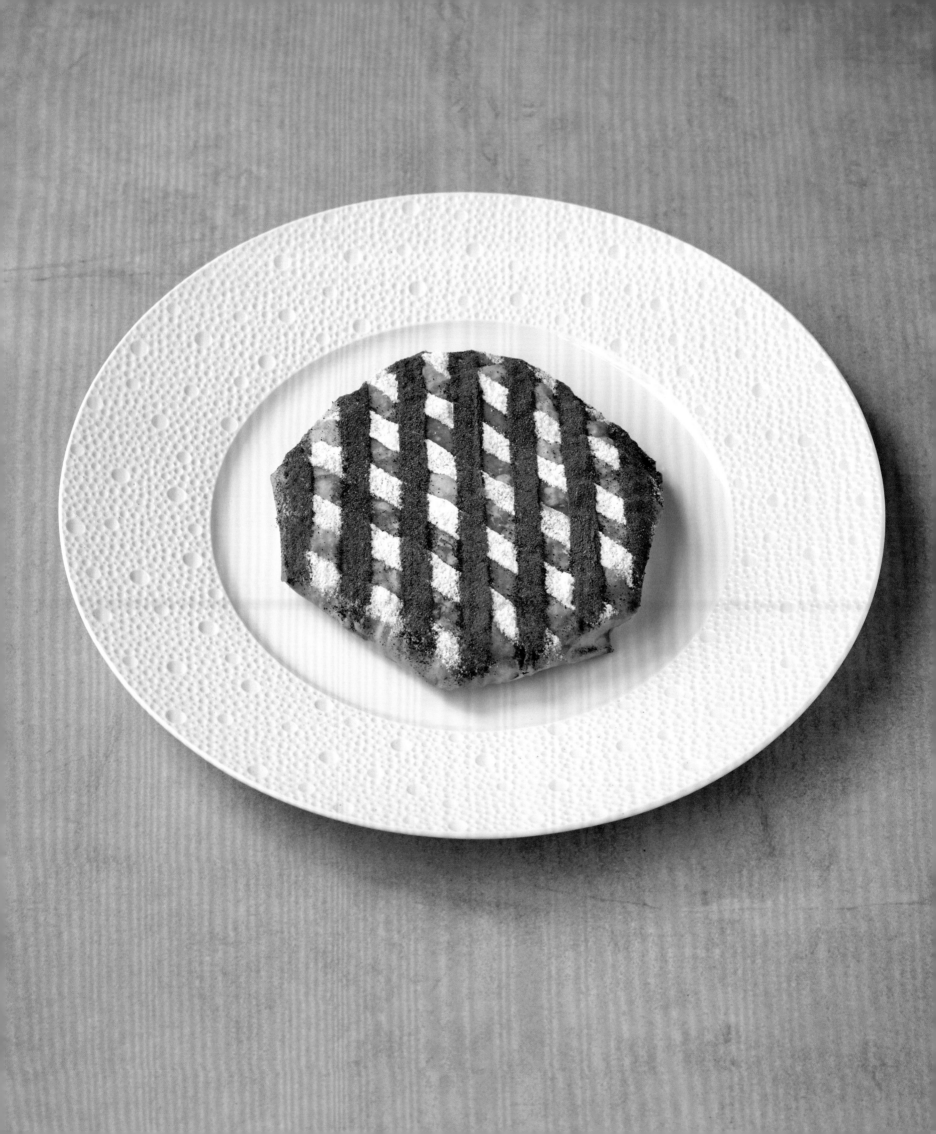

난이도: 2단계 (세계의 요리 - 일본)
분량: 8인분

스시용 밥:
쌀 400g

배합초:
쌀식초 60g, 소금 10g, 설탕 60g

스시:
1.2kg짜리 연어 1마리, 도미 1kg, 농어 1kg,
참치 필레 500g, 넙치 필레 1kg,
익힌 새우 8마리, 데리야키 소스,
연어알 100g, 와사비 30g, 김 4장

연어 스시 소스:
양파 1개, 사과 1개, 유자즙 100ml

미소 수프:
물 1L, 가쓰오부시 9g,
말린 다시마(10X10cm 크기) 1장,
미소 된장 80g

플레이팅:
간장 50ml, 와사비 40g, 생강 초절임 80g,
식용 꽃 16송이

준비: 2시간 · 조리: 1시간

밥과 배합초 준비하기: 쌀은 맑은 물이 나올 때까지 씻어 물기를 빼고 잠시 그대로 둔다. 밥을 짓기 전 쌀알이 수분을 머금을 수 있는 시간을 주면 밥의 식감이 더 좋아진다.

그동안 배합초를 만든다. 냄비에 식초, 소금, 설탕을 넣고 약한 불에서 설탕이 완전히 녹을 때까지 뭉근하게 끓여 식힌다.

냄비에 불린 쌀과 물을 넣는다. 물의 양은 쌀 표면에서 2.5cm 정도 올라오게 붓고 밥을 짓는다. 먼저 센 불에서 10분간 끓인 뒤 불을 약간 줄이고 15분 정도 더 가열한다. 수분이 거의 졸아들면 약한 불에서 5~10분 정도 뜸을 들인다.

갓 지은 밥을 비금속성 용기(나무통이나 종이로 만든 한기리(はんぎり)를 권장함)에 쏟는다. 여기에 배합초 70~80ml를 붓고 밥주걱이나 나무 숟가락으로 고루 뒤섞는다. 이때 밥알이 뭉개져 질척한 곤죽이 되지 않게 주의하고, 전체적으로 윤기가 흐르게 만든다. 초밥을 충분히 뒤섞어 적당한 온도로 식히는 데는 약 10분이 소요된다.

스시용 생선 준비하기: 연어, 도미, 농어는 기본 손질(316쪽 참조)을 마친 뒤 조심스럽게 필레를 떠 모양을 다듬고 가시를 제거한다(312쪽 참조). 생선 필레를 3mm 두께로 얇게 썬다. 연어는 일부를 막대 모양으로 썰어 마키스시를 만들 때 사용한다. 참치 필레도 껍질을 벗기고 다른 생선과 똑같이 3mm 두께로 썬다.

연어 스시용 소스 만들기: 슬라이스한 양파와 강판에 간 사과, 유자즙을 고루 섞는다. 이 소스는 연어 스시 위에 조금씩 얹는다.

스시 만들기: 양손에 물을 묻히고 왼손(오른손잡이 기준)으로 생선을 1점(약 11~12g) 쥔다. 오른손으로 초밥 7~8g을 작은 공 모양으로 빚은 뒤, 왼손에 쥔 생선에 와사비를 약간 펴 바르고, 고추냉이가 발린 쪽을 초밥 위에 덮는다.

넙치 스시 만들기: 지느러미 쪽 살을 토치로 재빨리 살짝 그을려 공 모양의 초밥 위에 올리고, 데리야키 소스를 바른다.

연어 마키스시 만들기: 대나무 발 위에 김을 넓은 쪽이 가로가 되게 놓는다. 손끝에 물을 묻히고 초밥을 폭 1~2cm의 띠 모양으로 김 위에 얇게 펼친다.
막대 모양으로 썰어둔 연어를 초밥 한가운데 놓고 아래쪽의 김으로 감싸 돌돌 만다. 밥으로 덮이지 않은 김의 가장자리를 원통형 마키에 붙여 고정한 뒤 8등분한다. 남은 김으로 똑같이 마키를 2회 더 반복한다.

연어 알 스시 만들기: 초밥 5g을 작은 공 모양으로 빚은 뒤 위아래로 살짝 눌러 받침을 만든다. 30cm 폭으로 길게 잘라둔 김으로 밥에 띠를 둘러주고, 티스푼으로 연어알을 떠 밥 위에 올린다.

미소 수프 만들기: 냄비에 물과 가쓰오부시, 다시마를 넣고 끓인다. 물이 끓기 시작하면 불을 끄고 재료의 향미가 우러나게 10분간 그대로 둔다. 육수를 시누아에 거른 뒤 미소 된장을 넣고 다시 불에 올린다. 한소끔 끓으면 불을 끈다.

플레이팅하기: 접시에 스시를 담고 식용 꽃으로 장식해 간장, 와사비, 생강 초절임, 미소 수프와 함께 서빙한다.

Les ACCORDS METS *et* VINS

요리와 와인의 조화

요리와 와인의 조화

어울림의 중요성

프랑스 문화에서 와인이 차지하는 독보적인 위치는 사람들이 일상의 식사 및 파티, 축하연, 모임 등에서 와인에 부여하는 가치에 상응한다. 정성 들여 준비한 식사에 곁들일 와인을 고르는 일은 레스토랑에서처럼 매번 시음하기가 쉽지 않기에 더욱 조심스럽다. 그래서 선택은 복잡한 만큼 흥미롭기도 하다. 와인은 당연히 준비된 음식과 잘 어울려야 하지만, 둘의 조화가 전부는 아니다. 마시는 분위기도 못지않게 중요하기 때문에 손님들을 모시게 된 상황은 물론 계절, 주변 환경 등도 고려해야 한다.

음식을 고를 때 재료의 계절적 특성을 중시해야만 그 맛과 향을 제대로 음미할 수 있는 것처럼, 와인도 계절에 맞게 선택하는 것이 좋다. 열정적인 사람들이 식탁에 모이는 겨울이라면 와인을 빼놓을 수 없을 듯하다. 반면 여름에는 와인보다는 과일 주스나 가벼운 청량음료가 더 쉽게 떠오른다. 그러나 여름을 위한 '태양의 와인'과 혹독한 겨울에 어울리는 '대지의 와인'이라는 것도 따로 존재한다. 프랑스식 작명법은 사계절 내내 와인을 생각나게 할 수 있을 만큼 범위가 방대하다.

알아봅시다

와인 선택의 세 가지 기준

음식에 어울리는 와인을 고를 때, '조리법' '양념' '가니시'라는 세 가지 요소에 맞추어 과감하게 선택하는 것도 좋다. 이렇게 하면 참신하고 다양하게 음식과 와인을 조합시킬 수 있다. 물론 언제나 '실수'를 저지를 가능성은 있지만, 어쨌든 큰 가르침은 얻을 수 있을 것이다.

화이트는 참된 색깔이다

화이트와인도 맛에 따라 드라이, 세미드라이, 스위트, 스파클링으로 나뉠 수 있다. 그만큼 화이트와인에는 놀랄 정도로 섬세하고 다양한 맛의 차이가 존재한다는 뜻이다.

화이트와인은 흔히 해산물에 곁들여진다. 굴 요리와 뮈스카데muscadet 같은 고전적인 조합은 확실히 주목할 만해서, 이 같은 종류의 와인은 대부분 겨울철에 소비된다. 그러나 독특한 향을 지닌 포도 품종으로 만든 화이트와인은 특히 여름철 음식과 잘 어울린다.

예를 들면, 알자스산 드라이 뮈스카데가 바로 그런 경우다. 코와 혀를 모두 만족시키는 이 화이트와인은 식전주(아페리티프apéritifs)로도 완벽하다. 풍부한 향은 설탕의 단맛에 결코 압도되지 않으며, 은은함과 섬세함이 그대로 유지된다.

알자스산 뮈스카데는 식사 중 구운 생선과 기분 좋은 조화를 이루는데, 특히 송어 같은 민물 생선과 잘 어울린다. 식전용 와인을 식사 중에도 계속 이어 마시면 자연히 와인을 섞어 마실 일이 줄어든다.

와인의 숙성 방식은 당연히 미묘한 맛의 차이에 영향을 준다. 그래서 와인의 세계를 탐구하여 새로운 조합을 정하는 일은 흥미롭지 않을 수 없다. 오크통의 찌꺼기 위에서 숙성된 부르고뉴 와인은 다채로운 향을 담고 있어서 조화를 이룰 수 있는 요리의 범위가 매우 넓다.

부르고뉴와 론 지역에서 생산된 화이트와인은 복합적인 향미가 있어, 송아지고기나 가금류 같은 백색육, 또는 로브스터, 랑구스틴처럼 진한 풍미를 지닌 갑각류의 섬세한 맛을 부각시켜준다. 이 같은 식재료를 단순하게 조리해서 반대로 정교한 향미를 띠는 와인과 조합하면 세파주cépage(포도나무의 품종)와 테루아르terroir(포도나무를 둘러싼 토양 등의 자연환경, 생산지)가 완벽하게 표현된다.

순수한 찌끼를 활용한 숙성

순수한 찌끼란 오크통 바닥에 가라앉은 침전물을 말한다. 숙성 중인 와인을 휘저어 이 찌끼를 다시 액체 속에 떠다니게 하면, 와인의 맛을 훨씬 배가할 수 있다.

로제와인의 신선함과 가벼움

비교적 단순하고 과일향이 진한 로제와인은 '여름밤의 파티'를 떠오르게 한다. 오래 숙성되지 않은 상태에서 마시기 때문에 상대적으로 쉽게 접근할 수 있다. 시원하게 준비된 로제와인은 여름철 별미와 완벽한 조화를 이룬다. 그러나 맛있고 쉽다는 특징 때문에 이 와인을 그저 평범하게만 생각해서는 안 된다. 뛰어난 품질의 로제와인도 얼마든지 많다.

최근 로제와인의 수요가 급증하면서 프로방스 산이 가장 선호되고 있다. 비교적 덜 알려졌지만 정체성은 더 뚜렷한 방돌Bandol 로제나 타벨Tavel 로제도 프로방스 로제 못지않게 우수한 품질을 자랑한다. 더욱이 타벨은 AOC(원산지 통제 명칭) 와인으로, 이 지역에서는 오직 로제만 생산한다.

가메gamay라는 포도 품종으로 만든 보졸레 로제 역시 훌륭하다. 이 와인은 세파주와 테루아르가 단일하기 때문에 독보적인 신선도와 진한 과일향을 자랑한다.

갈증 해소용 와인이란?

'갈증 해소용'이라는 표현에는 결코 경멸적인 의미가 담겨 있지 않다. 갈증 해소용 와인이란 텁텁하고 떫은맛을 내는 타닌 성분이 적고, 싱싱한 과일의 풍미가 진하게 감돌아 포화의 위험이 전혀 없는, 매우 신선한 와인을 지칭한다.

로제와인 중에는 반갑게도 세르동Cerdon 같은 스파클링 와인도 있다. '메토드 앙세스트랄methode ancestrale(샴페인 제조 기술이 발달하기 전에 통용되던 구식 발포성 와인 제조법. 병 안에서 1차 발효만을 통해 탄산을 얻어내기 때문에 비교적 약한 발포성을 띤다—옮긴이)'에 따라 제조된 이 와인은 '갈증 해소'를 위한 식전주나 디저트로 즐기기에 알맞다. 이 제조 방식은 진한 과일 향과 신선함이 결합된 와인을 만들 수 있다. 기포는 섬세하고 알코올 도수는 낮으며, 무겁거나 농후한 느낌은 전혀 없이 아주 약한 달콤함이 감돈다.

세르동은 7~8℃의 온도로만 낸다. 물론 권장 온도는 와인의 제조년도와 종류에 따라 달라질 수 있다. 일반적으로 와인의 숙성 기간이 짧을수록 시원한 온도에 더 잘 어울린다.

레드와인의 복합성과 섬세함

레드와인은 조화를 이루는 음식의 종류만큼이나 그 자체로 다양하다. 숙성 기간이 짧은 레드와인은 설익은 느낌은 아니더라도 다소 기본적이고 단순한 특성을 띤다.

그중 일부는 병입한 지 3년 안에 빠르게 소비되기도 한다. 반면 세월이 흐름에 따라 향미가 복잡해지는 와인은 숙성 기간이 좀더 요구된다. 저장된 지 10~15년 지난 와인에서는 초기의 향(arôme primaire)이 아닌 제3기의 향(arôme tertiaire)이 나타난다. 이러한 와인은 비교적 접근하기가 쉽지 않지만, 숙성 과정에서 더해지는 복합성은 더욱 도드라진다. 예를 들어, 과일향도 신선한 과일에서 느껴지는 향이 아니라 말린 과일, 브랜디, 과일 잼 등에 가까운 향이다. 타닌 성분은 구조를 상실한다. 여전히 타닌은 존재하고 감지되기도 하지만, 그 느낌은 세월에 의해 변한 상태다. 이러한 느낌에 다다른 와인은 마시기 전 코르크 마개를 열어 실온에 놓아둔 뒤 맛을 보면 진정한 보물찾기를 할 수 있다. 이 같은 경험은 미식가를 자극하고 흥분시켜 새로운 감각을 발견하도록 섬세하게 이끄는 후각의 신세계라고 하겠다.

레드와인의 성공적 숙성 여부는 제조 과정 중 발생한 자연적, 인위적 요인의 영향을 받는다.

인위적 요인은 어떤 포도를 어떤 방식으로 재배할지 연구해 포도의 정체성을 정하는, 포도 생산자에 의해 결정된다.

예를 들어 마세라시옹macération(포도 껍질과 씨를 함께 넣고 발효하는 과정—옮긴이)이 짧으면 포도에서 얻을 수 있는 타닌 추출물의 양이 적다. 따라서 이렇게 제조한 와인은 숙성 기간이 짧은 신선한 상태로 마시는 것이 좋다. 불가피한 자연적 요인의 하나는 엄청나게 다양한 모습을 보여줄 수 있는 테루아르와 세파주의 이중주다.

보졸레 지방 남쪽(황금빛 암석 지대이자 보졸레 누보의 생산지)의 점토-석회질 토양에서 자란 가메로 제조한 와인은 유연한 질감과 신선한 과일향을 가진다. 반면에 좀 더 북쪽에서 재배되는 가메는 중장기적 숙성을 거친, 밀도가 높고 복합적인 맛과 향의 와인이 된다. 이는 석회석부터 오래된 화산암에 이르기까지 상대적으로 더 다

플레니튀드

와인은 숙성 정도에 따라 유사하거나, 상반되거나, 또는 상호보완적인 다양한 조화를 이룰 수 있다. 조화는 시각적 측면은 물론 후각적, 미각적 측면에서도 성립된다. 플레니튀드의 조화란 이 같은 다양한 조화가 서로 잘 어우러질 때 발현된다.

* 플레니튀드Plénitudes : 와인의 단계별 숙성 과정에서 가장 우수한 향미를 내는 절정기—옮긴이

우리의 젊음을 위해 스스로 노화하는 타닌

숙성 기간이 짧은 레드와인의 경우, 포도 껍질 속의 타닌 성분이 존재감을 강하게 드러낸다. 하지만 와인이 점점 숙성됨에 따라, 타닌은 와인을 구조화하고 특정한 균형감을 부여한다. 와인의 '촉각적' 특성인 '유려한 목 넘김(fluidité)'을 결정짓는 것은 바로 이 타닌이다.
와인이 오크통에서 숙성되는 동안, 타닌 성분은 나무에서 배어나오는 것과 합쳐져 더욱 풍부해진다. 포도와 떡갈나무에서 나온 타닌은 숙성 과정에서 서로 중합하여 와인을 입안에 머금었을 때 실크처럼 부드러운, 섬세한 맛을 선사한다. 그 밖에도 타닌에는 또 한 가지 장점이 있다. 바로 세포의 노화를 늦추고, 신체 기관의 젊음을 지켜주는 항산화 물질이라는 점이다.

양한 토질의 영향을 받기 때문이다. 또 한 가지 중대한 자연적 요인은 기후이다. 여러 기후 요소(기온, 강수량 등)는 매년 수확하는 포도의 품질에 커다란 영향을 끼친다. 여름이 유난히 덥고 건조한 해에는 더욱 진한 맛과 향을 띠는 와인이 생산된다.

레드와인도 비교적 신선하고 숙성 기간이 짧은 것으로 고른다면 여름철 식사와 만족할 만한 조화를 이룰 수 있다. 신선하고 과일향이 진한 와인을 생산하기에 가장 적합한 지역은 론 계곡 일대—코트 뒤 론 빌라주와 보졸레—이다.

시각적으로 어둡고 토속적인 음식에는 비교적 깊고 진한 향미의 와인이 어울린다. 실제로 색상의 유사함은 음식과 와인 사이의 가장 널리 알려진 성공적 조화의 한 요소다.

과일과 향신료의 진한 향미, 타닌의 훌륭한 구조감, 톡 쏘는 끝맛이 특징인 레드와인을 예로 들어보자. 이와 같이 숙성 기간이 짧은 와인은 햇감자를 곁들인 소갈비 구이와 완벽한 조화를 이룬다. 입안에서 느껴지는 이 와인의 묵직한 질감이 구운 고기의 확실한 식감과 잘 어울린다. 또 신선한 과일의 맛과 향은 센 불에 살짝 익힌 고기의 원시적인 특성을 더욱 부각시킨다. 반면 진한 소스가 들어간 음식은 이 와인과 비교적 어울리지 않는다.

반대로 10~15년산 와인은 뵈프 부르기뇽처럼 약한 불에 오랫동안 익힌, 다시 말해 조리 중에 조직이 흐트러지고 질감이 연해진 고기 요리와 깜짝 놀랄 만큼 잘 어울린다. 구조감 측면에서 봤을 때, 이러한 종류의 고기 요리는 마찬가지로 구조가 달라져 후각·미각적 특성이 변한 와인과 완벽한 조화를 이룬다. 와인의 복합성이 준

비된 고기와 소스의 강도에 부응하면 둘의 조화가 훌륭하다고 할 수 있다.

이상적인 와인셀러

이상적인 와인셀러란 바로 여러분이 보유하고 있는 그것이다. 우리가 좋아하고, 오래전부터 꿈꾸다가 마침내 현실에서 구현한 와인셀러야말로 가장 이상적이라고 할 수 있다. 하지만 이것도 몇 가지 기본 원칙과 요구에 부응해야 한다. 엄격한 규정과 다소 주관적인 감각을 모두 만족시키는 것이다.

추억의 맛

와인을 생산지에서 직접 구매하면, 포도를 재배한 사람과 만나 이야기를 나누고 현장의 분위기와 향기를 체험하는 기쁨을 누릴 수 있다. 그 순간의 추억이 그 당시 구입한 와인을 새로 열 때마다 되살아난다.

알아봅시다

유명한 와인

훌륭한 와인셀러에는 확신이 있는 가이드나 와인셀러 관리자의 조언에 따라 구입한, 믿을 만한 와인들이 갖추어져 있다. 이들은 역사적으로 분류된 명칭이 붙은 와인으로, 가격대가 높은 편이지만 와인 초심자는 거의 피할 수 없는 선택이다. 초심자는 와인 교육의 첫 단계에서 이러한 와인을 감정하면서 즐거움과 관련 어휘까지 알게 된다.

이러한 인지적 즐거움에 감각적 즐거움이 더해지는 것은 주변 사람들과 식탁에 둘러앉아 와인을 함께 나누고 교류할 때이다. 물론 감정이 섞인 이런 와인은 그 진정한 가치를 제대로 느낄 줄 아는 사람들과 함께 나누게 된다.

시음 시기별 와인 선택

와인셀러를 구성할 때 흥미로운 대목은 어떤 시점에서 어떤 와인을 소비할지 계획하는 것이다. 셀러에는 신선한 상태로 마실 와인, 좀더 나중에 마실 와인, 오래될수록 좋은 와인(뱅 드 가르드vins de garde)이 두루 갖추어져 있어야 한다.

빨리 마실 와인은 보졸레 누보나 갓 담근 로제, 겨울철 해산물과 함께하는 뮈스카데처럼 일상적인, 달력에 맞추는 와인이다.

저장 기간이 중간 정도인 와인은 보통 원산지를 기준으로 비교적 인기 있는 제품을 많이 보유해둘 수 있다. 이러한 와인은 당장 마셔도 되지만, 4~5년쯤 지나 좀 더 복합성을 띠게 된 뒤에 마셔도 좋다.

뱅 드 가르드는 중요한 행사를 위해 저장하는 와인이다. 이러한 와인은 인생에서 가장 뜻깊은 순간을 기념하기 위해 선택하는 것인 만큼 우리와 함께 늙어간다고 하겠다. 이 특별한 와인들이 지닌 독특한 개성은 양조 과정의 선택이라는 인위적 요인과 제조 연도와 테루아르 같은 자연적 요인이 완벽한 합치를 이뤄 만들어낸 결과물이다.

와인 병의 중요성

와인의 선택 기준 중 하나는 병의 사이즈다. 1.5L의 마그넘 병은 넓은 식탁에 어울리며, 와인을 최적의 상태로 보존하기에 가장 이상적이다. 또 샴페인을 담기에도 완벽하다. 0.75L의 부테유 병은 장기간 저장하지 않는 보통 와인이나 비교적 소량으로 소비되는 달콤한 와인에 더 적합하다.

와인셀러의 주변 환경

와인은 저장이 필수적이다. 저장에 알맞은 환경이 갖춰져 있지 않다면, 안타깝지만 와인셀러를 꾸밀 수 없다.

우선 와인셀러는 여름과 겨울 사이의 큰 변화를 제외하고는 일정한 온도(12℃에서 최고 14℃ 사이)가 유지되는 장소에 있어야 한다. 주변 온도가 15℃에 이르는 곳에서는 뱅 드 가르드를 보존할 수 없다.
와인셀러에 권장되는 적정 습도는 오랫동안 70%였다. 그러나 간단히 비틀어 여는 스크루캡screw cap이 코르크 마개를 점점 대체하게 되면서, 습도 유지의 중요성은 점차 줄어들고 있다.

용량별 와인 용기 (작은 용량부터)

피예트fillette : 0.375L(하프 보틀)
부테유bouteille : 0.75L(보틀)
마그넘magnum : 1.5L
제로보암jéroboam : 3L(더블 매그넘)
레오보암Réhoboam : 4.5L(임페리얼)
마튀잘렘mathusalem : 6L
살마나자르salmanazar : 9L
발타자르balthazar : 12L
나뷔코도노조르nabuchodonosor : 15L
멜키오르melchior / 살로몽salomon : 18L
멜키제데크melchisédech : 30L

사실 습도는 특히 코르크의 탄성을 보존하는 데 중요하다. 와인셀러의 습도를 일정하게 유지하기 위해서는 천연 토양 위에 자갈을 덮어 습기를 가두는 것이 가장 바람직하다.

와인은 예민하고 훼손되기 쉽다. 그래서 빛이 드는 공간에서는 제대로 보존될 수 없고, 아주 어두침침한 환경이 필요하다. 특히 샴페인은 빛에 가장 취약해서, 너무 밝은 환경에 노출되었던 샴페인을 일컬어 '빛을 맛보았다'고 표현하기도 한다.

물론 귀한 와인은 흔들리거나 움직이지 않도록 보호해야 한다. 와인 병을 움직이

와인이 밖으로 새는 이유

코르크 마개는 바싹 말랐을 때 쪼그라드는 성질이 있다. 그러면 와인이 조금씩 밖으로 흘러 병 표면에 말라붙은 자국이 점점 더 생긴다.

지 않고도 확인할 수 있도록 라벨이 위쪽으로 가게 눕혀 저장하는 것은 이 때문이다. 와인을 눕혀 저장하면 침전물이 가라앉은 채로 병을 홀더에 끼우고 서빙할 수 있어서 편리하다.

화이트와인은 비교적 온도가 낮은 아래쪽 선반에 저장한다. 뱅 드 가르드 같은 특별한 와인은 장기간 보존해야 하므로 보호 차원에서 바닥에 저장한다. 편의를 도모하려면 일단 와인을 생산 지역별로 정리하고, 와인셀러의 규모가 점점 커지고 풍요로워졌을 때 더욱 정확하게 분류하면 된다.

마지막으로 강한 냄새가 배어 있는 와인셀러에 와인을 두어서는 안 된다. 와인의 향은 냄새가 밴 환경에서 버텨내지 못한다. 와인셀러를 갖출 수 없다면, 요즘 쉽게 구할 수 있는 다양한 용량의 와인 냉장고를 고려해볼 만하다. 와인을 보존하고 자신만의 셀러를 꾸며보고 싶다면 와인 냉장고에 투자할 필요가 있다.

Ouvrir une bouteille de vin

와인 병 열기

용어 풀이

리토liteau: 와인을 서빙할 때 쓰는 하얀 천

캅쉴 콩제capsule-congé: 와인 또는 기타 주류의 병 입구에 씌워진 납세필 인증 캡슐

미루아르 뒤 부숑miroir du bouchon: 코르크 마개(부숑bouchon)에서 와인과 직접 접촉하는 면

1 시음용 잔과 리토를 준비한다. 라벨이 손님에게 보이도록 병을 받침대 위에 놓는다. 코르크 스크루에 달린 작은 나이프로 병목 아래쪽 홈을 따라 칼집을 넣어 캅쉴 콩제를 제거한다. 이렇게 하면 와인을 따를 때 알루미늄 캡슐에 직접 닿지 않는다.

2 리토로 병목 주위를 깨끗이 닦는다.

여러 와인의 조화

670

3 코르크 마개 한가운데 스크루를 꽂은 뒤 단단히 고정될 때까지 충분히 안으로 밀어넣는다. 단, 미루아르 뒤 부숑까지 뚫지 않도록 주의한다.

4 코르크 스크루를 위로 당겨 마개를 조심스럽게 뽑는다.

5 손으로 마개를 완전히 빼낸다. 병을 여는 작업은 항상 조용히 이루어져야 하므로 각자 제어하기 쉬운 쪽의 손을 쓰도록 한다.

6 마개의 상태로 와인이 상하지 않았는지 확인하고, 리토로 병목을 한 번 더 닦는다.

잔에 와인 따르기

1 왼손에 리토를 쥐고, 오른손으로 라벨이 가려지지 않게 병을 잡는다. 라벨이 손님에게 보이도록 손님의 오른편에 서 와인을 잔의 1/3 높이까지 따른다.

2 와인을 한 방울도 흘리지 않도록 손목으로 병을 가볍게 돌린다.

3 가급적 손님의 눈에 띄지 않게 리토를 이용해 병목을 살짝 닦는다.

4 다시 한번 와인 라벨을 손님에게 보여준다.

카라프로 와인 옮기기

▪ 와인을 '공기와 접촉(브리딩)' 시키기 위해 병에서 카라프carafe(영어로 디캔터decanter)로 옮겨 담는 이 작업은
원칙적으로 숙성 기간이 길지 않은 와인을 대상으로 하며, 레드와인은 물론 화이트와인도 가능하다. ▪

1 주둥이가 넓은 카라프, 시음용 잔, 리토를 미리 준비한다.
병을 똑바로 세워놓고 코르크 마개를 딴다.

2 와인을 잔에 조금 따라 후각을 통해 와인의 상태를 확인
한다.

3 상태가 양호하면 잔에 담긴 와인을 카라프에 붓는다. 카
라프를 흔들어 와인이 유리 벽면 전체에 닿게 한 뒤 도
로 잔에 따라 버린다. 이 과정을 일컬어 카라프를 '비네
viner'한다고 한다. 와인 담을 준비를 하는 것이다.

4 카라프에 와인을 힘차게 쏟아부어 유리 벽면을 타고 흐
르는 액체가 공기와 맞닿게 한다.

홀더에 놓인 와인 병 열기와 서빙하기

▪ 병을 홀더에 얹은 채로 마개를 열어 서빙하는 것은 오랜 숙성 기간으로 인해 병 속에 침전물이 생긴 와인을 대상으로 한다.
홀더를 이용하는 목적은 맑은 와인을 마시기 위해 침전물이 액체 속에 떠다니지 못하게 하는 것이다.
따라서 절대 병을 똑바로 세우지 말고, 홀더를 손으로 잡고 병을 눕힌 채 라벨이 보이도록 홀더 안으로 밀어넣는다. ▪

1 와인은 라벨이 위쪽으로 향하게 병을 눕힌 상태로 셀러에 저장되어 있을 것이다. 침전물이 흩어지는 것을 막기 위해 병을 빙빙 돌리거나 똑바로 세우지 말고 눕힌 상태 그대로 홀더에 끼운다. 이어 캅쉴 콩제에 칼집을 낸다.

2 캅쉴 콩제를 제거하고, 리토를 이용해 병목을 깨끗이 닦는다.

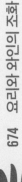

여러 와인의 조화

3 코르크 마개 한가운데에 스크루를 꽂은 뒤 단단히 고정될 때까지 충분히 안으로 밀어넣는다. 단, 미루아르 뒤 부숑까지 뚫지 않도록 주의한다.

4 코르크 스크루를 옆으로 당겨 마개를 조심스럽게 뽑는다.

5 손으로 마개를 완전히 뺀다. 이렇게 되면 공기가 위쪽에 채워지면서 와인은 병목 높이까지 내려간다.

6 병이 계속 비스듬히 누운 상태를 유지하도록 홀더에 얹은 채로 와인을 조심스럽게 따른다. 절대 병을 똑바로 세우지 않도록 주의한다.

Décanter un vin à la bougie

촛불로 와인 디캔팅하기

▪ 병 어깨에 촛불을 비추면 디캔팅이 끝나갈 때 침전물을 눈으로 확인할 수 있기 때문에 카라프 안으로 흘러들어가는 것을 막을 수 있다.
디캔팅의 목적은 와인 병 속에 가라앉은 침전물을 병 속에 남겨두는 정제, 부드러운 산화, 이 2가지다. ▪

용어 풀이

병 어깨(l'épaule de la bouteille): 병목 아래쪽과 병의 몸통이 이어지는 부분

1 디캔팅용 카라프와 카라프 받침 접시, 시음용 잔, 양초, 리토를 준비한다. 병을 홀더에 끼운 채 마개를 열어 카라프 받침 접시 위에 놓는다. 양초에 불을 붙인다.

2 브리딩을 목적으로 카라프에 옮겨 담을 때와 똑같이, 후각을 통해 마개와 시음용 와인의 상태를 확인한다. 이어 잔에 담긴 와인을 카라프에 붓는다.

3 카라프를 흔들어 벽면 전체에 와인이 닿게 한 뒤 다시 잔에 쏟아버린다.

4 병을 계속 기울인 상태로 홀더에서 빼낸다.

5 병 어깨를 촛불 위에 놓고 와인을 카라프 안으로 흘려넣는다.

6 침전물이 병 어깨에 다다르는 순간, 디캔팅을 멈춘다.

Ouvrir une bouteille de vin effervescent

발포성 와인 병 열기

용어 풀이

뮈즐레muselet: 뮈즐레를 구성하는 요소는 크게 2가지이다. 첫번째는 4개의 살로 이루어진 일종의 금속 케이지다.
철사를 꼬아 만든 살이 발포성 와인의 압력에도 마개를 단단히 지탱해준다.

플라크 드 뮈즐레plaque de muselet: 뮈즐레의 '우리' 부분과 코르크 마개 사이에 끼워 넣는 금속 원반으로, 생산자별 개성 표현이 가능하다.
이 플라크 덕분에 가장 압력이 높은 병의 맨 윗부분에 있는 코르크가 훼손되지 않고 형태를 유지하는 것이다.

쿠아프coiffe: 코르크 마개와 뮈즐레, 병의 맨 윗부분을 전체적으로 감싸고 있는 금속성 종이. 쪼글쪼글하게 주름을 넣기도 하는데, 물론 생산
자의 개성을 표현할 수 있다. 발포성 와인의 마개를 더 쉽고 간단히 열려면 이 부분을 미리 잘라 뮈즐레의 꼬인 철사를 빼놓는다.

1 샴페인 버킷에 넣어둔 발포성 와인 병을 꺼내 물기를 닦고, 받침 접시 위에 놓는다. 이때 와인의 라벨은 항상 손님에게 보여야 한다.

2 미리 칼집을 넣어둔 쿠아프를 벗긴다.

3 코르크 마개와 병을 한 손으로 잡고, 반대쪽 손으로 뮈즐레의 철사를 풀어 플라크와 함께 제거한다.

4 병을 45도로 기울이고 병 아래쪽을 받치던 손으로 병을 가볍게 돌려가며 마개를 살살 뽑는다.

5 마개를 부드럽게 잡고 병에서 완전히 빼낸다.

6 엄지손가락을 병 밑의 움푹 들어간 곳에 끼워넣은 채 나머지 손가락으로 병 아래쪽을 받쳐 들고 한 손으로 와인을 따른다.

Les arts de la table

식탁 예법

식탁 예법

아 보트르 세르비스*

식탁 예법의 개념이 음식을 식탁에 내고 서빙하는 구체적 방식이라고 생각하면, 자연히 퀴진cuisine까지 여기에 포함할 수 있을 것이다. 세련된 기교와 솜씨가 돋보이는 퀴진은 단지 우리의 삶(생명 유지)에 필요한 음식이 아니라, 즐겁고 격식 있는 사교의 수단이자 식사를 기분 좋은 만남과 교류의 장으로 만들어 주는 매개체이다.

자신의 권세를 과시함으로써 손님들을 홀리려는 호화로운 대규모 연회에서는 보석으로 장식한 값비싼 금속 식기들이 손님들 앞에 놓인다. 그러나 이런 거창함은 손으로 음식을 집어먹던 시대의 식탁 예법에서나 찾아볼 수 있다.

오늘날 우리가 물려받은 복잡하고, 명확하고, 엄격한 식탁 예법이 정립된 것은 루이 14세를 중심으로 궁정의 삶이 결정되던 17세기의 일이다. (프랑스의) 식탁 예법은 당대에 큰 영향을 끼친 고전주의 정신과, 루이 14세가 장악하려 했던 궁정 대신들의 삶을 통제까지는 아니더라도 조직화하려는 의지가 반영된 산물이다.

식탁 예법은 19세기에 들어 엄격함과 정밀함이 절정에 이르렀지만, 이후 조금씩 간소화되어 오늘날에는 훨씬 유연하게 적용되고 있다. 사람들은 여전히 고전주의의 가치에 충실하여 손님의 만족도와 음식에 대한 평가를 가장 염두에 둔다.

식탁 예법과 손님 접대

사람들은 흔히 식탁 예법을 멋진 식기류의 사용법에 국한한다. 그러나 식탁 예법의 범위는 그보다 훨씬 더 넓다. 물론 테이블 서비스와 유리잔(글라스웨어), 커틀러리도 중요하지만, 완벽하게 갖춰진 테이블 리넨, 기본 조명에 은은한 촛불을 몇 개 더하는 식의 조명 선택 등도 못지않게 중요하다. 다시 말해, 식탁 예법에는 테이블 장식부터 집기류, 음악, 꽃 등 특정한 분위기를 연출하는 데 관련된 요소가 두루 포함된다.

손님을 확실히 만족시키기 위한 첫번째 필수 요건은 어수선한 요소들이 완전히 배제된 조화로운 접대 장소이다. 손님을 불편하게 하거나 신경 쓰이게 하지 않고, 모든 이가 즐거운 분위기에 동화될 수 있으려면 정돈된 공간이 반드시 필요하다.

식탁에는 유용성이나 장식 효과를 위해 갖가지 물건을 놓는다. 이러한 물건의 개수와 상관없이 식탁을 최대한 깨끗하고 단순하게 꾸미기 위해서는 공간을 구획하는 기본적인 선들을 활용해야 한다. 먼저 유리잔은 나이프와 조화를 이루도록 사선으로 배열한다. 커틀러리도 상단 또는 하단을 접시의 접선을 지나는 '상상의 선'에 맞추거나, 테이블 모서리와 수평을 이루도록 배치한다. 이때 후자의 경우는 테이블의 배치 형태(클래식 또는 연회)에 따라 달라진다(다음 페이지 참조).

손님 접대를 위한 테이블

테이블 리넨

테이블을 보호하려면 포근한 면플란넬을 덮는 것이 좋다. 이는 다소 구식처럼 보일 수도 있지만, 차갑고 딱딱한 테이블의 촉감이 직접 느껴지지 않기 때문에 손님들의 편의를 위해서도 유용한 선택이다. 게다가 면플란넬은 커틀러리를 테이블 위에 놓을 때 나는 소음을 줄여주는 효과도 있다. 면플란넬 위에는 리넨 테이블보를 겹쳐 덮는다. 리넨은 확실히 부드럽고, 그렇기 때문에 중요하다.

테이블보에 주름 장식을 더하려면(정사각형 또는 직사각형 테이블의 경우), 한 방향으로만 주름을 잡아야 한다. 이를 위해서는 우선 테이블 위에 다림질하지 않은 테이블보를 펼쳐놓고, 다리미를 이용해 주름을 잡는다. 주름은 테이블보의 가장 긴 쪽이나 전면 유리창처럼 잘 보이는 쪽으로 향해야 한다.

* 아 보트르 세르비스à votre service는 프랑스어로 '당신을 위해 서비스할 준비가 되어 있다'는 뜻으로 일상 생활에서 자주 쓰이지는 않지만 매우 격식 있고 정중한 표현이다.

정성 들인 테이블 세팅

테이블 세팅은 손님이 도착하기 전 준비할 수 있는 세부 사항 중에서도 특히 주의를 기울여야 하는 중요한 일이다. 테이블 세팅을 제대로 끝내두면 손님들이 도착했을 때 일일이 따뜻하게 맞이할 수 있다.

클래식한 테이블 세팅은 심플하면서도 우아한 고유의 멋이 있다. 반면 연회식 테이블 세팅은 커틀러리의 교체 같은 중요한 서비스 시점을 예측할 수 있게 해주고, 많은 손님을 맞을 때 호스트의 노고를 덜어준다.

가지런하고 정돈된 테이블을 꾸미려면 식기 배치에 특별히 신경 써야 한다. 예를 들어, 유리잔 바닥에 붙어 있는 상표나 로고는 크리스털처럼 거의 안 보이거나 미세하게 새겨져 있더라도 서빙을 받는 사람의 시점에서 똑바로 놓여야 한다. 이러한 세부적 요소들이 합쳐져서 질서정연한 주변 환경의 이미지가 구축된다. 더 나아가 손님의 즐거움을 위해 테이블을 꾸민 호스트의 섬세한 배려도 돋보일 수 있다. 결국 이 모든 것은 고전주의 정신에 충실한 행동이다.

완전무결한 식기

식기는 아무리 세심하게 신경을 써도 설거지와 건조 중에 생긴 얼룩이 남을 수 있다. 이를 완벽하게 제거하기 위해서는 테이블 세팅 전에 식기를 한 번 더 닦는 것이 중요하다.

개인 접시, 커틀러리, 서빙 용기는 식초를 푼 물에 담가 스펀지로 문질러 닦는다.

유리잔의 경우는 조금 더 복잡한 기술이 필요하다. 냄비에 물을 끓여 수증기가 피어오르면 잔을 하나씩 갖다대 전체적으로 김을 쐬어준다. 이어 보풀이 전혀 없는 깨끗한 행주로 닦는다. 물론 테이블 세팅을 할 때는 장갑을 착용해 유리잔에 다시 자국이 남지 않게 한다.

Dresser une table classique

클래식한 테이블 세팅

테이블 세팅은 호스트의 서비스 감각을 효과적으로 보여주기 위한 기술이다. 클래식한 테이블 세팅은 잘 꾸며진 멋진 식탁에서 손님들을 접대할 수 있게 해준다. 테이블 장식은 당연히 그날의 메뉴 및 식사 유형과 조화를 이루어야 한다. 외식 업계에서는 이를 '아라 카르트à la carte' 세팅이라고 부른다.

브레드 나이프
디너 나이프처럼 빵 접시의 오른쪽 가장자리에 놓는다. 브레드 나이프는 (이름과 달리) 빵을 자를 때 쓰는 것이 아니라, 빵에 약간의 버터를 올릴 때 사용한다.

물 잔과 와인 잔
모던한 상차림에서는 물 잔을 텀블러*로 대체하기도 한다.

빵 접시
서비스 플레이트의 왼쪽 상단에 두 접시의 위쪽 가장자리가 서로 일직선을 이루도록 놓는다. 이때 오른쪽에 있는 물잔의 바닥 부분과도 일직선을 이루게 한다.

냅킨
천 냅킨은 테이블보와 어울려야 한다. 냅킨은 완벽히 다림질된 상태로 나이프 오른쪽에 놓는다. 가능하면 냅킨을 접지 말고 돌돌 말아두는 것이 좋다.

포크
불룩한 부분이 아래쪽으로 가도록 서비스 플레이트 왼쪽에 놓는다.

서비스 플레이트
서비스 플레이트는 지름 26~28cm의 커다란 접시로, 각종 서비스 요소를 배치하는 구심점이 된다. 테이블 모서리에서 한 치(엄지손가락이 시작되는 부분에서 첫번째 관절에 이르는 길이) 떨어진 지점에 놓는다.

나이프
서비스 플레이트 오른쪽에 칼날이 접시를 향하도록 놓는다.

* 텀블러tumbler: 손잡이와 굽이 없고 바닥이 납작한 큰 유리잔

연회식 테이블 세팅

이 세팅 방식의 장점은 테이블 위에 커틀러리와 유리잔을 모두 배치한 완벽한 모습으로 손님을 맞기 때문에 식사 중 서비스할 일이 줄어든다는 것이다.

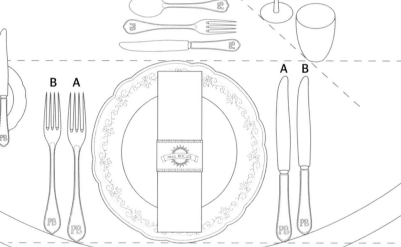

앙트르메* 커틀러리

앙트르메 커틀러리는 디저트를 먹을 때 사용한다. 처음에는 서비스 플레이트 위쪽에 놓았다가, 디저트를 내가기 직전에 접시의 양옆(스푼과 나이프는 오른쪽, 포크는 왼쪽)으로 옮길 수 있다.

글라스웨어

물 잔(텀블러), 화이트와인 잔, 레드와인 잔 등 글라스웨어 3종은 앙트르메 커틀러리의 끝에서부터 비스듬하게 배열한다.

빵접시와 브레드 나이프

빵은 항상 손님의 왼쪽에 놓는다. 나이프는 빵을 자르기 위한 것이 아니라 빵에 버터를 올릴 때 사용한다.

냅킨

테이블보와 어울리는, 다림질된 천으로 만든 냅킨은 예쁘게 접어 서비스 플레이트 위에 놓는다. 접힌 부분에 메뉴를 끼워넣는다.

선

테이블 가장자리를 따라 이어지는 가상의 선을 따라가며 테이블을 세팅한다. 모든 서비스 요소는 커틀러리와 접시의 위쪽 접선에 맞추면 배치가 쉬워진다..

A 육류 및 생선 나이프 & 포크

메인 요리를 위한 커틀러리이므로 접시에서 가장 가깝게 놓는다. 메뉴에 요리의 가짓수가 많으면, 다른 커틀러리로 그때그때 교체해야 한다. 접시의 양옆에 커틀러리를 3개 이상 놓을 수는 없기 때문이다.

B 앙트르메 나이프 & 포크

육류 또는 생선용 나이프와 포크의 바깥쪽에 각각 놓는다. 모든 커틀러리는 가상의 원을 상정하고 그 호에 맞춘다고 생각하면 되는데, 항상 서비스 플레이트보다 약간 더 올라간 지점이 된다.

서비스 플레이트

서비스 플레이트는 지름 26~28cm의 커다란 접시로, 각종 서비스 요소를 배치하는 구심점이 된다. 이 접시는 테이블 가장자리에서 한 치쯤 떨어진 지점에 놓고, 식사 코스 내내, 아위즈부슈부터 치즈까지 테이블 위에 두다가 디저트를 내기 전에 치운다. 서비스 플레이트 가운데에 코스별 서빙 접시를 놓는다. 그러므로 당연히 테이블보와도 어울려야 하고, 준비된 식사의 유형에 적합해야 한다.

---

* 앙트르메entremets: 서양 코스 요리의 디저트 중 단맛이 나는 과자. 예전에는 주요리와 디저트 사이에 가벼운 음식을 가리켰으나 최근에는 디저트와 거의 구분되지 않는다.

커틀러리의 올바른 사용법

커틀러리의 사용이 일반화되고, 테이블 서비스가 본격적으로 발달한 것은 17세기의 일이다. 커틀러리, 접시, 글라스웨어는 프랑스의 사치 산업을 부흥시켰고, 귀족층에게는 자신들의 경제적 우월함을 실감할 수 있게 해주는 상징이었으며, 얼마 후에는 자신들의 존재감을 확인하고 싶어하는 부르주아라는 중간 계층의 차지가 되었다. 귀하고 품격 있는 아름다운 식기의 사용은 상류 사회의 예법 중 하나였다. 상류층에서는 그것을 자신들만의 규범으로 여겼기에 제대로 사용하지 못하는 이는 그들의 사회 밖으로 쫓아냈다.

식탁 예법은 18세기 들어 더욱 복잡해졌다. 귀족들은 더 정확하고 특정화된 커틀러리를 갖추었다. 마담 드 퐁파두르Madame de Pompadour(18세기 프랑스 왕 루이 15세의 애첩. 문화예술에 조예가 깊고, 특히 당대에 유행하는 스타일 아이콘으로 유명했다—옮긴이)가 소장했던 금은제 식기류의 가치는 자그마치 70만 파운드에 이르렀다. 이 같은 현상과 더불어 요리 분야에서는 향신료와 콩디망, 가니시의 사용이 늘어났다. 급기야 19세기에 들어서는 개인의 저택에도 부조리할 만큼 방대한 식기류와 커틀러리가 갖춰져 있었다. 이러한 경향은 계속 이어져 20세기 후반에 이르러서야 비로소 식탁 예법이 좀더 현대의 상황에 맞게 변했다. 더 나아가 식탁 예법이라는 존재의 정확한 본질을 되찾아, 식사가 손님들과 친교를 나누는 시간이 되도록 예법을 간소화했다.

오늘날의 식탁 예법은 손님에게 필요한 보조자 역할을 한다. 우리가 맛볼 요리의 다양한 특성에 맞추어 구체화되었으며, 손님을 편안하게 해주기는커녕 오히려 혼란스럽게 만드는 지나치게 많은 사항들로 부담을 주지 않는다.

현대의 커틀러리는 항상 6개의 서로 다른 포크와 스푼으로 구성된다. 나이프는 과거에는 귀한 나무나 자개, 상아로 제작되었으며, 실버 웨어(은으로 도금된 커틀러리)에 속하지 않는다. 일상생활에서 흔히 사용되는 것은 큰 스푼과 포크(테이블스푼, 테이블포크)다. 우리가 아는 포크에는 4개의 뾰족한 이가 달려 있어서 고기 요리를 먹을 때 유용하다. 하지만 예전 포크에는 이가 2개뿐이어서 음식 조각을 안정적으로 지탱하지 못했다. 큰 스푼과 포크에 비해 크기만 작고 모양은 똑같은 앙트르메 스푼과 포크는 앙트레를 먹을 때 사용한다. 크기가 작아 주요리 접시보다는 작은 앙트르메 접시에 어울린다.

테이블 나이프와 앙트르메 나이프 역시 스푼과 포크의 경우와 마찬가지로 모양은 똑같고 크기만 다르다. 육식 애호가들은 육류용 나이프를 선호하는데, 끝이 뾰족하고 칼날에 자잘한 톱니가 있어 고기를 쉽게 썰 수 있기 때문이다.

생선용 커틀러리는 포크와 나이프로 구성되며, 최근에는 여기에 스푼까지 추가하는 추세다. 생선용 포크의 이는 찌르는 용도가 아니어서 둥그스름한 데다 고작 3개뿐이다. 하지만 모양이 평평해 생선살을 찍지 않고도 안정적으로 위에 올릴 수 있다. 생선용 나이프는 장점 면에서 스패튤러와 비슷하다. 이 나이프는 생선을 찍

거나 자르는 것이 아니라, 살점을 섬세하게 분리할 때 유용하다. 크기도 커서 통째로 나온 작은 생선의 필레를 쉽게 뜰 수 있다. 테이블 서비스에서는 납작한 생선용 스푼의 사용을 점점 더 많이 권장한다. 생선용 스푼을 사용하면 생선에 곁들여진 소스까지 쉽게 먹을 수 있다.

디저트용 커틀러리는 앙트르메용 커틀러리보다 크기가 더 작다. 작은 스푼과 포크, 나이프를 모두 배치하는 것이 이상적이다. 세 가지를 모두 사용하는 것이 그리 간단한 일은 아니지만, 다양한 식감의 (겉은 파삭하고 속은 촉촉하며 크림은 부드러운) 페이스트리를 먹을 때는 반드시 필요하다. 특히 포크는 오른쪽 이의 바깥쪽 모서리가 꽤 날카로워 나이프가 따로 준비되어 있지 않을 때 디저트 자르는 용도로 쓸 수 있다.

그 밖에도 우리가 먹는 다양한 음식에 적합한 모양으로 만들어진 커틀러리의 훌륭한 예들이 있다. 커피에 설탕을 녹일 때 쓰는 커피 스푼은 크기가 매우 작은데, 액체를 젓는 용도로만 쓸 뿐 절대 입으로 가져가서는 안 된다. 외프 아 라 코크를 먹을 때 쓰는 작은 스푼은 달걀 바닥까지 충분히 닿을 만큼 손잡이 부분이 길어 달걀 껍데기에 손가락이 많이 닿지 않는다. 게다가 스푼의 머리 부분이 둥그스름해 껍데기를 바스러뜨릴 염려도 없다. 버터나이프는 빵 위에서 버터를 납작하게 누르기에 알맞은 형태를 띤다(물론 버터를 펴 바르는 행동은 삼간다). 치즈 나이프는 칼날의 끝부분이 구부러진 데다 2개의 작은 뿔로 나뉘어 있다. 이는 치즈를 자른 뒤 찍어 들어올리기에 이상적인 형태다.

글라스웨어, 와인에 필요한 화려함

오랫동안 글라스웨어는 재질(귀금속 또는 크리스털)의 아름다움으로만 식탁을 빛냈다. 하지만 근래에는 뛰어난 정교함을 구현하고 와인을 마시기 가장 훌륭한 조건을 제공한다는 것에 초점이 맞추어지고 있다.

소재

글라스웨어는 재질이 매우 중요하다. 가장 이상적이지만 깨지기 쉽고 값이 비싼 크리스털은 점점 선호도가 떨어지고 있는 추세다. 요즘은 섬세함에 완벽한 투명성과 견고함까지 더한 고급 유리도 존재한다.

다리

와인 잔의 가느다란 다리 부분(스템)은 손잡이 역할을 해서 손의 열기로 유리잔의 온도가 올라가는 것을 방지하고, 넓적한 발 부분(받침대)은 잔에 안정감을 준다. 이 두 부분은 유리잔에 우아함과 영롱한 광채를 선사하는 중요한 요소이다. 그러나 더 중요한 것은 파레종paraison과 뷔방buvant이다.

파레종

파레종은 유리잔에서 내용물이 담기는 부분을 가리킨다. 파레종의 모양은 잔에 담긴 와인에 정확히 부합한다. 와인은 처음 한 모금을 맛본 뒤 또 마시기 전에 유리잔 안에서 공기와 충분히 접촉해야 하는데, 이를 위해서는 파레종의 용적이 넉넉해야 한다.

화이트와인은 레드와인만큼 공기 접촉이 크게 요구되지는 않기 때문에 전용 잔의 용적이 더 적다.

레드와인 잔 중에서도 특히 부르고뉴 와인 잔과 보르도 와인 잔은 명확히 구분된다. 부르고뉴 와인 잔은 (보르도 와인 잔에 비해) 파레종이 더 넓어 섬세한 향을 집중적으로 느낄 수 있다.

뷔방

뷔방은 유리잔에서 입이 닿는 부분을 가리킨다. 최근 일부에서는 와인 잔의 용적에 변화를 주어 뷔방에 너울거리는 주름이 잡힌 디자인을 선보이고 있다. 하지만 이는 안타까운 현상이다. 파레종은 세련되면서도 과도하지 않아 액체가 자연스럽게 흐르도록 이끌어주는 것이 훨씬 더 좋다. 이러한 파레종은 와인의 질감을 최상으로 높여준다.

작은 배려가 돋보이는 서비스 vs 큰 볼거리가 있는 서비스

프랑스에서 통용되는 테이블 서비스의 유형은 프렌치 서비스, 잉글리시 서비스, 플레이트 서비스 등 3가지다. 그 밖에 게리동guéridon 서비스나 러시안 서비스는 특별한 방식의 서비스로, 약간의 훈련만 거치면 집안의 큰 행사 때 성공적으로 시도할 수 있다.

프렌치 서비스

서빙하는 사람이 오른손잡이일 경우, 손님의 왼쪽에 서서 요리와 커틀러리를 서빙하는 것이 손과 팔을 자유롭게 움직일 수 있어 더 편하다.

프렌치 서비스는 손님 각자가 요리에서 가장 마음에 드는 부분을 고를 수 있다는 장점이 있다. 그러나 시간이 오래 걸려 손님 수가 많을 때는 적합하지 않다. 또 손님들이 몸을 움직이는 데 불편하지 않도록 충분한 공간을 확보해야 한다. 마지막으로 프렌치 서비스는 반드시 이러한 유형의 서비스에 익숙하거나 편하게 느끼는 사람들을 대상으로 해야 한다. 다른 사람들이 자기 순서를 기다리는 상황에서 혼자 섬세하고 꼼꼼한 서비스를 받는 것이 당혹스러울 수도 있기 때문이다.

잉글리시 서비스

이것은 프렌치 서비스의 기분 좋은 변형으로, 호스트가 직접 손님들에게 서비스를 제공한다. 이때 호스트는 한 손에 접시를 든 채 다른 손으로 커틀러리를 쥐고 음식을 서빙할 수 있을 정도의 손재주가 있어야 한다. 이 서비스 방식은 모든 손님들을 관심의 중심에 두어 따뜻하면서도 흥겨운 분위기로 이끈다. 물론 이것도 손님의 수가 많지 않을 때 선호된다.

플레이트 서비스

이것은 레스토랑에서처럼 플레이트(접시)에 요리를 1인분씩 담아 곧장 손님 앞에 내는 서비스 방식이다. 간단하고 신속해서 요리가 이미 거의 완성되어 서빙할 준비가 되어 있기만 하다면 첫 손님과 마지막 손님 사이의 대기 시간차를 최소화할 수 있다. 이 서비스 방식은 레스토랑에서 가장 흔하게 채택한다. 요리가 담긴 플레이트를 서빙할 때 작은 클로슈cloche(프랑스어로 종을 뜻하며 종의 모양과 닮아 이름이 붙여졌다. 음식을 내갈 때 덮는 덮개이며 영어로 디시 커버라고 한다―옮긴이)를 덮은 채로 내서 손님들이 다 같이 열어보는 식으로 극적인 재미를 더할 수도 있다. 접시의 아름다움 외에 이 서비스 방식의 주된 장점은 미리 준비할 시간을 가질 수 있다는 것이다. 특히 손님들이 도착하기 전에 차가운 앙트레를 플레이팅해놓을 수 있다는 것은 큰 장점이다.

러시안 서비스

이 서비스 방식은 19세기의 고급 외식 문화를 장식했지만, 오늘날에는 대규모 시설을 제외하고는 통용되지 않고 있다. 그러나 약간의 연습만 거치면 가정에서도 손님들이 지켜보는 가운데 요리를 플랑베하거나 카빙하여 완성하는 멋진 러시안 서비스를 실행할 수 있다. 손님들 앞에서 작업을 할 때는 바퀴 달린 작은 테이블인 '게리동'을 이용하는데, 그래서 이 방식을 '게리동 서비스'라고 부르기도 한다.

감각을 통해 감정을 이끌어내다

식탁에서 이루어지는 순간의 마법은 기량(요리)과 테루아르(와인), 이야기(맥락)의 협력 작용을 기반한다. 감각을 통해 발생하는 이 감정은 다음과 같이 도식화할 수 있다. 감각에서 야기된 감정과 얼핏 모순되는 것처럼 보일 수 있지만, 단순 명확한 형식이 독특한 복잡성과 결합하는 것이다.

식탁 예법, 서비스 방식, 요리와 와인의 조화에 익숙해지면, 그 지식의 총체는 음식에 대한 경험들, 미각의 기억들, 그리고 조리 기술을 바탕으로 우리의 지식뿐 아니라 감정에도 깊게 뿌리 내린 하나의 세계를 창조하는 모든 것들 덕분에 더욱 풍성해진다.

이 같은 일련의 과정은 요리 레시피와 조리에도 유효하게 적용된다. 보통 만들기 어렵다고 하는 요리도 계속 실행하다 보면 작업에 익숙해질 수 있다. 그러면 자신감이 생기고, 실수와 우연을 통해 생각지도 못한 결과가 나오기도 한다. 어떤 이에겐 그것이 도저히 먹지 못할, 웃음과 추억만 남는 요리일지 모른다. 반면 뜻밖에 맛있고 향기로운 요리와 완전히 새롭고 독보적인 손님맞이 기술의 토대가 될 수도 있다. 우리가 만들어낸 것은 조리에 관한 노하우와 레시피, 기술에 약간의 상상력과 창의성이 더해진 결과물이다.

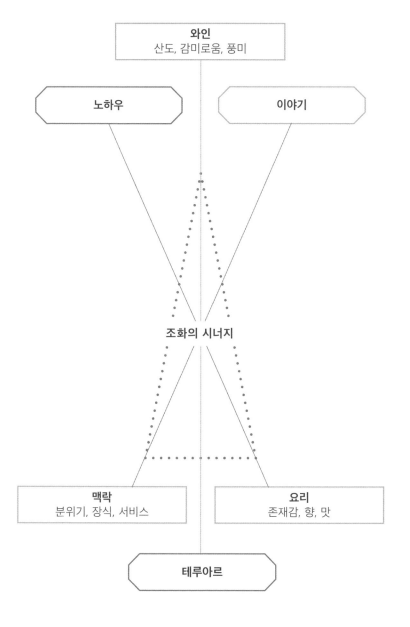

폴 보퀴즈 앵스티튀의 셰프

(앞줄 왼쪽부터 오른쪽)	(뒷줄 왼쪽부터 오른쪽)
Éric Cros	**Paul Brendlen**
Christophe L'hospitalier	**Sébastien Charretier**
Alain Le cossec	**Cyril Bosviel**
Hervé Oger	**Chan Heo**
Florent Boivin	**Jean Philippon**
	Jean-Paul Naquin

폴 보퀴즈 앵스티튀의 테이블 팀

(앞줄 왼쪽부터 오른쪽)

Thierry Gasparian

Philippe Rispal

Bernard Ricolleau

(뒷줄 왼쪽부터 오른쪽)

Alain Dauvergne

Paul Dalrymple

Xavier Loizeil

Les ANNEXES

부록

프랑스 조리 용어 해설

A

아베스abaisse 명사 : 원하는 두께로 넓고 평평하게 민 생파트 (반죽)

아베세abaisser 동사 : 밀대를 이용해 원하는 두께와 형태로 파트를 평평하게 밀다.

아바티abattis 명사 : 가금류의 부속물(간, 모래주머니, 발, 볏 등)을 가리키는 통칭

에귀이예트aiguillettes 명사 : 세로로 얇게 썬 가금류의 안심

앙글레즈anglaise 명사 : 달걀흰자를 기본으로 만든 튀김옷

아파레유appareil 명사 : 여러 재료가 섞인 반고체 또는 액체 상태의 익히지 않은 균질한 혼합물

아라제araser 동사 : 채소의 뿌리, 잎, 줄기를 바짝 자르다.

아로마트aromate 명사 : 음식에 넣었을 때 금세 알아차릴 만큼 강한 맛과 진한 향을 내는 식물성 물질(허브, 풀 또는 뿌리)

아로제arroser 동사 : 익히는 동안 재료의 수분이 마르는 것을 피하기 위해 재료 자체에서 배어나온 즙이나 다른 지방성 물질을 표면에 끼얹다.

아세조네assaisonner 동사 : 음식의 풍미를 강화하기 위해 소금, 후추 같은 평범한 양념을 첨가하다.

B

뱅마리bain-marie 명사 : 재료를 그릇에 담아 끓는 물에 그릇째 넣어서 은근하게 익히는 조리법 (재료에 물이 직접 닿지 않도록 주의해야 하며, 오븐과 가스 불에서 모두 가능하다.)

바르데barder 동사 : 가금류나 수렵육의 가슴살을 굽기 전, 수분이 마르는 것을 막기 위해 라드나 삼겹살로 감싸다. 이때 감싼 것이 풀어지지 않도록 가느다란 실로 묶어 주어야 한다.

바트르battre 동사 : 달걀흰자나 생크림을 거품기로 강하게 휘저어 섞다. (이렇게 하면 액체 안에 공기가 유입되어 부피가 커지고 농도가 진해진다.)

뵈르 클라리피에beurre clarifile 명사 : 버터를 중탕하거나 약한 불로 녹여서 위에 뜨는 맑은 액체만 따로 모은 정제 버터 (카제인과 수분, 유장 찌꺼기를 제거했기 때문에 더 순수하고 섬세한 풍미가 있으며, 소화가 잘된다.)

뵈르 말락세beurre malaxé 명사 : 파트에 섞기 위해 손으로 짓이겨 부드럽게 만든 버터

뵈르 마니에beurre manié 명사 : 부드럽게 녹여서 밀가루와 섞은 버터 (지나치게 묽은 소스에 걸쭉한 질감을 주기 위해 넣는다.)

뵈르 포마드beurre pommade 명사 : 파트 또는 아파레유와 쉽게 섞기 위해 실온에 두어 크림처럼 부드럽게 만든 버터.

뵈레beurrer 동사 : 1. 아파레유, 파트 또는 기타 요리를 만들기 전, 재료가 용기에 달라붙는 것을 막기 위해 용기 안쪽에 버터를 칠하다. 2. 밀가루 반죽이나 크림, 소스 등를 더 부드럽게 만들기 위해 버터를 첨가하다.

블랑시르blanchir 동사 : 1. 채소나 고기를 찬물에 넣고 삶거나 끓는 물에 데쳐서 일차로 익히다. (이 작업은 조직을 연화하고, 색이 변하는 것을 막는 효과가 있다.)

블롱디르blondir 동사 : 재료를 황금빛이 돌도록 프라이팬에 살짝 굽다.

불레bouler 동사 : 밀가루 반죽을 손바닥에 놓고 돌려가며 둥그렇게 빚다. (이 동사는 원래 제빵 용어로, 둥근 모양의 빵을 만든다는 뜻이다.)

부케 가르니bouquet garni 명사 : 타임, 월계수잎, 파슬리와 셀러리 줄기를 리크의 초록색 잎으로 감싸 실로 묶은 꾸러미 (경우에 따라 얇게 저민 삼겹살을 추가하기도 한다. 음식에 향을 더하기 위해 조리할 때 넣는다.)

브레제braiser 동사 : 스튜용 냄비에 고기, 가금류, 생선 등을 넣고 뚜껑을 덮은 채 국물이 자작하게 생기도록 약한 불에서 천천히 로스트하다. (이 조리법은 재료의 향을 극대화하고, 단단하고 질긴 재료의 조직을 연화하게 만든다.)

브리데brider 동사 : 가금류의 날개와 다리를 접어서 몸통에 붙인 뒤 바늘에 꿴 실로 고정하다. (이렇게 하면 조리 후에도 가금류의 형태가 망가지지 않고 그대로 유지된다. 트루세trousser도 같은 뜻이다.)

브루아예broyer 동사 : 딱딱한 재료를 가루 또는 반죽으로 만들기 위해 굵게 다진 뒤 다시 곱게 빻다.

브뤼누아즈brunoise 명사 : 단단한 질감의 채소를 2~3mm 두께의 작은 주사위 모양으로 썬 것

뷔에buée 명사 : 조리하는 동안 액체가 증발하면서 생기는 수증기 (오븐 안에 뷔에가 가득 차면 오븐 용기를 꺼내거나 조리 중에 아로제하기가 더 힘들다.)

C

카라멜리제caraméliser 동사 : 고기에서 배어난 육즙을 계속 가열해 맛을 최대한 진하게 만들다.

카르카스carcasse 명사 : 살코기를 발라내고 남은 동물의 뼈대 (육수를 우리는 데 쓴다.)

세르네cerner 동사 : 과일이나 채소의 속을 파내기 전, 과도로 꼭지 둘레에 칼집을 넣다.

샤플뢰르chapelure 명사 : 마른 빵이나 비스코티를 으깨서 체에 내린 가루

슈미제chemiser 동사 : 틀 안에 내용물을 채워 넣기 전, 벽면에 밀가루 반죽이나 설탕 시럽 등을 얇게 발라서 내용물을 틀에서 뺐을 때 표면에 덧입혀지게 하다.

시누아제chinoiser 동사 : 소스나 수프 등을 시누아에 내려서 굵은 건더기는 걸러내고 고운 액체만 받다.

시크테chiqueter 동사 : 파이나 타르트를 굽기 전, 껍질(크러스트) 부분에 예리한 칼끝으로 일정한 무늬를 새겨 넣다.

시즐레ciseler 동사 : 1. 채소나 허브를 가늘고 곱게 썰다. 2. 생선의 조리 시간을 단축하기 위해 등 쪽에 일정하게 칼집을 넣다.

시베civet 명사 : 수렵육(특히 산토끼, 집토끼, 노루)으로 만든 스튜 (적당한 크기로 썬 고기를 마리네이드한 뒤 버터에 볶다가 레드와인을 붓고 파, 양파와 함께 약한 불에 푹 익힌다.)

클라리피에clarifier 동사 : 1. 버터의 좋은 성분만 추출한 정제 버터를 만들다. 2. 달걀을 깨뜨려서 노른자와 흰자를 분리하다. 3. 육즙 소스나 부용에 달걀흰자를 넣어서 국물을 맑게 만들다.

클루테clouter 동사 : 기름기가 없는 살코기에 지방의 풍미를 더하기 위해 얇게 썬 라르동이나 햄을 끼워넣다. ('피케piquer' 참조)

콜레coller 동사 : 액체에 젤라틴 또는 한천을 넣어 실온이나 냉장고에서 단단하게 굳히다.

콜로레/탱테colorer/Teinter 동사 : 천연 색소가 들어 있는 식재료나 식용 색소를 이용해 음식의 색에 변화를 주다.

콩포테compoter 동사 : 단맛이 나는 채소나 과일에 따로 수분을 추가하지 않고 약한 불에 오랫동안 푹 무르게 익히다.

콩카세concasser 동사 : 단단한 식재료를 굵게 다지다.

콩티제contiser 동사 : 생선 또는 가금류의 살에 얇게 썬 트러플 등을 끼워넣기 위해 칼집을 넣다.

코르네corner 동사 : 플라스틱 스크래퍼로 음식의 모양을 매끈하게 다듬거나 장식하다.

코르corps 명사 : 반죽의 상태 (코르의 품질은 반죽의 신축성과 탄력성으로 평가한다. 이는 사용한 밀가루에 함유된 글루텐의 양과 질에 의해 좌우된다.)

코르세corser 동사 : 음식을 졸이거나 조미료 역할을 하는 향신료를 첨가해 맛을 더 진하게 만들다.

쿠셰coucher 동사 : 짤주머니에 담긴 부드러운 반죽을 오븐 팬 위에 원뿔 모양이나 주머니 모양으로 짜다.

크레피네트crépinette 명사 : 돼지나 양의 얇은 지방질 막 (다진 고기 등을 이 막으로 감싸서 조리하면 형태를 유지할 수 있다.)

크리블레cribler 동사 : 혼합물을 굵은 체에 내려서 분류하다.

크루스타딘croustadine 명사 : 페이스트리 반죽 자투리로 만든 다양한 형태의 부셰

다른darne 명사 : 몸통이 원통형인 커다란 생선을 2~3cm 두께로 토막 낸 것

데바라세débarrasser 동사 : 식재료에서 필요 없거나 먹을 수 없는 부분을 분리해내다.

데캉테décanter 동사 : 고체와 액체가 섞인 음식을 한동안 그대로 두었다가 표면에 떠오른 고체를 에퀴므아르로 걷어내거나, 바닥에 가라앉은 고체를 흩트리지 않고 액체만 조심스럽게 다른 용기에 따라내 분리하다.

데코르티케décortiquer 동사 : 갑각류의 등껍데기를 벗겨내다.

데필랑드레deffilandrer 동사 : 채소류의 질긴 심 또는 잎자루를 제거하다.

데제르메dégermer 동사 : 한 쪽씩 쪼갠 마늘을 세로로 이등분해서 싹을 제거하다. (이렇게 하면 소화에 도움이 된다.)

데글라세déglacer 동사 : 고기를 카라멜리제한 뒤 약산성 액체나 물을 부어 고기에서 배어난 육즙을 용해하다.

데고르제dégorger 동사 : 1. 고기나 생선의 핏물을 제거하기 위해 찬물에 한동안 담가두거나 시원한 물로 씻다. 2. 저민 채소에 소금을 넉넉히 뿌려서 수분이 빠지게 하다.

데그레세dégraisser 동사 : 1. 고기에 붙어 있는 쓸데없는 부분을 제거한다. 2. 기름진 재료를 액체에 넣고 끓일 때 표면에 떠오르는 기름기를 걷어내다.

데세세dessécher 동사 : 1. 불 위에서 스패튤러로 계속 휘저어 반죽을 만든다. (대표적 예는 구제르gougère(그뤼예르 치즈를 넣은 짭조름한 슈)의 슈 반죽이다.) 2. 열을 가해 수분을 날리다.

데타예détailler 동사 : 밀대로 민 반죽을 쿠키 커터로 찍어내거나 칼로 잘라서 똑같은 모양으로 여러 개 만들다.

데탕드르détendre 동사 : 육수나 소스에 액체를 더 부어서 묽게 만들다.

두블레doubler 동사 : 오븐에서 음식을 익힐 때 밑면이 타는 것을 막기 위해 오븐 팬에 또 다른 팬이나 종이를 한두 겹 덧대다.

드레세dresser 동사 : 접시 위에 음식을 보기 좋게 놓다.

뒥셀duxelles 동사 : 아주 작은 주사위 꼴로 썬 버섯에 다진 허브를 섞어서 약한 불에 한참 볶은 것 (기본적인 소(farce)로 널리 사용한다.)

에바르베ébarber 동사 : 생선에서 수염처럼 생긴 작은 지느러미를 가위로 자르다.

에카예écailler 동사 : 생선 비늘을 벗기다.

에칼레écaler 동사 : 삶은 달걀 또는 견과류의 껍데기를 벗기다.

에코세écosser 동사 : 콩꼬투리의 깍지를 벗기고 콩알을 빼내다.

에퀴메écumer 동사 : 국물을 끓일 때 표면에 떠오르는 불순물(거품)을 걷다.

에푀예effeuiller 동사 : 식물의 줄기에서 잎만 떼다.

에필랑드레effilandrer 동사 : '데필랑드레deffilandrer'와 같은 뜻

에구테égoutter 동사 : 음식을 건지개나 컬런더에 받쳐 물기를 빼다.

에그레네égrainer 동사 : 익힌 쌀이나 세몰리나를 포크로 뒤섞어 뭉치지 않게 알알이 분리하다.

앙브로셰embrocher 동사 : 고기 조각을 꼬챙이에 꿰다.

에맹세émincer 동사 : 고기나 채소를 일정한 두께로 얇게 저미다.

에몽데émonder 동사 : 채소를 끓는 물에 살짝 데쳐서 껍질을 벗기다. ('몽데 monder'라고도 한다.)

앙로베enrober 동사 : 기름에 튀기기 전에 밀가루 반죽 옷을 입히다.

에플뤼셰éplucher 동사 : 채소에서 먹지 못하는 부분(끄트머리, 껍질, 씨, 꼭지 등)을 제거하고 사용하기 좋게 손질하다.

에스칼로페escaloper 동사 : 생선이나 고기를 대각선 방향으로 얇게 저미다.

에타민étamine 명사 : 소스나 육수 같은 액체를 거를 때 사용하는 고운 베 보자기

에튀베étuver 동사 : 고기나 채소를 약간의 기름 또는 버터와 함께 약한 불에서 뚜껑을 덮은 채 뭉근히 익히다. (이 조리 방식은 재료의 풍미를 응축하는 효과가 있다.)

에비데évider 동사 : 채소 안에 소를 채우기 위해 속을 파내다.

엑스프리메exprimer 동사 : 식품을 강하게 압착해서 즙을 최대한 추출하다.

프장데faisander 동사 : 수렵육을 숙성시켜서 진한 향미를 끌어낸다. (고기 종류에 따라 최장 8일까지 가능하다. 꿩고기의 경우, 단백질과 지방이 분해되는 숙성(부패) 과정에서 향이 점점 진해진다.)

파르시르farcir 동사 : 가금류나 생선, 채소 등의 안쪽에 소를 채워서 조리하다.

파리네 동사 : 1. 반죽이 달라붙는 것을 막기 위해 표면에 밀가루를 가볍게 뿌린다. 2. 오븐 팬이나 틀 안쪽에 버터나 기름을 살짝 발라서 내용물이 달라붙는 것을 막다.

필트레filtrer 동사 : 액상 혼합물을 에타민이나 시누아에 내려서 불순물을 거르다.

플랑베flamber 동사 : 깃털을 제거한 가금류의 표면을 토치램프 불로 그을려서 껍질에 붙어 있는 남은 털까지 없애다.

플뢰레fleurer 동사 : '파리네fariner'와 같은 뜻 (단, 입자가 더 고운 밀가루를 사용한다.)

푸아조네foisonner 동사 : 공기가 유입되도록 강하게 휘저어 부풀리다.

퐁세foncer 동사 : 넓게 민 반죽을 틀 안에 넣어 바닥과 벽면에 꼼꼼하게 붙이다.

퐁fond 명사 : 다량의 물에 육류, 가금류, 채소류를 넣고 끓인 뒤 국물만 거른 것 (재료의 향미가 국물에 고스란히 우러나 있다.)

푸에테fouetter 동사 : 혼합물을 고루 섞거나 공기를 유입시켜 부풀리기 위해 거품기로 세게 휘젓다.

풀레fouler 동사 : 조리 중인 혼합물을 시누아에 넣고 숟가락 등으로 꾹꾹 눌러서 즙을 최대한 추출하다.

프라페frapper 동사 : 액체나 따뜻한 고체를 단시간에 냉각하다.

프레미상frémissant (형용사): 액체의 표면에 잔물결이 일면서 약하게 끓는 상태

프리르frire 동사 : 끓는 기름에 넣어 속까지 완전히 익도록 튀기다.

퓌메fumet 명사 : 생선이나 수렵육으로 끓인 아주 진한 퐁

그레네grainé (형용사): 알갱이로 이루어진.

그라티네gratiner 동사 : 음식 위에 빵가루나 치즈 가루 또는 이 두 가지를 모두 뿌린 뒤 오븐이나 샐러맨더에 굽다. (이렇게 하면 요리에 황금빛 색감과 바삭한 식감이 생긴다.)

그리예griller 동사 : 육류, 가금류, 생선 등을 숯불이나 그릴에 굽다.

아비예habiller 동사 : 육류나 가금류, 생선의 내장을 제거하고 (필요할 경우 플랑베해서) 적당하게 자르다.

아세hacher 동사 : 단단한 재료를 원하는 칼로 잘게 썰다.

아틀레hâtelet 명사 : 철 또는 구리 재질의 작은 장식용 꼬챙이

윌레huiler 동사 : 반죽이 달라붙는 것을 막기 위해 틀 안쪽이나 대리석 위에 기름을 살짝 칠하다.

앵비베imbiber 동사 : 액체를 여러 번 바르거나 푹 적셔서 속까지 스며들게 하다.

앵시제inciser 동사 : 제대로 익히기 생선이나 가금류의 두꺼운 껍질 쪽에 칼집을 촘촘히 넣다.

앵코르포레incorporer 동사 : 조리 중인 음식에 다른 재료를 섞다.

앵퓌제infuser 동사 : 끓는 액체에 향이 강한 재료를 넣어 향을 우려내다.

쥘리엔julienne 명사 : 채소를 아주 가느다란 막대 모양으로 썰기, 또는 그렇게 썬 것

라르데larder 동사 : 지방질이 없는 살코기에 향미를 더하기 위해 조리하기 전 라르동을 끼워 넣다.

리에lier 동사 : 소스나 포타주에 달걀노른자를 넣어서 걸쭉하고 부드럽게 만들다.

리세lisser 동사 : 소스나 크림을 세게 휘저어 질감을 더 부드럽고 매끈하게 만들다.

마세두안macédoine 명사 : 채소를 약 1cm 두께의 작은 주사위 모양으로 썰기, 또는 그렇게 썬 것

망쇼네manchonner 동사 : 고기의 모양을 보기 좋게 하기 위해 뼈에 붙은 살을 긁어내다. (드러난 뼈를 유산지 등으로 감싸면 먹을 때도 편하다.)

마리네mariner 동사 : 고기나 생선을 진한 액상 양념에 담가서 살에 향미가 배게 하다.

마르케marquer 동사 : 고기를 센 불에 굽기 시작하다.

미뇨네트mignonnette 명사 : 후추갈이로 거칠게 간 후추

모들레modeler 동사 : 손이나 틀, 쿠키 커터 등을 이용해 형태를 잡다.

몽데monder 동사 : '에몽데émonder'와 같은 뜻

몽테monter 동사 : 거품기로 계속 세게 휘저어 단단한 거품을 올리다.

모르티피에mortifier 동사 : 갓 도축한 고기를 숙성시켜서 연하게 만들다.

무이예mouiller 동사 : 조리 중인 음식에 물이나 우유를 첨가해서 더 묽게 만들다.

나크레nacrer 동사 : 필라프 조리의 첫 단계에서 쌀을 버터나 기름에 진주빛이 돌 때까지 볶다.

나페napper 동사 : 식탁보가 식탁을 감싸듯 조리된 액상 음식이 스패튤러를 완전히 감싸다. (이때 손끝으로 스패튤러에 줄을 그으면 곧 없어진다.)

파네paner 동사 : 식재료를 달걀물에 담갔다가 빵가루에 굴려서 옷을 입히다.

파피요트papillote 명사 : 섬세한 식재료를 조리할 때 포장 용도로 사용하는 유산지 또는 먹을 수 있는 식물의 잎

파레parer 동사 : 요리의 모양을 보기 좋게 하기 위해 불필요한 요소를 없애다.

페트리르pétrir 동사 : 파테를 고루 주무르고 치대서 균질하게 만들다.

팽세pincer 동사 : 1. 타르트를 굽기 전, 시트의 가장자리를 손끝으로 살짝 꼬집어서 모양을 내다. (오븐에 넣었을 때 팽세한 부분이 가장 빨리 굳고 색깔이 나면서 타르트의 형태를 유지해준다.) 2. '카라멜리제caraméliser'와 같은 뜻

피케piquer 동사 : 아베스 또는 타르트 시트 바닥에 작은 구멍을 촘촘히 내서 부풀어 오르거나 수축하는 것을 막다.

포셰pocher 동사 : 아주 따뜻하지만 끓지는 않는 다량의 액체에 음식을 담가서 익히다.

래디르raidir 동사 : 채소나 고기를 팬에 볶아서 표면을 단단하게 굳히다.

레뒤르réduire 동사 : 조리 중인 음식의 맛과 향을 더 진하게 만들기 위해 바싹 졸여서 수분을 줄이다.

레제네레régénérer 동사 : 미리 조리해서 냉장 또는 냉동한 음식을 맛이나 형태의 변화 없이 먹기 좋은 온도로 되돌리다.

루roux 명사 : 밀가루를 버터에 볶은 것 (다양한 소스의 기본이 된다.)

사세sasser 동사 : 작은 채소의 얇은 껍질을 제거하기 위해 토치 램프나 굵은 소금으로 문지르다.

생제singer 동사 : 조리 중인 액체의 농도를 걸쭉하게 만들기 위해 밀가루를 흩뿌리다.

스테릴리제stériliser 동사 : 열로 미생물을 파괴하다.

수에suer 동사 : 채소의 즙이 배어나도록 약한 불에서 천천히 익히다.

쉬르즐레surgeler 동사 : 식품을 저온에서 급속 냉동하다.

탕포네tamponner 동사 : 소스의 표면이 굳는 것을 막기 위해 버터를 약간 넣다.

투르네tourner 동사 : 과도로 채소의 모양을 모난 부분이 없도록 매끈하게 다듬다.

트루세trousser 동사 : '브리데brider'와 같은 뜻

브뉘venue 명사 : 완성된 요리의 양을 기준으로 가늠한, 레시피상의 정확한 재료 양

제스테zester 동사 : 제스트 전용 도구(제스터zesteur)나 과도로 감귤류 외피 가운데 색깔이 있는 부분을 얇게 벗기다. (벗긴 제스트는 향을 추출하는 데 사용한다.)

찾아보기 2 요리명

프랑스 조리 용어 해설

프랑스 조리 용어 해설

프랑스 조리 용어 색인

프랑스 조리 용어 해설

오븐 단계별 온도										
온도 조절 장치	1	2	3	4	5	6	7	8	9	10
온도	30 ℃	60 ℃	90 ℃	120 ℃	150 ℃	180 ℃	210 ℃	240 ℃	270 ℃	300 ℃

위의 예시는 전통적 전기 오븐에 해당한다. 가스 오븐이나 열회전식 전기 오븐의 경우, 제조사의 설명서를 참조할 것.

프랑스 - 캐나다 단위 환산표									
무게	55 g	100 g	150 g	200 g	250 g	300 g	500 g	750 g	1 kg
	2 oz	3,5 oz	5 oz	7 oz	9 oz	11 oz	18 oz	27 oz	36 oz

위의 환산 수치에서 g 단위는 근사치이다. (1oz = 28g)

부피	5 cl	10 cl	15 cl	20 cl	25 cl	50 cl	75 cl
	2 oz	3,5 oz	5 oz	7 oz	9 oz	17 oz	26 oz

부피 측정의 용이함을 위해 이 책에서 한 컵은 25cl(=250ml)이다. (실제 1컵 = 23cl = 8oz)

계량 도구와 내용물별 무게		
용량		무게
티스푼(1ts)	5ml	녹말 3g / 고운소금 또는 설탕 5g
디저트스푼(1ds)	10ml	
테이블스푼(1TS)	15ml	치즈가루 5g / 코코아, 커피, 빵가루 8g / 밀가루, 쌀, 세몰리나, 생크림, 기름 12g / 고운소금, 설탕, 버터 15g
커피잔(1 tasse de cafe)	100ml	
찻잔(1 tasse a the)	120~150ml	
대접(1 bol)	350ml	밀가루 225g / 코코아, 건포도 260g / 쌀 300g / 설탕 320g
맥주 잔(1verre à liqueur)	250~300ml	
레드와인 잔(1 verre à bordeaux)	100~120ml	
큰 물 잔(1 grand verre à eau)	250ml	밀가루 150g / 코코아 170g / 세몰리나 190g / 쌀 200g / 설탕 220g
와인 병(1 bouteille de vin)	750ml	

프랑스 조리 용어 해설

폴 보퀴즈

프랑스 최우수 기능장 MOF(Meilleurs Ouvrier de France) 자격 취득 (1961)
미슐랭 가이드 3스타인 폴 보퀴즈의 오너 셰프로, 미슐랭 가이드 3스타 48년 이상 보유 (1965~)
레지옹 도뇌르 훈장 슈발리에(5급) 수상 (1975)
레지옹 도뇌르 훈장 오피시에(4급) 수상 (1987)
레지옹 도뇌르 훈장 코망되르(3급) 수상 (2004)
프랑스 최우수 기능장 위원회 위원장 (1989~2011)
프랑스 국가 공로상 수상 (1993)
미국 요리 연구소(The Culinary Institute of America) 세기의 요리사 상 수상 (2011)
위 명성을 바탕으로 프랑스를 방문한 여러 국빈들의 만찬을 접대하는 등, 요리계의 교황이나 황제라는
수식어로 불리는 거장이다. 2018년 1월 20일 향년 91세로 사망했다.

지은이 앵스티튀 폴 보퀴즈 L'Institut Paul Bocuse

프랑스 리옹 근교에 있는, 세계적인 요리 명문 학교이다. 레스토랑과 학교의 오너이자 프랑스 요리계의
전설이라고 불리는 셰프 '폴 보퀴즈'의 이름을 따 만들었다. 1990년에 설립한 이 학교는 약 30년간 최고
의 요리 및 서비스 교육을 제공해오고 있다.

옮긴이 김현희

한국외국어대학교에서 프랑스어와 영어를 공부하고, 출판사에서 책 만드는 일을 하며 책에 대한 관심과
애정을 키웠다. 지금은 전문 번역가로서 프랑스어와 영어로 된 책을 우리말로 쉽고 바르게 옮기는 일을
하고 있다. 옮긴 책으로는 《언니들의 세계사》《아이스크림의 지구사》《질투》《모험 아틀라스》《참 쉬운
세계사》《자파토 가족》《놀라운 뇌 여행》 등이 있다.

감수자 송용욱

2003년에 EACH(École des Arts Culinaires et de l'Hotellerie, 현 앵스티튀 폴 보퀴즈)에서 조리
및 경영 과정을 졸업한 뒤 현지에서 레스토랑에서 프랑스 본고장의 요리를 배웠다. 르 코르동 블루Le
Cordon Bleu 숙명 아카데미에서 프로덕션 셰프로 근무했다. 각종 요리 대회에 참가하여 수상했으며,
한국 요리국가대표팀 '수라'의 2기 멤버로 2010년에 요리 대회 보퀴즈 도르Bocuse d'Or에 참가했다.
현재 서울드래곤시티 그랜드 머큐어 호텔에서 프렌치 레스토랑 아 라 메종À la Maison 셰프로 근무하
며 전통적인 프랑스 요리를 선보이고 있다.

Institut Bocuse - A l'école de l'excellence culinaire

© Larousse 2015 All Rights Reserved

Korean translation © 2019 by KL Publishing Inc.

Korean translation rights arranged with Editions Larousse through Orange Agency

요리 명문 학교

앵스티튀 폴 보퀴즈

1판1쇄 펴냄 2019년 3월 15일

지은이 앵스티튀 폴 보퀴즈 | **옮긴이** 김현희 | **감수** 송용욱

펴낸이 김경태 | **편집** 홍경화 전민영 성준근 | **디자인** 박정영 김재현 | **마케팅** 곽근호 윤지원

펴낸곳 (주)출판사 클

출판등록 2012년 1월 5일 제311-2012-02호

주소 03385 서울시 은평구 연서로26길 25-6

전화 070-4176-4680 | 팩스 02-354-4680 | 이메일 bookkl@bookkl.com

ISBN 979-11-88907-56-4 13590

이 도서의 국립중앙도서관 출판예정도서목록(CIP)은 서지정보유통지원시스템 홈페이지(http://seoji.nl.go.kr)와
국가자료공동목록시스템(http://www.nl.go.kr/kolisnet)에서 이용하실 수 있습니다.
(CIP제어번호: CIP2019005180)

사진 크레딧

표지 사진 © François Fleury

p. 9 : © Gil Lebois

p. 11 : © Institut Paul Bocuse

p. 12 hg : © Institut Paul Bocuse

p. 12 cd : © François Fleury

p. 13 hd : © Institut Paul Bocuse

p. 13 cd : © François Fleury

p. 13 bd : © Fabrice Rambert

p. 688 : © François Fleury